高等教育"十三五"教材·交通运输类

铁路旅客运营管理

（第2版）

主编　贾俊芳
主审　王甦男

北京交通大学出版社
·北京·

内容简介

本书主要针对铁路旅客运输组织、服务管理进行介绍和分析，具体包括铁路客运设备及能力、铁路旅客运输需求及运量预测、铁路旅客运输计划、铁路旅客列车运营方案、铁路客运站工作组织、铁路旅客列车乘务工作组织、铁路旅客运输商务管理、铁路旅客联合运输、铁路旅客运输服务质量管理、铁路旅客运输应急管理、铁路旅客运输信息化等内容。

本书可作为高等院校铁路运输专业本、专科网络教学教材，也可供铁路运输管理与基层工作人员的培训教材和科技工作者学习参考用书。

图书在版编目（CIP）数据

铁路旅客运营管理/贾俊芳主编. —北京：北京交通大学出版社，2020.4(2023.1 重印)
ISBN 978-7-5121-4121-6

Ⅰ. ① 铁… Ⅱ. ① 贾… Ⅲ. ① 铁路运输—旅客运输—运营管理—高等学校—教材 Ⅳ. ① U293.1

中国版本图书馆 CIP 数据核字（2020）第 008918 号

铁路旅客运营管理
TIELU LÜKE YUNYING GUANLI

责任编辑：吴嫦娥
出版发行：北京交通大学出版社　　电话：010-51686414　　http://www.bjtup.com.cn
　　　　　北京市海淀区高梁桥斜街 44 号　　邮编：100044
印 刷 者：北京时代华都印刷有限公司
经　　销：全国新华书店
开　　本：185 mm×260 mm　　印张：21.75　　字数：543 千字
版 印 次：2020 年 4 月第 2 版　　2023 年 1 月第 2 次印刷
定　　价：56.00 元

本书如有质量问题，请向北京交通大学出版社质监组反映。对您的意见和批评，我们表示欢迎和感谢。
投诉电话：010-51686043，51686008；传真：010-62225406；E-mail：press@bjtu.edu.cn。

高等教育“十三五”规划教材·交通运输类

出版说明

为促进高等教育交通运输类教材体系的建设，满足目前轨道交通类专业人才培养的需要，北京交通大学运输学院、远程与继续教育学院和北京交通大学出版社组织以北京交通大学从事轨道交通研究教学的一线教师为主体、联合其他交通院校教师，并在有关单位领导和专家的大力支持下，编写了本套“高等教育‘十三五’规划教材·交通运输类”。

本套教材的编写突出实用性。本着“理论部分通俗易懂，实操部分图文并茂”的原则，侧重实际工作岗位操作技能的培养。为方便读者，本系列教材采用“立体化”教学资源建设方式，配套有教学课件、习题库、自学指导书，并将陆续配备教学光盘。本系列教材可供相关专业的全日制或在职学习的本专科学生使用，也可供从事相关工作的工程技术人员参考。

本系列教材得到从事交通运输研究的众多专家、学者的帮助和具体指导，在此表示深深的敬意和感谢。

本系列教材从2012年1月起陆续推出，首批包括：《交通规划》《运输组织学》《运输经济学》《交通安全工程》《运输市场营销》《交通政策法规、环境与可持续发展》《集装箱运输与多式联运》《管理信息系统》《铁路旅客运营管理》《铁路货运技术》。

希望本套教材的出版对交通运输专业课程的教学有所贡献。

编委会

2020年1月

总　序

我国是一个内陆深广、人口众多的国家。随着改革开放的进一步深化和经济产业结构的调整，大规模的人口流动和货物流通使交通行业承载着越来越大的压力，同时也给交通运输带来了巨大的发展机遇。作为运输行业历史最悠久、规模最大的龙头企业，铁路已成为国民经济的大动脉。铁路运输有成本低、运能高、节省能源、安全性好等优势，是最快捷、最可靠的运输方式，是发展国民经济不可或缺的运输工具。改革开放以来，中国铁路积极适应社会的改革和发展，狠抓制度改革，着力技术创新，抓住了历史发展机遇，铁路改革和发展取得了跨越式的发展。

国家对铁路的发展始终予以高度重视，根据国家《中长期铁路网规划》（2005—2020年）：到2020年，中国铁路网规模达到12万km以上。其中，时速200 km及以上的客运专线将达到18万km。加上既有线提速，中国铁路快速客运网将达到5万km以上，运输能力满足国民经济和社会发展需要，主要技术装备达到或接近国际先进水平。铁路是远程重轨运输工具，但随着城市建设和经济的繁荣，城市人口大幅增加，近年来城市轨道交通也正处于高速发展时期。

城市的繁荣相应带来了交通拥挤、事故频发、大气污染等一系列问题。在一些大城市和一些经济发达的中等城市，仅仅靠路面车辆运输远远不能满足客运交通的需要。城市轨道交通节约空间、耗能低、污染小、便捷可靠，是解决城市交通的最好方式。未来我国城市将形成地铁、轻轨、市域铁路构成的城市轨道交通网络，轨道交通将在我国城市建设中起着举足轻重的作用。

但是，在我国轨道交通进入快速发展的同时，解决各种管理和技术人才匮乏的问题已迫在眉睫。随着高速铁路和城市轨道新线路的不断增加以及新技术的开发与引进，管理和技术人员的队伍需要不断壮大。企业不仅要对新的员工进行培训，对原有的职工也要进行知识更新。企业急需培养出一支能符合企业要求、业务精通、综合素质高的队伍。

运输管理是北京交通大学的特色专业之一，该学科拥有一流的师资和科研队伍，为我国的铁路运输和高速铁路的建设作出了重大贡献。近年来，学校非常重视轨道交通的研究和发展，建有“轨道交通控制与安全”国家重点实验室、“城市交通复杂系统理论与技术”教育部重点实验室，“基于通信的列车运行控制系统（CBTC）”取得了关键技术研究的突破，并用于亦庄城轨线。为解决轨道交通发展中人才需求问题，北京交通大学组织了学校有关院系的专家和教授编写了这套“高等教育‘十三五’规划教材”，以供高等学校学生教学和企业技术与管理人员培训使用。

本套教材分为交通运输、机车车辆、电气牵引和交通土木工程四个系列，涵盖了交通规划、运营管理、信号与控制、机车与车辆制造、土木工程等领域，每本教材都是由该领域的专家执笔，教材覆盖面广，内容丰富实用。在教材的组织过程中，我们进行了充分调研，精心策划和大量论证，并听取了教学一线的教师和学科专家们的意见，经过作者们的辛勤耕耘以及编辑人员的辛勤努力，这套丛书得以成功出版。在此，我们向他们表示衷心的谢意。

希望这套系列教材的出版能为我国轨道交通人才的培养贡献绵薄之力。由于轨道交通是一个快速发展的领域，知识和技术更新很快，教材中难免会有诸多的不足和欠缺，在此诚请各位同仁、专家予以批评指正，同时也方便以后教材的修订工作。

编委会

2012 年 9 月

第2版前言

本书自2012年10月出版以来，我国铁路运输实现了历史性的突破。一方面，铁路运输经营管理模式实现了政企分开的改革，由此带来铁路旅客运营管理机构及职能上的变化；另一方面，我国高速铁路从无到有并发展成网，由此带来运输组织方式和客运产品经营等方面的变化。基于此，编者决定对第1版进行修订。本次修订主要做了以下工作。

(1) 全书统一修订内容如下。

① 除相关政策性文本内容之外，将“客运专线”改为“高速铁路”。

② 涉及经营管理机构的修改包括：将“铁道部”改为“中国国家铁路集团有限公司（简称：国铁集团）”，将“铁路局”改为“中国铁路局集团有限公司（简称：铁路局集团公司）”，将“既有线铁路”改为“普速铁路”，将“客专公司”改为“高速铁路股份有限公司”等。

(2) 第3章、第4章更新了旅客运输需求和计划体系的内容，更加突出了理论联系实际。

(3) 根据铁路旅客实际划分票额分配计划的类型及相关内容，制定了票额分配计划的编制原则、流程和方法等。

(4) 第5章对旅客列车开行方案计算过程进一步细化，使之更具有可操作性。

(5) 第6章铁路客运站工作组织对车站技术作业过程及时间标准等进行了更新，增加了交通文明等相关内容。

参加本次修订的编写人员有北京交通大学的贾俊芳、赵瑜、杨月芳、张琦，中国铁路建设投资公司的郭帅，中国铁路北京局集团有限公司的刘斌。具体分工是：杨月芳，第1章和第6章；赵瑜，第2、8、11、12章；贾俊芳，第3、4（除4.3节外）、10章和第5章开行方案部分及9.3节；张琦，第7章和第5章（除开行方案之外的其他内容）；郭帅，第9章（9.1和9.2节）；刘斌，第4章（4.3节）。统稿工作由贾俊芳完成。熊三清、沙茜、刘岩岩等研究生也参与了资料收集及整理工作。

本教材的再版是对我国轨道交通类专业人才培养、提高学生专业素养和理论联系实际意识的促进和探索，内容组织与材料取舍可能存在不当之处，错误和疏漏也在所难免，请读者谅解并提出宝贵意见。在此一并感谢。

编　者

2020年1月

前言

随着铁路客运专线建设的快速发展，铁路技术装备水平和运输能力大幅度提升，我国铁路运输系统在能力、技术和服务等方面将逐步从制约型向适应和诱发型过渡，铁路旅客运输经营环境、服务理念、运输组织理论和方法随之发生巨大变化，亟待一部反映铁路旅客运输组织、管理、服务先进理念、理论和实践的教材，为铁路运输培养专业的管理和技术人才打下良好基础。

本书主要针对铁路旅客运输组织、服务管理进行介绍和分析，具体包括铁路客运设备及能力、铁路旅客运输需求及运量预测、铁路旅客运输计划、铁路旅客列车运营方案、客运站工作组织、铁路旅客列车乘务工作组织、铁路旅客运输商务管理、铁路旅客联合运输、铁路旅客运输服务质量管理、铁路旅客运输应急管理、铁路旅客运输信息化等内容。本书具有以下几个特点。

(1) 先进性。铁路旅客运输在运营理念、技术装备、运输组织和服务管理等方面发生了巨大变化，本书尽可能反映这一点。

(2) 系统性。铁路旅客运输向社会提供的客运产品是无形的，从产品设计、运输组织和服务实施过程到延伸服务等，都对铁路运输产品和企业的市场竞争力产生影响，本书系统介绍了有关方面的内容和方法。

(3) 理论性。本书在借鉴传统运营组织与管理理论的基础上，结合铁路旅客运输发展特点，完善铁路旅客运营管理的理论体系。

(4) 实践性。本书在借鉴国内外铁路旅客运营管理经验的基础上，立足我国铁路旅客运输发展特点，提出适应我国铁路旅客运输经营、管理和服务的理论体系，以对我国铁路旅客运输的成功运营提供理论支撑。因此，本书有较强的针对性，一方面可作为铁路运输专业的网络教学本科生教材，同时也是指导铁路旅客运营组织、服务管理实践的最佳参考。

本书是在参阅大量相关资料和实际运营经验的基础上完成的，在此仅向所有作者和关心此书出版的学者、专家表示衷心感谢。由于铁路旅客运输的经营理念、运输组织模式、技术装备建设等仍处于发展和探索期，尤其是传统的既有线旅客运输计划体系与未来客运专线条件下的市场经营和组织管理模式会有较大差异，由此会造成本书存在一些缺点和错误，恳请广大读者予以批评指正，同时也希望使用该书的读者和用户在实际教学和运用中适当补充和更正，在此深表谢意。

书中参阅了大量的国内外有关文献，并在书中引用部分内容，在此谨向这些文献作者致以衷心感谢！

编　者

2012 年 9 月

目　录

第1章

概　述

【本章内容概要】

本章主要介绍铁路旅客运输的特点、地位和作用；分析我国铁路面临的社会经济环境和运营管理发展趋势；介绍铁路旅客运输产品、客流特征和铁路旅客列车的类型等。本章内容是铁路旅客运输运营管理学习的基础。

【本章学习重点和难点】

1. 重点理解我国铁路旅客运输面临的社会经济环境和发展趋势。
2. 了解我国铁路旅客运输管理系统特点。
3. 掌握铁路旅客运输产品、客流和旅客列车的分类及特点。

1.1 铁路旅客运输的特点、地位和作用

四通八达的交通运输网和现代化的交通工具是社会生产力发展的重要手段，国家要实现现代化，交通必须先行。现代化的旅客运输系统是社会进步的重要标志。

旅客运输的目的是为人们的社会经济、文化活动和社会生活提供必要的出行条件。其特点是以旅客的空间位移这种无形产品参与整个社会生产过程。铁路旅客运输是现代化交通体系的一个重要组成部分，其创造的社会经济效益远大于自身的经济效益。

1.1.1 铁路旅客运输的特点

铁路旅客运输具有以下特点。

(1) 铁路旅客运输的主要服务对象是旅客，其次是行李、包裹和邮件。通过售票工作，把旅客组织起来并最大限度地满足他们在旅行中的物质文化生活需求，集人、车、路、站于一体，主要以提供劳务的形式为旅客服务。

(2) 铁路旅客运输生产向社会提供的是无形产品，其核心产品是旅客的空间位移。它被旅客本身所消耗，其使用价值具有不确定性，其创造的社会经济效益远大于自身的经济效益。

(3) 铁路旅客运输在时间上有较大的波动性。季、月、周、日和一日内各小时之间常会出现明显的起伏变化。为此，客运技术设备、客运能力、车辆等必须留有一定的后备，在不同的客运量峰值期采用不同的客运组织方式。

(4) 客运站的位置宜设在客流易于集散处，使旅客便于换乘不同的交通方式。

(5) 铁路旅客运输不同于货物运输，旅客在旅行中有不同的物质文化生活需求，如饮食、盥洗、休息，适宜的通风、照明、温度等。旅客运输企业不仅应满足这些需求，而且应积极改善，创造良好的旅行环境并提供优质的服务，使旅客心情愉悦。

(6) 客运车辆按中国铁路局集团有限公司固定配属给客运车辆段，便于客运车辆的运用和维修，确保车辆处于良好的技术状态；同时，担当旅客列车乘务工作的客运乘务组一般是固定随车值乘，以便于熟悉情况，做好本职工作。

(7) 旅客列车车辆的编成辆数、编组结构及编挂顺序在一般情况下是固定的。旅客列车按固定时刻表运行，旅客根据自己的旅行需要选择乘车日期、车次、座别、到站及是否需要托运行包。如果旅客乘车站与到达站之间没有直通列车时，旅客需要途中换乘。

(8) 旅客列车重量标准和速度应合理选择。对各种列车的重量和速度应按其等级作出规定，并逐步提高列车的运行速度，缩短旅客在途时间。

铁路旅客运输具有明显的国家属性，主要表现在以下几个方面。

(1) 铁路旅客运输成为国家经济发展的强大支撑。经济的发展必须有大流通的支撑，市场经济的发展、壮大，流通领域逐渐活跃，人们的经济活动更加频繁，中国铁路尤其是高速铁路的发展成为经济发展的支撑力量。

(2) 铁路旅客运输是维护民族团结的有力纽带。我国是一个多民族国家，且少数民族人口大多分布在边远地区，铁路网络的快速发展把各族人民联系起来，促进其交流和发展。

(3) 铁路旅客运输是巩固国防和应急救灾的重要保证。我国的国防建设需要铁路旅客运输，每年的志愿兵复员、新兵入伍现役军人调动都需要交通运输作为支撑条件。所以，顺畅的旅客运输是巩固国防建设的重要基础。另外，遇到自然灾害等紧急情况，铁路旅客运输是进行救援的有力工具。

(4) 铁路旅客运输是国际交流的窗口。随着经济的发展和对外交流的不断深入，我国与世界各国的联系越来越广泛，经商、旅游的外国友人越来越多地来到中国。中国高速铁路走出去成为“一带一路”发展战略中的重要内容，具有先行作用。中国高速铁路及旅客运输服务质量的好坏代表了我国的形象，反映了我国交通运输现代化发展的成就和综合投资环境的优劣。

(5) 铁路旅客运输具有可持续发展战略的特点。我国旅客运输可持续发展战略，首先要确定在资源、环境的限制因素下，适应我国经济和社会发展需要，以及可能达到的目标或服务水平。通过制定旅客运输可持续发展战略，将各种运输方式的发展纳入统一规划，对战略支持发展的运输方式从政策和规划上给予倾斜。通过对交通需求进行有效管理，引导人们调整消费观念和消费方式，促使人们从人类长远发展的角度对追求生活享乐保持一定的节制，更多地选择铁路等公共交通方式。铁路之所以符合可持续发展战略要求，是由于它具有下列技术经济优势。

① 安全性高。据统计，我国每年公路发生的交通事故达 60 多万次，死亡 10 多万人，伤 50 万人左右，对人们的生命安全构成极大威胁。铁路运输具有很高的安全性，事故率低、死亡人数少。例如，日本新干线 1964—1992 年，共运送旅客 30 亿人次，无一人死亡。发展铁路可以相应地减少对公路交通的需求，从而降低交通事故的发生次数和死伤人数。

② 快捷、方便。在安全的基础上，速度是旅客关心的首要因素。随着高速铁路的建设

和普速铁路的提速，我国已建成了铁路旅客运输快速客运网。到2017年底，高速铁路里程已达2.5万km，运营速度已达到200～350 km/h；高速公路通常限速在120 km/h以内，一般公路速度则更低；飞机的经济巡航速度为750 km/h，但可达性差。由于铁路车站一般位于市中心，乘车方便。综合来看，铁路客运具有快速、方便的特点。

③ 环境污染轻。据有关资料，在日常运量下，铁路产生的噪声为公路的1/3～1/2；高速铁路则基本上消除了粉尘、油烟及废气污染，有害物质排放量仅为公路的1/20～1/10，不到飞机的1/100。目前，我国私人汽车已进入快速增长时期，尽管采取更加严格的排放标准和措施，单位排放量会降低，但总排放量还在快速增长，环境压力越来越大。因此，国家就应更坚定地发展和鼓励使用污染少的铁路旅客运输，特别是城际铁路、市郊铁路等。

④ 土地利用率高。铁路干线与公路相比，在节省土地占用方面具有一定的优势，特别是在大流量的通道中较为明显，国家Ⅰ级双线铁路与四车道和六车道的高速公路的工程总体占地比为1∶1.40～1∶1.37。据有关资料，一条双线铁路具有16车道公路相同的运输能力，而其所需土地宽度仅为公路的1/8。

⑤ 能源消耗少。与其他运输方式相比，铁路客运一方面能源消耗低，另一方面能源的适应性强。铁路与其他运输方式相比，每万吨公里周转量的燃油消耗量比值是：铁路∶管道∶水运∶公路＝1∶2∶4∶20。

⑥ 运输成本较低。在运输成本中固定资产折旧费所占比重较大，而且与运输距离长短、运量的大小密切相关。运距越长、运量越大，单位成本越低。一般来说，铁路的单位运输成本比公路运输和航空运输要低得多，有的甚至比内河航运还低。

1.1.2 铁路旅客运输的地位和作用

目前，承担旅客运输的4种现代交通方式中，铁路担负着大部分中长途旅客的输送任务，在整个旅客运输工作中起着骨干作用。我国各种运输方式完成的旅客周转量如表1-1所示。我国尚属发展中国家，居民消费水平在世界范围内整体上属于中下等水平，加之地大物博、国土面积纵横跨度大的特点，决定了铁路这种运力大而费用低廉的现代运输工具，仍将是我国广大旅客出行首选的交通方式，是社会期待值最高的客运交通工具。

表1-1 我国各种运输方式完成的旅客周转量

亿人·公里

年份	旅客周转总量	铁路		公路		水运		民航	
		周转量	比例/%	周转量	比例/%	周转量	比例/%	周转量	比例/%
2000	12 261.1	4 532.6	36.97	6 657.4	54.30	100.5	0.82	970.6	7.91
2001	13 155.1	4 766.8	36.24	7 207.1	54.79	89.9	0.68	1 091.3	8.29
2002	14 125.6	4 969.4	35.18	7 805.8	55.26	81.8	0.58	1 268.6	8.98
2003	13 810.5	4 788.6	34.67	7 695.6	55.72	63.1	0.46	1 263.2	9.15
2004	16 309.1	5 712.2	35.02	8 748.4	53.64	66.3	0.41	1 782.2	10.93
2005	17 466.7	6 062.0	34.71	9 292.1	53.20	67.8	0.39	2 044.8	11.70
2006	19 197.2	6 622.1	34.50	10 130.8	52.77	73.6	0.38	2 370.7	12.35
2007	21 592.6	7 216.3	33.42	11 506.8	53.29	77.8	0.36	2 791.7	12.93

续表

年份	旅客周转总量	铁路		公路		水运		民航	
		周转量	比例/%	周转量	比例/%	周转量	比例/%	周转量	比例/%
2008	23 196.7	7 778.6	33.53	12 476.1	53.78	59.2	0.26	2 882.8	12.43
2009	24 834.9	7 878.9	31.73	13 511.4	54.40	69.4	0.28	3 375.2	13.59
2010	27 894.3	8 762.2	31.41	15 020.8	53.85	72.3	0.26	4 039.0	14.48
2011	30 984.0	9 612.3	31.02	16 760.2	54.09	74.5	0.24	4 537.0	14.65
2012	33 383.1	9 812.3	29.39	18 467.5	55.32	77.5	0.23	5 025.8	15.06
2013	27 571.7	10 595.6	38.43	11 250.9	40.81	68.3	0.25	5 656.9	20.51
2014	28 647.1	11 241.9	39.24	10 996.8	38.39	74.3	0.26	6 334.1	22.11
2015	30 058.9	11 960.6	39.79	10 742.7	35.74	73.1	0.24	7 282.5	24.23
2016	31 258.5	12 579.3	40.24	10 228.7	32.72	72.3	0.23	8 378.2	26.81
2017	32 812.8	13 456.9	41.01	9 765.2	29.76	77.7	0.24	9 513.0	28.99
2018	34 218.2	14 146.6	41.34	9 279.7	27.12	79.6	0.23	10 712.3	31.31

我国国土幅员广阔，东西和南北跨度分别达到 5 400 km 和 5 200 km，各省会城市之间平均距离达 1 500 km 左右；人口数量众多且分布不均匀，区域经济发展不平衡，产业布局与资源分布不对称等特点，形成了高强度的区域间客货流量，决定了区域干线交通运输网络在综合运输网络中的重要性，而且其重要程度明显高于一般中小国家。

我国的运输体系建设，需根据各种运输方式的技术经济特征，发挥各自的优势，合理分工，协调发展；在干线运输中要突出运输的技术经济特征。

我国是一个典型的大陆性国家，经济联系和交往跨度大，需要有一种强有力的运输方式将整个国家和国民经济联系起来，同时引导和促进其他运输方式的发展。铁路最显著的特点是载运量大、运行成本低、能源消耗少，既在大宗、大流量的中长途以上距离的客货运输方面具有绝对优势，而且在大流量、高密度的城际中短途旅客运输中也具有很强的竞争优势，是最适合我国经济地理特征和人们收入水平的区域骨干运输方式。尽管从 20 世纪 90 年代以来，我国高速公路和航空业获得了巨大发展，对铁路旅客运输形成了越来越明显的竞争，但铁路在我国中长途旅客运输中的主力作用是难以替代的。从未来的发展趋势分析，虽然随着经济的发展和人们收入水平的提高，交通运输费用的支付能力增强，长距离出行选择航空的旅客会逐渐增加，但铁路旅客运输仍然是中长距离旅客出行的主导方式。

我国国情和铁路高速技术的发展，决定了铁路客运在跨市、跨地区、跨区域旅客出行中的重要作用。它是人们中长途出行需求的最重要载体；铁路客运企业也会以市场为导向，以旅客需求为中心，提供不同档次、不同价位的运输服务，逐步实现服务专业化、服务标准化、服务品牌化和服务个性化，以满足不同收入和消费层次旅客的出行需求。

1.1.3 铁路旅客运输管理系统

2013 年我国铁路实现政企分开后，我国铁路旅客运营管理工作由中国国家铁路集团有限公司统一领导，分级管理。目前，我国铁路旅客运输组织管理分为 3 级：中国国家铁路集团有限公司，中国铁路局集团有限公司，站、段。我国铁路旅客运输管理系统如图1－1所示。

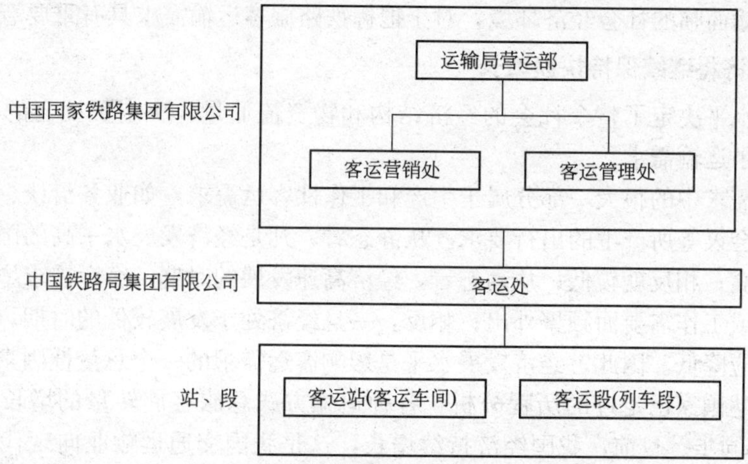

图1-1 我国铁路旅客运输管理系统

中国国家铁路集团有限公司（以下简称国铁集团）客运营销处负责全路的客运营销策划和宏观管理，重点抓跨中国铁路局集团有限公司（以下简称铁路局集团公司）的客运产品的设计；按国家有关政策制定或修改铁路旅客运输管理规程、规则、办法、运价、票据和饮食供应的综合加成和跨两局以上列车的行李、包裹运输方案；审批和公布新线营业里程；组织站务和乘务工作；培训客运领导干部；组织全路客运部门的劳动竞赛；组织全路客运市场调查，编制客流图，编制直通旅客列车方案运行图和跨两局以上列车的票额分配和调整，跨两局以上临时旅客列车的开行、停运和客车加挂，掌握全路直通旅客列车的运行等。

国铁集团客运管理处负责监督监察旅客运输工作中对国家政策、法令的执行情况；监督监察旅客运输部门、单位对铁路有关规章制度、文电、命令、办法、标准等的执行情况；监督监察铁路旅客运输服务质量；对与国家铁路办理直通运输服务的其他铁路旅客运输企业进行监督、指导；受理、查处或监察下级客运部门处理旅客对铁路运输服务质量的投诉；负责查处或督察下级客服单位处理新闻媒介及有关部门提出的铁路旅客运输服务质量问题。

铁路局集团公司客运处（营销中心）贯彻执行国铁集团的规章、命令、指示，制定有关旅客运输的补充办法；编制和调整管内旅客列车运行；管内列车的行李、包裹运输方案；制定管内旅客运输组织办法、票额组织办法和票额管理办法；掌握管内临时旅客列车的开行、停运和客车加挂；掌握旅客列车的运行；审批饮食供应的分类加成和车站供应点的设置；掌握客车配属；审查营业站的开办和封闭；审批旅客乘降所的开办和封闭；审批行李、包裹事故赔偿；培训客运干部和职工；负责本铁路局集团公司的客运营销工作；开发设计铁路局集团公司管内的客运产品。

客运站、段贯彻上级的规章、命令、指示；制定客运工作的管理细则、作业和实施措施，确保高效、优质地完成旅客和行李包裹运输任务；管理客运营销及开拓销售渠道；培训、考核客运职工；处理旅客及行包事故等。

1.2 铁路旅客运输面临的社会经济环境

铁路旅客运输是在一定社会经济条件下，为适应社会的发展和经济建设服务的。研究我国铁路旅客运输面临的社会经济环境，对于把握铁路旅客运输需求具有重要意义。

1. 我国经济将继续保持快速增长

经济发展水平决定了整个社会的经济结构和物资流通量，决定了社会的收入和消费水平，也就决定了运输需求。

旅客运输需求中的很大一部分属于生产和工作性客运需求，如业务洽谈、技术交流、学习、参加各种会议等所产生的出行要求。从静态看，凡是经济发展水平高的国家或地区，客运需求水平就高；相反就较低；从动态看，经济高速发展的时期，客运需求增加较快，大量的人员因生产或工作需要而频繁外出；相反，一旦经济处于发展较低的时期，人们出行的数量和频率会相应降低。因此，经济发展水平是影响客运需求的一个总量性因素。

从一些发达国家已走过的历程分析，各种运输方式总旅客周转量的增长速度大体上与GDP的增长率同步。目前，我国经济持续增长，这是我国交通运输业向现代化综合运输体系发展的关键时期。

2. 我国的经济战略布局和产业结构出现变化

目前，我国产业结构总体变化的典型特征是第三产业比重增长迅猛，全国范围的产业布局进行调整转移，再加上越来越明显的区域经济发展差异，形成了大规模持续的人员流动，从而对客运需求产生潜在的长期影响。

我国经济已经进入了全面工业化阶段，产业结构出现了明显的变化。第三产业的发展将扩大就业机会，增加居民个人收入，势必影响居民的消费结构，使居民的交通费在消费支出中的比重上升，引起客运需求发生变化。

区域经济是经济发展战略、产业政策、生产力布局在地域空间上的集中体现。按照市场经济活动的一般规律，资金、劳动力等生产要素总是流向边际收益最大的行业或地区。在人口的省际迁移中，经济性动因的作用变得越来越强。

3. 居民收入水平显著提高，消费结构发生变化

在旅客运输需求中，除了生产性和工作性客运需求外，很大的部分就是生活性客运需求，如探亲、访友、旅游、休闲等所产生的旅客运输需求。这些需求虽然会随着人们收入的提高而增加，但最终还是要受到收入水平的限制和制约。需求是需要和支付能力的统一，在人们收入既定时，要先将有限的收入支付于吃、穿、住、行、用等各个方面的基本需要上，然后再满足高层次的需要。

随着我国经济进入了快速发展轨道，居民的收入水平迅速提高，并出现了收入和消费的多层次现象，个人收入来源和消费形式多元化的局面日渐形成。

居民人均收入增加和整体消费水平提高，促使总体消费结构发生变化，居民的出行次数增加、出行距离延长，因而增加了客运需求总量。而且由于居民收入拉开差距，社会产生了不同的收入群体和消费集团，在运输市场上产生了不同层次的客运服务需求压力，并将对未来我国旅客运输需求结构产生影响。

4. 人口数量进一步增加，结构产生新的变化

人口结构的变化趋势是：按年龄结构，老龄人口比例增加；按城乡结构，城镇人口比例增加；按人力资源结构，劳动年龄人口（20～60岁）比例增加。未来我国老年人口的增长速度将高于世界平均增长速度，老年人口的数量在世界上将会是最多的。

人口基数及结构的变化，将对旅客出行的次数、出行方式的选择，以及旅行服务需求等均产生影响。

5. 城市化进程加快，区域经济发展迅速

城市化的程度是反映社会经济发展的重要特征之一。随着城市规模的扩大和城镇数量的增加，城市人口比例逐步上升。

改革开放以来，市场机制对中国地区经济发展的作用不断增强。尤其是中国的地区经济结构发生了较大程度的变化，区域间的市场分割程度越来越低，区域经济发展已不再是区域内部要素投入驱动的结果，生产要素和劳动产品在不同地区与不同行业间更加自由地流动，进一步提高了资源配置效率，促进了地区经济的快速增长。

城市化进程加快和区域经济发展必将促进铁路中短距离客流量的高速增长与客运服务水平质量要求的提高。

6. 旅游业迅速发展，带动客运需求增长

随着我国经济的发展，人民生活水平的不断提高，我国旅游业迅猛地发展起来。1995年我国把旅游列为第三产业积极发展序列的第一位，旅游业产业地位的提高，必将有力地促进和推进其发展。旅游业的发展有赖于“吃、住、行、游、购、娱”六大要素的协调发展。“行”作为旅游的首要条件至关重要，在我国未来经济发展的过程中，旅游业产生的客运需求与客运量的比例必将不断扩大，并将影响旅客运输在服务质量上的进一步提高。

7. 科技进步对旅客运输业产生越来越大的影响

运输业的发展离不开科技进步，新的运输方式的出现、运输技术装备的改善，科学技术都起着决定性的作用。现代交通新技术的运用对旅客运输需求的影响日益明显。国外发达国家为适应客运市场的需求变化都积极研究和采用高新技术，强化运输技术装备和现代化管理。旅客出行消费行为在满足“走得了”的基本需求后还会有安全、快速、舒适、便捷、价廉等方面的要求。现代交通新技术与现代通信和管理技术在旅客运输中的广泛运用，一方面可使旅客的多样化需求得到满足；另一方面又为不同收入阶层的旅客出行提供了更多种选择，并能拉动一部分新的运输需求。

1.3 铁路旅客运营管理的发展

1. 扩大路网规模，提高路网质量

铁路网的规模、布局与质量是综合国力的重要组成部分。对于我国这样的内陆国家，当前的铁路规模太小（每百平方千米不足1 km），部分地区布局不合理（中、西部地区铁路较少），装备水平还满足不了需要。扩大铁路运输能力，首先应有路网规模，在繁忙干线地区修建高速铁路，并应多修复线和电气化铁路，采用先进的技术装备，以提高路网质量。在我国“十三五”高速铁路规划中，到2020年，我国高速铁路将达到3万km。我国铁路主要干线向客货分线模式发展，旅客运输实现高速和快速，强化铁路客运的高效、节能和人性化的技术经济特征。客运线路只有实现高速、专线化，我国铁路旅客运输才能以客运市场为导向，满足社会大众的出行需求。

2. 实现客车车辆技术装备现代化

旅客列车的车辆装备水平是整体客运服务的门面，是铁路提供的旅客旅行环境的具体表现，客车车辆装备技术水平越高越能吸引旅客。近年来，我国还开发了新型动车组，新建高速铁路上的旅客列车实现动车组化。

高速、舒适、安全、环保是世界各国旅客列车的追求目标。动车组既可以充分利用铁路运输的优势，又能满足客运市场的需求，它可以根据某条线路的客流量变化进行灵活编组，实现高密度、小编组发车，其具有安全性能好、运量大、往返不需调转车头、污染小、节能、自带动车等特点。世界上许多国家都开行了各种动车组组成的高速列车，日本和欧洲等国（主要是法国、德国、瑞典、意大利、西班牙）高速铁路动车组的技术已日趋成熟，并已形成了标准和系列。

“十一五”以来，随着全国铁路第六次大提速的实施，速度超过 200 km/h 的“和谐号”动车组开始运行在全国各地，标志着我国铁路装备水平上了新台阶。

我国从引进并生产速度 250 km/h 级别动车组开始，博采世界高铁先进技术之众长，并迅速将先进技术与我国国情相结合，生产出速度高达 350 km/h 的适应我国铁路运行的动车组，用几年的时间走完了国外 10 年到 20 年才能走完的道路。

到 2008 年北京奥运会开幕前夕，拥有完全自主知识产权的京津城际高速铁路开始运营，速度达到 350 km/h，全程运行 30 min。之后，2009 年，郑西、武广两条速度 350 km/h 级别的高速铁路相继开通，全程运行时间分别只需要 2 h 和 3 h。2010 年 12 月 3 日，我国国产“和谐号”CRH380A 新一代高速动车组，在京沪高铁先导段创造了速度 486.1 km/h 的世界高速铁路最高实验运营新纪录，比之前“和谐号”CRH380A 在沪杭高铁从杭州到上海虹桥试运行中创造的 416.6 km/h 的世界铁路运营实验最高速度超出了 69.5 km/h，再次改写了世界高速铁路最高实验运营速度。

我国已成为世界上高速铁路发展最快、系统技术最全、集成能力最强、运营里程最长、运营速度最高、在建规模最大的国家。

3. 适应城市化进程，铁路客运应进入城市轨道交通体系

(1) 通过构建完善的市郊铁路网，在特大城市郊区形成完善的客运轨道交通系统。

(2) 在客流较大的地区修建市郊高速铁路。

在很长一个历史时期，中长途旅客运输一直是我国铁路发展的方向和重点，而受此影响，虽然市郊铁路作为城市轨道交通的重要方式，但是由于体制和政策的原因，长期以来得不到应有的发展。近年来，由于城市的急剧膨胀发展，交通拥堵问题极为突出，市郊铁路以其投资低、运量大等特点得到了青睐。以北京为例，根据北京市整体规划，北京市郊铁路规划线网由 6 条线路组成，6 条市郊铁路线路分别通往 11 个新城。S2 线已于 2008 年开通，S1 线于 2017 年 12 月 30 日投入运营。市郊铁路作为连接北京中心城与郊区新城的快速大容量轨道交通运输系统，具有快速、准时、运量大、舒适性高的特点，主要承担中长距离的交通出行，是通往郊区的骨干客运交通运输系统。这些市郊铁路和北京地铁、公交等运输工具共同担负着北京市的公交客运任务。在整体网络规划基础上，各个子系统相互衔接、相互补充，建立起综合运输交通网，为北京市交通提供了有力支撑，同时也对实现北京市空间布局调整有一定的影响。

城市地铁、轻轨与市郊铁路等组成的城市轨道交通是我国正在大力发展的大城市客运交通的骨干，是可持续发展战略在城市交通领域的具体体现。城市轨道交通技术是铁路相关技术的延伸，它的突出特点是大客量、高速度、低能耗、少污染。采用城市轨道交通技术是解决我国大城市客运交通问题的一种上策。

我国城市和市郊轨道客运系统正在北京、上海、广州、沈阳、哈尔滨、重庆、武汉、昆明等大城市逐步建立。其技术目标是采用减振、降噪、少维修、高平顺性的无缝线路轨道配套技术；采用交流传动、大型挤压铝型材连续焊接轻型车体，低地板面新型转向架及大功率再生制动系统，并具有安全检测和故障诊断功能的轨道车辆；采用先进的地面信号及列车运行控制系统；充分利用既有车站枢纽及相关设备，应用先进、方便的自动售检票系统及车站换乘及向导系统，组成一个地铁列车、轻轨列车及市郊列车互相连通又能与大铁路方便换乘及疏散的大城市轨道交通系统。

4. 优化旅客列车设施，满足不同层次旅客需求

随着现代旅客运输体系的不断发展和完善，客运站的空间功能由等候式转变为通过式，车站的功能趋向经营型发展，旅客列车是旅客进行位移的载体，旅客列车设施优劣对旅客旅行环境好坏起着决定性作用，对提高铁路客运整体服务质量和铁路客运市场占有率有很大影响。

旅客列车上除备有旅客旅行途中需要装备的基础设施和用品外，现代旅客列车应采用集便箱、集污箱，以便污物到站集中排放、集中处理，保证铁路沿线的环境卫生；采用热泵型空调设备和对环境无污染的环保型制冷剂，满足节能和环保要求；旅客列车车厢内小气候调节及应实时去味、灭菌技术。在旅客列车上应普遍安装轴温、火警探测和故障检测装置，进一步完善不同速度等级的超速防护、列车运行监控装置，以及灾害预警预防系统，以保障旅客列车行车安全。

5. 建设现代化多功能综合型客运站

为了适应旅客的快节奏、流动性大的生活方式，满足广大旅客对铁路旅客运输快速、准时、便捷、舒适和安全的需要，使铁路干线、其他交通运输方式和城市交通成为一个统一的整体，铁路客运站应向多功能综合型方向发展，即成为进行客运、金融、商业等服务的综合空间，使枢纽城市的枢纽站群间既能在物理上紧密衔接，也能在服务上利用信息技术形成无缝连接，给旅客创造出方便的乘车、换乘及与城市交通联系便捷的运输环境，尽量实现零换乘。在车站设置丰富旅行生活的多种设施，为客运站进行人性化服务提供物质、设备条件。使未来的铁路客运站成为功能多样化、作业自动化、装备现代化和管理集约化的旅客进行始发、到达和中转的通过式空间。

6. 提高铁路旅客运输服务质量

世界铁路旅客运输的发展史，不仅是一部列车运行速度的不断突破、提高的历史，同时也是逐步提高客运服务质量的历史。适应经济社会发展需要，满足人民群众出行需要是铁路旅客运输的根本目的。为此，在提高列车运行速度、改善客运技术装备的同时，必须注重提高客运服务质量。铁路客运企业应从客运市场需求出发，从乘车舒适性、列车运行准时性、乘车旅行便捷与城市轨道交通一体化等诸多因素入手，全方位、多层次地提高铁路客运服务水平。

(1) 树立“以人为本”的思想理念，变“管理旅客”为“服务旅客”。旅客运输体现“以人为本”理念的主要衡量标准是服务水平，落实“以人为本”的基本思想在铁路客运系统表现为两个方面：一是以旅客为本，利用现代化设备和现代科技，改善人们出行的条件和环境，特别是要保障列车行车安全和事故发生后的紧急救助；二是以客运企业的职工为本，利用科技和现代化设施，改善客运职工的工作条件，确保客运生产安全。

(2) 铁路客运管理信息化。铁路客运管理信息化是现代铁路旅客运输的主要标志，是改造传统的铁路旅客运输、增强客运市场竞争能力的重要手段。采用先进的计算机和网络技术，按照全面规划、统一规范和标准、资源充分共享的原则，进一步优化和完善客票预订和售检票系统、旅客导向系统、旅客问讯系统等旅客服务系统；建立客运营销辅助决策系统，实现客运信息资源的综合利用，为决策部门提供决策支持；建立铁路旅客综合服务信息系统，为旅客提供全方位、多功能的信息服务，使旅客运输信息服务智能化、人性化，最大限度地服务旅客、方便旅客；建立铁路旅客运营管理信息系统，提高旅客运输管理的信息化、高效化和智能化水平等，从而为客运管理部门和社会提供全面的信息服务，实现铁路客运生产指挥与控制的现代化。

(3) 旅客身份验证及论证系统。旅客身份验证及论证是近代信息技术发展和电子身份信息技术发展的结果，也是保证旅客生命安全和国家安全的需要。身份验证及论证的内容包括旅客身份证信息的读入、记录，生物特征信息（如指纹、声纹等）检测识别，特定身份人员的跟踪等内容，以及部分违禁随身物品的自动监测等。

(4) 铁路客运服务要进行精细管理，体现人文关怀。铁路旅客运输的主要服务对象是旅客，旅客来自不同的阶层，有着多元化的需求。要做好客运服务工作，必须对旅客进行精细管理。每一位旅客都是服务对象，每一个旅客都会有差异。要使绝大多数旅客满意，只有在服务中，从每一个细致之处做到高标准、高质量的服务，才能够真正践行“人民铁路为人民”的宗旨。例如，在餐车里，两位南方的旅客刚尝了两口菜，便对服务员说：“你们的菜太咸了，能不能给我们一杯开水?”餐车服务员马上热情地说：“给您做两碗清汤好吗?”这本是一件微不足道的小事，却使人感到了一种温暖和亲情，能够给旅客带来方便和宾至如归的感觉。站车服务要善于用人文关怀诠释服务特色。如在服务工作中，追求高雅化，从设备设施上展露人文关怀；追求时尚化，从岗位服务上展示人文关怀；追求个性化，从亲情服务上展现人文关怀。

1.4 铁路旅客运输客流及列车

1.4.1 旅客运输产品

1. 旅客运输产品的基本概念

现代营销理论认为，产品的概念应是一个整体性概念，它包含 3 个层次：①核心产品；②形式产品；③附加产品。客运产品的整体概念也包括这 3 个层次，如图 1-2 所示。

从核心产品层次上说，客运产品就是旅客的位移。这是从客运产品使用价值的角度定义的。旅客购买了客运产品，在正常情况下就能满足自己从出发地到目的地的需求，这个层次的产品，是产品的核心内容。任何形式的客运产品，包括铁路、公路、水路、航空，都必须具备旅客位移这个内容；否则，客运产品就失去了存在的意义。

从形式产品层次上说，铁路客运产品就是可供旅客选择乘坐的不同档次的列车或同一档次列车的不同席别，是核心产品的载体。它是核心产品在形式上的表现，客运产品的基本效用只有通过形式产品才能得以实现。在形式产品层次上，铁路客运产品具有可被旅客心身感知的属性，如席别、乘车环境、服务态度等。客运企业必须着眼于旅客购买位移产品时所追求的旅行需求，并以此为依据去改造已有产品或设计新产品。

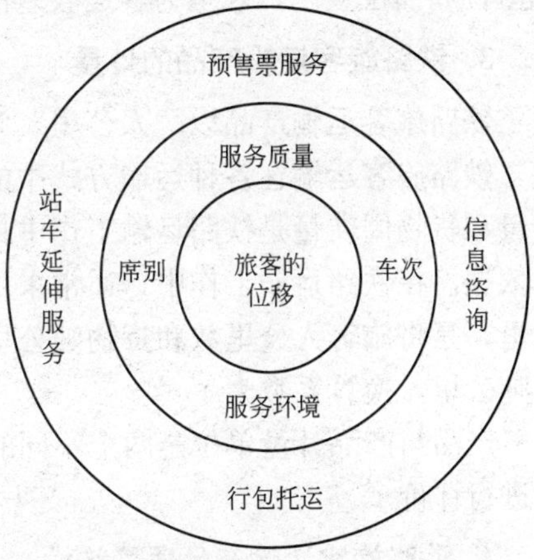

图1－2　客运产品的整体概念示意图

从附加产品层次上说，铁路客运企业提供给旅客的是购票、候车、行包托运、列车上的旅行服务及其他延伸服务。这个层次上的产品，是客运企业提供给旅客的各种服务和旅行生活所需的保障条件。这也是铁路客运企业竞争力强弱的重要尺度。

运输企业的新产品，不一定是完全创新开发的产品，只要产品的三个层次中有一个层次有较大的变化，能为旅客带来新的满足，为企业增加新的效益，就可以称之为新产品。一般来说，设计新产品主要是在形式产品层和附加产品层两个层面上进行。

2. 铁路旅客运输产品的特征

铁路旅客运输产品属于服务性产品。旅客运输服务是指在旅行的全过程中，向旅客提供时空运动的运载工具和必要的服务设施，并提供安全、舒适和便捷的服务，最大限度地满足旅客的旅行需求，以实现从始发地到达目的地的位移。因此，旅客运输产品具有服务性产品的四大特性，其具体内容如下。

(1) 无形性。铁路旅客运输产品在购买之前看不见，摸不着。它是以“活动”形式提供的无形服务。旅客在客运市场上购买到某种“旅行服务”后，并未因此取得任何实际持有物，只是改变了空间的方位。旅客在出行方式选择时，见不到客运服务产品的形体，只能根据自己以往的旅行经验、相关人群介绍或者通过媒体宣传获得的印象来选择。其次，无形性还表现在铁路客运服务产品的价值和使用价值不是凝结在具体的实物上，而是凝结在无形的服务中。

(2) 不可分割性。铁路旅客运输产品的生产和消费同时进行。站、车工作人员和旅客直接发生联系，生产过程也是消费过程。两者在时间和空间上是不可分割的。在实现旅客位移的生产过程中，一直有旅客的亲身参与，所以客运产品质量的好坏很大程度上影响旅客自身的感知。

(3) 差异性。服务的水准和质量常因人、因时、因地而异。差异性是指运输产品的构成及其质量水平是经常变化的。一方面受运输组织管理和员工自身因素（如心理状态等）的影响；另一方面消费者本身的因素（如知识水平、层次等）也直接影响运输服务的效果。

(4) 不可储存性。服务不可储存。客运企业提供的运输服务产品不可能像工业企业提供的实物性产品那样被储存起来，生产出来的旅行服务如当时不消费掉，就会造成损失，如列车座位和铺位空闲，表现为客运收入的损失和设备折旧的产生。

3. 铁路旅客运输产品的计量

铁路旅客运输产品以“人公里”为计量单位，旅客运输的产品总量称为旅客周转量。因此，铁路旅客运输在各种运输方式中的市场份额是以旅客周转量所占比例来衡量的。旅客周转量和货物周转量是铁路运输工作中最重要的数量指标之一，是计算运输成本和劳动生产率的依据。在铁路运输工作中，通常采用换算周转量来表示。换算周转量的计量单位为换算吨公里，是将旅客人公里数和货物吨公里数直接相加而得到的（目前规定 1 人公里等于 1 个换算吨公里，换算系数为 1）。

产品与产品计量单位是两个不同的概念，把计量单位混淆为产品时，就无法对产品的质量进行评价。

4. 铁路旅客运输产品质量特性

铁路客运服务系统是一个复杂的系统，服务质量的优劣是众多因素相互影响、相互作用的结果，是铁路各部门工作质量的综合体现。要使旅客对服务质量感到满意，必须使旅客在旅行前、旅行中和旅行后享受到全方位的优质服务。在旅行前，主要是指购票要便捷；在旅行中，主要是指在列车上服务方式要多样化，对不同层次的旅客提供不同需求的服务，最大限度地满足旅客的要求；在旅行后，要考虑不同客运方式的衔接方便，组织不同运输方式的联运，同旅行社服务的衔接，等等。因此，铁路运输业产品的基本质量特征应该包括安全性、快速性、准确性、经济性、便捷性、舒适性等。

(1) 安全性。安全是旅客运输的基本要求之一。在运输过程中，除了由于不可抗力或由于旅客本身的机能而无法防止以外，运输企业不能使旅客造成心理或生理机能的损伤。目前，在世界范围内每年因车祸造成的伤亡人数以百万计，成为众所瞩目的“公害”。各国政府都采取了许多确保安全的措施。在我国，旅客运输市场基本上属于供不应求的卖方市场，客运设备现代化程度不高，可能发生火灾、爆炸、跳车、坠车、挤伤、烫伤、摔伤、击伤、轧伤、砸伤，以及食物中毒等旅客伤亡事故。因此，千方百计地保证旅客的安全，是客运人员的基本职责。

旅行过程中，除了要保障人身安全外，还应保证旅客财产安全。旅客携带的行李、包裹，在旅行过程中应做到完好无损。

(2) 快速性。旅客运送速度，是旅客运输服务中最重要的质量指标之一。旅客在旅途中的各种时间消耗，是评价旅客旅行生活质量高低的主要影响因素之一。旅客运送速度包括两个方面：一是列车的旅行速度；二是旅客在候车、托运行李、中转、与其他运输方式衔接过程中所需的时间和方便程度。运送速度越快，旅客在旅途中所耗费的时间和精力就越少，这样可以减少旅途的劳累与不适，把更多的时间和精力投入到工作、学习和生活中。

(3) 准确性。准确性包括时间准确和空间准确两个方面。所谓时间准确，是指旅客列车应当按列车时刻表的规定正点将旅客运送到目的地，不应随便晚点，更不能无故停运。所谓空间准确，是指铁路必须按照客票的规定将旅客准确地运送到目的地。铁路运输方式的全天候性（不受时间、气候的影响）也是实现其客运产品准确性的重要保障。准确、及时是广大旅客对客运工作的共同要求之一。因此，客运企业必须采取一切措施，准时发车，正点运行，准时到达，防止误乘、误降，以满足旅客对准确性方面的要求。

(4) 经济性。所谓经济性，是指铁路客运服务产品的价格要经济合理。客票的票价直接影响着广大旅客的经济负担，是影响国计民生的大事。铁路应努力降低成本，尽可能减少旅客运、杂费的开支，为旅客提供经济的旅行条件。

(5) 便捷性。狭义的便捷是指旅客在办理旅行手续方面的便利，如购票、上车、下车、行包托运及提取等，手续要力求简便。一切要从方便旅客出发，增加售票点和窗口的设置，改进客票预售、送票、行包接取送达等业务流程、提供网上售票服务等。广义的便捷还包括铁路运输事业的发展，路网四通八达，与其他运输方式之间良好衔接。总之，铁路运输越便捷，旅客为旅行所花费的时间、物力、财力也就越少。因此，铁路应扩大运能，增加营业网点，采取各种有效措施，减少不必要的手续和中间环节，为旅客创造便捷的旅行条件。

(6) 舒适性。随着人民物质文化生活水平的提高及交通运输业的发展，人们对旅行中舒适性的要求不断提高。因此，要不断改善铁路客车车辆的技术性能和车厢内部设备、客运站服务设施等，最大限度地满足旅客对舒适性的要求；同时，在服务内容、服务形式和服务方法方面不断改进和完善，达到全面提高铁路旅客运输服务质量的目的。

在西方国家，通常将质量等级和成本、质量等级和价格的关系绘制成相应的曲线，并按照最大利润原则确定企业产品的最优质量点，如图1-3所示。

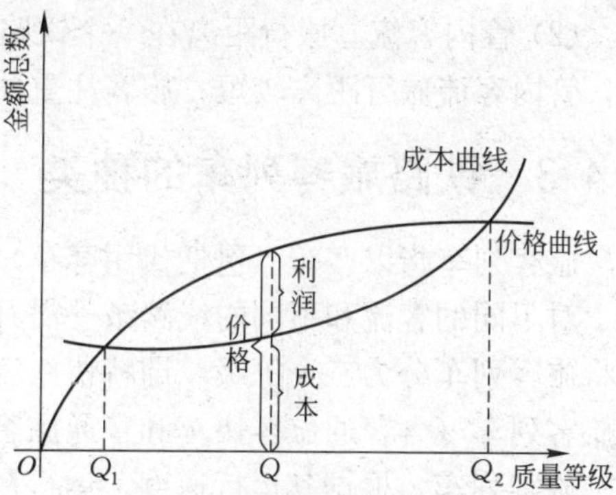

图1-3　最优质量点的确定

由图1-3可知，成本曲线与价格曲线的两个交点是盈亏转折点，其相应的两个质量等级就是Q_1和Q_2。当生产出质量高于Q_1而低于Q_2的产品时，企业均可盈利，所以Q_1～Q_2称为盈利区。在盈利区内，价格和成本差额最大的质量点Q就是最优质量点。

在不同的国家，由于科学技术水平不同，人民文化水平、消费水平不同，同类产品的质量标准也不尽相同，特别是对旅行服务质量，不同层次的旅客消费水平不同，旅行服务需求也不同。各国铁路客运在多年运营活动中，并没有采用产品质量标准这一概念，但在实际工作中确实存在产品质量及其标准的问题，一般习惯用运输质量这一概念来泛指铁路运输生产的各种质量。

众所周知，铁路客运企业对自己的各种服务质量，包括安全、准确、快速、便捷等都有具体的规定和要求。铁路旅客运输在自己的长期生产实践中，为了提高运营效果（其中包括数量和质量），建立健全了一整套反映客运生产情况的运营指标体系，但这些指标主要是客运企业内部用来考核和评价用的。

1.4.2　客流及其分类

1. 客流及其构成要素

由发送地点至到达地点进行位移的旅客的集合称为客流。客流的构成要素包括旅客的流量、流向、流程、流时和旅行目的。流量衡量客流的规模；流向即旅客流动的方向，反映客流的空间分布；流程是发送地点至到达地点的行程，表明旅客在空间移动的范围；流时反映旅客在出行时间上的分布；旅行目的则反映出旅客交通行为产生的主客观原因。客流的主要特点是在时间、空间分布的非均衡性。

2. 客流的分类

旅客根据需要选用一定的运输方式，在一定时间和空间范围内做有目的的移动便形成了客流。客流信息是旅客运输系统的基本信息。客流可以按不同特性进行分类，如按出行目的、旅行距离、身份职业等进行分类，最常用的是按旅行距离结合铁路局集团公司管辖范围的分类方法。

按出行目的，一般分为出差、探亲、旅游、购物、其他客流；按旅行距离，一般分为短途、中途、长途客流；按身份职业，可分为企事业单位工作人员、个体从业人员、务工人员、军人、学生等。现在，我国铁路采用的是按旅行距离结合铁路局集团公司管辖范围的分类方法，将客流分为直通、管内两种客流。

(1) 直通客流。旅行距离跨及两个及其以上铁路局集团公司的客流为直通客流。一般来说，此种客流旅行距离较长，购票早、进候车室早、送客亲友多，要求列车服务标准高，注重舒适度。

(2) 管内客流。旅行距离在一个铁路局集团公司范围以内的客流称为管内客流。一般来说，管内客流旅行距离较短，旅客注重便捷，其他要求较随意。

1.4.3 铁路旅客列车的种类

旅客列车指以客车（包括代用客车）编组的，为运送旅客、行李、包裹、邮件的列车。

对不同的客流和不同的线路条件需开行不同等级的列车。目前，我国现行铁路列车运行图将旅客列车分为三个等级，即特快旅客列车（含直达特快旅客列车）、快速旅客列车和普通旅客列车（含普通旅客快车和普通旅客慢车）。

旅客列车，根据其运行速度、运行范围、设备配置、列车等级及作业特征等基本条件的不同，主要分为以下 13 类。

(1) 高速动车组旅客列车。高速动车组旅客列车指运行于速度 250 km/h 及以上高速铁路上的动车组列车，列车开行最高速度达到 250～350 km/h。

(2) 城际动车组旅客列车。城际动车组旅客列车指在城际高速铁路上运行，以“公交化”模式组织的短途旅客列车。列车开行最高速度达到 250～350 km/h。

(3) 动车组旅客列车。动车组旅客列车是指运行于普速铁路线的动车组列车，列车开行最高速度达到 200～250 km/h。

(4) 直达特快旅客列车。列车由始发站开出后，沿途不设停车站，即（一站）直达终到站的超特快旅客列车，也有称其为“点对点”列车（即始发、终到两点对应）。

直达特快旅客列车的车次前应冠以“Z”符号。目前，使用 DF_{11}、SS_9 型或 SS_{7E} 型机车牵引，单司机操纵，列车运行速度一般保持在 160 km/h。

直达特快列车编组为全列软卧、全列硬卧或软、硬卧混编等多种类型。列车实行“无干扰”服务，乘车环境优雅，誉称为“陆地航班”。

(5) 特快旅客列车。特快旅客列车是目前我国铁路运营线上运行速度较快的旅客列车，车次前冠以“T”符号，区间运行速度常达到 140 km/h（个别区段，列车运行速度达到 200 km/h，如广深线上的“新时速”）。特快旅客列车装备质量优良，乘车环境舒适。特快旅客列车有跨铁路局集团公司运行和管内运行之分。

(6) 快速旅客列车。快速旅客列车的运行速度仅次于“直达”和“特快”旅客列车，一般区间运行速度为120 km/h，列车设备质量较好。快速旅客列车也分跨铁路局集团公司运行及铁路局集团公司管内运行。

(7) 普通旅客列车。普通旅客列车可分为普通旅客快车和普通旅客慢车。普通旅客列车又可分为直通的和管内的普通旅客列车。普通旅客慢车用于输送沿线各中间站的客流。普通旅客列车由于大都为绿色车编组，故俗称“绿皮车”，属于经济型的旅客列车。普通旅客列车的运行速度一般在120 km/h以下，且分为普通旅客快车、普通旅客慢车。

(8) 通勤列车。通勤列车为方便沿线铁路职工上下班（就医、子女上学）而开行的旅客列车。

(9) 临时旅客列车。依据客流的需求或特殊需求（救灾），临时增开的旅客列车，其车次前冠以“L”或“A”符号。

(10) 临时旅游列车。依据旅游客流的需求，在大中城市和旅游点之间不定期开行的旅客列车，其车次前冠以“Y”符号。

(11) 回送出入厂客车底列车。依客车车辆检修等要求，运行于列车配属地与客车车辆厂之间的旅客列车。不办理客运业务。

(12) 回送图定客车底列车。依客车车底周转的需要，回送空客车底的旅客列车。一般不办理客运业务。原车次前冠以“0”符号。

(13) 因故折返旅客列车。如遇洪水、塌方、泥石流等自然灾害的侵袭或发生重大、特大事故而导致铁路中断行车，迫使其折返运行的旅客列车。原车次前冠以“F”符号。

为使铁路客运面向市场，适应客运市场的变化，根据客流变化和不同层次旅客的需求，开行不同档次的旅客列车，使列车品种多样化。除上述列车外，根据旅客旅行需求的多元化，还可能出现更多新的旅客列车种类。

为区别不同方向、不同种类、不同区段和不同时刻的列车，需要为每一列车编定一个标志码，这就是车次。我国铁路的旅客列车车次主要采用字母和阿拉伯数字为标志，旅客列车的种类及车次范围如表1-2所示。

表1-2　旅客列车的种类及车次范围

列车种类	车次范围
1. 高速动车组旅客列车	G1-G9998，“G”读“高”
直通	G1-G4998
管内	G5001-G9998
2. 城际动车组旅客列车	C1-C9998，“C”读“城”
3. 动车组旅客列车	D1-D9998，“D”读“动”
直通	D1-D4998
管内	D5001-D9998
4. 直达特快旅客列车（160 km/h）	Z1-Z9998，“Z”读“直”
直通	Z1-Z4998
管内	Z5001-Z9998
5. 特快旅客列车（140 km/h）	T1-T9998，“T”读“特”

续表

列车种类	车次范围
直通	T1 - T3998
管内	T4001 - T9998
6. 快速旅客列车（120 km/h）	K1 - K9998，“K”读“快”
直通	K1 - K4998
管内	K5001 - K9998
7. 普通旅客列车（120 km/h）	1001 - 7598
（1）普通旅客快车	1001 - 5998
直通	1001 - 3998
管内	4001 - 5998
（2）普通旅客慢车	6001 - 7598
跨铁路局集团公司	6001 - 6198
管内	6201 - 7598
8. 通勤列车	7601 - 8998
9. 临时旅客列车（100 km/h）	L1 - L9998，“L”读“临”
直通	L1 - L6998
管内	L7001 - L9998
10. 临时旅游列车（120 km/h）	Y1 - Y998，“Y”读“游”
直通	Y1 - Y498
管内	Y501 - Y998
11. 回送出入厂客车底列车	001 - 00298
12. 回送图定客车底列车	在车次前冠以“0”
13. 因故折返旅客列车	原车次前冠以“F”，读“返”

为了保证行车安全，维护运输秩序和车次编码的规范化，国铁集团规定全路向北京、支线向干线或指定方向为上行方向，编为双数车次；反之，为下行方向，编为单数车次。一些列车在运行全程中若上下行发生变化时需变换车次。

1.5 世界铁路旅客运输发展趋势

高档次的技术装备、现代化的服务设施和服务手段构筑了高速度、高质量、高水平的世界铁路旅客运输系统。

1. 铁路客运高速化、快速化

列车速度是一个国家铁路技术水平的最重要的标志。速度、价格和安全是人们在选择交通工具时首先要考虑的因素。高速行车，压缩旅客在途时间是铁路旅客运输在世界发达国家中重新崛起和再度辉煌的关键因素，也是铁路旅客运输面对各种客运交通方式进行竞争的有力手段。早在1903年，德国就创造了210 km/h的试验速度；1955年法国以331 km/h的试验速度刷新纪录。1964 年，第一条高速铁路——东海道新干线在日本诞生，最高运营达到 210 km/h。此后，法国、德国、意大利、英国、西班牙、瑞典、韩国等也竞相发展，美国、加拿大、巴西也都有规划和计划。我国台湾的台北—高雄高速铁路也已于 2007 年开通运营。至 2017 年底，我国高速铁路里程已达 2.5 万 km，位世界第一位。自 2007 年 4 月 18 日我国铁路第六次大提速后，我国速度为 120 km/h 及以上线路延展里程达到 2.2 万 km。其中，160 km/h 及以上提速线路延展里程达 1.4 万 km；速度 200 km/h 线路延展里程达到 6 003 km，其中京哈、京广、京沪、胶济线部分区段速度达 250 km/h。发展高速铁路同普遍提高普速铁路速度相结合，使铁路大运量、高速度的固有特点和优势持续保持下去，这已成为世界各国铁路的发展趋势。

2. 不断提供优质的服务项目

先进的服务设备和上乘的服务质量，以及舒适的旅行环境，都是吸引客流、增强竞争力的必要条件，也是旅客选择交通工具的重要因素。世界各国铁路旅客运输业，都十分重视服务手段的创新，不断提供优质的服务项目，主要表现在以下方面。

(1) 现代化的售票方式，旅客可以提前 2～3 个月甚至更长时期预购车票，各地设置了很多售票网点，还可通过计算机网络订票。例如，德国年客运量只有十几亿人次，售票网点就有铁路售票处 2 000 多个，旅行社售票处 1 600 多个，自动售票机 4 500 多台，列车上售票点 8 500个。此外，还有大型团体售票终端和国外售票终端等，而且铁路客票预约系统与航空、公路、旅馆等预约系统联网，旅客可一次购得火车票、飞机票、船票、旅馆票和小汽车停车场入场券等，真正实现了旅行一体化服务。我国在售票方式上也实现了车站窗口、代售网点、自动售票机、网络售票及电话售票等多种售票方式的有效结合，并实现了全国联网。

(2) 为旅客提供丰富的旅行咨询信息。在大型客运站有旅客信息服务系统、列车自动报告系统和列车跟踪系统，这些系统互相连通，可进行数据交换，将车站建成列车运行图实时控制的全自动或半自动信息服务综合系统，使旅客一进站就能以最短的径路（车票颜色和进站站台通道、列车颜色一致）找到自己要乘坐的列车，并且在自己的座位上能直接看到有关的到站、发车时间、到达时间、席位使用情况、要换乘列车情况等。我国开发了客户服务中心网络平台，利用现代技术建立铁路客户服务中心，构建互动平台，广泛收集旅客意见和建议，拓展服务内容，提升服务质量和水平，促进售票营销，方便旅客购票，满足旅客多渠道、方便、快捷的购票需求，解决旅客购票方式单一、购票信息查询难等社会关注的热点问题，同时提升铁路在运输市场上的竞争能力，进一步扩大市场份额。

(3) 对广大旅客实施人文关怀。车站为方便残疾旅客办理旅行手续，从车站客运设施到服务设备布设都充分考虑对残疾旅客的细节管理。例如，英国伯黑德中心车站的售票柜台设计，为了给坐轮椅的旅客买票提供方便，柜台高度可调，由标有盲文的按钮控制。柜台边缘凸起以方便购票者拿取硬币；在柜台设有感应线圈，为戴有助听器的乘客提供方便；窗口玻璃为低反射率玻璃，使售票员清楚看到唇读乘客的口形动作。

(4) 为旅客在旅途中提供多种信息服务手段和设备。在发达国家，高等级的旅客列车上都装设电话、传真机和复印机等设施及免费的 Wi-Fi，设有从事商务活动的办公室、提供休息和娱乐所需的视听设备。

(5) 提供先进科学的餐饮服务等。国外铁路旅客餐饮的经营管理体制多种多样，从铁路旅客运输比较先进的日本、德国、法国和瑞士等国家来看，主要有“自我”经营和“承包”

经营两种模式。

日本和德国采用了“自我”经营模式，即由铁路部门出资成立专门经营铁路旅客餐饮服务的下属公司。法国和瑞士采用了“承包”经营模式，即由铁路主管部门通过对外公开招标的方式来寻找铁路旅客餐饮经营业务的合作伙伴，然后以合同的形式界定双方责、权、利关系。

在发达国家的大众化列车上，餐车这种传统的经营手段越来越少见。日本铁路以燃煤易造成餐车失火和餐车经营普遍亏损为由，于1972年取消了一般旅客列车上的餐车。目前，比较流行的供应方式是自助餐和托盘式配餐。自助餐和托盘式配餐更注重营养搭配，用餐简单，比较受旅客欢迎。

目前，发达国家铁路旅客餐饮及经营的发展趋势为：①逐步淘汰传统餐车，但对于豪华型旅游列车则专门编挂豪华型餐车；②采用托盘式配餐（航空式配餐），并对一等车的旅客提供送餐服务；③列车餐饮供应实行全天开放式服务；④取消列车上的烹饪工作，建立地上食品加工基地，提供产品上车，简化车上作业；⑤列车上用餐服务多样化；⑥将餐费计入票价或预购车票的同时预订餐票；⑦加强性能优越的流动售货车的研制和开发。

3. 在繁忙干线实行客货分线

在客货混跑同一线路时，由于货运与客运所需开发、增强的技术不一致，在线路的建设和维修上产生了矛盾，由于线路的单一，在运输组织的安排上又会互相干扰。这样，客货混跑不仅不能提高运行速度、增加列车密度，反而会使运输安全受到严重影响。从能力使用方面看，高速铁路列车最小间隔可达3 min，列车密度可达每小时开行20列，能够实现大运量、快速和高密度运输。为提高服务质量和运输效率，发达国家都确定了在繁忙干线实行客货分线运输的技术政策和发展方向。目前，法国的客货分线运输里程占路网总里程的32%，德国的客货分线运输里程占路网总里程的19%，英国目前正将4条干线改造成为高速铁路。发达国家的实践证明，高速铁路运营效益能取得令人满意的社会和经济效益。例如，法国3条高速铁路每年输送旅客各2 000多万人次，日本4条高速铁路自开通运营以来客运量增加了6倍多。

4. 以客运市场需求为导向，提供多样化、个性化的运输产品

旅客的选择是客运市场存在和发展的唯一的决定性因素。客运企业提供给客运市场的产品越多样化，就越有可能扩大对客运市场的占有率。

作为铁路发展大国的德国，在保持技术创新力的同时，不断推出和调整客运产品，从基本上稳住了客运量。由于短途旅客列车在德国占据很重要的位置，德国就将客运市场的着力点放在开发短途客运产品上，针对不同的出行需求，开行了城市加快列车、地区快车和地区普通旅客列车。按市场需求为导向开发的产品一经面市，便赢得了旅客的选择。他们对航空占主流的长途客运按速度、动车组数量推出不同的客运产品：一种是最高速度330 km/h的ICE动力分散式高速列车；另一种是最高速度280 km/h的CICE高速列车。

意大利从1997年起，开始执行长途客运三级网络计划。第一级是在各主要城市之间，以及意大利至法国、瑞士之间运行的高速列车；第二级是服务于各个地区中心和各个省会城市之间的城间列车；第三级是从各个主要中心点辐射出去的地区列车服务。长途客运三级网络计划的实行，使意大利铁路的客运份额有了显著提升。

在瑞典，铁路在里程600 km左右运输范围内有着明显的比较优势。瑞典铁路利用这种比较优势开展工作，为了让旅客对客运服务满意，他们大力开发、提供适应市场的运输产品，如开行城际列车、地区间列车、夜间列车等不同档次的列车，提供铁路旅行、旅馆食宿、汽车、轮渡等一体化服务。

5. 利用技术优势，发展城市、城际快速运输系统

随着工业化、城市化进程的加快，城市交通拥堵成为急需解决的问题。而轨道交通由于其拥有污染小、占地少等技术经济特征，世界各大城市，大力发展城市轨道交通作为实现现代化和可持续发展的基本走向。在大的中心城市，为缓解交通紧张的压力，便发展城市轨道交通，开行小编组、大密度、快速度的城市列车。例如，德国从1971年开始开行IC列车(城间运行的特快列车)。目前IC网共有14条线路，长度近6 000 km，连接全国80多个大中城市；由6条线构成的高速列车运行网与IC网相互紧密联系，形成一个庞大的客运网络。在澳大利亚，铁路客运以城市铁路为主，其客运量是非城市铁路客运量的50倍。市郊铁路是城市轨道交通体系的重要组成部分，也是各国铁路参与城市轨道交通的重要形式。在日本，仅东京市郊铁路就有近2 000 km，每天客流量达3 500万人次，年客运量约50亿人。法国市郊铁路的年运量达5.4亿人，占法国国铁总客运量的65%。俄罗斯的铁路担负着繁重的旅客运输任务，尤其是市郊旅客运输，大约占铁路客运总量的90%，为世界各国之冠，其市郊客运主要集中在大城市铁路枢纽地区，莫斯科地区每天开行的市郊列车约1 490列，圣彼得堡开行690列，为解决市郊客运量持续增长与枢纽区间通过能力紧张的矛盾，将市郊列车的编组扩大，修建三线或四线，实现市郊旅客列车专线运行。

目前，世界发达国家的市郊铁路在城市公共交通中的份额大体上占到35%～50%，在城市轨道交通中具有重要地位和作用。

综上所述，不难发现市郊（城际）铁路与地下铁道、轻轨铁路紧密合作，共线共站，共同组成大城市的快速运输系统，是解决人口密度较大地区客运繁忙的有效措施。而大城市快速运输系统与全国铁路网连接，紧密配合，形成客运统一运输网是发达国家的共同选择。

6. 运营管理智能化发展迅速

铁路旅客运输智能化是当代铁路旅客运输的又一特征和发展趋势。尽管有关铁路智能运输系统（RITS）的概念是最近几年才产生的，但是各国有关RITS的研究已有较长时间的历史了。自20世纪80年代以来，随着社会发展对铁路提出的“高安全、高效率、高品质服务”的要求，许多国家将智能技术、信息技术、通信技术等现代先进技术与铁路运营管理、调度指挥、行车控制、安全监控等相结合以全面提高铁路运输服务能力，特别是美国、日本，以及欧洲一些发达国家对此项工作更加重视，并取得了令人瞩目的成果。

在服务品质方面，日本铁路正逐渐借助电子商务为用户提供多种旅行服务。例如，日本东海道铁路公司的网站，提供旅行信息服务（车票信息、沿线车站的服务、到达机场方面的服务、旅馆预订服务、车票预订等），建立呼叫中心，满足旅客通过电话寻求服务的需要。除了提供一般的出行信息服务外，还提供相关的投资者信息，以及铁路公司信息。

在增强铁路运输安全方面，各类先进适用的安全检测、监测、监控技术装备和系统，已经成为国外铁路在高速客运、重载货运等领域不断进步的有力保障。日本、美国以及欧洲一些发达国家持续开展了铁路行车安全监测系统、防灾系统、平交道口安全监控系统的研究，并取得了一系列的研究成果。一些技术成熟的系统，如高速铁路旅客列车监测系统、列车安全状态监测和诊断系统等已经得到了广泛的应用，并朝着智能化的方向发展。

在提高铁路运输效率方面，日本、美国以及欧洲一些发达国家一直致力于运输规划、旅客信息服务、列车控制，以及列车运营管理等方面的研究，并取得了令人瞩目的成果。例如，作为欧洲世纪干线铁路总体解决方案的欧洲铁路运输管理系统 ERTMS、北美的先进列车控制系统 ATCS 和先进铁路电子系统 ARES、美国的先进列车控制系统 ATCS 和 AATC、法国铁路的连续实时追踪自动化系统 ASTREE、德国的计算机辅助综合铁路系统 CIR 和高速铁路 ICE 系统、日本新干线的列车运营管理系统 COMTRAC 和 COSMOS，以及新一代列车控制系统 ATACS、计算机和无线电辅助列车控制系统 CARATCS。

7. 改革客运管理体制

20 世纪 80 年代，各国铁路面临着严峻的形势。外部环境——同其他运输工具的竞争，政府对国有铁路投资和补贴相应减少；内部环境——传统的管理模式僵化，单一的依靠两根钢轨输送列车的业务使企业缺乏竞争活力。于是，改革现行体制、开展多种经营是各国铁路发展的共同趋势。

世界铁路改革的一个重要内容就是铁路运输企业重组。铁路企业重组无非是使其组织结构更适应市场化经营，更有效地满足客货运输需求。

世界主要国家铁路企业重组，大体可以归结为两种趋势。一种为原国有铁路的分解趋势，而分解又表现为不同的形式。例如，日本铁路改革的典型特征是区域分解，即由国铁分解的 6 个客运公司分别在各自的区域进行经营；德国、英国铁路主要表现为专业分解，即国铁划分为若干家客运公司、货运公司、行包公司、服务公司等；法国、瑞典、芬兰铁路改革的最显著特征则表现为“上下分解”，即“网运分离”。另外一种为非国有铁路的集中趋势，如美国主要铁路公司通过市场并购等行为进行规模扩张。

复习思考题

1. 铁路旅客运输有哪些特点？其地位和作用如何？
2. 铁路旅客运输具备的可持续发展战略的特点有哪些？
3. 试分析我国铁路旅客运输面临的社会经济环境。
4. 世界铁路旅客运输的发展趋势体现在哪些方面？
5. 旅客运输产品 3 个层次的概念是什么？旅客运输产品的计量单位和旅客运输产品总量是什么？
6. 铁路旅客运输产品的特征有哪些？
7. 铁路旅客运输产品质量特性有哪些？
8. 什么是客流？客流的构成要素包括哪些？
9. 客流是如何进行分类的？
10. 铁路旅客列车是如何划分种类的？

第2章 铁路客运设备及能力

【本章内容概要】

本章主要介绍铁路客运设备、流线和客运站设备能力计算方法，以及铁路客运机车车辆和铁路客车整备所与动车检修基地。设备能力是确定旅客运营组织各方面工作的前提条件，因此对铁路客运设备利用和能力计算有一定的认识和了解是学习铁路旅客运营组织的基础。

【本章学习重点和难点】

1. 重点掌握铁路客运站的流线及其疏解、客运站设备运用。
2. 了解铁路客运站设备能力的计算方法。
3. 了解铁路客运机车车辆、客车整备所、动车检修基地。
4. 掌握铁路客运站流线及其疏解和设备能力计算。

铁路客运技术设备是办理铁路旅客运输的基础条件，这些设备主要包括固定设备、移动设备，以及其他一切为客运服务的设施。固定设备主要包括客运站设备、客运服务设备、客车整备所、动车段、线路与信号设备等；移动设备主要包括客运机车、客运车辆、动车组。

2.1 铁路客运站设备及流线

2.1.1 铁路客运站

铁路客运站是铁路旅客运输的基层生产单位，其主要作用是组织旅客安全乘降和迅速集散，保证旅客能迅速方便地办理一切旅行手续，并为旅客提供舒适的候车环境和良好的文化生活服务；同时，客运站应及时地组织旅客列车的到达、出发，办理行包业务，以及客车车底的取送作业。

纵观国内外铁路的发展史，铁路客运站从功能、规模到建筑形态的演变，都取决于旅客运输需求的发展变化，取决于城市的发展变化和相关交通方式的发展变化。铁路客运站建筑随着所在国家或地区的经济和铁路的发展而发展，体现出明显的时代特征和地域风格。国外铁路客运站建设先后经历了快速发展期、繁荣期、衰落期、复苏期4个阶段。到目前为止，铁路车站具有很大的开放性，它已开始超越单纯的铁路客运站的含义，其功能已由传统的单一旅客运输功能，向多种复合功能转变。在原有旅客运输功能的基础上，突出强调城市内外交通枢纽和综合旅行服务的功能。

1. 客运站的分类

我国铁路大小车站有六千多个。客运站的分类与等级有多种划分方法，每种方法对旅客车站的规划设计与建设都有其特定的内涵。从铁路客运站的基本功能出发，可按基本用途、客运量大小和技术作业量大小等不同方法进行划分。

1）按基本用途划分

按基本用途划分旅客车站的类别，主要是根据该站旅客的旅行需求划分。不同的旅客群体，对旅客车站的运输设备和各项服务设施的需求不同。

(1) 长途旅客车站。其主要用于办理长途旅客列车，如国际、国内旅客特别快车，直通旅客快车，管内旅客快车的始发、终到和通过作业，输送各大中城市间的客流。例如，北京站、北京西站、上海站、天津站、汉口站等。

(2) 短途旅客车站。其主要办理管内或少量的直通旅客列车始发、终到和通过作业，如北京北站等。

(3) 旅游旅客车站。旅游旅客车站设在游览地点，主要办理旅游列车的始发终到作业，其运量主要发生在旅游季节，如八达岭站和五台山站。

(4) 国境（口岸）站。国境（口岸）站设在国家边境上，主要办理国际旅客列车的通过、换装和联检作业。因这类车站不是国际（出入境）旅客大量集散的车站，通常按客货混合站设置，如丹东站、满洲里站和阿拉山口站等。

2）按客运量和技术作业量大小，并考虑在铁路网上的地位等条件划分

按此种方法划分，可将客运站分为特等站、一等站、二等站等，三等以下客运站通常为客货混合站。

2. 客运站的作业及设备

1）客运站的作业

客运站的作业主要分为以下 3 类。

(1) 客运服务作业。其包括旅客上下车、候车、问询、小件行李寄存，以及对旅客文化生活、饮食卫生方面的服务等。

(2) 客运业务。其包括客票发售、旅客乘降、行包的承运、装卸、保管和交付、邮件装卸等。

(3) 技术作业。按列车种类不同，办理下列各项作业。

① 始发终到列车。列车到发、机车摘挂、列车技术检查、车底取送、个别车辆摘挂，以及餐车整备等。

② 通过列车。列车到发、机车摘挂或整备、列车技术检查、客车上水等。在有些情况下，还进行个别车辆的摘挂、变更列车运行方向、餐车供应及上燃料等作业。

③ 市郊（通勤）列车。列车到发、机车摘挂、列车技术检查及车底取送等。

④ 在某些客运站上还进行少量货物列车的到发作业。

在始发终到列车数量很大的客运站上，还设有独立的客车整备所，对客车进行洗刷、检查、修理和整备作业。

2）客运站的设备

客运站的设备由以下 3 部分组成。

(1) 站房。站房是客运站的主体，包括为旅客服务的各种房屋、运营管理工作所需要的各种技术办公房屋及办理行包、邮件的房屋。

(2) 站场。站场是进行客运技术作业的场所，包括线路（到发线、机走线、机待线、车辆停留线）、站台、雨棚跨线设备等。

(3) 站前广场。站前广场是客运站与城市联系的“纽带”，包括车行道、停车场和旅客活动地带等。

3. 客运站布置图

客运站布置图分为通过式、尽端式和混合式3种。

1) 通过式客运站

通过式客运站（见图2-1）的旅客列车到发线均为贯通线，站房设在正线一侧，基本站台与中间站台用地道或天桥跨线设备相连，客运站与客车整备所、机务段纵列设置。

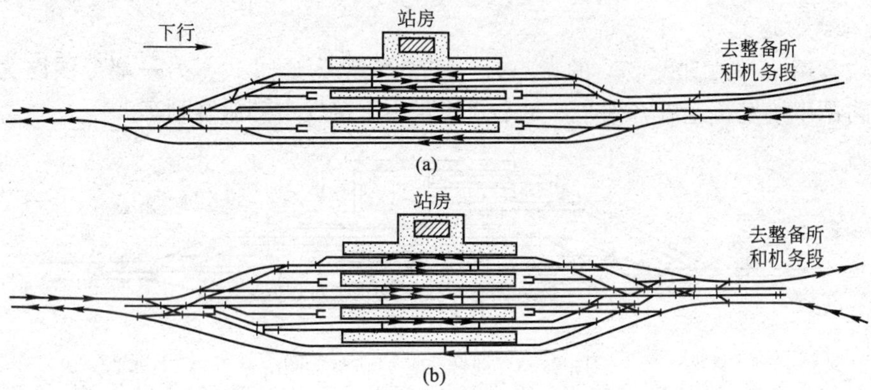

图2-1　通过式客运站布置图

通过式客运站的优点：车站有两个咽喉区，能分别办理接发车作业，减少了旅客列车到发与车底取送、机车出入段的交叉干扰，通过能力大；通过的旅客列车不必改变运行方向；到发线可供各种列车使用，机动灵活，互换性大；便于组织旅客进出站和行包搬运，流线交叉干扰少，故新建客运站一般应优先采用通过式站型。通过式客运站的缺点：进站线路穿过城市，与城市道路交叉干扰大，一般不易深入市区；由于有两个咽喉，站坪较尽端式客运站长。

2) 尽端式客运站

尽端式客运站（见图2-2）的旅客列车到发线均为尽头线，站房设在到发线一端或一侧，中间站台用分配站台连接，客运站与机务段和客车整备所纵列设置。

尽端式客运站的优点：由于只有一个咽喉，进站线路与城市道路交叉干扰少，车站易深入市区，旅客乘车方便；站坪较短，占地少，旅客出入站可不跨越线路。尽端式客运站的缺点：车站作业集中在一端咽喉区进行，交叉干扰大，通过能力小；对通过的列车要变更运行方向，作业不方便；列车接入尽端线时，进站速度低，占用咽喉时间过长；旅客进出站和行包搬运均需通过分配站台，交叉严重，走行距离较长。当列车密集到发时，上述缺点尤为严重。因此，一般新建客运站不宜采用，仅以始发终到列车为主的客运站或采用通过式客运站将引起巨大工程、当地条件不允许时，方可采用。

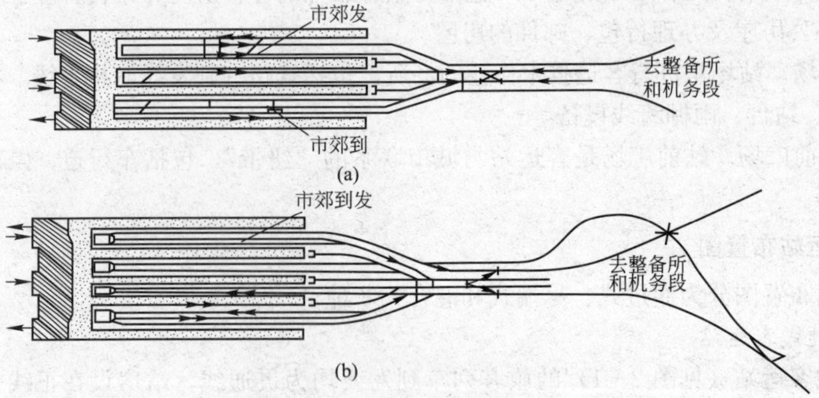

图 2-2　尽端式客运站布置图

3）混合式客运站

混合式客运站（见图 2-3）的特点是一部分线路为通过式，另一部分线路为尽端式，通过式线路用于接发长途旅客列车，尽端式线路用于接发市郊旅客列车。

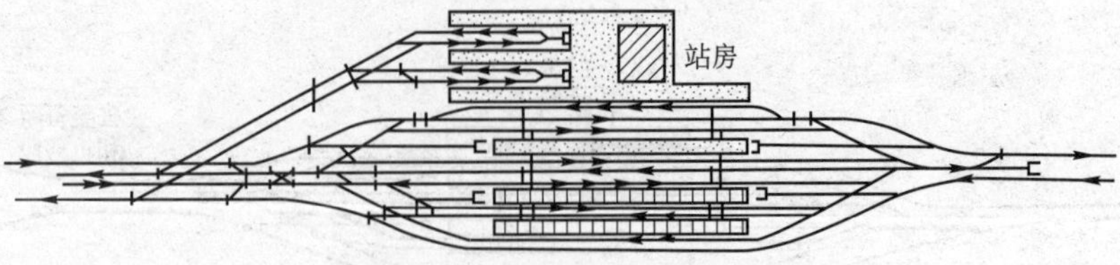

图 2-3　混合式客运站布置图

混合式客运站的优点：当某个方向的市郊旅客列车对数较多时，设置部分尽端线路，可节省投资和用地；市郊旅客进出站便捷且与长途旅客流线分开，互不干扰。混合式客运站的缺点：到发线使用不灵活，利用率低；由于市郊旅客列车到发线单独设置，在进出站咽喉区产生了长途与市郊旅客列车的到发交叉干扰，尤其是二者共用一个客车整备所时，其交叉干扰尤为严重。因此，此种布置图仅在改建或扩建客运站时为了充分利用既有设备，方可考虑采用。

4. 高速铁路客运站

高速铁路车站在设计上不同于普速铁路车站，要求其在“以人为本”设计理念下充分体现“系统性、功能性、先进性、经济性、文化性”，它在车站设计、功能分类、站线设备等方面有其自身特点。

1）高速铁路车站的业务特点

(1) 高速铁路车站只办理客运业务，不办理货运业务。

(2) 在运行途中高速铁路车站不办理行包、邮政托运业务，列车停站时间短。

高速列车牵引重量小，列车定员少，运输成本高，在高速列车上挂运邮车和行包车不经济；因装卸行包而延长旅客列车的停站时间，不符合高速铁路追求最短旅行时间的目的。同时，为保证运营安全，增加行邮业务还需增建相应的行邮通道，这也会增加高速铁路车站的投资建设费用。所以，高速列车在沿途车站不办理邮件和行包托运业务。

2）高速铁路车站的设计特点

（1）突出“以人为本，安全第一”的设计思想。高速铁路车站是一个大量人流集散的场所，其设计要以方便旅客使用为宗旨，从“管理为本”向“以人为本”的思想转变，在设计中要提供多层次的出入通道引导旅客顺畅地进出站。

高速铁路车站的设计不仅需要满足进出站客流“高进低出”的要求，还要尽可能缩短水平流线长度，利用电梯、自动扶梯组织竖向的立体旅客流线，以加快通行速度、降低旅客旅途的疲劳度。

（2）做好与其他交通方式的协调。高速铁路是一种大运量的运输通道，为充分发挥高速铁路的效能，需要城市内部各种交通工具能快速地为高速铁路车站运送和疏解客流，实现高速铁路车站在城市中“交通转换平台”的作用，使高速铁路与普速铁路、城市轨道交通、轻轨、公交、出租车等交通方式形成协调运作、优势互补的交通体系，从而成为能够向旅客提供便捷、高效的一体化运输服务的城市综合型交通枢纽。

因此，在高速铁路车站的总体布局上要充分考虑车站与城市总体规划、车站与城市交通规划、车站与既有客站的合理分布及分工等的相互配合，最大限度地集散客流。由于高速列车的到发间隔时间短、车站到发客流量大，在具体的设计中，要统筹考虑城市交通—进出站—上下车整个旅客流线的顺畅，避免客流通道交叉干扰，以加速旅客进出站的过程，贯彻方便旅客出行的基本原则。

3）高速铁路车站站场布置图

高速铁路车站站场布置图按车站类型可以分为越行站布置图、中间站布置图、始发终到车站布置图等。

（1）越行站布置图。越行站指只办理高等级（速度较快的）列车越行跨线的低等级（速度较慢的）高速旅客列车而设置的车站；其主要办理正线各种旅客列车的通过作业，办理待避列车进出到发线、停车待避，不办理客运业务，原则上可以不设置站台（其布置图如图2-4所示）。

因不办理旅客乘降作业，故只需设置两条待避到发线。设置两条到发线，正线Ⅰ、Ⅱ办理高速列车通过，到发线3、4办理速度较慢列车待避，原则上不设站台。

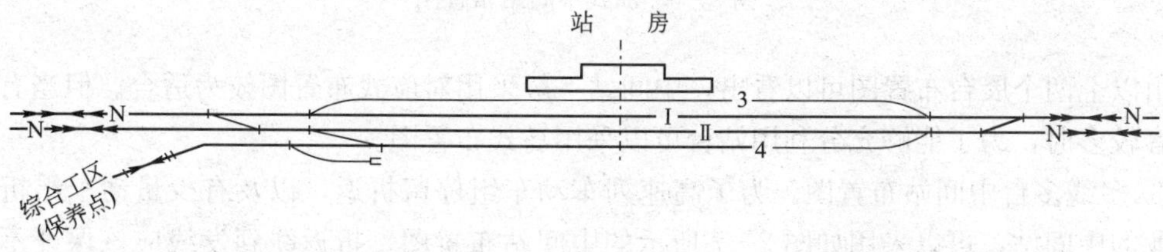

图2-4　越行站布置图

（2）中间站布置图。中间站是位于高速铁路上主要办理客运业务的车站，主要办理以下作业：①办理正线上高速、跨线旅客列车停站或者通过、越行作业；②办理停站旅客列车的客运业务，包括列车进出到发线、旅客上下车、跨线旅客列行车待避本线旅客列车；③少量旅客列车夜间折返停留，包括客运整备作业、动车取送作业；④在综合维修区有岔线的中间站，除办理上述作业之外，正常情况下在“天窗”（车站按计划定期维修时间）时间内还需负责办理检测和维修列车进出正线的作业。特殊情况下，须按调度指挥中心指令办理维修列车进入某方向的正线。

中间站布置图主要有三种。

① 对应式中间站。两个站台夹4条线，Ⅰ、Ⅱ道为正线，3、4道为到发线。考虑到办理交汇的可能，故设置两条停车待避用到发线。这种布置图的优点是站台不靠近正线，当高速列车自正线通过时不影响在站台上旅客的安全，站台的安全退避距离不需要加宽，因此可以节约相关费用。如客运量较大的某个方向需要办理两列车的停站待避列车时可以增加一条到发线，如图2-5中虚线所示。

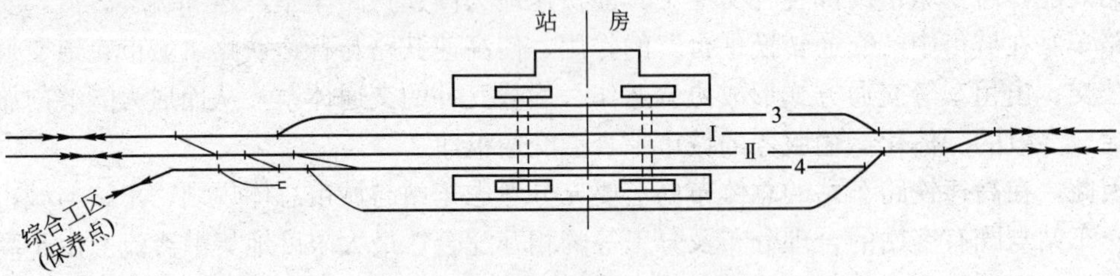

图2-5　对应式中间站布置图

② 岛式中间站（见图2-6）。中间站台靠近正线，Ⅰ、Ⅱ道正线为高速列车通过线，3、4道为待避线。缺点是：列车在正线停靠站台时，影响后续追踪列车通过，降低区间通过能力；站台需要加宽以保证旅客安全，并需设置防护栅栏。一般适应于中间站。

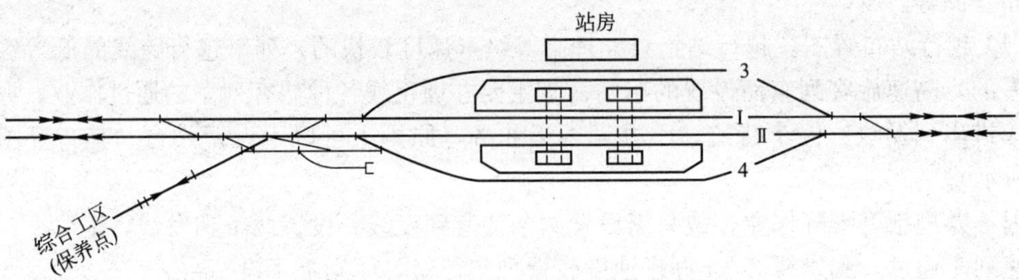

图2-6　岛式中间站布置图

由以上两个展台布置图可以看出，中间站一般采用对应式布置图较为适合。但当有停站的旅客较多时，为了能够充分利用站台可以采用岛式布置图。

③ 多线多台中间站布置图。为了高速列车动车组停留折返，以及有少量动车组折返停留作业的中间站，可以采用如图2-7所示的中间站布置图。折返线到发线应该保证不切割车站正线的原则进行设置。

为了便于高速铁路线路设施设备的维修养护，在高速铁路沿线的车站通常根据公务、电务、供电工区等的分布，设置综合维修工区。位置尽量与车站的到发线相衔接，一般以维修设备等机车车辆出入车站，必要时为了不影响咽喉区段的通过能力可以用跨线桥引入车站。

4）始发终到站（或大型通过枢纽车站）

这类车站设置在高速铁路的起点或终点，位于特大型城市的铁路综合枢纽，主要办理始

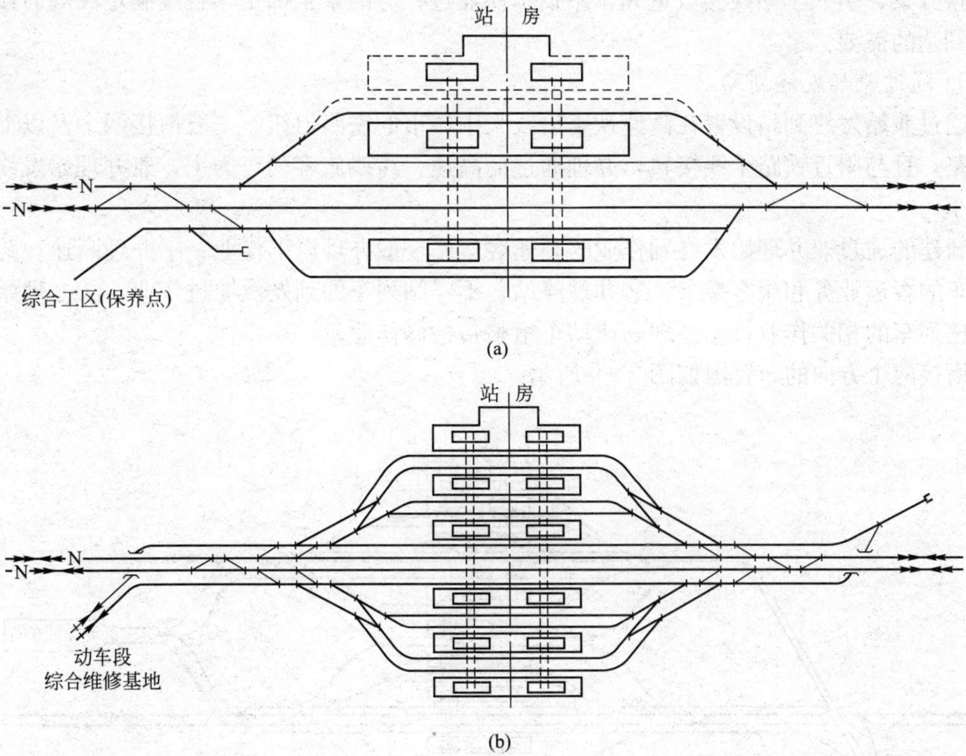

图 2－7　多线多台中间站布置图

发终到以及有大量高速列车折返作业。新建高速铁路始发终到客运站办理的作业有以下几项：① 办理高速列车的客运业务；② 办理高速列车的始发、终到，以及动车组取送和折返作业；③ 办理动车组列车整备以及检修作业。

新建的高速始发终到站的布置图如图 2－8 所示，基本上没有不停站通过的列车作业，列车正线与到发线之间可设置中间站台。

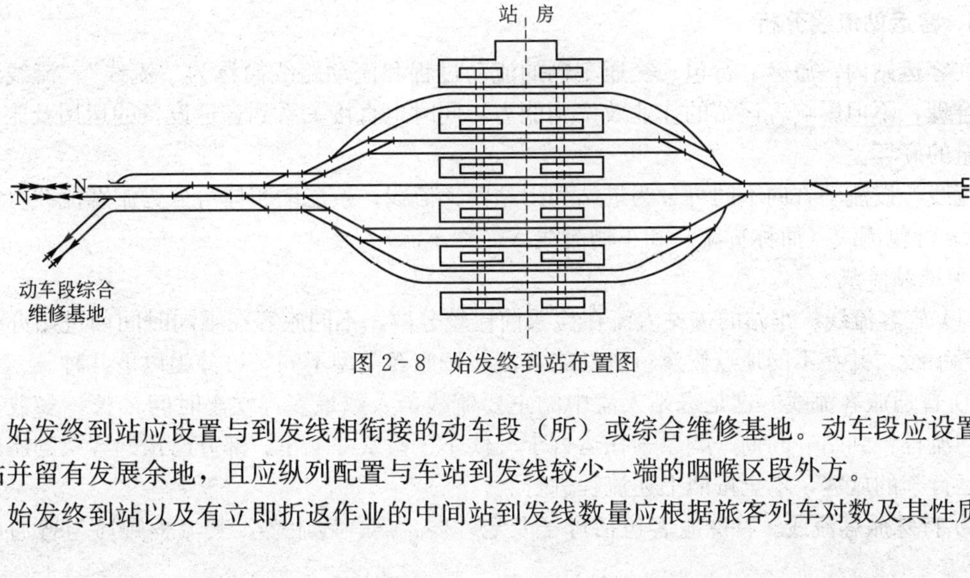

图 2－8　始发终到站布置图

始发终到站应设置与到发线相衔接的动车段（所）或综合维修基地。动车段应设置靠近车站并留有发展余地，且应纵列配置与车站到发线较少一端的咽喉区段外方。

始发终到站以及有立即折返作业的中间站到发线数量应根据旅客列车对数及其性质、列车开行方案、引入车站线路数量和车站技术作业过程等因素来确定，且应满足高峰时段列车密集到达的需要。

5）通过兼始发终到站

通过兼始发终到站设置在高速铁路沿线大中城市的铁路枢纽，一般衔接两个及以上的高速铁路，且与附近铁路干线接轨，办理通过的高速、跨线旅客列车为主，兼办理始发终到高速列车。

新建的通过兼办理始发终到作业的高速客运站一般办理以下作业：①办理高速、跨线旅客列车的客运业务和旅客换乘；②办理停站、不停站列车的到发及通过作业；③办理始发终到高速列车的相关作业；④办理高速动车组整备检修作业。

衔接两个方向的布置图如图 2－9 所示。

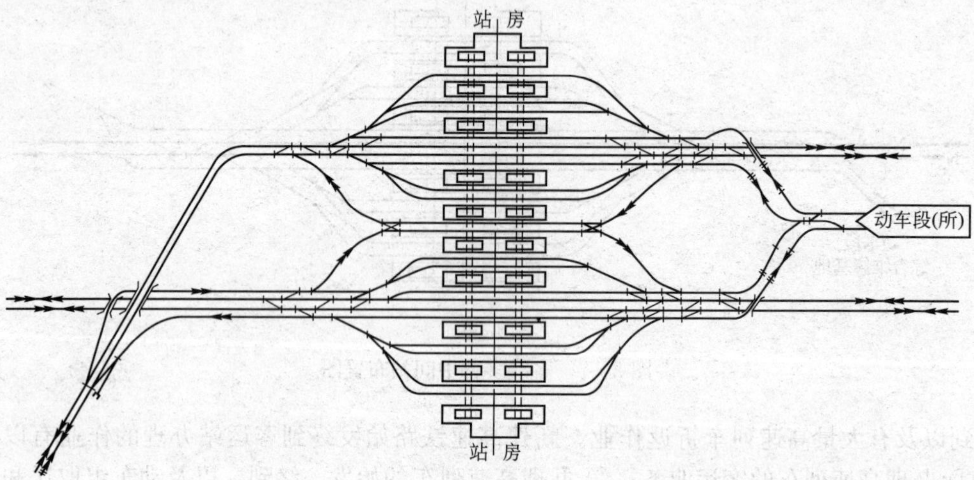

图 2－9　衔接两个方向的布置图

2.1.2　客运站流线及其疏解

1. 客运站流线分析

在客运站内，旅客、行包、交通车辆的流动过程和流动路线简称为“流线”。流线组织是否合理，不但影响客运站的作业效率和能力，同时也直接关系到客运设备的运用及旅客服务质量的好坏。

流线，按流动方向不同可分为进站和出站两大流线；按流动实体可分为旅客流线（简称人流）、行包流线（简称货流）和车辆流线（简称车流）。

1）进站流线

（1）旅客流线。车站的进站人流在检票前比较分散，不同旅客在不同时间内进站办理各种旅行手续，并在不同地点候车。进站旅客流线按旅客类型不同又可分为以下几种。

① 普通旅客流线。这是进站人流中的主要流线，人数最多，候车时间较长。多数客流进站的流程：到站—问询—购票—托运行李—候车—检票—上车。部分已预购客票的旅客和不托运行李的旅客，不全按照上述流程进行。

② 特殊旅客流线。特殊旅客包括母子及老、弱、病、残旅客，其流程顺序与普通旅客

相同，考虑其行动不便的特殊性，在中型以上站房均另辟母子候车室和专门检票口，保证他们优先、就近进站上车。此外，在大的客运站也应另辟团体旅客候车室，与普通旅客流线分开，以免延长进站时间。

③ 市郊旅客流线。市郊旅客流线的特点是开车前人流密集到达车站，候车时间短，携带行李简便，持定期票的旅客无须购票，多数是来站后随即检票进站。在市郊旅客多的车站应单独设置候车室和进站口，以便与普通旅客流线分开。

④ 贵宾流线。在贵宾来往频繁的客运站，为保证贵宾的安全和便利应设贵宾室，除设专用通道连通基本站台外，还应设置汽车直接驶入基本站台上车的通道。贵宾的出、入流线应与普通旅客流线分开。在个别情况下，为举行仪式，并创造与群众见面和夹道欢迎的条件，贵宾室要连通站房大厅。

⑤ 中转旅客流线。中转旅客根据换乘时间的长短，有的办理签票后即在候车室休息，随普通旅客检票进站；有的不出站在相应的站台上即换乘列车。

在进站旅客流线中，如旅客事先买好了预售票或事先托运好行李，就可在临开车前进入候车室或直接进站上车。这样可简化旅客进站手续，减少客流交叉，减少站内旅客最高聚集人数。因此，扩大预售车票和办理行包接取、送达业务，将有利于客运站的客运组织工作。

(2) 行包流线。行包流线分发送和中转两种，具体流线如下。

发送行包流线：托运—过磅—保管—搬运—装车。发送行包流线应与到达行包流线分开。

中转行包流线：中转行包流线根据中转车次衔接情况、中转作业量的大小和有无中转行包库房等情况的不同则有所不同。有时行包到达后暂时存放在站台上，并在相应的站台上直接换装；在某些情况下，则需预先搬运至发送仓库或中转行包仓库，再按发送行包处理。

行包托运处要接近售票房和候车室，与停车场要有方便的通道相连。大型客运站应设专门的行包地道，将客流与行包流完全分开。

2) 出站流线

(1) 旅客流线。出站旅客流线的特点是人流集中，密度大，走行速度快。在平面布置上应考虑通畅便利，使出站旅客迅速出站，并在站前广场迅速疏散。

出站旅客流线比进站旅客流线简单，旅客办理手续少，使用站房时间短。一般情况下，普通、市郊、中转旅客均在一个出站口出站。当市郊旅客流量较大时，也可单独设置市郊旅客出站口。

(2) 行包流线。到达行包的作业流程顺序是卸车—搬运—保管—提取。这条流线应尽量与发送行包流线分开。行包提取处应靠近旅客出站口，大型客站应设置专用行包地道。

(3) 车辆流线。车辆流线是指站前广场上的公共交通车辆、出租汽车、小汽车、邮政、行包专用车辆及非机动车辆等流线。

2. 站内流线组织原则

(1) 各种流线避免互相交叉干扰。尽量将到客流与发客流分开，将长途与市郊客流分开，将客流与行包、邮政流分开，将到达行包与发送行包流线分开。在通勤职工较多的车站，还应考虑把通勤职工出入口与旅客出入口分开。

(2) 最大限度地缩短旅客走行距离，避免流线迂回。首先，应缩短多数旅客的进站流线，尽量把站房入口与检票口之间的距离缩短；其次，要给其他需求不同的旅客创造灵活条件，以便他们都有可能按照自己的程序，以较短的流线进站。

3. 流线疏解的基本方式

1）在平面上错开流线

在平面上错开流线即站房及各种客运设备的布局使各种流线在同一平面上左右错开，自成系统，达到疏解的目的。为配合站前广场的车流组织，通常将进站客流安排在站房的右侧，出站客流安排在站房的左侧，如图 2－10 所示。这种方式适用于中小型或单层的客运站。

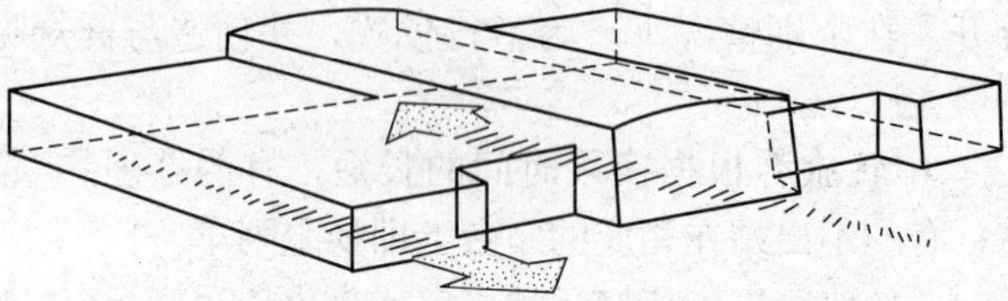

图 2－10　进出站流线在同一平面上错开示意图

2）在空间上错开流线

在空间上错开流线即进出站客流在空间上错开，进站客流走上层，出站客流走下层，达到疏解的目的，如图 2－11 所示。此种流线疏解方式不但避免了各种进出站流线在站房内的交叉，方便了进出站客运组织，而且在站场内及站前广场上各种流线的交叉也得到了很好的疏解。这种方式一般适合于线侧式大型双层客运站房。

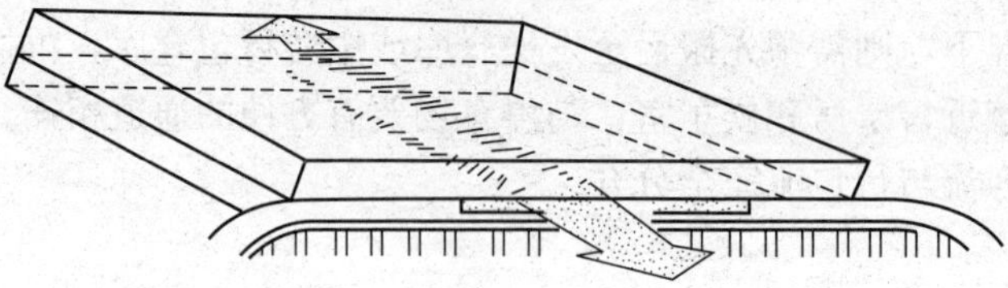

图 2－11　进出站流线利用空间错开示意图

3）在平面和空间上错开流线

在平面和空间上错开流线是指既在平面上错开又在空间上错开。进站客流由站房右侧下层入站，经扶梯进上层候车，然后经天桥或高架交通厅（检票厅）检票上车；出站客流经地道由站房左侧下层出站。上下各层一般也设有多条平行通道，供不同去向的旅客或行包、邮政通行，如图 2－12 所示。这种方式不但流线明显分开，而且流线距离也缩短，适合于大型双层客站。特大客运站如北京、上海等站就采用这种方式达到流线疏解的目的。

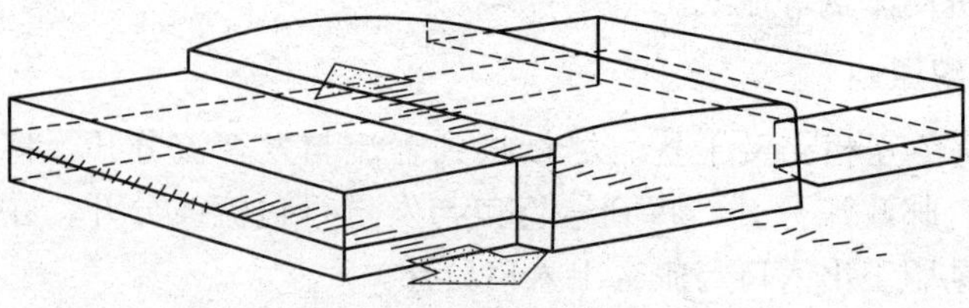

图 2－12　进出站流线在平面和空间上同时错开示意图

2.1.3 铁路客运站设备

1. 旅客站房

站房是客运站的主体，站房的设计应按照客流量的大小、客流特点、线路布置、地形高度、地质条件及城市规划等因素，合理组织各种流线，并力求减少旅客的多余走行。为旅客服务的各项设施，应布置紧凑、合理，避免干扰。

1）旅客站房的分类

旅客站房的建筑规模主要根据设计年度的旅客最高聚集人数（或高峰小时发送量）来设计，如表2-1所示。

表2-1 铁路旅客车站建筑规模的分类

铁路旅客车站建筑规模	普速铁路车站	高速铁路车站
	最高聚集人数 H/人	高峰小时发送量 P_H/人
特大型	$H \geqslant 10\ 000$	$P_H \geqslant 100\ 000$
大型	$3\ 000 \leqslant H < 10\ 000$	$50\ 000 \leqslant P_H < 100\ 000$
中型	$600 < H < 3\ 000$	$10\ 000 \leqslant P_H < 50\ 000$
小型	$H \leqslant 600$	$P_H < 10\ 000$

旅客最高聚集人数是铁路客运站全年上车旅客最多的月份中，一昼夜在候车室内瞬时（8～10 min）出现的最大候车（含送客）人数的平均值。

从目前铁路的发展情况看，站房规模确定还应考虑效率等因素。因此，现代铁路客运站建筑规模，应根据旅客最高聚集人数（或日均旅客发送量）和高峰小时乘降量（高峰小时客流量）共同确定。高峰小时乘降量（高峰小时客流量）是在节假日或上下班高峰时段客运站每小时到发旅客量。

特大型及大型客运站、普速铁路客运站站房面积可以按最高聚集人数乘以人均占用面积指标（3.5～4.5 m^2/人）设计。高速铁路等新型铁路客运站站房按最高聚集人数乘以1.5 m^2/人设计候车室面积（贵宾室除外），并根据高峰小时乘降量计算通道宽度、售检票设施数量等。站房建筑面积根据需要确定，范围为10 000 m^2 以上。中型客运站一般为地区级城市、旅游城市，普速铁路客运站站房面积通常按最高聚集人数乘以3.5 m^2/人计算，也可根据需要确定，范围为2 000～10 000 m^2。小型客运站一般为县市级城市客运站，站房建筑面积一般在2 000 m^2 以下。

2）旅客站房的位置

旅客站房是旅客办理购票、托取行包及候车的场所，是站前广场与站场相连接的中枢。在设计和布置客运站房的各项设备时，要满足下列要求。

（1）旅客站房的位置应与城镇规划、车站总体布置相结合。通过式客运站的旅客站房一般应设于线路靠居民区的一侧；尽端式客运站的旅客站房一般设于站线尽端，有条件时也可将旅客站房设于线路一侧。

（2）旅客站房尽量设在车站中部。如因城市规划和地形、地质条件的限制时，可做适当的偏移。

(3) 旅客站房、行包房及其他服务于旅客的较大建筑物，当布置在线路一侧时，与最近线路的距离在客流量较大的客运站，为 20～25 m；中间站一般不小于 15 m；如地形困难，也可采用较小的距离，但应保持旅客基本站台所需的宽度。

3) 旅客站房的组成及布置

旅客站房包括客运用房、技术作业用房、车站行政用房、驻站单位用房、职工生活用房和建筑设备用房等。其中，客运用房是旅客站房的主体，在站房中所占面积较大，且最直接地为旅客服务。站房出入口、售票处、行李房和候车室等又是客运用房的主要组成部分。

(1) 站房出入口。站房的出口要与站房的入口保持一定距离，以避免进出站人流相互影响。站房出入口的布置形式，一般有以下几种。

① 由于我国城市车辆靠公路右侧行驶，站房的主要入口多设于在站房中部或偏右部，出口多设于在站房左侧或偏左部，如图 2-13 (a)、(b) 所示。

② 站内车场按衔接方向别使用时，尽端式客运站可结合城市交通组织和站前广场设计，在站房的正面或侧面分设两个出站口，如图 2-13 (c) 所示，以减少旅客在站房内外的走行，并减少进出站旅客流向的相互干扰。

③ 特大型客运站可结合主、副站房和主、副广场的设计，在站房中部和左侧设置两个出站口和两个进站口，如图 2-13 (d) 所示。

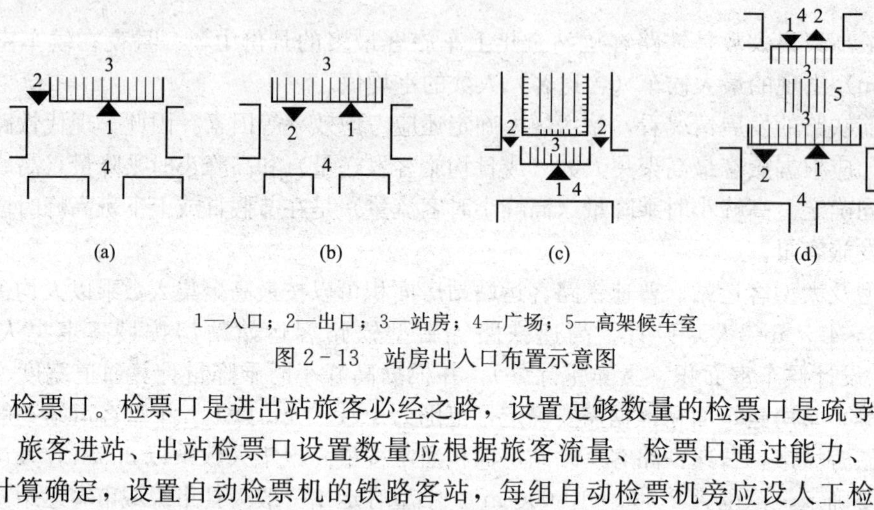

1—入口；2—出口；3—站房；4—广场；5—高架候车室

图 2-13 站房出入口布置示意图

(2) 检票口。检票口是进出站旅客必经之路，设置足够数量的检票口是疏导客流的主要环节。旅客进站、出站检票口设置数量应根据旅客流量、检票口通过能力、候检时间等因素计算确定，设置自动检票机的铁路客站，每组自动检票机旁应设人工检票口。进站检票口与直对的疏散门或通向站台楼梯踏步的距离不宜小于 4 m，与自动扶梯工作点的距离不宜小于 7 m。出站检票口与直对的疏散门或楼梯踏步的距离不宜小于 5 m，与自动扶梯工作点的距离不宜小于 8 m。地下车站出站检票口与出入口通道边缘的距离不宜小于 5 m。进站、出站检票口应满足安全疏散及无障碍通行要求。进站、出站检票口附近不应设置座椅及其他影响排队验票的设施，且进站检票口前供候检排队区域长度不宜小于 15 m，出站检票口不宜小于 7 m。检票口宜根据换乘流线需要采取双向进站、出站检票措施。

(3) 站房进站广厅。进站广厅是旅客进入客运站的入口大厅，起到分配进站客流的站内平面和竖向交通枢纽作用；同时广厅也可兼有问讯、办理票务及各种服务、临时聚集等候等功用。对旅客携带行李中的危险品检测（安检）通常设在这里。广厅要求是一个开敞明亮、视线通透的大空间，一般布置在站房的中心位置，有条件时应上下贯通，让旅客的视线能直达各候车空间甚至站台，使旅客在心理上克服焦虑感。

进站广厅与站舍运输功能用房的不同组合，有以下3种空间组合形式。

① 综合候车厅形式：进站广厅与候车、售票、行包托取厅混成一体，通常在小型客运站舍中采用。

② 综合营业厅形式：进站广厅与售票、行包托取厅混成一体，通常在中小型客运站舍中采用。

③ 进站广厅，独立设置的旅客交通疏解空间，但与候车厅和售票厅紧密连接，起到分配客流的作用，通常在大型以上客运站舍中采用。

铁路客运站中的安全检测设备，设于传统站房进站广厅的入口处。

(4) 站房出站广厅。出站广厅是铁路到达旅客（出站旅客）换乘其他交通工具的分配空间，与进站广厅具有同等重要的地位。

铁路客运站通道采用“上进下出”和“下进下出”的流线方式。出站厅一般位于底层或地下，与进站广厅相比，设计时先天条件不足，比较难设置空透明亮的大跨度空间，而这里却是客运站内部人流最集中、方向最复杂的位置。因此，设计时应利用各种方法加强通过性和导向性，尤以引进自然光线为最佳。出站厅应设置旅客厕所，检票口处应设足够面积的接客缓冲区域。

(5) 售票处。售票处的位置，要根据普通进站旅客流线的流程来确定，通常要求将售票处设在旅客进站流线中最前面且明显易找的地方。它的布置形式，一般有以下几种。

① 售票室直接向综合候车室开设窗口的布置形式。如图2-14 (a)、(b) 所示。这种布置的特点：售票处明显易找，在空间使用上也具备较大的灵活性和机动性，旅客流线行程短。但购票对候车旅客影响较大。因此，当旅客候车时间较短和在客运量较小的设有中型旅客站房的车站上，可采用这种布置形式。

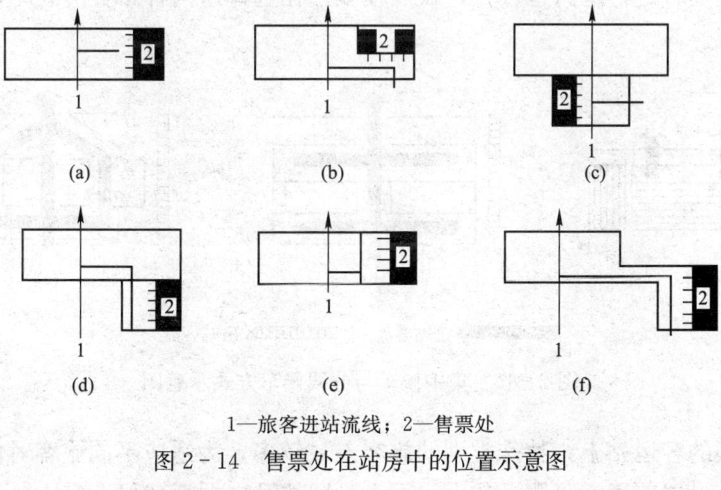

1—旅客进站流线；2—售票处

图2-14　售票处在站房中的位置示意图

② 在营业广厅或在靠近主要入口处设置专门的售票厅。如图 2-14（c）、(d)、(e) 所示。这种布置的特点：旅客购票活动与候车等其他活动互不干扰，图 2-14（c）的布置形式尚需注意厅内人流（主要是指购票旅客与直接进站旅客和直接进入候车室的旅客）之间的相互影响。

③ 在站房之外单独设置售票室。如图 2-14（f）所示。这种布置形式适用于旅客最高聚集人数大于 8 000 人的大型站。采用这种布置形式时，宜用廊道把售票室与站房连接起来，以免旅客有露天流程。

随着售票方式的多样化，集中售票大厅已不是客运站建筑的必需内容。高速铁路和城际铁路客运站可考虑代之以分散在站内各处的人工售票点和设置在进站流线上的自动售票机。

(6) 行包房。在整个站房布局中，行包房的位置是否妥当，对旅客进出站流线与行包流线和车辆流线交叉与否，工作人员管理是否方便，有很大影响。因此，行包房的位置应与站房的其他客运用房和站台、广场密切联系，与跨线设备及运输方式密切配合。行包房的布置形式主要包括：①只设一个行包房，兼办行包的托运和提取业务；②分别设置发送行包房和到达行包房于站房的左侧和右侧。

(7) 候车室。候车室除要求有适宜的候车环境之外，还需与站房的主要入口及检票口有比较便捷的联系，并尽可能临靠站台，以减少旅客检票后的步行距离。候车室的布置形式视站房的规模、客流繁简和布局的需要，可分为以下几种形式。

① 集中候车的方式。如图 2-15（a）所示。这种布置方式使用机动灵活，利用率高。但当客流量较大、旅客性质复杂时，旅客候车秩序较难维持，将影响旅客候车质量，甚至会造成旅客误上其他列车的现象。

② 分线候车的方式。如图 2-15（b）、(c) 所示。这种布置方式的特点与集中候车的布置方式正好相反。因此，在客流量较大、客流性质复杂时，宜采用这种布置方式。分线候车方式可分为横向分线和纵向分线候车布置形式，纵向分线候车方式如图 2-15（c），这种布置形式的特点是旅客走行距离较短，旅客在候车室内无须往返行走，易于维持秩序；横向分线候车方式如图 2-15（b）所示，其布置形式特殊，使旅客走行距离较长，临靠广场一侧候车室的旅客上车时走行距离也较长，缺点较多。在选择这两种布置形式时，应结合站房造型统筹考虑。

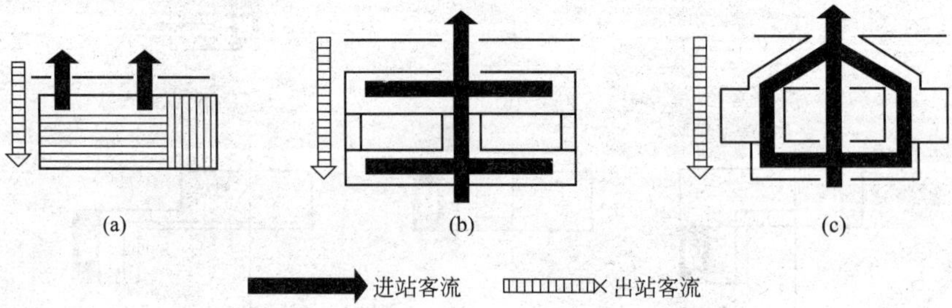

图 2-15　集中候车与分线候车方式示意图

在较大规模的客运站上，特殊类别的旅客人数较多，为适应不同旅客对候车环境和条件的不同需求，应设置普通、母婴、软席、军人、团体及老弱病残候车室。各类候车室计算人数占最高聚集人数的百分率宜符合表 2-2 的规定。

表 2-2　各类候车室计算人数占最高聚集人数的百分率　%

最高聚集人数 H/人	候车室					
	普通	母婴	软席	贵宾	军人（团体）	老弱病残
$H \geqslant 4\ 000$	89.5	3.0	2.5	0.5	3.5	1.0
$4\ 000 > H \geqslant 1\ 000$	94～94.5	3.0	2.5	0.5	—	—
$H < 1\ 000$	99.5～100.0	—	—	0.5	—	—

随着现代客运技术发展和客运组织方式的变化，旅客对候车室的候车功能需求逐渐淡化，随之带来现代客运站候车室设计的变化。

4）高速铁路客运站服务设备

高速铁路客运站为旅客提供的服务设备主要包括票务服务设备、乘降服务设备、候车服务设备、信息服务设备，以及为特需旅客提供的服务设备等。

(1) 票务服务设备。高速铁路客运站在旅客进出站流线上设置自动售票机，并辅之分散在站内各处的窗口售票向旅客提供更加便捷的票务服务。高速铁路票务服务设备主要有自动售票机、自动充值机、自助发票打印机、客运站售票终端窗口机及管理机。

(2) 乘降服务设备。乘降服务的自助性和便捷性决定了高速铁路客运站乘降通道的独立性和乘降引导标志的全面性、系统性。所谓乘降通道的独立性，即客运站要为高速铁路旅客提供专用的活动通道，保证旅客流线的顺畅便利，避免与其他旅客流线交叉干扰；乘降引导标志的全面性和系统性即要求保证旅客能在站内随时清楚自己的方位和去向方位。乘降服务设备有乘降通道设备和乘降引导设备。

① 乘降通道设备。乘降通道主要指旅客在客运站乘车过程中所经过的各种活动路线和场所，突出了“以旅客为本”的设计思想。乘降通道主要包括旅客进站、站内通行、检票上车、下车出站通道。

进站通道。高速铁路客运站要求设置专门的进站通道，与常规铁路进出站口分开，以减少高速铁路旅客流线与普速铁路旅客流线的交叉干扰，方便旅客快速进站。高速铁路客运站在进站广厅的入口处设置安全检查设备。

检票通道。高速铁路客票种类多，可采用自动检票和人工检票相结合的方式完成检票过程。我国高速铁路采用的自动检票机按旅客流动方向分为进站检票机、出站检票机和宽通道检票机（残疾人专用）等，可支持储值卡、非接触式卡或磁卡等票的检票作业。

站台通道。站台通道主要包括站台雨棚和跨线设备。站台空间是客运站最重要、最富有感染力的空间。高速铁路客运站、特大型、大型客运站和一些重要的客运站应采用无站台柱雨棚覆盖，以适应旅客流线的发展趋势，体现“以人为本”的原则；同时，各站台雨棚应设置站名牌、×站台牌号、时钟、照明、扩音器等设备。

高速铁路客运站的跨线设备包括天桥、地道和平过道。跨线设备的配置应根据客运站站型和客流大小、客流性质，以及站台、站房及站前广场的相互位置等因素综合考虑，达到合理的流线组织和不同流线的相互独立。

出站通道。旅客出站通道是客运站内人流最集中、方向最复杂的地方，客运站应该在出站检票口设足够面积的旅客缓冲区域，加强旅客的通过性和导向性。

② 乘降引导设备。乘降引导设备主要是指辅助乘降服务的引导标志。引导标志是定向

信号媒体牌，用于指示客运站服务和交通方式，并使客运站的信号指示一致，包括标志说明图、平面布置图、综合导向标志、导向标志、指示标志、流程标志、非流程标志等。

(3) 候车服务设备。铁路客运站候车服务设备主要指客运站为向旅客提供旅行生活服务、旅行业务办理服务、餐饮购物娱乐服务等设备。

① 旅行生活设备。旅行生活设备主要是为提供旅行生活服务而配备的设备。主要包括生活供给设备、工作或学习设备，以及废弃物回收设备。

② 旅行业务办理设备。旅行业务办理设备是客运站为旅客提供旅行业务办理服务而配备的设备。此类设备主要包括旅客物品寄存处、行包代办业务处，以及综合旅行服务处等。

③ 餐饮购物娱乐设备。餐饮购物娱乐设备是客运站为旅客提供餐饮、购物、娱乐等服务而配备的设备。此类设备主要包括旅行餐饮及购物设备、旅行娱乐及休息设备等。

④ 应急求助设备。应急求助设备是为了处理站内突发的紧急事件，维护站内良好的秩序而设置的设备，包括应急电话、应急售票窗、医药箱、应急中心、求助电话、信息终端、失物招领处、求助台、服务台等。

(4) 信息服务设备。高速铁路客运站信息服务设备主要指车站为向旅客提供信息服务而配备的设备。主要包括综合信息发布设备、综合信息咨询或查询设备、时钟系统，以及广告牌、展台等。

2. 站场

站场是列车通过和停靠的场地，也是旅客和行包的集散地点，站场内应设置站线、旅客站台、跨线设备和检票口等设施。站场的布置应能满足旅客安全上下车、行包的运送和装卸的需要，并能合理组织旅客和行包两大流线。

1) 站线

根据作业要求，客运站需设正线、列车到发线、机走线、机待线等。

(1) 正线。在双线铁路区间客运站上，当客车整备所与客运站纵列布置且位于靠站房一侧时，应将下行正线布置在第二、第三站台之间，上行正线布置在站房对面最外侧。这样，一方面保证了下行货物列车通过正线顺直，运行平顺；另一方面也可使下行客车车底的取送不与正线交叉，第一、第二站台旅客上下车、行包、邮件装卸等作业都较为安全。当客车整备所与客运站纵列且位于两正线之间时，应将下行正线布置在第一、第二站台之间，上行正线布置在站房对面的最外侧。这样可使列车到达、通过与机车出入段、客车车底取送交叉干扰最小，咽喉通过能力也相应增加。

单线区间的通过式客运站，为了使客车车底取送及客运机车出入段与货物列车在正线通过时不发生交叉干扰，其正线位置宜设置在站房对面的车场的最外侧。

尽端式客运站的正线，一般固定在自区间直接引入车站的某一股或两股站台线。

(2) 旅客列车到发线。旅客列车到发线的有效长度应按照远期旅客列车长度并结合站台布置要求确定。客运站到发线长度不应小于600 m，其中部分到发线有效长度应采用650 m，位于三级铁路的客运站其到发线有效长度不应小于550 m。改建、扩建既有客运站，在特别困难条件下且有充分依据时，个别到发线有效长度可采用500 m。仅服务于短途旅客列车的到发线有效长度，应按短途旅客列车的长度确定，其中部分到发线的有效长度，尚应根据有无混合列车、节日代用客车和货物列车的停留确定。旅客列车到发线的数量应根据旅客列车对数及其性质、引入线路数量，以及车站技术作业过程等因素确定。

(3) 货物列车到发线。客运站一般不办理货物列车的技术作业，货物列车沿正线通过车站。当客运站有干、支线接轨或因区间距离长，根据区间通过能力的需要，货物列车在客运站上要办理列车会让、越行或办理其他技术作业时，则必须设置货物列车到发线。旅客列车到发线有效长度满足货物列车所需有效长度，在旅客列车到发线和机走线有富余能力时，可考虑利用部分旅客列车到发线、机走线或正线兼作货物列车到发线用；当上述线路的有效长度满足不了停留列车所需要的长度，而延长其长度又要增加较大的工程量，或线路行车密度较大、货物列车在客运站停留次数较多时，可考虑单独设置货物列车到发线。其设置位置宜远离站房，以减少对客运作业的干扰。

在单线或双线客运站上需单独设置货物列车到发线时，一般设 1 股；当作业量较大和有两个方向以上线路引入时，其货物列车到发线数量可根据作业需要确定。

(4) 机走线和机待线。通过式客运站。在单线客运站上，客车对数一般为 10 对左右，且很少出现客车三交会情况，因此一般可不设机走线和机待线，可利用正线或空闲的到发线走行或停留。

在双线或客货列车对数较多的单线客运站上，机车出入段和调机走行次数较多，且由于客车多集中在早晚密集到发，为保证旅客列车正点运行，一般应设置机走线或机待线。但在初期客货列车对数不多，到发线能力有富余时，也可以不设或缓设机走线。

在尽端式客运站上，一般可不设机待线。但当旅客列车对数较多，为减少调机转线时对咽喉作业的影响，可考虑设置机待线。

机待线的有效长度，一般情况下应为 2 台机车长度加 10 m 的安全距离。

2) 旅客站台

为保证旅客上下车的安全和便利，加快旅客的乘降速度，缩短行包邮件的装卸时间，提高客运站的通过能力，在办理旅客乘降的车站及旅客乘降所的旅客列车到发线旁，均应设置旅客站台。旅客站台的布置随客运站站型的不同而异。

(1) 旅客站台的数量及位置。旅客站台的数量及位置应与站房、旅客列车到发线的布置相适应，站台与线路的相互位置如图 2-16 所示。每两站台之间设 1 条到发线，如图 2-16 (a)、(b) 所示，能保证旅客由一个站台下车的同时另一个站台的旅客上车，加快旅客上、

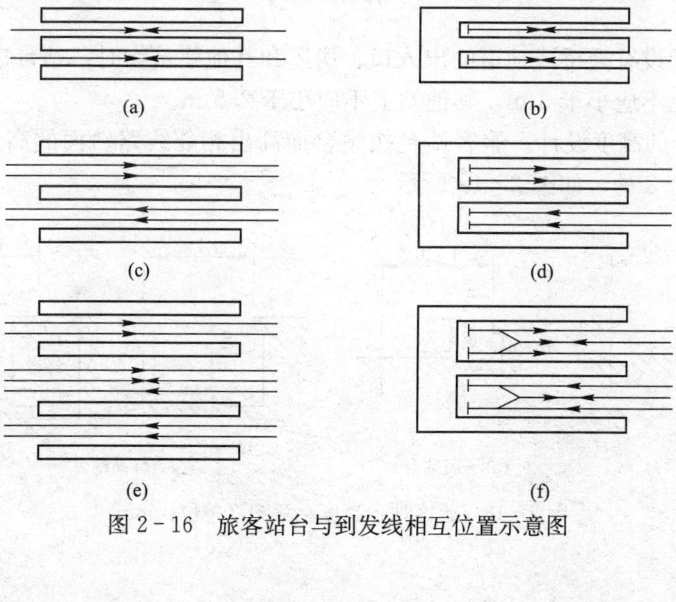

图 2-16　旅客站台与到发线相互位置示意图

下车时间。但当旅客到发线较多时，站台数增多，占地面积大，对列检作业及更换枕木不方便，站台利用率也低，只适用于采用动车组的市郊列车车站。每两站台之间设 2 条到发线，如图 2-16（c）、（d）所示，可克服上述缺点，是一种使用最广泛的布置形式。两站台间布置 3 条到发线，如图 2-16（e）、（f）所示，在通过式客运站上，中间 1 条到发线用作列车通过或机车走行，在尽端式客运站上，中间 1 条到发线仅用作机车走行。

（2）旅客站台的长度设计。客运站的旅客站台长度应按 550 m 设置；特殊困难条件下，有充分依据时，个别站台长度可采用 400 m。仅服务于短途和市郊旅客列车的旅客站台长度，应按短途和市郊旅客列车的实际长度确定。尽端式客运站的旅客站台长度，应较上述规定增加机车及供机车出入的必要长度；其他车站的旅客站台长度，应按近期客流量和具体情况确定，但不小于 300 m。在人烟稀少地区或客流量较小的车站，站台长度可适当缩短。

（3）旅客站台的宽度设计。旅客基本站台的宽度：在旅客站房和其他较大建筑物范围以内，由房屋突出部分的外墙面至站台边缘，客运站宜采用 20～25 m；其他站宜采用 8～20 m；在困难条件下，中间站可采用较小的宽度，但不应小于 6 m。在旅客站房和其他较大建筑物范围以外，不应小于 4 m。

旅客中间站台的宽度：设有天桥、地道并采用双面斜道时，不应小于 8 m；采用单面斜道时，不应小于 9 m。不设天桥地道和雨棚时，单线铁路中间站不应小于 4 m。双线铁路中间站不应小于 5 m，旧站改建困难时，可根据具体情况确定。通常在铁路旅客车站，考虑到地道的必要宽度和行包、邮件、牵引车的回转半径等因素，一般都采用 12 m。如图 2-17 所示。

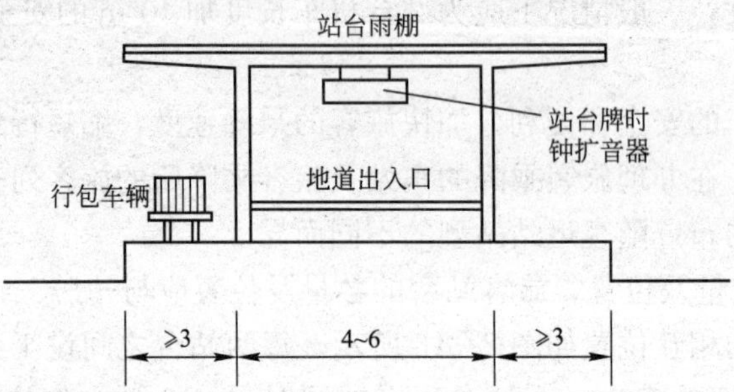

图 2-17　中间站台横断面（单位：m）

旅客站台上如设有天桥或地道的出入口、房屋和其他建筑物时，站台边缘至建筑物边缘的距离，客运站上不应小于 3 m，其他站上不应小于 2.5 m。

（4）旅客站台的高度设计。旅客站台按站台面高出相邻线路轨面的高度，分为低站台、一般站台和高站台 3 种，如图 2-18 所示。

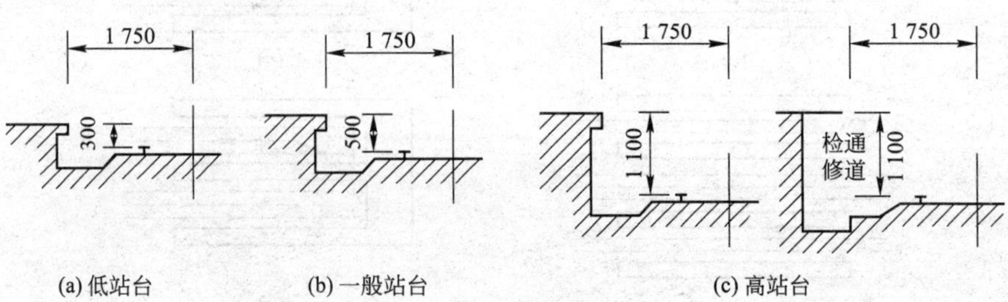

图 2-18　旅客站台高度示意图（单位：mm）

低站台是指站台面高出相邻线路轨面 300 mm。

一般站台是指站台面高出相邻线路轨面 500 mm，与客车车厢阶梯最低的踏步基本相平。方便旅客上下车和行包装卸，受线路养护时抬道的影响较少。但邻靠此种站台的线路不能通行超限货物列车。因此，在邻靠正线及通行超限货物列车到发线的旅客站台应采用低站台。

普通铁路高站台是指站台面高出相邻线路轨面 1 100 mm；高速铁路高站台是指站台面高出相邻线路轨面 1 250 mm，客车车厢底面与站台面基本等高，便于旅客上下车，但不便于列检作业。邻靠高站台的线路不能通行超限货物列车，旅客列车也不能高速通过，故仅在特大型客运站或有动车组行驶的车站上采用。站台面一般采用 1%～3%的坡度向站台边倾斜。

(5) 旅客站台雨棚设置。为使旅客和行包不受日晒和雨淋，并保证旅客安全、方便在站台上行走和乘降，在多雨地区、客运量较大的车站上，需要设置站台雨棚、天桥走廊雨棚、连接进出站检票口的雨棚。地道出入口无论在任何情况下，都应设置雨棚。

站台雨棚设置长度的一般标准为：特大、大型旅客站不小于 550 m，且与站台等长；中型旅客站不小于 300 m；小型旅客站不小于 200 m；站台雨棚的宽度与站台宽度一致；站台雨棚的高度、檐口高度必须符合现行的《标准轨距铁路建筑界限》规定；雨棚内的悬挂物下缘至站台面的高度，不应小于 2.8 m；在二等及以上客运站和新建客运站站台雨棚设置将采用无站台柱风雨棚，以适应旅客流线的发展趋势，体现“以人为本”的原则。

3) 跨线设备

跨线设备的类型、数量和位置对站场内的流线组织起着重要的作用，尤其在大量旅客下车出站时，跨线设备就成为人流疏散过程中的控制地段。

跨线设备按其与站内线路的交叉关系，可分为天桥、地道、平过道；按其用途又可分为供旅客使用的跨线设备和供行包搬运使用的跨线设备。

跨线设备的配置应根据客运站站型和客流大小、客流性质，以及站台、站房及站前广场的相互位置等因素综合考虑，以达到合理的流线组织，保证旅客通行、上下车的安全与便利，以及行包、邮件搬运、装卸作业的安全与便利。

(1) 天桥、地道。天桥、地道是站房或基本站台与中间站台的便捷通道，天桥、地道的设置应使旅客通行流畅，行包、邮件搬运便利并减少跨线交叉干扰。

① 天桥、地道的选择。天桥的优点是造价经济，修建时受水文地质条件影响较少、扩建方便，对行车干扰较少；排水、采光、通风较好。天桥的缺点是升降高度较大，对旅客不便；在站内遮挡列车工作人员视线；斜道占用站台面积较多。地道的优缺点与天桥相反。因此，天桥在使用上不如地道优越，所以一般应优先采用地道。但在具体选用时，还应结合地形及站房的布置等因素综合考虑，如线下式客运站应选用地道，线上式客运站宜选用天桥，当分期设置两个立交设备时，应先修地道后修天桥。修建天桥时，一般设置风雨棚。

② 天桥、地道的设置数量。旅客天桥、地道的设置数量。特大型站不宜少于 3 处，大型站不宜少于 2 处；当设有高架跨线候车室时，出站地道或天桥不宜少于 1 处；最高聚集人数 1 000 人及以上的中型站不宜少于 1 处。

行包地道的设置数量：特大型站宜设 2 处，联系地道宜设 1 处；最高聚集人数 4 000 人及以上的大型站宜设 1 处。

③ 天桥、地道的宽度和高度。天桥、地道的最小宽度和最小净高度应符合表 2-3 的规定。

表 2-3　天桥、地道的最小宽度和最小净高度　　m

名称	旅客天桥、地道				行包地道
	特大型站	大型站	中型站	小型站	
最小宽度	6.0	5.0	4.0	3.0	5.2
最小净高度	2.5 (3.0)				3.0

注：表中括号内的数值为封闭式天桥的尺寸。

(2) 平过道。平过道与线路平面相交，是最简单的跨线设备。

在尽端式客运站上，应在咽喉区的站台端部设搬运行包用的平过道。由于旅客进出站及行包搬运均通过分配站台至中间站台，为减少旅客流线与行包流线交叉，一般组织出站旅客靠接车线一侧出站，进站旅客靠发车线一侧进站，行包房可设在出站检票口一边。若车站到发的行包量很大时，可在站房两端部分设到达和发送行包用的平过道。

在通过式客运站上，行包使用的平过道应布置在站台的两端。客运量较小的车站，由于上下车旅客及装卸行包数量不多，可采用平过道来跨越线路。平过道一般布置在站台中部接近出站检票口处及站台两端部，分别供旅客、行包及工作人员使用。但是平过道不管是从旅客安全还是影响通过能力方面考虑，都有很大弊端，因此在未来的发展中应该尽量避免使用平过道。

供旅客及行包搬运用的平过道，其宽度不应小于 2.5 m。在大中型车站，可根据行包搬运的需要，宜采用大于 2.5 m 的宽度，使 2 辆行包搬运车能同时通行。专为车站工作人员使用的平过道，可适当采用小于 2.5 m 的宽度。

3. 站前广场

站前广场是客运站与城市联系的纽带，是客流、车流和货流集散的地点，是旅客活动和休息的场所。因此，正确了解站前广场的功能，广场与城市规划、站房、站场的关系，以及合理组织站前广场的交通流线，对妥善解决站前广场设计中的各种问题和合理地组织旅客和各种车辆在广场上安全、迅速地集散，具有十分重要的意义。

1) 站前广场的功能

铁路站前广场的功能，与客运站的规模及客运站的具体特点有密切的关系。一般来说，客运站的规模越大，它的功能和组成部分就越复杂。一般大中型客运站的站前广场的主要功能如下。

(1) 集散旅客。通常一列客车载客都在千人以上，因此当列车到发时，旅客就相当集中，尤其是始发、终到列车较多的车站，大量旅客的集结、疏散，需要较大的场地，站前广场首先就是为了满足上述集散要求而设置。

(2) 为旅客提供室外活动场所。旅客除了通过广场集散之外，还利用广场进行多种活动，如短暂休息、购买物品、熟悉车站环境，以及等候亲友、会面接送等；也常常利用广场作为节假日客流高峰时的临时旅客候车的地方，以弥补候车室面积的不足。

(3) 运行和停放车辆。为了集散旅客，广场需要为各种车辆，包括公共汽车、电车、出租汽车、三轮车、团体或专用车、自行车、运送行包的载货车，以及一些非机动车提供行驶和停放的场地。客运站规模越大，车辆就越多，所需的停放场地也就越大。

(4) 布置各种建筑服务设施。为满足旅客的需要，在建造客运站的同时，要安排旅馆、商店等建筑服务设施。从我国目前情况来看，这些建筑设施多数布置在广场周围，因此在设计站前广场时，必须为之提供合适的位置和足够的用地。

2) 站前广场的组成

站前广场主要由旅客活动地带、停车场和服务设施 3 部分组成。旅客活动地带是指人行通道、交通岛、旅客活动平台、绿化带等；停车场是指公共交通车、邮件行包专用车、小汽车，以及非机动车辆等的停车场；服务设施是指旅店、饭馆、邮政局、公共汽车站等。

3) 站前广场的布置

站前广场的布置应根据客流的大小及性质、站房的规模、城市干道的布置、城市交通车辆停车场的分布等因素来考虑。一般应满足下列要求。

(1) 结合城市发展规划、站房规模、地形等情况，合理地确定广场的面积及布局，使广场内各种设施与城市道路及站房出入口有机地结合，保证旅客安全、迅速地疏散。

(2) 充分体现“以人为本”“以流为本”的服务理念和建设原则。方便旅客，尽量缩短旅客进、出站的走行距离。

(3) 合理地组织广场内各种流线，妥善地安排各种车辆的行驶路线和停车场地，尽量避免各种流线本身和相互之间的交叉干扰。

(4) 广场上要人车分流，与站房内旅客进、出流线衔接，配合合理。

(5) 广场内的各种建筑物必须统一整体规划，在建筑形式上要求既突出站房主体，又要与站房协调一致。

(6) 尽量利用广场的立体空间，注意运用广场与车场的地坪高差，使广场向立体化发展。

4) 站前广场的交通组织

交通组织是站前广场规划设计中最关键的问题。要做好站前广场的交通组织，就必须对广场上交通流线的组成及其特点、影响因素等进行认真分析，然后根据交通组织的基本要求，以及客运站的地形和特点，整理出合理的方案。

(1) 站前广场交通流线的组成。站前广场交通流线的组成与客运站的规模、性质有关，但任何广场的交通流线，以流向分，有进站交通流线和出站交通流线；以性质分，包括人流和车流两大部分，小型客运站广场的交通流线简单。

进站交通流的特点是分散的各种人流、车流，由城市道路陆续进入广场，然后，人流逐步汇集在站房入口处进站，其过程一般较为缓慢、持续，流量相对比较均匀；出站交通流则不同，它时断时续，有明显的脉冲性。列车到站时，短时间内有较多数量的旅客从出站口向广场、城市道路迅速疏散。人流密集，车流连续不断，对广场和城市道路的交通影响甚大；出站旅客疏散完了，出站交通流也就趋于低峰至下一次列车到达。所以，它的整个过程是一个很不均匀的、逐步分流的过程。各种人流、车流在广场的流程和流动特点是各不相同的。

(2) 站前广场交通组织的基本原则与方法。

① 力求各种交通分流，尽量减少或避免它们之间相互交叉、混杂。站前广场上的各种交通流线如果混杂不清，彼此交叉，必然导致它们之间相互干扰。人车运行不畅，发生交通

事故的可能性也就越大，特别是当广场交通组成复杂、交通量较大时，矛盾更为突出。因此，要尽可能将各种交通流线分开，使它们各行其道，减少或避免相互的交叉干扰。这是保证广场交通安全极为重要的措施，也是交通组织首要的基本原则。

② 把广场、站房和城市道路的交叉作为一个有机的整体，统一进行组织。旅客经由站房、广场和城市道路集散的流程，是一个连续的过程，广场只是中间的衔接部分，只有把站房、广场、城市道路 3 部分的交通作为一个整体统一考虑，旅客的流线才能和谐连续，才能达到使人流、车流迅速集散的要求。为此，一定要认真研究站房的布局、流线和城市道路交通的状况。

站房的布局集中还是分散，各主要部分的位置怎样安排，站房内部的流线如何组织，都直接影响站房人流和车流出入口的位置和数量，关系到广场上人流、车流的分布，对广场交通组织影响甚大。

③“流”与“停”要分开，车流要尽量靠近旅客和行包的集散点。“流”是指行驶的车流和活动的人流，“停”是指停放的车辆和集结逗留的人群。“流”与“停”的活动特点不同，前者有一定的流动速度和流向，在广场上呈线状分布；后者处于静止或做不规则的缓慢集散运动，成片分布在广场的若干场地上。“流”和“停”如果混在一起，会互相干扰，结果是“流”不畅通，“停”不安全。但两者又必须紧密联系，若相离过远，又会造成使用不便。为此，在组织交通时，既要使“流”与“停”分开，既避免交通流线穿越旅客聚集或车辆停放的场地，又要使两者接近。合理的处理方式是使“流”与“停”相切，即流线要从停车场和人流集散点的边缘通过。

④ 考虑交通的发展和某些特殊的要求，交通组织要有一定的灵活性。站前广场交通的发展应考虑交通量的增长及交通组织的变化。在考虑广场交通组织时，必须预计到将来问题的严重性和今后采取立交或其他组织方法的可能性。例如，旅客中旅游者和通勤职工的比例将会增加；车辆方面，公共交通要发展，车数将增多，旅客中有一些原来乘坐公共交通车辆的旅客，有可能改乘更为灵活方便的出租汽车或专用汽车出入广场等。

2.2 铁路客运站设备能力计算

客运站的设备能力包括客运站咽喉道岔（组）通过能力、到发线通过能力、客车整备线整备能力、候车室候车能力、行包房存放能力、售票室售票能力、跨线设备通行能力，以及出入站口的旅客通行能力。本节主要对候车室候车能力、售票室售票能力、跨线设备通行能力、出入站口的旅客通行能力，以及各自的影响因素和计算方法进行介绍。

2.2.1 候车室候车能力的计算方法

候车室是客运站内旅客数量最多和停留时间较长的地方，是影响客运站能力的关键所在。不同的铁路旅客对候车时的环境和条件有不同的需求，因此我国除小型站房采用综合候车厅外，一般客运站候车室包括广厅、普通旅客候车室、母婴候车室、软席候车室，大中型以上客运站，还设有贵宾候车室或其他（如军人、团体）候车室。因此，在确定车站候车室候车能力时，除计算总候车能力外，还应计算分类候车室的候车能力。

1. 影响候车室候车能力的主要因素

影响候车室候车能力的主要因素有：

① 旅客最高聚集人数（含送客者），这是影响候车室候车能力最主要的因素；

② 候车室的使用面积；

③ 每个旅客平均占用候车的面积；

④ 旅客在候车室内的平均滞留时间。

以上因素不仅与客流性质、旅客成分、城市交通状况、客运站附近的旅客服务设施等有关，而且与站房内部布置、服务设施、检票口设置及其工作组织也有关。因此，在计算时，要根据车站的具体情况分别考虑。

2. 候车室候车能力的计算方法

(1) 候车室需要的候车能力 $N_{候需}$，计算公式为

$$N_{候需}=H$$

或

$$N_{候需}=\sum n_{候需}=\sum H\alpha_i$$

式中：$N_{候需}$，$\sum n_{候需}$ ——候车室、各分类候车室单位时间需要的候车能力，人；

H——该站旅客的最高聚集人数，人；

α_i——各分类候车室旅客的计算人数占该站最高聚集人数的百分率，i 为候车室的分类数，$i=1,\ 2,\ \cdots$，且 $\sum\alpha_i=1$。

(2) 候车室现有的候车能力 $N_{候现}$，计算公式为

$$N_{候现}=M_{候}/W_{候}$$

或

$$N_{候现}=\sum n_{候现}=\sum(m_{候}/w_{候})$$

式中：$N_{候现}$，$n_{候现}$——候车室、各分类候车室单位时间现有候车能力，人；

$M_{候}$，$m_{候}$——候车室、各分类候车室的使用面积，m^2；

$W_{候}$，$w_{候}$——候车室、各分类候车室的使用面积标准，m^2/人。

各类候车室计算人数占最高聚集人数的百分率如表 2-4 所示。

表 2-4　各类候车室计算人数占最高聚集人数的百分率　　%

最高聚集人数 H/人	候车室					
	普通	母婴	软席	贵宾	军人（团体）	老弱病残
$H\geqslant 4\ 000$	89.5	3.0	2.5	0.5	3.5	1.0
$4\ 000>H\geqslant 1\ 000$	94～94.5	3.0	2.5	0.5	—	—
$H<1\ 000$	99.5～100.0	—	—	0.5	—	—

2.2.2　天桥、地道及进、出站口旅客通行能力的计算方法

1. 天桥、地道旅客通行能力

天桥、地道通行能力的计算，其基础条件是该设备为单方向使用，在同一通道内无反向交叉客流，并且旅客在通道内能较正常地通行，不产生阻塞与挤压，该项设备由站台通道与跨线通道两部分组成。两者能力不相等时，应以其限制能力部分的宽度为计算依据。

1）影响天桥、地道通行能力的主要因素

（1）1条步行道的宽度。将天桥、地道能力视为几条步行道能力之和。每条步行道的宽度与旅客性质（空手、提物、背物、扛物、挑物等）有直接关系南、北方的长途、短途及市郊旅客之间都有些差异，但考虑在留有一定余地的基础上，这些差异不被包含进去。

（2）旅客走行速度。旅客进、出站走行速度并不相同，一般旅客进站的走行速度快、密度小，出站的走行速度稍慢、密度大。

（3）每位旅客在通道中占有的前后距离长度。旅客在通道中占有前后之间距离长度不同，进、出站也有差异：进站时分布不均匀，间距差别大；出站时分布较均匀，间距差别小。

旅客在天桥、地道的走行速度，在水平道与斜坡、斜梯道上都不同。计算时以速度最低的斜梯或斜坡为依据。根据对贵阳、成都、西安、南昌、长沙、北京等站的天桥、地道进行实调查发现，进、出站及地区间通道的 v（旅客行走速度）、b（1条步行道的宽度）及 l（每位旅客占用通道的前后间距）差别不是很大，可以用1个数值范围及均值概括。单股步行道通过能力 $n_{步}$（$n_{步}=v/l+1$）的参考数值如表2-5所示。

表2-5 v，b，l，$n_{步}$ 参考数值表

类别 因素	进站		出站	
	可行范围	均值	可行范围	均值
人行速度 v/(m/min)	80～90	83	60～70	65
前后距离 l/m	1.5～3.0	2	1.0～2.5	1.5
1条步行道宽度 b/m	0.85～1.0	0.9	0.75～0.9	0.8
1条步行道能力 $n_{步}$/(人/min)	27～61	42	25～71	44

2）天桥、地道通行能力的计算方法

客运站跨线设备（天桥、地道）的旅客通行能力，无论现有能力，还是需要能力，皆应按进、出站分别计算。当进、出站跨线设备多于1处时，其进、出站跨线设备总能力，应为几座设备能力之和。

（1）天桥、地道需要通行能力 $N_{跨需}$，计算公式为

$$N_{跨需}=A/t$$

式中：$N_{跨需}$——跨线设备每分钟需要通行能力，人；

t——规定到达（或发出）1列车，旅客占用跨线设备的时间，min；

A——在 t 分钟内，进入跨线设备的1列车或几列车的旅客人数。

（2）天桥、地道现有通行能力 $N_{跨现}$，计算公式为

$$N_{跨现}=\sum[(B/b)\cdot n_{步}]$$

式中：$N_{跨现}$——跨线设备每分钟现有通行能力，人；

B——跨线设备的宽度，m；

b——1条步行道的宽度，m；

$n_{步}$——1条步行道每分钟的旅客通行能力，人。

根据 $N_{跨现}$ 的计算公式及 $n_{步}$ 的均值、上限值（见表2-6），可计算出不同宽度跨线设备

的现有通行能力，如表 2-6 所示。

表 2-6 跨线设备现有通行能力参考表

通道宽度/m		2.5	3	4	5	6	7	8	9	10	11	12
进站能力/（人/min）	均值	116	140	183	233	283	326	373	420	466	513	560
	上限值	179	215	287	358	430	502	574	645	717	789	861
出站能力/（人/min）	均值	137	165	220	275	330	385	440	495	550	605	660
	上限值	236	284	378	473	568	662	757	852	946	1 041	1 136

2. 进、出站口旅客通行能力

1）影响进、出站口通行能力的主要因素

我国各客运站检票作业要求基本相同，通过对部分客运站的调查，单个进、出站口检票能力情况如表 2-7 所示。采用自动化检票的客运站时，可另行查定计算。

表 2-7 单个进、出站口检票口能力参考表 人/(min·口)

类别	通过能力范围	通过能力均值
进站检票能力	30～40	35
出站检票能力	32～42	37
出站不检票能力	45～50	47

2）进、出站口旅客通行能力的计算方法

(1) 进、出站口需要的通行能力 $N_{进需}$，$N_{出需}$，计算公式分别为

$$N_{进需}=A_{进}/t_{进}$$

$$N_{出需}=A_{出}/t_{出}$$

式中：$N_{进需}$，$N_{出需}$——进、出站口每分钟需要的通行能力，人；

$t_{进}$，$t_{出}$——进、出站口放一列车旅客的时间标准，min；

$A_{进}$，$A_{出}$——在 t 时间内，通过进、出站口 1 列车或几列车的旅客人数。

(2) 进、出站口现有通行能力 $N_{进现}$，$N_{出现}$，计算公式分别为

$$N_{进现}=m_{进}\cdot n_{进}$$

$$N_{出现}=m_{出}\cdot n_{出}$$

式中：$N_{进现}$，$N_{出现}$——进、出站口每分钟现有旅客通行能力，人；

$m_{进}$，$m_{出}$——进、出站口个数，个；

$n_{进}$，$n_{出}$——每个进、出站口每分钟现有旅客通行能力，人/口。

3. 天桥、地道与进、出站口的能力协调

1）跨线通道能力与进、出站口能力的协调条件

在旅客流线上，跨线通道与进、出站口的旅客通行能力应协调一致，否则将造成流程不畅。其协调条件就是进（或出）站通道能力与进（或出）站口能力相等，即进站的 $N_{跨}=N_{进}$，出站的 $N_{跨}=N_{出}$。

因为：

$$N_{跨}=(B/b)\cdot n_{步}$$

$$N_{进}(或\ N_{出})=m\cdot n$$

故可导出下面的关系式：

$$B=m\cdot n\cdot b/n_{步}$$

或

$$m=B\cdot n_{步}/(n\cdot b)$$

对于每一个 m 值，公式给出的就是一个最低的临界点数值。进、出站口数与通道宽度关系如表 2－8 所示。

表 2－8　进、出站口数与通道宽度关系表

进出站口数/口 / 通道宽度/m	3	4	5	6	7	8	9	10
进站	2.25	3.00	3.75	4.50	5.25	6.00	6.75	7.50
出站	2.02	2.69	3.37	4.04	4.71	5.39	6.06	6.73

2）分析说明

由上面的计算公式及表 2－8 可看出，在旅客进站时，需同时开放几个检票口，取决于进站通道的宽度。一般在通道不足时，以进站检票口作为控制点，使客流不超过通道的通行能力；在旅客出站时，需开放几个检票口，也取决于通道宽度。由于旅客下车后，直接进大通道，若开口不足，就会产生客流积压。因此，旅客在出站时，通道成为控制点，要求开放出站口个数与之适应。

2.2.3　售票房售票能力的计算方法

1. 影响售票房售票能力的主要因素

（1）窗口售票能力。窗口售票能力与发售客票种类，采用的售票方式、售票员业务水平（售票速度），旅客人均购买张数等多种因素有关。对于采用计算机售票的客运站，其售票能力为 180～200 张/(h·口)。

（2）客运站窗口售票张数占全日上车人数的百分比。该数值可根据实际确定。

2. 售票房售票能力的计算方法

（1）售票房需要的售票能力 $N_{售需}$，$N_{售需}$ 计算公式为

$$N_{售需}=A\cdot\varphi$$

式中：$N_{售需}$——售票房每日需要售票能力，张；

A——年最高月日均上车的旅客人数，人；

φ——客运站窗口售票张数占全日上车人数的百分比。

（2）售票房现有售票能力 $N_{售现}$，$N_{售现}$ 计算公式为

$$N_{售现}=m_{窗}\cdot n_{窗}\cdot T$$

式中：$N_{售现}$——售票房每日现有售票能力，张；

$m_{窗}$——售票房现有售票窗口数；

$n_{窗}$——每个窗口平均售票能力，张/(h·口)；

T——售票窗口每日售票时间，h。

2.3 铁路客运机车车辆

铁路运输部门为了运送旅客，必须备有一定数量的技术状态良好的客运机车和车辆。

2.3.1 客运机车

机车是铁路运输的基本动力。由于铁路的车辆大都不具备动力装置，列车的运行及车辆在车站内有目的的移动均需机车牵引或推送。从原动力来看，我国铁路的客运机车分为蒸汽机车（已停用）、内燃机车（内燃动车组），以及电力机车（电动车组）。

1. 蒸汽机车

蒸汽机车作为客运机车已有很长历史。我国蒸汽机车的主要类型有人民型、胜利型。蒸汽机车的牵引热效率低（6%～8%），噪声大，烟尘多，技术速度低，机务人员的工作条件差。目前，蒸汽机车已被取代。

2. 内燃机车

内燃机车的主要类型有东方红型、北京型、东风型和 ND 型。内燃机车牵引热效率高（24%～26%），水的消耗量小，噪声小，烟尘少，对环境污染小，整备时间短，起动、制动、加速快，技术速度高。尤其在水源缺乏和水质不好的地区有显著的优越性，但在陡坡及长大坡道上其牵引功率不能充分发挥出来。

目前，客运内燃机车有 DF_{4D}、DF_9 和 DF_{11} 型。其中 DF_{4D} 和 DF_{11} 型（客运机车）的生产，标志着我国内燃机车的生产已经进入了第 3 代 。大连机车车辆厂已经开始研发以交流传动技术为主要特征的第 4 代内燃机车。对于第 4 代内燃机车的最高速度，根据我国的线路情况，客运列车速度提高到 140～160 km/h；考虑到技术发展的可能性和国际市场的需要，还可以考虑最高速度到 180～200 km/h。

3. 电力机车

电力机车的主要类型有韶山型。电力机车的牵引功率大，速度快，热效率较高（16%～18%），整备作业少，不需上水及燃料，适于长距离运行。电力机车在陡坡及长大隧道地区有一定的优势，在高寒地区工作有较好的可靠性，乘务人员的工作条件也较好。

第 3 代电力机车产品有 SS_4、SS_5、SS_6、SS_7 和 SS_8（主要用于客运），第 4 代电力机车产品的特征是以传动方式来确定的。前 3 代电力机车均为交直传动，第 4 代是交直交传动。我国交流传动技术已经起步，1996 年研制出了第 1 台交流传动电力机车原型车，2000 年 6 月生产出了首批满足商业运营的交流传动高速客运电力机车。

2.3.2 客运车辆

客运车辆是指直接运送旅客或为运送旅客服务的车辆，以及挂在旅客列车中的其他用途的车辆，按车种分有硬卧车、硬座车、软卧车、软座车、高级包间软卧车、行李车、邮政车和餐车等；按车型分有 21 型、22 型、23 型、25 型等单层或双层的车辆。为了满足铁路客运量不断增长的需要，铁路运输部门必须经常保持数量足够、质量良好的客运车辆。我国的铁路客车根据用途的不同，主要有普通客车，如软、硬卧车，软、硬座车及行李车、邮政车、餐车等，还有合造车、代用客车和特种客车。

1. 客运车辆发展概况

新中国成立前，我国没有铁路客车的制造工业，铁路上运用的客车来自国外，数量很少，类型复杂，技术状态落后。例如，Y282 型和 Y284 型木质车（钢骨架、木制外墙板）及 1 型、3 型、5 型钢质车（钢骨架、钢制外墙板）等。新中国成立后，为改变我国车辆的落后面貌，保证完成日益增长的运输任务，成立了独立的车辆部门，改变了过去只检不修或修修配配的局面，装备了一批完整的车辆检修基地；同时迅速发展了车辆制造工业，使我国铁路客车的数量和质量都发生了很大的变化，基本上满足了铁路客运任务的需要。从 1953 年开始，在旧有客车的基础上先后自行设计制造了 21 型、22 型、23 型（与 22 型大致相同）、25 型客车。

2. 目前使用的主型客车

1）直通和管内旅客列车中的客车

在直通和管内旅客列车中，通常包括硬、软席座车，以及餐车、行李车、邮政车等，车体采用全钢型无中梁薄壁筒体焊接结构，有的软卧车和行李车带有中梁。

(1) 硬座车。硬座车有两个封闭式通过台，一个温水循环取暖锅炉室，座椅按 2+3 排列，共有 118～128 个座位。

(2) 硬卧车。硬卧车内分割成 10～11 个房间，每个房间两侧各设上、中、下 3 层铺位，定员为 60～66 人。

(3) 软卧车。软卧车分 RW22 型及 RW25 型软卧车和 RW19 型高级包间软卧车两大类。

① RW22 型及 RW25 型软卧车。车内分别设有 8～9 个包间，每个包间两侧各设上、下两层，共 4 个铺位，定员 32～36 人。车内除有两个封闭式通过台外，还设有走廊。

② RW19 型高级包间软卧车。车内有 8 个包间，但在每个包间内只在一侧布置上、下两层软铺，在睡铺对面设有沙发椅，供上铺旅客休息，还设有衣柜。在每两相邻的包间之间设有一个合用的洗脸室，从包间各自的门能进入并可锁闭。洗脸室内除了洗脸盆外，还有淋浴设备。车厢两端设有厕所、通过台、乘务员室和带有小开水炉的独立温水取暖锅炉室。

(4) 餐车。餐车内设有 12 张餐桌可供 48 人同时用餐。厨房内设有炉灶、蒸饭箱、水箱、水池、冷藏柜、配菜台等。为降温，在车顶上装有天窗及排风扇，侧窗上装有百叶窗。

(5) 行李车。行李车的两侧有两个宽大的双开滑门，车内一端设有行李员办公室、盥洗室、取暖用锅炉室及休息室；车内另一端为行李间，地板上铺有离水木条。

(6) 空调可躺式软席客车。这种可躺式软席客车，使用于长途或城市间的短途运行，定员 68 人。因安装了短圆柱滚珠轴承，其构造速度可达 160 km/h，车内座椅可任意转动以适应旅客不同要求。这种客车设有空气调节装置，无论冬夏，车内可以保持适当的温度和湿度。

2）市郊旅客列车中的客车

市郊旅客列车要求容量大，上下车方便，车内站席位置多，座位少。我国常用的 YZ31 型市郊客车的定员达 240 人。

3）城际列车中的空调双层客车

空调双层客车设计时速为 160 km，全列由 8 辆双层软座车、1 辆双层包房室软座车、1

辆双层软座行李合造车、1 辆双层餐车及 1 辆发电车组成，列车总定员为 1 022 人。各种车内设施齐全，装有单元式空调机组、自动电茶炉、整体玻璃钢洗脸室和厕所、电子信息显示装置、卡拉 OK 音响系统、有线及无线电话系统等。

(1) 双层软座车。双层软座车的两端为中层，中部为上、下两层。一位端设有通过台（与一般客车相同)、配电室、茶炉室、乘务员室和储藏室，二位端设有通过台、2 个厕所（一为坐式、一为蹲式)、洗脸室（开放室）和卫生洁具柜。中部上、下层为客室。上、下层客室长 11 700 mm，其中上层内设 52 个高靠背软座椅，下层内设 48 个高靠背软座椅，中层分别设两对双人高靠背座椅。全车定员 108 人。上、下层客室均采用整体独立灯罩灯，室内光线充足，茶炉室内设 5 kW 电茶水炉。车内两端还装有信息显示仪，中层顶棚内各装有一台空调机。

(2) 双层包房室软座车。双层包房室软座车的两端中层和下层客室布置与双层软座车相同，但上层两侧分别设有双人包房和四人包房各 6 间，中间为走廊。上层包房内分别设有造型别致、乘坐舒适的双人和单人座椅。座椅上方间壁处装有行李架，行李架下方设阅读灯，窗台下设小茶桌。包房顶板上装有日光灯和铝格栅送风口。两端中层的顶棚内各装有一台空调机。全车定员 92 人。

(3) 双层软座行李合造车。双层软座行李合造车的中层一位端设有通过台、洗脸间、厕所、乘务员、配电室和储藏室，二位端设有通过台、行李员室、运转车长室和行李间。中部上、下层为客室，全车定员 66 人。上层客室二位端部设有检乘员室和车长办公室，行李间有楼梯与上层客室连通。行李间两侧墙分别设有两个侧门，行李间载重为 6.6 t，车内安装一台空调机组。

(4) 双层餐车。双层餐车一位端中层设有酒吧间、配电室、电话间和储藏室，二位端中层设有厨房和储藏室。中部上、下层为餐厅，餐椅为双人固定式，可供 60 人同时用餐。酒吧座椅为活动圆凳式。二位端过道尽头（四位侧）开一小侧门，厨房的侧墙上也开有一个小侧门。

餐车端门为双扇摆门，酒吧、餐车的车窗均设部分应急窗。厨房内侧墙上的 3 个大车窗均为可部分打开的车窗，车内安装一台空调机组。

2.3.3　动车组

动车组是不同于传统客运机车、车辆的一种列车，是高速铁路、城际铁路，以及有轨公交系统大力发展的一种客运列车。动车组是由动力车和拖车或全部由若干节动力车长期固定地连挂在一起组成的车组。动车组按动力装置一般可分为内燃动车组和电力动车组两类，其中，内燃动车组按传动方式又分为液力传动和电力传动两种，而电力动车组按电流制又分为直流和交流两种。动车组按牵引动力的分布方式可分为动力分散型和动力集中型。

1. 动车组的发展概况

内燃动车组是由柴油动车演变而来的。初期的柴油动车可以牵引一节或数节轻型拖车。随着柴油机功率的增大，发展到两节动车可以集中同步控制时，便有了双节或多节动车连挂，以及和电力动车组一样的组成方式。电力动车组是电力机车出现后产生的，其功率大于内燃动车组。20 世纪初，英国利物浦至绍斯波特的市郊电气化铁路使用了两端各为一节 440 kW 的电力动车、中间挂有两节拖车的直流电力动车组。1909 年英国伦敦市郊电气化铁路使用了一节 440 kW 电力动车、两节无动力又无驾驶台的拖车和一节设有驾驶台的拖车组成的交流电力动车组。

1964 年在日本诞生了世界上第一条高速铁路线——东海道新干线，运行的是 0 系直流电力动车组，速度达 210 km/h。1991 年开始使用 300 系交流电力动车组，最高运行速度达到了 270 km/h。1998 年 3 月 700 系电力动车组正式投入东京—伯方一线运营。法国的 TGV - A高速动车组自 1990 年 5 月创造了 515.3 km/h 的世界第一速度以后，又继续研制了第三代、第四代高速动车组和部分双层客车。为了适应高速铁路的发展，开行跨荷兰、比利时、瑞士、奥地利诸国的高速客运列车，德国新研制出 ICE - 3 型动车组，于 1988 年年底开始投入法国与荷兰之间的国际联运。

我国动车组的发展分为以下两个阶段。

第一阶段以自主研发为主。各机车车辆制造企业先后研发了不同类型的动车组，并在不同线路和区段上进行了试验性的运营。1998—2002 年研制的动车组如表 2 - 9 所示。

表 2 - 9　1998—2002 年研制的动车组

时间	名称	制造厂	编组	最高速度/(km/h)
1998.05	双层内燃动车组	唐山厂	MC+2T+MC	100
1999.01	单层内燃动车组	四方厂	MC+4T+MC	140
1999.04	“春城”动车组	长客厂等	MC+2T+2M+MC	120
1999.06	“大白鲨”动车组	株机厂等	MC+5T+TC	200
1999.06	“新曙光”内燃动车组	戚厂等	MC+9T+MC	180
2000.07	“神州”内燃动车组	大连厂等	MC+9T+MC	180
2000.09	“蓝箭”内燃动车组	株机厂等	MC+5T+TC	200
2001.07	“先锋”内燃动车组	浦镇厂等	2(MC+T+M)	200
2001.09	“中华之星”动车组	株机厂等	2(MC+T+M)	160
2001.09	“中华之星”动车组	株机厂等	MC+9T+MC	270

第二阶段为引进关键技术，消化吸收，创建自主品牌。我国先后从日本川崎、法国阿尔斯通、德国西门子公司分别引进的先进动车组制造技术，在此基础上创建了 CRH1、CRH2、CRH3、CRH5 共 4 种型号的动车组，为我国第 6 次提速和高速铁路的成功运营打下了良好的基础。

1) CRH1 型动车组

CRH1 型动车组全列编组 8 辆（5 动 3 拖），定员 688 人。其中，一等车 144 人，二等车 524 人。如表 2 - 10 所示。

表 2 - 10　CRH1 型动车组各车定员设置

车号	1	2	3	4	5	6	7	8
车种	MC1	Tp1	M1	M3	Tb	M2	Tp2	MC2
	一等 驾驶动车	二等 中间拖车	二等 中间动车	二等 中间动车	酒吧 中间拖车	二等 中间动车	二等 中间拖车	一等 驾驶动车
定员/人	72	101	101	101	19	101	101	72

2) CRH2 型动车组

CRH2 型动车组全列编组 8 辆，定员 610 人。其中，一等车 51 人，二等车 559 人。如表 2-11 所示。

表 2-11 CRH2 型动车组各车定员设置

车号	1	2	3	4	5	6	7	8
车种	T1C	M2	M1	T2	T1K	M2	M1S	T2C
	二等 驾驶拖车	二等 中间动车	二等 中间动车	二等 中间拖车	酒吧 中间拖车	二等 中间动车	一等 中间动车	二等 驾驶拖车
定员/人	55	100	85	100	55	100	51	64

3) CRH3 型动车组

CRH3 型动车组全列编组 8 辆，定员 600 人。其中，一等车 56 人，二等车 544 人。如表 2-12 所示。

表 2-12 CRH3 型动车组各车定员设置

车号	1	2	3	4	5	6	7	8
车种	EC01	TC02	IC03	BC04	FC05	IC06	TC07	EC08
	二等 带司机室动车	二等 变压器拖车	二等动车	二等坐餐 合造拖车	一等拖车	二等动车	二等 变压器拖车	二等 带司机室动车
定员/人	73	87	87	50	56	87	87	73

4) CRH5 型动车组

CRH5 型动车组全列编组 8 辆，定员 622 人。其中，一等车 60 人，二等车 562 人。如表 2-13 所示。

表 2-13 CRH5 型动车组各车定员设置

车号	1	2	3	4	5	6	7	8
车种	MC2	M2	Tp	M2	T2	Tpb	Mh	MC1
	二等 驾驶动车	二等 中间动车	二等 中间拖车	二等 中间动车	二等 中间拖车	酒吧 中间拖车	二等 中间动车	一等 驾驶动车
定员/人	74	93	93	93	93	42	74	60

5) CRH380 新一代高速动车组

CRH380 新一代高速动车组主要包括 CRH380A/L 型、CRH380B/L 型、CRH380CL 型、CRH380D/L 型。CRH380A 型动车组是由青岛四方机车车辆股份有限公司在 CRH2C 型动车组基础上自主研发的高速动车组，最高营运速度 380 km/h。CRH380A 型动车组为动力分散式、交流传动的电力动车组，采用铝合金空心型材车体结构；采用 6 动 2 拖的编组方式，CRH380AL 型动车组采用了 14 动 2 拖的编组方式。

CRH380B 型、CRH380C 型动车组由长春轨道客车股份有限公司生产，采用 4M+4T 的编组方式，主要配属于哈—大高速铁路。CRH380D 型动车组是由庞巴迪-鲍尔运输装备公司（BST）研发的高速动车组。CRH380 高速动车组技术参数见表 2－14。

表 2－14 CRH380 高速动车组技术参数

动车组类型	CRH380A/L	CRH380B/L	CRH380C/L	CRH380D/L
编组形式	8 辆/ 16 辆	8 辆/ 16 辆	16 辆	8 辆/ 16 辆
定员/人	494/1 027	490/1 004	1 004	494/1 028
最高运行速度/（km/h）	380	380	380	380
最高试验速度/（km/h）	420	＞400	420	420
牵引功率/kW	9 600/20 400	9 200/18 400	19 200	9 600/19 200
动力配置	6M2T/12M2T	4M4T/8M8T	8M8T	4M4T/8M8T
平直道上平均加速度/（m/s^2）	0.39	＞0.4	＞0.4	0.4
350 km/h 时制动距离/m	＜6 500	＜6 500	＜6 500	＜6 100
网络拓扑结构	环形 ARCNET 网	列车总线 WTB	列车总线采用 FSK 形式	分布式

第三阶段为创建中国标准动车组。中国标准动车组是指以中国标准为主导设计制造的高速动车组，具有创新性、安全性、智能化、人性化、经济性等特点。中国标准动车组采用的标准涵盖动车组基础通用、车体、走行装置、司机室布置及设备、牵引电气、制动及供风、运用维修等十多个方面，大量采用中国国家标准、行业标准、国铁集团企业标准等技术标准，同时采用了一批国际标准和国外先进标准，使中国标准动车组具有良好的兼容性能，中国标准动车组进一步增加了主动安全与被动安全措施，列车设计严格遵循安全标准，具备失稳检测、烟火报警、轴温监控、受电弓视频监视等安全防护功能，按照“故障导向安全”的原则，优化了智能化感知系统，能全面监测列车运行状况，实时感知列车状态。

中国标准动车组充分体现了人性化设计理念，进一步优化了旅客界面与司乘界面，在乘车空间、空调系统、行李架设置、车厢照明、无障碍设施等方面做了改善。车厢内二等座椅间距统一加大到 1 020 mm，一等座椅间距统一加大到 1 160 mm，设置不间断的旅客用 220 V电源插座。2016 年 8 月 15 日，我国自行设计研制、拥有全面自主知识产权的时速 350 km中国标准动车组首次载客运行。

2. 高速动车组服务设备

高速动车组服务设备是指在列车运行途中直接为旅客提供休息、娱乐、餐饮等服务设备。其主要包括车厢服务设备、信息服务设备、“人性化”服务设备。

1）*车厢服务设备*

旅客大部分旅行时间是在列车上度过的。高速铁路“以人为本”的服务理念决定了车厢服务必须舒适、优质，配备相应的设备，主要包括客室设备、卫生区设备和吧台餐饮设备。

（1）客室设备。客室主要是满足旅客在列车上休息和娱乐等需求而提供的场所，并在场所内提供相应设备，主要包括座椅、行李架、大件行李存放处、衣服挂钩、垃圾箱、车窗及遮阳幕和冷热水饮水机等。

① 座椅。列车座椅类似飞机座椅，前座上可放下小桌板。座椅可以根据乘客需要进行前后调试，头顶的行李架有紧密的缝隙，抬头便可看到自己的包裹。整排座椅最大旋转角度为 180°。不仅前后排乘客可以面对面交谈，座位方向也可以始终与列车运行方向一致。座

椅分为一等车、二等车座椅。一等车座椅为旋转可调式，每排 2 座+2 座，座位主要包含织物衬套、枕头、扶手、小桌、杂志网、踏板、衣钩等。二等车座椅为旋转可调式，每排 2 座+3 座，座位主要包含织物衬套、小桌、杂志网、衣钩等。

② 大件行李架。在个别车厢为乘客提供了比车厢内行李架纵向高 5 倍左右的大件行李专用货架。

③ 衣服挂钩。衣服挂钩隐藏在车体墙壁上，使用时可将挂钩抠出。

④ 车窗及遮阳幕。客室内车窗均设置为气密构造式固定窗。一等车每列座席对应一个小窗，二等车两列座席对应一个大窗，每个车窗均设有与飞机上相似的遮阳幕，布质的窗帘固定在窗子上，可使用小把手上下调整窗帘位置。每辆车客室内 4 角各设置 1 个逃生窗，在紧急情况下，旅客可使用安全锤破窗逃生。

⑤ 冷热水饮水机。在车厢间，钢质材料制成的饮水机可随时提供乘客需要的冷水或热水。

(2) 吧台餐饮设备。服务设备包括售货柜台、站立用餐桌、单盆水槽热水器、冷藏箱、陈列柜、微波炉、储藏柜、广播装置等。餐饮服务人员在此零售各类食品、饮料，并会通过手推车将食品送到乘客座位上。

此外，高速铁路客运列车内还安设了照明、空调、卫生等设备，主要包括盥洗室、卫生间、小便间。例如，CRH2 动车组在 1、3、5、7 号车各设有 1 个盥洗室，每个盥洗室设有 2 个洗面盆。洗面盆由光电传感器感应控制，自动完成出洗手液、出水、出干燥风的功能。CRH2 动车组在 1、3、5、7 号车端部各设有一个小便间。卫生间厕所分蹲式和坐式两种，均为集便器厕所。各个卫生间设有感应式水龙头、洗手液存放器。

2) 信息服务设备

高速铁路列车信息服务设备主要指高速铁路列车为向旅客提供信息服务而配备的设备。其主要包括车内广播装置、信息显示器、车厢咨询台等。

(1) 车内广播装置。动车组设有车内广播装置，可对旅客进行车内广播及乘务人员间联络。乘务员经常使用的广播装置有：控制放大器，可进行人工语音播放（麦克风）和外部输入端的音源进行广播联络的装置；可呼叫其他广播装置，用于乘务员间联络；自动广播装置，可进行自动语音广播（将内存的自动语音输出）和电台广播（接受 FM、AM 电台广播信号再输出）及通过预先输入的装置进行广播。

(2) 信息显示牌。信息显示牌主要显示列车基本情况信息、列车运行动态信息、列车交通换乘信息等客运业务信息，以及车厢分布指示信息等。

(3) 车厢咨询台。主要通过乘务人员现场解答或旅客通过阅读列车配备的 CRH 列车旅客服务指南、安全须知、CRH 宣传图片、简明时刻表、旅行常识等方式获得所需的信息。

3)“人性化”服务设备

高速铁路列车“人性化”服务设备主要指列车为向特需旅客提供“人性化”服务而配备的设备。其主要包括为重点旅客、VIP、团体旅客提供的设备。例如，一等车内的厕所里有专门提供给残疾人使用的坐便器，坐便器上的垫圈能根据天气和温度变化感应控温。墙壁上有可拉下的婴儿护理台，可以将婴儿放在上面换尿片。在坐便器边，还有为残疾人准备的 SOS 紧急呼叫设施，停车时厕所也可以使用。再如，高速铁路列车向 VIP 旅客提供的商务办公服务等；还有为旅客提供的手机充电、返程票购买等便民服务内容。

此外，为了保证在动车组列车发生意外事故时消防及旅客逃生或旅客发生意外伤亡事故时能保证旅客安全，需要配备安全与应急设备，这是高速列车重要的服务设备，主要包括灭火器、紧急破窗锤、火灾/紧急按钮、紧急用梯子或紧急用渡板、多功能室等。

2.4 铁路客车整备所与动车检修基地

2.4.1 客车整备所

客车整备所是对普速铁路上运营的普通旅客列车车底（非动车组形式）进行检查、修理、整备及停留的场所，是客车日常保养维修的重要基地，其主要任务是办理旅客列车车底的停留、洗刷、清扫、技术检查、改编、修理和整备、吸排污、消毒、卧具及餐残料的准备作业等。

为了保证客车技术状态的良好，客车整备所设置在有大量旅客列车车底的客运始发、终到站，或有大量长途旅客列车的折返站，以及有大量市郊旅客的始发、终到站上，以便对客车进行洗刷、消毒、检查、修理和整备。

旅客列车车底在整备所的各项作业采用定位作业或移位作业两种方式。

(1) 定位方式：旅客列车车底送至整备所后，除改编作业外，一直停留在同一条整备线上进行客车整备和客运整备。客车整备包括对客车的检查与修理；客运整备包括车底外部洗刷、车内清扫、上水、更换卧具、上餐料等，并且在该线等待送往客运站。

(2) 移位作业：旅客列车车底送至整备所后，按作业顺序分别在车底到发场进行待整备，在整备场进行库整备（客车和客运整备）。

1. 客车整备所设备组成

客车整备所由线路、客车外部洗刷设备、客车整备库（棚）、消毒设备，以及其他设备组成。

1）线路

旅客列车车底到达线办理由客运站到客车整备所的接车、车底内部的清扫和部分整备作业，以及个别车辆的改编作业。若为移位整备作业方式时，此线应单独设置。

整备线进行车底的技术检查、不摘车修理、车电检查及部分整备作业。定位作业时，还兼办车底的停留、到发作业。

备用车停留线供备用车（包括替换检修车、临时列车、公务车、卫生车、试验车等）停留之用。

车底出发线供送往客运站待发车底停留使用。按移位整备作业方式时，应单独设置或与车底到达场合并设置。

其他线路包括洗车机线、不良车停留线、临修线、消毒库线、机车走行线、调车线及牵出线等。

2）客车外部洗刷设备

客车外部洗刷分为人工洗刷和机械洗刷两种。在较大型的客车整备所，车底洗刷采用机械化洗车机。洗车时，车底以 3～5 km/h 的速度通过紧靠车厢侧壁高速旋转的刷子，开始时从刷子旁边的管道里向车厢喷洒洗涤液，使车壁上的污垢融化，经旋转的刷子摩擦，污垢顺车壁流下，以 0.2～4 MPa 水压的清水喷向车壁，这样就将车壁和车门洗刷干净了。一套车底的纯洗刷时间为 6～10 min，比人工洗刷效率高，并且大大减轻了工人的劳动强度。这种洗车机在定位作业时，宜设在整备所入口的前方；移位作业时，宜设于到达场与整备库（棚）的连接线上。

3）客车整备库（棚）

当冬季室外计算温度在－22 ℃及以下时，应设客车整备库。其他地区有特殊需要时，经国铁集团批准也可设整备库（棚）。库（棚）内的线路数，一般按整备线总数的 50%设计。在整备库（棚）内主要完成客车的彻底清扫、上水、技术检查及不摘车修理等作业。为此，库内应设有空气管道、水管、休息车间等。库的长度应能容纳整列客车车底的作业，如图 2－19 所示。

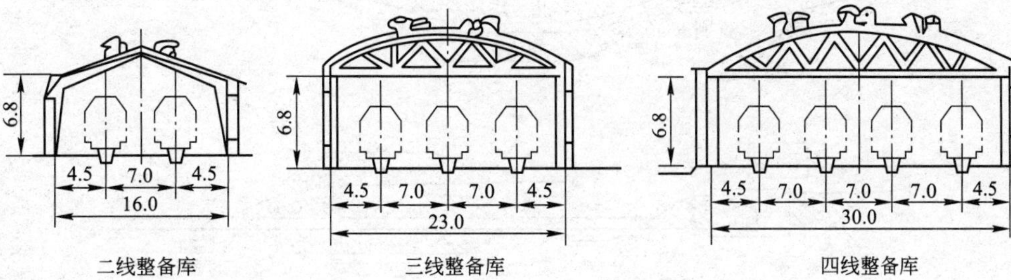

图 2－19　客车整备库（单位：m）

4）消毒设备

客车的消毒及杀虫可在露天消毒线上进行，有条件的整备所应设消毒库。消毒线一般设计为尽头线，与住宅区的距离必须符合卫生标准要求，与其他线路的距离应不小 50 m，并应设在当地常年风向的下风方向。消毒设备应根据需要设置，不必在每个客车整备所均设置。

5）其他设备

其他设备包括照明、电焊线路、蓄电池充电设备、各种技术办公用房及各种风、水、气管道等。

2. 客车整备所布置图

1）定位作业方式布置图

定位作业方式布置如图 2－20 所示。客车车底的到发、检修、整备作业均在到发兼整备场的一条线路上进行。在到发兼整备场的一侧设备用车停留场，洗车机设在整备场的入口处。这种布置对个别客车的摘挂调车作业比较方便，调车作业少，车底整备时间较短。

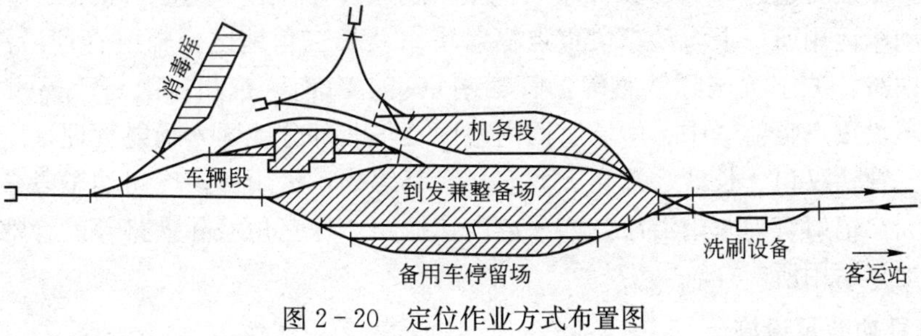

图 2－20　定位作业方式布置图

2）移位作业方式布置图

客车整备所移位作业方式布置如图 2-21 所示。客车车底的到发场与整备场纵向排列，洗车机设在到达场整备场的连接线上，车底作业一般可按下列顺序进行：客车车底由客运站送入到达场，在到达场进行车底检查、改编和清扫，然后车底进入洗车机进行外部洗刷，再调至整备场进行库列检、车底内部擦拭及上燃料、上水、上餐料等。全部作业完成后，车底调送出发场待发，全部作业流水式进行。这种布置对各项作业干扰较少，但调车作业多，整备时间较长。

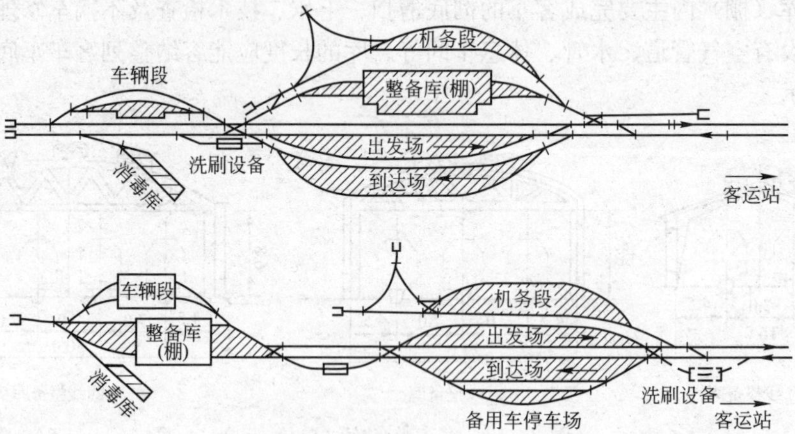

图 2-21 移位作业方式的布置图

2.4.2 动车检修基地

动车检修基地也称动车段，主要为运行于高速铁路或普速铁路的动车组服务，承担动车组除厂修以外的全部维修工程。其规模大、占地多，一般只在起点站和终点站设置。

1. 动车检修基地建设规划概况

根据铁路发展战略部署，依据路网布局及发展规划，结合我国动车组投放、配属和开行方案，原铁道部在北京、上海、武汉、广州建立了 4 个动车检修基地。动车组检修基地设置原则是，立足干线，辐射周边，检修集中，运用分散、科学的设置规模能力，合理地配置检修资源，面向全路，服务全路。围绕着北京、上海、武汉、广州四大动车检修基地，在旅客高度密集的客运站设置 21 个动车组运用所。

北京动车段重点辐射东北、华北及京津环渤海地区，辐射管理京哈、京沪、胶济、石太等高速铁路，环渤海地区，城际铁路等，管辖哈尔滨、沈阳、大连、北京西、石家庄、济南、青岛等动车运用所；上海动车段重点辐射华东及长三角地区，辐射管理沿江通道东段、浙赣等高速铁路、沪宁杭城际铁路等，管辖南京、上海南、杭州、南昌、福州等动车运用所；武汉动车段重点辐射华中、中原、西南地区及华北部分地区，辐射管理京广、陇海东段等高速铁路，管辖汉口、长沙、郑州、西安、成都等动车运用所；广州动车段重点辐射华南及珠江三角洲，辐射管理东南沿海、广深港高速铁路、珠三角城际铁路等，管辖广州东、深圳、三亚等动车运用所。

2. 动车段功能及设施

动车组检修基地具备以下主要功能。

1）动车组管理功能

动车组检修基地具有管理基地、连接周边、辐射全路的整体管理功能，对动车组的使用、技术整备、检修试验及运行安全进行全面管理。通过信息中心的连接作用对动车组调度、整备、运用、维修、配件及设备进行有效管理。

2）检查整备功能

动车组检查整备功能包括整备作业及一、二级检修作业和临修作业。

整备作业主要为运用技术整备及客运整备。其作业内容包含上水、排水、润滑油脂补充、车厢内部清洁、密闭式厕所系统地面接收及处理、车体外皮清洗、车内垃圾收集及转运等。根据需要可进行上砂作业和餐饮、餐料供给。

临修作业主要是处理动车组临时故障，对动车组主要零部件进行扣车修理及动车组不落轮镟轮和各级修程以外的主要设备、零部件的更换，包括转向架、轮对、受电弓、空调设施、主变流器、主变压器等。

3）检修功能

基地动车组的检修以预防为主、检查为主、换件修为主和组装调试为主；以寿命管理方式对动车组进行管理；尽量减少在修时间，提高效率，提高可靠性，提高动车组利用率。动车组换下来的零部件由专业厂商按专业化集中检修方式进行检修。

4）零配件储备及配送功能

基地应设立大型动车组零、配件及备品贮存设施，包括材料库、材料棚、备品库等。零配件及材料备品储备采用立体存储方式，其信息管理纳入动车组信息化系统，并能根据维修信息自动进行配送管理。

5）信息化管理功能

信息化管理包括生产调度指挥、动车组运行管理、现场作业监控、车辆配件寿命管理、车辆配件配送支持、入段检测和车载信息地面接收处理。

此外，动车组检修基地还具备排污处理功能。

为了满足上述各类功能，动车段有以下主要设施。

（1）检查检修库。检查检修库用于完成动车组 1～5 级修程的检修需要。

（2）主要零配件辅助检修设施。其设施能力满足生产需要，布局符合工艺要求。

（3）走行部故障诊断设施。走行线上设置轮对画面诊断装置，动车组从诊断装置通过时，自动检查出轮对滑面的裂纹、磨耗和不圆度，并通过计算机网络将检测数据传输给检修库，动车组入库后进行相应检修。

（4）轮对探伤和不落轮镟轮加工设施。设置轮对检测加工设备，对动车组轮对空心轴进行探伤检查，对故障、尺寸和超线踏面进行不落轮检修。

（5）车体外部自动清洗设施。清洗线采用贯通式，清洗设施两端应满足停放一列车的要求。

（6）集便器排污设施。集便器排污设施采用固定方式，真空管道应布置在工作平台下，其长度应满足列车最大卸污要求并考虑室外排污条件。

（7）主要零部件配送设施。根据检修运用需要完成零部件的储备和配送。

（8）动车段信息管理。动车段信息化系统要以动车组技术管理、生产管理、物流管理、调度指挥、安全监控为主要内容，对动车组各项工作进行全面、实时的信息化管理，通过信息的分散采集、远程诊断、网络传输、集中处理，对各类信息进行实时汇总分析，使各级管理人员及时掌握动车组生产、安全、运行情况，并进行有效管理，科学决策。

(9) 动车组存车设施。存车场能力应满足动车组运营开行需求。

3. 动车段设置原则和要求

(1) 动车段应该设置在距离高速铁路客运站或者大量始发、终到高速动车组列车达到车站附近，以节省动车组出入段时间，并结合城市规划，有利于环境保护。

(2) 动车段与车站的相互位置，可以横向或者纵向布置。纵向布置时，动车组出入段不必折返运行，作业流水线强，可以节省出入段时间；横向布置时，动车组出入段不仅折角，而且还会造成正线交叉。

(3) 高速动车段分布以及规模应该根据高速列车开行方案、数量、担当的交路经过计算之后确定其工作量。一般以配属动车组套数、每日始发、终到的高速列车及其承担的修程等情况来确定其规模。

(4) 在客运站和动车段之间应该有相应的线路（回送线），出入段次数较多时应该避免正线交叉干扰，采用立体交叉的方式进行疏解；出入段次数较少时可以用单线进行连接并采用平面交叉的方式以节约成本。

4. 动车段内设备布置方式

动车段内的主要设备有到发及停留线（场）、检修库、台车检查设备及动车清洗设备等。动车段内设备主要布置方式有以下两种。

(1) 横列式（如图 2-22 所示）。到发及停车线（场）与检修库横向排列具有占地少、作业集中等优点；但是检修车需要折返走行，从而增加了转线作业的费用，并且使得咽喉区有交叉干扰。当出入段的列车数量较少时可以采用此方式。

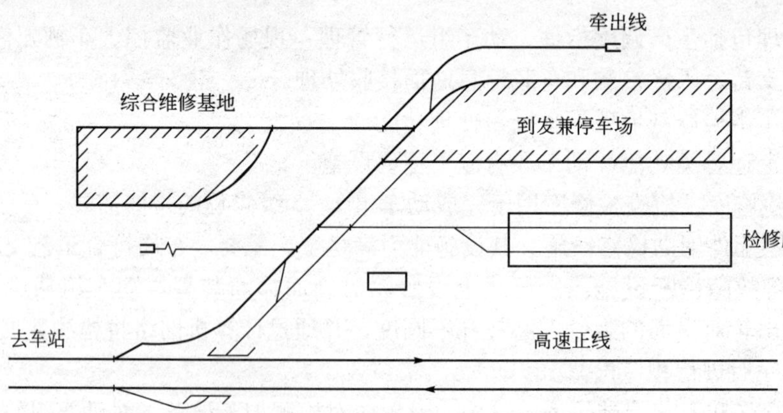

图 2-22　横列式动车段设备布置图

(2) 纵列式（如图 2-23 所示）。到发兼停留车场与检修库纵向排列可节省动车组转线作业时间，转线作业与到发作业互不干扰；但是占地面积较大。当动车组到发列车较多时采用此方式。

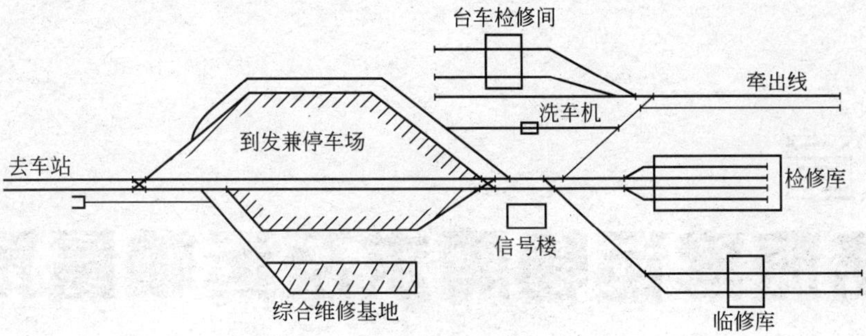

图 2-23　纵列式动车段设备布置图

复习思考题

1. 铁路客运站按基本用途分类分为哪些?
2. 简述客运站设备的分类。
3. 简述客运站布置图的类型、优缺点及其适用条件。
4. 什么是流线概念?站内流线组织原则及流线疏解的基本方式各是什么?
5. 站前广场由哪几部分组成?
6. 影响候车室能力的主要因素有哪些?
7. 影响天桥、地道通行能力的主要因素有哪些?
8. 简述铁路客运机车的分类。
9. 简述动车段功能。

第3章 铁路旅客运输需求及运输量预测

【本章内容概要】

本章主要介绍铁路旅客运输需求及旅客运输市场调查的方法，并简单介绍几种客运量预测的方法。在整个旅客运输市场的组织生产中，无论是旅客运输需求的分析，还是客运量的预测，都是铁路部门编制运营计划、组织运输生产的基本依据。

【本章学习重点和难点】

1. 重点理解旅客运输需求的基本概念。
2. 了解影响旅客出行选择的因素。
3. 掌握铁路旅客运输需求结构分析方法。
4. 掌握客运量的预测方法。

铁路旅客运输的直接服务对象是人，是具有不同旅行需求和不同支付能力的人群构成的旅客。每位旅客的收入水平、出行距离、出行时间各不相同，旅客运输需求的特征因人而异。因此，分析旅客运输需求是运输企业经营管理、产品设计和生产流程组织的前提；市场调查是了解运输需求的常用方法；客运量预测对运输企业来讲与其经营理念、客运设备能力及运输组织水平等有关。

本章对铁路旅客运输需求的特征和结构、客运市场调查的方法和步骤、客运量的预测方法等相关内容加以介绍。

3.1 铁路旅客运输需求

需求与供给是运输市场的两个基本要素。运输需求是运输供给的源泉，也是运输企业规划和配置运输资源、组织运输生产的依据。于是，对运输需求的产生、运输需求的影响因素、运输需求量和结构的分析便成为运输设备配置、运输产品设计和运输生产组织、服务及管理的前期工作。

3.1.1 旅客运输需求概念

旅客运输需求是指在一定时期内、一定的价格水平下，社会经济生活在旅客空间位移方面提出的具有支付能力的需要。运输需求需具备两个条件：一是有购买运输服务的欲望或要求，只有运输需求者有运输需求，运输供给者才有可能去满足这种需求；二是具有购买能力，在一定的价格水平下，购买者的收入水平越高，购买能力越强。

旅客运输需求包括以下 7 个要素。

(1) 运输对象。即旅客自身及其与出行相关的行李，不同旅客在旅行中的需求是有差异的。

(2) 流量。即需求的规模。但需求量与客运量的概念有一定区别，前者是从旅客的角度出发，后者是从运输企业的实绩角度，二者互为影响。

(3) 流向。即旅客发生空间位移时的空间走向。表示客流的产生地和消失地，是旅客运输需求空间结构的重要内容。

(4) 运程。即旅客所发生的空间位移的起始地至到达地之间的距离。在竞争激烈的客运通道上，各种运输方式和产品的市场优劣势常以此为标准划分。

(5) 运速。旅客出行对运输速度方面的要求，一般与其他因素交织在一起，对出行方式和产品选择产生作用。

(6) 运时。即旅客发生空间位移时从起始地至到达地之间所用的时间。

(7) 运价。即旅客出行费用。旅客出行对运输费用的要求和承受力也是发展中国家和发达国家在需求上的明显区别。

旅客运输需求是社会生产和生活中所产生的人员流动需要，需要受支付能力的限制。在旅客运输中，还有一个重要的概念，即运输量，也叫客运量。运输量是在一定运输供给条件下所实现的人员的空间位移量，也是实现了的运输需求。大多数情况下，运输量并不能完全代表社会运输需求；当运输能力满足时，运输量基本上能反映运输需求；当运输能力与运输需求相比不满足时，运输量不能代表社会经济活动对该种运输方式的需求，而仅仅代表由运输供给限制条件下的运输需求量。显然，运输企业通过改进运输设施，提高运输能力，潜在运输需求才会真正地转化为运输量。

3.1.2 旅客运输需求特征

与其他商品需求相比，旅客运输需求具有广泛性、普遍性、多样性、派生性、时空的不均衡性和部分可替代性等特点。广泛性和普遍性是指旅客运输需求在现代经济社会条件下，广泛而普遍存在；多样性是指旅客的需求因人、因时、因地而有所不同；派生性是指旅客运输往往是其他事件的附属品，是实现目标的手段；时空的不均衡性是由地理位置、节假日引起的；部分可替代性则是因运输方式多样而产生的。

另外，旅客运输还具有个别需求的异质性和总体需求规律性等特征。在对旅客运输需求进行研究时，既要掌握不同旅客需求的异质性，也要把握运输需求的市场变化规律，搞好旅客运输市场经营。至于铁路旅客运输需求的特征可以从几个方面描述。

1. 从时间维度看

我国铁路旅客运输需求具有“忙闲不均”的特点。日常以公务、商务客流为主，季节性分布较为均衡；而节假日旅游、探亲、上学、务工客流会出现“井喷”式增长，给铁路运输造成巨大压力。另外，在“十一”长假和春运、暑运期间，中短途、长途旅客都有大幅增长，各类运输产品的需求都呈直线上升趋势；“五一”、端午、中秋节等假期，中短途旅客大幅增长。总之，铁路旅客运输最紧张的时期是春运和“十一”两个公休长假。大量消费者涌向铁路，甚至出现“一票难求”的现象。

2. 从运输距离维度看

我国铁路运输可以划分为短途、中途、长途三类。通常情况下，短途是指运输时间在3 h以内或距离在300 km以内，中途指运输距离在500～1 000 km的范围，长途指运输距离在1 500 km以上的运输距离。我国国土面积大，幅员辽阔，再加上我国仍是发展中国家，具有运能大、成本低、占地少等技术经济特征的铁路，目前在中长途方面占有很大优势。另外，铁路快速城际列车的开行以及其与城市交通的紧密衔接，加大了铁路短途运输的吸引力。随着运行距离的增加，中长途旅客对座席的舒适性要求也越来越高，如对卧铺、餐饮、娱乐、梳洗等需求更强烈。短途旅客在途时间较短，更注重出行的便捷性，关注的是列车到发时间的方便性、灵活性；同时，由于在途时间较短，短途旅客通常不会在列车上用餐，对娱乐等设施要求也不高。

3. 从旅客支付能力维度看

我国铁路旅客需求覆盖低、中、高档消费水平。旅客对铁路客运产品价格的承受能力和支付能力是细分旅客运输需求的基本特征，是影响铁路客运产品设计和经营的重要方面。发达国家运输需求对价格的敏感度相对较弱，人们更加关注的是运输的便捷性与舒适性，但我国客运需求对价格的差异性更为关注，所以我国铁路一直以“大众化”运输定位，采用较低定价策略，如普速铁路客运的基本运价率仅为0.058 6元/（人·km）；随着高速铁路的开通运营，铁路客运产品类型越来越丰富，旅客从价格上有了更多层次的选择空间。总体上讲，铁路客运产品体系能够较好地满足不同需求群体对价格上的要求，普速铁路上产品对应中低档消费层次运输需求，高速铁路上产品对应中高档消费层次的运输需求。

4. 从区域通道维度看

我国铁路旅客需求层次、差异大。铁路运输系统属于全国性网络化运营企业，其经营管理体制按条、块结合划分。由于不同地区和干线所处的社会、经济、人文环境差异较大，其运输需求也就各有特点。我国高速铁路网“八纵八横”和区域化城际圈的网络化规划与建设也正是反映了其客运需求的特性。

一般来讲，铁路干线运输更要符合客运通道上各种运输方式的差异化定位和产品的竞争性，强调铁路运输产品与需求对应性，突出铁路客运安全、准确、迅速、便捷、经济等优势，协调好普速铁路与高速铁路上的产品；在区域内的短途运输要适应与公路运输间的差异性。随着我国区域经济的发展、人际交往的频繁，铁路客运凸显出大运量、规模化经营的优势。总之，铁路运输企业应该从区域性和通道性上系统分析客运需求规律，为产品设计和经营组织提供依据。

3.1.3 旅客运输需求影响因素

旅客运输是一种社会活动。影响旅客运输需求的因素有很多，主要有经济发展水平、人均收入水平、人口数量及结构、铁路旅客运输业的发展情况、运输方式或运输企业之间的替代性、客运价格水平等。各种要素对旅客运输需求的具体影响如下。

（1）经济发展水平。旅客运输需求中的很大一部分属于生产和工作性运输需求，如外出采购原材料、推销产品、学习、参加各种会议等所产生的出行需求。从静态角度看，凡是经济发展水平高的国家或地区，旅客需求数量和质量水平就高；相反，经济发展落后的国家或地区，旅客运输需求水平就相对较低。从动态角度看，经济高速发展期，旅客运输需求就较快增加，大量的人员因生产或工作需要出行频繁；相反，经济处于较低发展期，人们出行的频率相应会降低。

(2) 人均收入水平。在旅客运输需求中，除生产性和工作性客运需求外，一个很大的部分就是生活性客运需求，如探亲、访友、旅游等所产生的旅客运输需求。这些需求与人们收入水平密切相关。随着收入水平的提高，不但一般性的运输需求量增加，需求质量也会提升，而且旅游运输需求及其社会交往方面的出行也会增加。

(3) 人口数量及结构。旅客运输的对象是人，人口的数量和结构变化必然引起旅客运输需求的变化。人口密集的国家或地区，其旅客运输需求量就高；人口稀疏的国家或地区，旅客运输需求量也较低。同时，人口结构对运输需求也产生影响，而且其影响程度比人口数量本身的增加更加突出。例如，因城市人口大都从事于各种工业、商业和服务业等工作，出行频率要比生产单一、集中的农村人口产生更多的需求。因此，人口结构是分析客运需求不可忽视的因素。

(4) 铁路旅客运输业的发展状况。铁路旅客运输业的发展，不仅体现在运输设施的数量增加上，而且还体现在运输服务质量的提高上。如果运输布局合理，运输能力充足，技术性能先进，运输服务优良，就会刺激和诱发大量客运需求；反之，若运输业发展落后，则会抑制运输需求的产生。

(5) 运输方式或运输企业之间的替代性。旅客运输需求存在运输方式之间、运输企业之间的替代关系。如果站在某一运输方式或某一运输企业的角度分析运输需求，就必须详细分析其他运输方式、其他运输企业对自身需求替代程度的大小。为此，要把握本企业、本运输方式的竞争能力和市场占有能力的强弱。

(6) 客运运价水平。生产性出行的旅客，其运费支付要列入企业的生产成本，对企业的经济活动效果产生直接影响。消费性出行的旅客，运价水平高低直接影响他们的生活性开支。因此，在一定条件下，运价提高必然导致旅客运输需求会减少；相反，运价降低则旅客运输需求会有一定的提高。

(7) 其他因素。旅客运输需求还受到国家的经济体制和相关政策的影响，如企业出差报销政策；同时，还会受到诸如个人的出行行为、各地区的风俗习惯、科学技术等因素的影响。

总之，在不同的时期、不同的经济条件下，影响旅客运输需求的因素不尽相同，影响程度也有差异；同时，在各种运输方式竞争下，不同的方式所受的影响方面和程度也不相同，应该针对具体市场情况进行全面分析。

3.1.4　旅客运输需求结构

铁路旅客运输需求结构是站在运输企业角度对旅客运输需求分析的描述方式，是基于一定竞争环境中的铁路所能吸引或承担的客流类型及数量的定量化分析。其中，普速铁路所能提供各种运输产品的服务能力，又能反映其他运输方式的竞争性和客运需求的自然、社会属性。旅客运输需求具有一定的结构，可以按旅客出行目的或出行距离的不同对其进行分类。铁路旅客运输可分为公务、商务、探亲、旅游等，也可分为短途运输、中途运输、长途运输等。

对旅客运输需求结构的分析，可以从历史统计数据中了解铁路所完成的或满足需求的结构性特点，也可以从旅客出行意愿角度了解运输需求结构发展规律，这对运输企业经营都有重要意义。

1. 铁路客流历史数据分布特征结构

铁路客流历史数据反映了已实现的运输需求。如前所述，在运输能力不受限制的条件下，分析历史客流结构更能反映客运需求的规律性。对铁路客流历史数据的分析研究主要从客流的时空分布、客流自然属性，以及运输产品属性等角度进行，具体包括客流按照路段与区域的时间分布、空间分布、运距分布、产品类型分布、席别分布、地域分布等。

1）客流时间分布

客流时间分布包括客流月度分布、周内分布、日间分布、高峰期分布。分析项包括月或日均发送量和周转量、日间各时段的小时平均发送量和周转量。其中，数据项中以发送量（客运量）的分析为主。通过以上分析，可以较准确地了解不同时段的客流分布规律，便于调整月间和高峰期、周各日、日间各时间段、高峰期内各日的客运产品投放数量，并据此编制旅客运输计划和机车车辆等设施的运用和维修计划。

2）客流空间分布

客流空间分布包括重点线路分布、经济区域和管理单位（目前为铁路局集团公司）分布、主要站分布等。分析项包括干线别（按部颁铁路干线表）客流量、周转量和客流密度及其比例关系；经济区域和铁路局集团有限公司别的发送量、周转量及其比例关系；主要站别发送量及其比例关系等。通过以上各项分析，可以较准确地了解客流在不同区域、线路或车站的分布情况，将有限的资源投放到重点区域、重点线路，并据此制定客运计划并协调各区域、各线路的日常运输生产。

3）客流运距分布

客流运距分布主要是了解客流出行距离范围的分布。通过运距分析，可以了解普速铁路客流的运距结构，这对开发新产品、优化铁路产品结构、调整运输组织措施具有参考意义。

4）产品类型分布

产品类型分布主要指客流在各种类列车、席别的分布。通过对产品类型分布分析，可以较准确地了解铁路既有各种类列车开行情况及旅客对不同产品的选择情况，使组织者可以针对客流实际情况配置各类型客运产品，并据此确定铁路客运产品配置形式及配置数量，以及采取相应组织措施。

2. 铁路客流属性特征结构

铁路客流属性特征结构分析是站在铁路的角度，以多种交通方式竞争为背景，从旅客运输需求的客观性和旅客出行选择的主观性出发，研究铁路产品对市场的吸引程度和规律，从而形成铁路客运产品设计思路和经营决策。

1）年龄和性别分布

不同年龄或性别旅客由于消费习惯的不同，其旅行需求和对客运产品的选择是有差别的。如老年乘客更愿意选择铁路，对经济性的要求往往超过年轻乘客，而对速度要求不高；年轻人则更喜欢乘坐快捷的交通工具，对旅行品质有更高追求。当然，这些特点也是随着时间不断变化的，通过不间断的客流调查才能掌握这些需求上的差别。

2）收入分布

居民收入水平是影响旅客选择客运产品的首要因素。不同收入层次的人对其他要素的考虑也存在较大区别。例如，长途客运需求中高收入乘客大部分会选择飞机，低收入旅客会选择铁路；中等收入旅客的选择则因其出行目的的不同而不同。普速铁路条件下，各方向和区域综合运输市场布局中，因各种交通方式提供的产品相对稳定，市场份额基本固定在某一结构上。一般意义上，收入层次仅与因私出行旅客选择有关系；但从我国目前的情况来看，个人收入水平又往往与单位的富裕程度相关联，表现为个人出行方式的选择同单位政策基本是一致的。

3）职业分布

不同职业旅客对出行的需求是不同的。公务员和事业单位人员对综合服务水平要求较高；经商人员、公司职员、自由职业者等对舒适性和快速性要求较高；务工人员对经济性要求较高；学生、军人及较少出行的农民对经济性和方便性要求较高。

4）出行目的分布

出行目的是旅客选择客运产品的重要影响因素。因公出行更多地考虑出行效率，而较少考虑价格；因私出行则随旅客收入水平的不同而存在多样性，其最为看重的因素还是出行费用。当然，我国还存在一些中间地带，如个体工商户的商务旅行、城市旅客日常的通勤旅行，很难界定其是因公还是因私，旅客的选择更具多样性。

通过旅客运输需求结构分析，可以较准确地掌握整个客运市场对客运产品的选择规律，从而利于针对这部分旅客采取营销措施，开发适销对路、市场定位明确的运输产品，制定铁路客运生产计划等。

3.2 旅客出行方式选择行为理论

由交通行为决定交通方式的选择从而确定交通综合网络的观点和方法称为交通行为理论。研究客运交通行为理论则要系统地研究旅客出行的需求、旅客对交通方式的选择和政府交通政策的制定等问题，以及这些问题之间的关系。其中，旅客出行方式选择是交通行为理论的核心问题。交通方式选择行为决定了各种交通方式的分担率，从而影响交通体系结构。客运企业要关注旅客的出行方式选择，了解旅客选择出行方式的依据，据此改变客运产品属性，增加本企业市场占有率。因而，旅客的出行选择行为是客运市场需求分析与预测的重要研究领域。科学研究各种客运方式的市场分担率对于交通发展战略研究和运输政策制定、交通规划设计，以及发挥各种运输方式的综合运输能力都有积极的作用。

旅客出行方式选择问题的研究对象是处于多变的社会经济环境中的人，因而这个问题就显得比较复杂。进入21世纪以来，虽然交通运输仍是政府严格控制的市场范畴，但已逐渐市场化，使得旅客运输结构不断向着以旅客为导向转变。这种发展趋势更要求铁路从客运消费者的角度出发，对旅客的出行选择行为进行更为深入的研究。

3.2.1 交通行为理论基本观点

交通行为理论主要有两个基本观点：一是旅客“偏好”决定交通方式；二是承认交通政策对旅客“偏好”的引导和调节作用。

1）旅客“偏好”决定交通方式

如前所述，旅客出行需求从动机的产生到产品选择受多重因素的综合影响。旅客“偏好”是指由于旅客的收入水平的差别，他们在选择交通方式时往往会根据自己的经济情况对某种交通方式产生偏爱。交通方式选择是旅客根据自己的经济收入水平、出行目的，以及其他属性对交通方式的选择，这一选择既有个性，也有规律。客运组织者要最大可能地迎合旅客的这种选择规律。在供不应求的状况下，旅客的“偏好”受到遏制；在供求均衡的情况下，会造成交通网络流的不均衡分配；而当出现供过于求的时候，乘客的“偏好”会唯一地决定出行的交通工具选择。

2）交通政策引导和调节

政府的交通运输政策会对旅客的出行方式选择产生引导和调节的作用。例如，1985 年我国对铁路短途运输增加运费后，这方面的旅客就不断地向公路转移了。再如，一些发达国家的小汽车鼓励政策，使得私人轿车发展很快；而采取限制政策的国家，这一方面就发展将很慢。交通政策不是指简单的采取某种经济政策来遏制或促进某种交通方式的发展，而是指确定交通投资的分配，这种影响更为显著。

另外，运输企业的公关宣传和营销策略也会对旅客的“偏好”产生影响。例如，满足旅客需求的服务和产品定位、优惠消费者的营销策略也会提升产品的市场竞争优势，这为企业经营开拓了广阔的空间。

3.2.2 影响旅客出行方式选择的因素

旅客的出行方式选择受很多因素的影响，旅客的出行目的、经济收入、所处地方的交通状况等都会对旅客的出行产生作用。而旅客的出行方式选择行为也就像一般的消费者选择行为一样，其研究基础也是微观经济学中的消费者需求理论，旅客运输的消费者即旅客，通常定义为在某个特定时期、某个地域范围对可选方式能够独立作出出行决策的个人。

旅客的出行选择分析一般是在一定的假设前提下进行的，具体假设前提为：①旅客能够对可选方式进行独立选择；②每种可选出行方式都会对旅客提供效用和满足感；③旅客的选择偏好相对稳定；④旅客的选择受到收入和时间预算的限制。

在此基础上，旅客的出行方式选择行为是旅客自主性决策过程，与其本次出行需求的特征有关。

（1）出行特征对出行方式选择的影响。旅客的出行特征包括出行目的、出行距离、出行时间、旅客所处地理环境等。其中，出行目的是客运需求结构描述的重要形式。出行目的虽然多种多样，但对于旅客运输而言，大体上可以归类为出差、旅游、探亲、访友、购物及其他。旅客的出行是各种不同出行目的产生的结果，而出行仅仅是达到这种目的的从属行为，因而不同的出行目的必然会对出行方式的选择产生影响。例如，旅客要马上赶到外地参加商务会议，就可能会选择高速的出行方式（如飞机、高铁等），出行费用都是可以忽略的。又如，当出行距离或出行时间较长时，旅客会更多地考虑飞机和铁路；当出行距离或出行时间较短时，旅客对公路的青睐则更多。旅客所处的地理环境决定了出行方式的选择范围，同样会影响旅客出行方式的选择。

(2) 需求属性对出行方式选择的影响。旅客需求属性，是指从旅客的自身出发来考虑出行方式选择的问题，主要有收入水平、方式偏好、出行时间价值等。

如前所述，收入水平是影响旅客出行方式选择的最重要因素，或者说是限制因素。人们出行，往往希望是最快、最省、最好、最安全、最舒适的方式。在收入水平较低的情况下，旅客往往偏向于选择成本低的出行方式，如铁路、水运等。但随着收入水平的提高，人们便有能力支付较高费用获得便利、快速、舒适的客运服务。表 3-1 中数据就说明了这种趋势。

表 3-1 2000—2018 年我国城镇人均收入与全社会旅客周转量分担率

年份	城镇居民人均年可支配收入/元	全社会旅客周转量分担率/%			
		铁路	公路	水运	民航
2000	6 255.7	36.97	54.30	0.82	7.91
2001	6 824.0	36.24	54.79	0.68	8.29
2002	7 652.4	35.18	55.26	0.58	8.98
2003	8 405.5	34.67	55.72	0.46	9.15
2004	9 334.8	35.02	53.64	0.41	10.93
2005	10 382.3	34.71	53.20	0.39	11.70
2006	11 619.7	34.50	52.77	0.38	12.35
2007	13 602.5	33.42	53.29	0.36	12.93
2008	15 549.4	33.53	53.78	0.26	12.43
2009	16 900.5	31.73	54.40	0.28	13.59
2010	18 779.1	31.41	53.85	0.26	14.48
2011	21 426.9	31.02	54.09	0.24	14.65
2012	24 126.7	29.39	55.32	0.23	15.06
2013	26 467.0	38.43	40.81	0.25	20.51
2014	28 843.9	39.24	38.39	0.26	22.11
2015	31 194.8	39.79	35.74	0.24	24.23
2016	33 616.2	40.24	32.72	0.23	26.81
2017	36 396.2	41.01	29.76	0.24	28.99
2018	39 250.8	41.34	27.12	0.23	31.31

从表 3-1 可以看出，随着人均年可支配收入的增长，铁路、水运旅客周转量分担率基本呈下降趋势，而公路、民航方面周转量都有明显的上升。

旅客的“偏好”是其选择出行方式的重要参考依据，它带有主观感情色彩，特别是在价格、服务水平差别不大的方式间进行选择时，旅客的出行习惯往往起着主导作用。

出行时间价值是一个比较复杂的因素，因为时间价值因人、因事、因时、因地而异。时间价值一般指旅客为节约单位出行时间所愿意支付的运输费用。从更广义的角度来看，如果出行时间的节约能为旅客带来货币形式或非货币形式的收益，当这种收益不仅能弥补所选较快方式与较慢方式间的费用之差而且尚有剩余，这就是出行时间价值的实际体现。旅客的时间价值与其收入水平成正比，并且与出行目的密切相关。

除上述几方面外，职业、年龄、性别等也均属于旅客的需求属性。

(3) 供给属性对出行方式选择的影响。

供给属性讨论的是旅客的外部运输环境特征，主要是分析交通运输部门的供给现状及发展对旅客出行方式选择的影响。旅客面对的运输供给条件不同，则作出的交通方式选择的决策也将有所不同。而这种影响在短期内可以被视作既定不变的；但对于较长的时期，这种影响作用也将发生变化。供给属性包括安全性、舒适性、方便性、快速性、准时性、经济性和可达性等。

世界高速铁路技术的快速发展给铁路企业带来了新的发展机会，改变了世界交通格局。例如，日本东海道新干线建成投入运营后，迫使东京至名古屋航班停飞。法国巴黎至里昂TGV 通车后，使该线国内航班乘客减少了 200 万。20 世纪中叶，西方高速公路和大型飞机的发展一度取代已成为夕阳工业的铁路运输，但是今天高速铁路的发展，又对汽车和飞机提出挑战。在我国也是一样，随着高速铁路和高速铁路的建成并运营，经常会听到火车逼停飞机的新闻，如京沪高铁投入运营后，京沪间民航客流大幅减少，航空公司只好不断降低票价来和高铁竞争。

3.2.3 交通行为模型

在一定的社会经济发展水平和一定的社会运输服务水平下，全社会产生的旅客运输需求是客观存在的，而这客观存在的客运需求将由社会提供的各种运输工具来满足。对旅客的出行方式分析，需要在建立模型的情况下，才能更有效地分析旅客出行方式选择行为。

交通行为模型包括两个方面，即交通方式最优选择的确定和政策引导的定量描述。下面根据交通行为的基本理论，叙述建立定量模型的方法。

1. 交通方式的最优选择

旅客选择交通工具，既有主观的因素，又有客观的因素。模型认为主观因素由两个条件构成，即旅行距离与旅客经济条件；客观因素也包括两个过程，即人们对交通方式的选择首先是选择交通方式的技术特性，然后通过技术特性确定所选择的交通方式。采用层次分析法(analytic hierarchy process，AHP) 模型可以解决这个选择过程。实际上，本模型只是采用了 AHP 法的模型方法：判断矩阵的建立、特征根的解法、总排序的构成等，而没有采用“层次分析”的概念①。首先要建立交通方式最优选择层次结构图（见图 3-1)。将交通距离分为 m 个区段，A_i 为对应 i 区段距离 D_i 的交通方式最优选择。假定旅客出行距离为 D_i，其客流量百分比为 d_i，显然

$$\sum_{i=1}^{m} d_i = 1$$

式中：d_i——A_i 层的总排序权系数，$i=1，2，\cdots，m$。

图 3-1 中 R_j（$j=1，2，\cdots，n$）为在规划期间各年度可比的人均国民收入，n 为规划的年代。对应于 D_i 距离的 j 年的总流量百分数 r_j 就是 R_j 层的总排序权重，显然

① 关于 AHP 法的一般原理不在此赘述，仅对 AHP 的模型方法简要叙述。

$$\sum_{j=1}^{n} r_j = 1$$

因此可以获得 A_i，(D_i，R_j) 层的总排序。对应于每一个 A_i 或 D_i，R_j ($j=1$，2，…，n) 的单排序可以方便地求出，因为 R_j 是确定的量，甚至可以不必建立单排序。

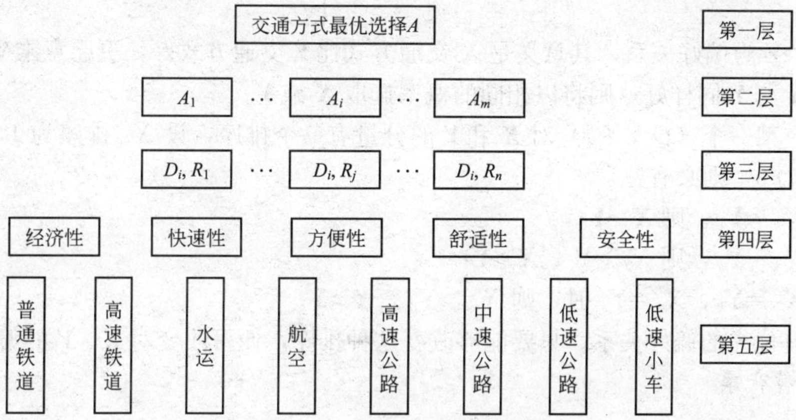

图 3-1　交通方式最优选择层次结构图

一个属于 (D_i，R_j) 的旅客，选择交通方式要经过两个步骤。首先，选择交通方式的技术特性（主要的技术特性为经济性、快速性、方便性、舒适性和安全性等），给这些技术特性适当的权重，这样可以建立技术特性层（图 3-1 中第四层）的单排序和第三层、第四层的总排序。其次根据技术特性指标，确定第五层交通方式的单排序和建立第四层、第五层的总排序，由此确定最优选择 A。用这种方法确定的方案 A 是概括时间、空间的综合，可以认为是总体动态最优。如果对距离的划分做几个方案进行讨论，便可从中探索出最优交通结构在距离上的最优分工，即求得各种交通工具最合理的运距。此外，交通方式也有多种划分方法，这里所述的是以速度、舒适、方便、安全等为划分原则，这可以是方案之一。还可以按路面质量或软硬席等划分。

2. 政策引导的定量描述

上面叙述了用交通行为的基本理论处理交通方式的最优选择问题，它使得交通综合网络的基本结构得到了确定，因而可以计算出各种交通方式的投资比例和基本规划蓝图。

这里要指出的是：交通行为选择交通方式较多地反映了人们的需求，而较少地考虑可行性。这就要求用类似于价格政策方法引导交通行为，使得各种交通工具都获得运能与运量的基本均衡。这也是一种交通政策。下面介绍用定量模型分析这种交通政策的方法。

为了简化说明，这里将交通工具的技术特性简单地分为 3 个级别：①第一级——经济性，用 x_1 表示，单位为 $\frac{1}{\text{平均票价}}$，或采用 $u=\frac{1}{x_1}$（平均票价）；②第二级——快速性，用 x_2 表示，单位为“门到门”的平均运速；③第三级——方便性（包括舒适性、直达性等），用 x_3 表示，单位为“单位时间的发车频率”。

在前面已经采用 (D_i，R_j) 这个符号，对应距离为第 i 个范畴、j 年的人均国民收入。于是对每一个 (D_i，R_j) 可以找到各种交通方式的权重和它们的排序，当改变图 3-1 中第四层的权重时，当然会重新确定第五层的一个新权重和新排序。这就是政策引导的着眼点。

1）有优先权的偏好关系

设有两种交通方式，它们的技术特性向量为 $\boldsymbol{X}$ 和 $\boldsymbol{Y}$，即

$$\boldsymbol{X}=\begin{bmatrix}x_1\\x_2\\x_3\end{bmatrix};\quad \boldsymbol{Y}=\begin{bmatrix}y_1\\y_2\\y_3\end{bmatrix}$$

若记 $\boldsymbol{X}>\boldsymbol{Y}$ 为偏好关系，其意义是 $\boldsymbol{X}$ 交通方式比 $\boldsymbol{Y}$ 交通方式好，更愿意乘坐 $\boldsymbol{X}$ 放弃 $\boldsymbol{Y}$；记 $\boldsymbol{X}=\boldsymbol{Y}$ 为 $\boldsymbol{X}$ 与 $\boldsymbol{Y}$ 同样好，则将以相同的概率选取 $\boldsymbol{X}$ 或 $\boldsymbol{Y}$。

如果对应某一个（D_i，R_j）对 $\boldsymbol{X}$ 和 $\boldsymbol{Y}$ 的分量有一个排序，设 X_k 排序为 1，X_l 排序为 2，X_m 排序为 3，则必有：

(1) 当 $X_k>Y_k$，则 $\boldsymbol{X}>\boldsymbol{Y}$；

(2) 当 $X_k=Y_k$，则 $X_l>Y_l$，$\boldsymbol{X}>\boldsymbol{Y}$；

(3) 当 $X_k=Y_k$，$X_l=Y_l$ 时，则 $X_m>Y_m$，$\boldsymbol{X}>\boldsymbol{Y}$。

这就是有优先的偏好关系。只要能够改变这种排序，便可改变对 $\boldsymbol{X}$、$\boldsymbol{Y}$ 的偏好关系。

2）边际替代率

交通工具的技术特性 x_1,x_2,x_3 是可以互相代替的。其中，$x_1=\frac{1}{u}$ 代表经济性，u 代表平均票价，改变 u 的值来引导交通行为的转化，属于交通政策的范围。

例如，对于（D_i，R_j）的旅客，他们把经济性的排序放在第一位，在选择两种交通方式 $\boldsymbol{X},\boldsymbol{Y}$ 时，有 $x_1>y_1$，或 $u_x=\frac{1}{x_1}<u_y=\frac{1}{y_1}$。显然，对于（$D_i$，$R_j$）这类型的旅客来说，他们宁愿选择 $\boldsymbol{X}$ 而放弃 $\boldsymbol{Y}$。若交通政策的决策者认为，应该使选择 $\boldsymbol{X}$ 的一部分转移到 $\boldsymbol{Y}$ 上，于是，交通政策的决策者适当提高 u_x，使 $u_x>u_y$ 或 $u_x=u_y$，或使 u_x 接近于 u_y，这就使得一部分采用 $\boldsymbol{X}$ 的旅客转移到 $\boldsymbol{Y}$ 上。

但是，如果对应（D_i，R_j）的旅客需求不是 x_1,y_1 排序第一，而是 x_2,y_2 排序第一，且 $x_2>y_2$，则这类型旅客选择 $\boldsymbol{X}$ 而不选择 $\boldsymbol{Y}$，交通政策决策者如何通过改变 u_x 或 u_y 达到使旅客从 $\boldsymbol{X}$ 转移到 $\boldsymbol{Y}$，这里引入“边际替代率”的概念。

一般来说，$\boldsymbol{X}=[x_1\quad x_2\quad x_3]^{\mathrm{T}}$ 的 3 个分量是可以互相补偿替代的。例如，偏高的票价，乘客当然不会满意；但如果快速性很好，乘客也会满意，这就是两种技术性能的互相替代或补偿。

当 x_1 减少 Δx_1 时，x_k（$k=2$ 或 3）增加 Δx_k 可以得到补偿，则称 $-\frac{\Delta x_k}{\Delta x_1}$（$k=2$，3）为边际替代率，采用负号是因为 x_k 的增值总是由 x_1 的减值所补偿。为方便，采用 $\frac{\Delta x_k}{\Delta u_x}$（$k=2$，3）为边际替代率，可以取消前面的负号。边际替代率通常不是常数，甚至不一定是线性函数，一般是 D_i,R_j 和 u_x 的函数。

令

$$\frac{\Delta x_k}{\Delta u_x}=f_k(D_i,R_j,u_x)$$

$$k=2,\ 3$$

$$i=1,\ 2,\ \cdots,\ m$$

$$j=1,\ 2,\ \cdots,\ n$$

这里，称 $f_k(D_i,R_j,u_x)$ 为边际替代函数。这个函数必须从实际的调查统计中获得。

对于技术特征向量为 $\boldsymbol{Y}$ 的交通方式，同样可以建立边际替代率函数，即

$$\frac{\Delta y_k}{u_y}=f_k(D_i,R_j,u_y)$$

$$k=2,3$$

$$i=1,2,\cdots,m$$

$$j=1,2,\cdots,n$$

在极限情况下，这里有

$$\frac{\mathrm{d}x_k}{\mathrm{d}u_x}=f_k(D_i,R_j,u_x)$$

$$\frac{\mathrm{d}y_k}{\mathrm{d}u_y}=f_k(D_i,R_j,u_y)$$

则

$$\Delta x_k=\int_{u_x}^{u_x+\Delta u_x}f_k(D_i,R_j,u_x)\mathrm{d}u_x$$

$$\Delta y_k=\int_{u_y}^{u_y+\Delta u_y}f_k(D_i,R_j,u_y)\mathrm{d}u_y$$

3. 综合替代值与政策调节

令

$$G_x=x_1+\sum_{k=2}^{a}\int_{u_x}^{u_x+\Delta u_x}f_k(D_i,R_j,u_x)\mathrm{d}u_x=\frac{1}{u_x}+\sum_{k=2}^{a}\int_{u_x}^{u_x+\Delta u_x}f_k(D_i,R_j,u_x)\mathrm{d}u_x$$

$$G_y=\frac{1}{u_y}+\sum_{k=2}^{a}\int_{u_y}^{u_y+\Delta u_y}f_k(D_i,R_j,u_y)\mathrm{d}u_y$$

为综合替代值，若 $G_x>G_y$，显然 $\boldsymbol{X}>\boldsymbol{Y}$；若 $G_x=G_y$，则认为 $\boldsymbol{X}=\boldsymbol{Y}$。根据综合替代值可以估计交通政策的调价问题。例如，若 $G_x>G_y$，而政策希望 $G_x=G_y$，则可以通过提高 u_x 或降低 u_y，使 $G_x=G_y$。其中，Δu_x 和 Δu_y 等于政策要求的增量。

4. 大道定理

大道定理是由交通问题总结出来的一条数学定理，广泛地应用于宏观经济领域。这里不从理论上讨论大道定理，而是将大道定理的思想反过来用于交通规划。

交通行为认为，在经济收入提高后，快速性的要求更优于经济性的要求，即最优道路不是地理上的最短路，而是时间上的最短路。在设计交通网络时，不可能也没必要把每一条通路都改造或修建为高速路，只能把主干道设计成高速通道，而其他次要道路只需与主干道相连通，便可构成综合交通网络。这就是说，交通网络是有层次的、可叠加的。第一个层次便是主干道，第二个层次是省际、区域间干线，然后再是第三层次的铁路局集团公司管内或省内的线路（县、乡道路），规划应是从上而下的。

主干道的设计，称之为大道定理。下面用图 3-2 来说明此观点。

从某点 i 到某点 j，距离为 d_{ij}，按照某一种交通方式在一般道路上运行，平均速度为 u_t。图 3-2 上用斜率表示速度，运行时间为 t_{ij}。假设在 i,j 之间存在一条快速主干道，运

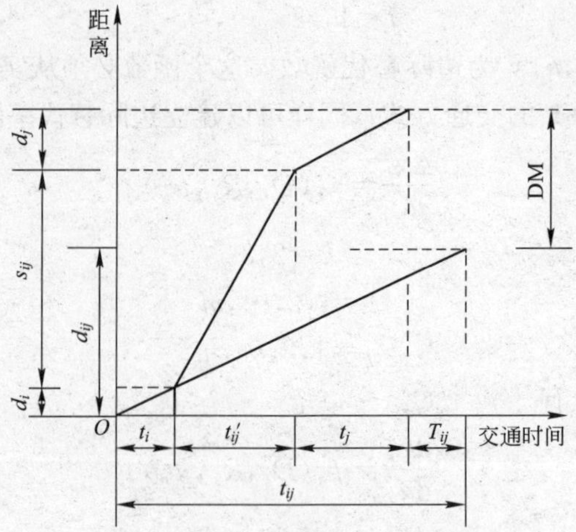

图 3-2　地理最短路与时间最短示意图

行平均速度为 $v_2(v_2>v_1)$。于是从 i 点出发，按 v_1 的速度经过时间 t_i 运行到主干道上，i 到主干道的距离为 $d_i(t_i=d_i/v_1)$。在主干道上以 v_2 的速度经过距离 s_{ij}，运行时间为 $t'_{ij}(t'_{ij}=s_{ij}/v_2)$。然后，再经普通道路以 v_1 的速度到达目的地 j，j 到主干道的距离为 d_j，运行时间为 t_j，显然 $t_j=d_j/v_1$。

从距离来看，绕主干道而行，比最短路增加了 DM，但时间却节约了 T_{ij}。

假定有 M 种交通方式，在主干道上，这 M 种交通方式都可以按各自的快速 $v_2^{(m)}(m=1,2,\cdots,M)$ 通行；而在普通道路上，其平均速度为 $v_2^{(m)}(m=1,2,\cdots,M)$。按图 3-2 的运行方法，相差时间为 $T_{ij}^{(m)}(m=1,2,\cdots,M)$。

现假定有动态 O-D 流，并通过交通行为的选择，某时期的第 m 种交通方式 O-D 流为 $X_i^{(m)}=[X_{ij}^{(m)}]_{N\times N}(m=1,2,\cdots,M)$

N 为交通区域的总数（即网络起讫点数），因而，交通主干道模型可以描述为

$$\max Z=\sum_{i=2}^{N}\sum_{j=2}^{N}\sum_{m=1}^{M}(T_{ij}^{(m)}\cdot X_{ij}^{(m)})$$

约束条件
$$T_{ij}^{(m)}=\frac{1}{v_i^{(m)}}(d_{ij}-d_i-d_j)-\frac{1}{v_2^{(m)}}s_{ij}$$

$$(i=1,2,\cdots,N;\ j=1,2,\cdots,N;\ m=1,2,\cdots,M;\ i\neq j)$$

$$0<v_1^{(m)}<v_2^{(m)}\leqslant v^{(m)}\ (m=1,2,\cdots,M)$$

$$p\cdot\sum_{i=1}^{N}\sum_{j=1}^{N}s_{ij}\leqslant P$$

$$d_{ij}\geqslant d_i+d_j\ (i=1,\cdots,N;\ j=1,\cdots,N;\ i\neq j)$$

$$d_i\geqslant 0,\ d_j\geqslant 0,\ s_{ij}\geqslant 0$$

$$\text{若 } d_{ij}\leqslant d_i+d_j \text{ 则 } S_{ij}=0$$

式中：$v^{(m)}$——第 m 种交通方式的最大限速；

p——主干道单位长度的造价；

P——主干道的最高限额投资。

3.3 旅客运输市场调查

旅客运输市场调查是旅客运输需求分析研究的常用方法，也是进行铁路客运量预测的前期性工作。

3.3.1 旅客运输市场调查概念及功能

旅客运输市场调查就是运用一定的调查方法和调查形式，对一定范围（地区）内的运量需求和运力供给的有关情况进行系统的、有计划的、有目的的收集、整理和分析，并最终形成调查报告的过程，简称运输调查。旅客运输市场调查的主要对象是市场中旅客方面的需求和铁路部门的供给两要素，即运输需求者和运输供给者。此外，政府在制定有关法规、法律、政策时也会影响这一市场，因而有必要在进行市场调查时将政府也考虑其中。

旅客运输市场调查的结果可以为运输市场预测和进行某类决策提供依据。它对于铁路主管部门摸清实情，编制铁路运输企业发展规划，引导企业正确地展开经营活动，提高管理水平、服务质量、市场竞争力和经济效益，促进企业与国民经济协调发展均有重要意义。

3.3.2 旅客运输市场调查的分类及步骤

1. 市场调查的分类

从市场调查的目的和涉及范围的角度看，铁路旅客运输市场调查形式有多种，主要有综合调查、节假日调查、日常调查和专题调查等。全面的较大规模的客流调查，通常以车站为单位，在本站吸引范围内进行。其调查结果经过不同范围和层次的汇总挖掘处理，形成车站、铁路局集团公司及全路运量预测、产品设计等经营决策的依据。铁路局集团公司主要是做重点地区的重点调查，汇总并分析各站上报的客流调查情况。

1）综合调查

综合调查是调查范围最大和调查内容最丰富的调查，涉及所有影响运输需求和运输供给的各类因素及其发展状况，一般服务于近期、中期或远期的客流预测，往往与运行图调整、产品结构优化同步进行。综合调查的主要内容如下。

(1) 吸引地区的一般情况。包括地区的自然条件（位置、地形、气候、雨量等）；行政区域的划分，城市、农村人口的分布和增长情况；工矿企业、机关学校的分布和发展情况，工矿企业生产水平及与外地的供销联系；农业生产和劳动力的安排及有组织的或自发的劳动力外出等情况；文教、卫生事业的发展和名胜古迹、医院、疗养院的分布及吸引旅客的情况；地区交通的一般情况。

根据上述调查资料，可编制客流调查综合分析说明表，内容包括：地区的自然条件，行政区域的划分，工矿企业、机关学校的分布，农业生产情况，文教卫生事业的发展，名胜古迹的分布及吸引旅客情况，地区交通简况。

(2) 直接影响客流的各项因素。包括吸引地区的总人数，工矿企业、机关、学校等单位的人员及家属人数，休假制度，利用铁路旅行的人数、时间、去向及节假日探亲的情况；吸引范围可供外地人员疗养与休养的处所、开放时间、床位及其周转时间；吸引范围的名胜古迹、游览胜地及历年各月的旅游人数，特别是通过铁路旅行的有关人数；历年特殊客流及大批人员运输情况（应分出主要到发区段）。

根据上述资料，可编制客流组成及运输情况，农村人口分布情况，工矿企业职工分布情况，国营农场人口分布情况，各大、中专院校人口分布情况，集市贸易情况，铁路通勤、通学、买粮、就医情况，大批团体旅客输入、输出情况等报表。

(3) 各种交通运输工具的分工情况。包括：吸引范围内现有交通运输方式、运输能力、历年的运量，客流在时间上的变化情况，以及今后的发展；各种交通工具的运行线路，并找出与铁路联运和分担的人数及其比重；铁路与各种交通工具在运行时间上的配合情况。根据上述调查资料，可编制交通运输及联运情况表，如表 3－2 所示。

表 3－2　交通运输及联运情况表

种类	运（航）行区段	里程	票价	运输能力				历年运量			交铁路运量（每日）				接铁路运量（每日）				备注
				每日班次	每班运量	每日运量	节假日最高运量	201×年实际	201×年预计	201×年计划	总数	去向			总数	去向			
公路	××　××																		
	××　××																		
	××　××																		
水运	××　××																		
	××　××																		
	××　××																		
航空	××　××																		
	××　××																		
	××　××																		
其他	××　××																		

(4) 铁路旅客运输资料。包括按运输别的旅客发送、中转及到达人数，使用免票及通勤、通学人数；客流月、季度的波动情况及原因；历年客流变化及到达各区段的客流量；直通、管内的旅客列车对数、运行区段、时间及平时和客运量最大时的运能和运量的适应情况；其他与编制客流计划、组织旅客运输有关的资料。

综合调查最好每年例行在规定的时间内进行，并将调查结果按客流分析说明表等汇总编制成该年度的铁路旅客运输客流调查资料。这样，逐年按期进行，可以系统地取得历年资料，在了解、分析、对比和研究铁路客流变化规律上是有很大作用的。

2) 节假日调查

按国家颁布的法令，主要节假日有“五一”劳动节、“十一”国庆节、元旦、春节、清明、端午、中秋和学生每年的寒假、暑假两个假期。调查工作一般在这些假期前一个月左右进行。春节期间客流量大（学生的寒假和春节运输连在一起），影响客流变化的因素比较复杂，客流调查应在春节运输前 2～3 个月内进行。节假日调查的主要内容包括：重点工矿企业、机关学校放假日期，社会活动及外地人口乘坐火车的流量流向；其他交通工具与铁路衔接运能、运量的变化情况等。调查的方法是由各工矿企业、机关学校、部队等提出节假日旅行计划，包括乘车日期、车次、人数、到站，以及返回日期等。由于旅客对春节乘车比较关心和重视，所以一般春节提出的旅行计划比较可靠。节假日客流调查表如表 3-3 所示，由被调查单位填写，车站汇总。

表 3-3　节假日客流调查表

单位＿＿＿＿＿＿　　　　　　　　　　　　　　　　　　　　联系人＿＿＿＿＿＿

总人数＿＿＿＿＿＿　　　　　　　　　　　　　假期（节日）自＿月＿日至＿月＿日

到达区段 / 乘车区段					共计人数
月　日					
月　日					
月　日					
月　日					
合　计					

3）日常调查

日常调查是指车站的有关客运人员与旅客在购票、候车、乘车过程的接触中，对客流变化的各项因素进行的调查和了解。日常调查比较适宜在售票厅内进行，可利用旅客排队时间进行调查。列车上的调查，时间比较充裕，旅客也愿意主动配合。日常调查的内容一般包括旅行目的、到达地点、返回日期及该单位人数和乘车旅行情况，以便随时掌握客流变化情况，分析客流增减数量、变化原因和持续时间等。

4）专题调查

专题调查是指针对与客流有关的某些问题进行的专项调研。根据目的不同，其调查内容、方法、形式都会有所不同。例如，针对某一时期、某列车或某车站的客流量调查；又如，针对某时段客流下降原因的调查等。

全面的、较大规模的客流调查，一般是以车站为单位，在车站吸引范围以内进行。由于调查的范围广，涉及的部门多，因此必须成立调查小组，分工负责，分工包干，各级有关客运人员应把客流调查工作作为自己日常工作的一部分。铁路局集团公司主要是做重点调查，汇总并分析各站上报的客流调查情况。

经过调查不仅可以了解影响客流变化的主要因素，而且可以直接计算某些客流量。例如，新兵入伍，老兵复员，工矿企业、机关、学校提出的节假日乘车人数等。但是，有组织的客流毕竟只是全部客流的一小部分，要对计划期内旅客运输需要量做出总的推断，除了经济调查，还须根据发展趋势和客运量与其他因素的相关联系进行统计分析，并运用科学方法进行全面预测。

随着运输市场竞争日益激烈并变幻莫测，为了更好地了解运输市场，铁路企业对市场调查越来越重视。例如，近年来，国铁集团组织各铁路局集团公司进行站车客流调查（每年 5 月进行），统一问卷、统一抽样原则和数据结构设计、分析，形成全路统一性的客流结构，为进行市场发展规律和趋势预测打下良好基础。

2. 市场调查步骤

旅客运输市场调查是一项复杂的工程，要做好其调查，既要有合理的调查方法，还要有明确的调查步骤，才能使得这项工作有条不紊。客运市场调查步骤如下。

(1) 建立调查组织机构。在开始调查前，应以企业运营调度部门为主，组成运输经济调查组或联合其他运输方式相关部门组成联合经济调查组，并取得当地政府的支持，召开调查工作会议。

(2) 确定调查目的。即拟订提纲，确定调查项目、主要调查对象及调查的时间。调查时间包括两种时间概念：一是调查开始和结束的时间，二是要调查的资料所属的时间。

(3) 明确分工。即明确每个人（或小组）负责哪个小区或哪几个单位的调查工作。

(4) 资料收集。根据确定的调查项目和人员分工，先分头进行一般性的已有资料的收集，如先向当地经贸委等有关部门，调查本地区生产、流通、分配、消费等计划，查阅本企业已有的各项统计资料等。对调查的主要对象先作一般性的调查摸底，以便明确需要深入调查的问题及需作进一步调整、补充的调查项目，为制订调查方案提供依据。

(5) 确定调查方案和调查表。制订调查方案就是根据调查总目标进行目标分解，做好系统设计，确定调查的方法与形式，安排工作计划，确定各阶段的工作目标等。调查方案具体包括调查项目、调查范围、调查的具体内容、调查对象、调查方法、时间安排、调查要求和注意事项、调查的资金安排、提供调查资料的形式等，并附有各种调查表。

(6) 进入调查阶段。按照之前制订的调查方案，根据时间安排，完成实地调查工作，并认真填写调查表，整理记录好调查数据。

(7) 完成调查报告。

3.3.3 旅客运输市场调查的方法

旅客运输市场调查可采取多种多样的方法，但由于各种方法的特点不同，其适用的范围和对象也不尽相同。因此，选择适当的调查手段与方法，有助于提高客流调查的效率和数据的准确性。一般的调查方法有询问法、观察法、实验法和统计分析法。

1. 询问法

(1) 直接询问法（也称访问法）。即调查人员与调查对象或被调查人面谈。其形式有两种：一种是调查人员严格按既定的问卷项目依次提问，逐一记录，这种形式也称登记式访问调查；另一种是由调查人员与被调查者自由交谈，在交谈中发现所需资料，这种形式称为自由交谈式访问调查。另外，为了获得更多、更普遍的信息也可采用集体座谈的形式，此法因费用较高，不宜多用。

(2) 间接访问。即电话调查、邮寄调查、留置问卷调查、网络调查法等。

电话调查是调查人员以电话询问方式与被调查者交谈来取得资料的调查方法。这种方法在电话安装十分普遍的今天被作为一种常用调查方法，这与它信息传递快、调查所需时间短、回答率较高等优点有密切关系。但要注意所提问题不宜太复杂，询问时间不宜太长，否则既不会取得理想效果，又会使调查成本过高。

邮寄调查和留置问卷调查都是调查人员将拟订好的问卷用邮寄或留置方式交给被调查者，请其按规定要求填妥后寄回或派人取回从而取得资料的调查方法。由于调查人员与被调查者不直接接触，可以免除被调查者的心理压力，有充分的时间经过考虑来回答每一问题，可使调查资料的准确性大大提高。采用此法收集资料，首先必须解决问卷设计问题，这不仅因为各种询问调查都离不开问卷（直接访问和电话调查实际上也是按照事先拟订好的问卷来提出询问)，更主要的是设计一张完善的问卷将直接关系到调查工作的成败。

现在互联网快速发展，中国的网民越来越多。充分利用这一资源，可以在网络上对旅客进行相关调查，如对中国铁路的意见、对高铁票价的看法等。

2. 观察法

调查人员亲临现场，从旁观察、记录，听取信息或利用摄像机等工具进行调查，观察法能够比较客观地取得所需信息资料。

观察法虽能较客观反映事实，但常常不能较深入地说明原因，故运用范围有限。

3. 实验法

实验法是在一定条件下进行小规模的模拟实验，然后对实验结果进行分析的调查方法。如开设动车组方式就是在小范围进行实验，然后进行推广。此法切合实际，信息资料客观，但调查时间较长，费用较高。

4. 统计分析法

统计分析法是利用国家机关、金融服务部门、行业机构、市场调查与信息咨询机构等发表的统计数据，或发表于科研机构的研究报告、论文等资料，来分析需求发展趋势的方法。客流调查的主要方法及效果如表 3-4 所示。

表 3-4　客流调查的主要方法及效果

了解目标	采取方式	效　果
学生流	信函调查	能够掌握关于学生流的准确和详细资料
探亲流	电话调查 网上调查	信息反馈速度快，能够准确掌握探亲流的出行时间及乘车需求
旅游流	会议调查 网上调查	采取召开各大旅行社、工会系统座谈会的方式对团体旅游进行调查；采取网上调查对零散旅游流进行调查，信息反馈速度快，信息量大
民工流	实地走访	走访掌握外来人口统计资料的部门（如劳务局、城乡建设委员会、重点省市职业介绍中心、劳务市场等），走访较大的民工集散地，可获得权威统计部门关于外来人口的统计资料，获得重点方向民工流的情况
影响因素	搜索各种 媒体信息	可获得关于国家各种政策、民航、公路信息、气象方面的各种动态信息

3.3.4　调查问卷设计及抽样

进行抽样调查最关键的环节是问卷设计，这不仅要反映出所需了解的所有信息，还要讲究设计技巧，使得旅客能很好地配合调查员做好问答。

1. 调查问卷设计

调查问卷是市场调查的工具，一份比较完善的调查问卷通常由以下 4 部分构成。

(1) 被调查者的基本情况，包括被调查者的年龄、性别、文化程度、职业、住址、家庭人均月收入等。

(2) 调查内容。其本身也是所调查的具体项目，它是问卷的最重要的组成部分，应该充分反映各类所需信息。

(3) 调查问卷说明。其内容主要包括填表目的和要求，被调查者注意事项，交表时间等。

(4) 编号。有些问卷需要编号，以便分类归档，汇总统计。

调查问卷一般有问答题、单项选择题、多项选择题、量表题。在一份调查问卷表上，要合理设计每种题型，不能全是选择题，但是问答题也不能多，因为这样旅客可能会比较烦，调查效果就差。

调查问卷的设计一般有以下 8 个步骤。

第一，确定所要收集的信息、资料。在旅客运输市场调查中，要收集旅客出行的目的、收入、职业等。

第二，根据问卷的调查方式确定调查内容，不能出现与调查目的无关的题目。

第三，确定问题形式。问题的形式一般有：开放自由式的，被访者可以自由回答，如“您一般出行选择什么交通方式较多”；二分式的问题，如“你会不会开车”；多选式，即出现几个答案，让被访者在其中选；顺位式，即结果按照某种强度上升或是下降，如答案是“很喜欢，喜欢，一般，不喜欢，讨厌”。

第四，选择问题的用语。询问用于在调查问卷中要明确重点，需要平易的语句，避免涉及隐私的问题。

第五，决定问题的先后顺序。一般被访者容易回答的问题放在前面，慢慢引入较难的问题。注意前后顺序的连贯性，不要让被访者思路中断。

第六，问卷的版面布局。问卷的形式及体裁的设计，对于搜集资料成效的关系很大，应力求纸质及印刷精美，在某些开放性的问题后面留出充足的地方来让被访者填写其意见或建议，以便于信息的搜集及日后的问卷处理。

第七，试验性调查。在调查之前，可以在周边进行试验性的调查，看看调查问卷中有无不妥，调查目的是否能清晰得出等。

第八，修订及定稿。将调查问卷进行修改后，印刷出来，在调查中使用。可以将调查中应该注意的问题汇总编辑成册，以供相关人员的参考。

2. 抽样方案设计

抽样调查是一种非全面调查。它是从全部调查研究对象中，抽选一部分单位进行调查，并据以对全部调查研究对象作出估计和推断的一种调查方法。根据抽选样本的方法，抽样调查可以分为概率抽样和非概率抽样两类。概率抽样是按照概率论和数理统计的原理从调查研究的总体中，根据随机原则来抽选样本，并从数量上对总体的某些特征作出估计推断，对推断出可能出现的误差可以从概率意义上加以控制。在对铁路客运市场进行调查时，主要采用概率抽样的方法，因而这里只介绍概率抽样。

概率抽样有简单随机抽样法、系统抽样法和分层抽样法等。

(1) 简单随机抽样法。这是一种最简单的一步抽样法，它是从总体中选择出抽样单位，从总体中抽取的每个可能样本均有同等被抽中的概率。抽样时，处于抽样总体中的抽样单位被编排成 $1\sim n$ 编码，然后利用随机数码表或专用的计算机程序确定处于 $1\sim n$ 间的随机数码，那些在总体中与随机数码吻合的单位便成为随机抽样的样本。

这种抽样方法简单，误差分析较容易，但是需要样本容量较多，适用于各个体之间差异较小的情况。

(2) 系统抽样法。又称顺序抽样法，是从随机点开始在总体中按照一定的间隔（即“每隔第几”的方式）抽取样本。此法的优点是抽样样本分布比较好，有好的理论，总体估计值容易计算。

(3) 分层抽样法。这是根据某些特定的特征，将总体分为同质、不相互重叠的若干层，再从各层中独立抽取样本，是一种不等概率抽样。分层抽样利用辅助信息分层，各层内应该同质，各层间差异尽可能大。这样的分层抽样能够提高样本的代表性、总体估计值的精度和抽样方案的效率，抽样的操作、管理比较方便。但是抽样框较复杂，费用较高，误差分析也较为复杂。此法适用于母体复杂、个体之间差异较大、数量较多的情况。

此外，抽样调查的方法还有整群抽样法、重点抽样法等。在对铁路客运市场进行调查时，要选择适当的抽样方法，做到误差最小。

3.4 铁路客运量预测

预测是一种预计和推测，即人们利用已经掌握的信息资料和手段，预先推测和判断未来或未知状况的结果，预测过程是在调查研究和科学实验基础上的科学分析。铁路客运量预测是指利用历史数据和旅客运输市场分析资料，建立适当的运输模型，使用科学的预测方法来推测未来一段时期内，某条铁路线、某一 OD 流、某铁路局集团有限公司或整个铁路系统的客运量数据。

前面介绍的旅客运输需求、旅客运输市场调查的方法等内容，可以用来分析客运市场情况，更主要的是用于预测未来的市场发展趋势。铁路客运量预测是铁路旅客运输计划的基础，也是铁路新线建设、旧线技术改造的重要依据。

预测一般分为近期预测、中期预测和长期预测。对铁路客运量来说，5 年以内的预测称为近期预测，5～10 年的预测可视为中期预测，10 年以上称为长期预测。

3.4.1 铁路客运量预测常用方法

铁路客运量预测是编制客运年度计划、5 年计划、长远计划的基础，也是新线建设、旧线技术改造的重要依据。铁路客运量预测方法众多，常有的方法有运输市场调查法、乘车系数法、产值系数法、时间序列法等。随着高速铁路的发展，我国铁路运输能力彻底缓解，针对高速铁路产品设计和开行方案设计的各类 OD 客运量预测方法的研究和应用也迅速发展。不管何种方法，都可以归纳为定性和定量两类方法。

1. 定性预测方法

定性的方法主要是通过社会调查，结合人们的经验加以综合分析比较作出量的直接判断和预测。其优点是简便易行，没有复杂高深的计算，易于普及采用。但往往易受预测人员经验和认识上的局限，并常有一定的主观片面性。它是目前市场预测中运用最广泛的一类方法，也可用于历史资料不完备情况下的客运量预测。

定性预测法主要包括运输市场调查法、德尔菲法等。

1) 运输市场调查法

通过一定时期的资料积累和周到细致的调查工作，可以掌握吸引区内运量变化的大体趋势，运输市场调查法能够得出比较符合实际的预测结果。其操作方法简便、灵活。它也称为直接归纳法。

如果吸引区范围较大，经济调查的工作量将过于繁重，遗漏和调查数据偏差的情况也难以避免。当市场因素在经济活动中所占比重越来越大的时候，无论客货运都会受很多不确定因素的影响，运输市场调查法的局限性也就比较明显。然而，该方法不失为一种相当有效的预测方法，与其他适用的方法相结合，仍然发挥着重要的作用。

2）德尔菲法

德尔菲法又称专家预测法，是以专家为索取信息对象，采用匿名的方式，通过几轮征询，征求专家的意见和看法，然后进行综合整理和归纳，再反馈给专家，供其分析判断，提出新的意见和看法。这样通过多次反复，使意见逐步趋于一致。德尔菲法的应用范围十分广泛。

德尔菲法的具体操作过程如下。

(1) 选择专家。预测成败的关键，最好由各方面专家参加，人数一般在 10～50 人。

(2) 拟定、设计各种调查表。要求简明、清晰。

(3) 预测过程。一般需要 3～4 轮的反复。

第一轮：提出预测的问题，由专家们提供预测的项目，经过综合整理，编制出预测项目调查表，作为第二轮调查表发给专家。

第二、第三轮：请专家对调查表所列出的项目作出评价，并阐明理由；第三轮也可就第二轮中有分歧的意见和问题，进一步征求专家们的意见，然后由评委对专家意见进行统计分析。

第四轮：意见已比较集中，最后整理成预测结果，写出预测报告书。

德尔菲法操作过程如图 3-3 所示。

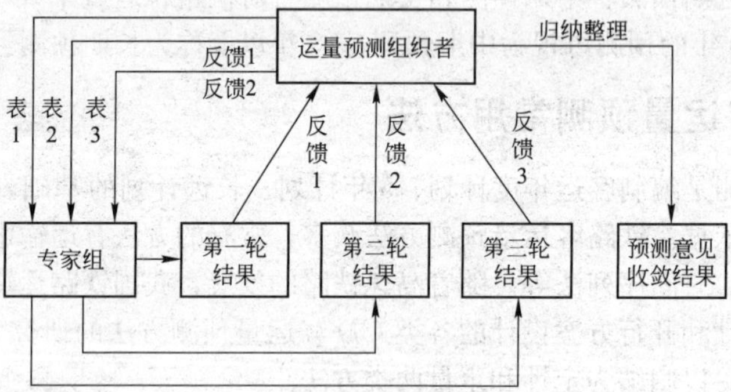

图 3-3　德尔菲法操作过程图

从德尔菲法的操作过程，可以总结出其具有以下优点。

(1) 预测的匿名性。避免权威影响而随大流，能真正表达每一个专家的意见。

(2) 预测的反复性。能够有控地反复多次征询意见。

(3) 预测的收敛性。使意见逐渐趋于一致，能作出统计评估，使定性分析同定量分析结合起来。

2. 定量预测方法

定量预测方法是依据必要的统计资料，借用一定的数学模型，对预测对象的未来状态和性质进行测量等方法的总称。长期以来，我国普速铁路客运量预测的定量方法有乘车系数法、回归分析法、指数平滑法等。

1）乘车系数法

乘车系数法是以总人口和平均乘车率预测旅客发送量的方法。平均乘车率是指旅客乘车总次数与吸引范围内总人口的比值，即人平均年乘车总次数。这种方法是铁路客运量预测中常用的方法。使用这种方法的关键是运用历史资料做参考，并考虑发展趋势，有时需借鉴发达地区的一些历史指标。

其计算公式为

$$Q_t = M_t \cdot \beta$$

式中：Q_t——预测期运量；

M_t——预测期的总人口；

β——乘车系数。

乘车系数可以根据历史资料和今后可能发生的变化确定。

2）回归分析法

回归分析法是根据一个或几个自变量的变化，来预测另一个因变量变动的方向和程度。在预测铁路客运量时，影响它的因素有 GDP、人均收入等。回归分析法可以分为一元回归和多元回归分析方法。当所考虑的因素只有一个时，就称为一元回归法；否则就称为多元回归法。

在通常情况下，一元回归预测比较简单，适用较多，但预测精度受到限制，主要用于中、短期预测。其模型的标准形式为

$$Y = a + bx$$

式中：Y——预测值，即预测对象所代表的变量；

x——影响因素，即相关变量；

a、b——回归系数。

回归系数 a，b 计算公式为

$$a = \frac{\sum y_i - b\sum x_i}{n}$$

$$b = \frac{n\sum x_i y_i - \sum x_i \sum y_i}{n\sum x_i^2 - \left(\sum x_i\right)^2}$$

式中：x_i，y_i——原始观察值；

n——原始数据项数。

上述模型建立后，必须对模型进行检验。只有经检验合格的模型，方可用于实际预测。这种检验通常经过计算相关系数 r 来进行。值越大，说明 x 与 y 线性相关程度越高。

3）指数平滑法

指数平滑法的原理就是通过对历史观察值进行加权处理，平滑掉部分随机信息，并根据观察值的表现趋势，建立一定模型，据此对预测对象作出预测。指数平滑法包括一次指数平滑、二次指数平滑和三次指数平滑。其中，一次指数平滑计算公式为

$$\overline{Y}_{t+1} = \alpha Y_t + (1-\alpha)\overline{Y}_t$$

式中：$\overline{Y}_{t+1}$——$t+1$ 期的预测运输量；

Y_t——t 期的实际运输量；

α——平滑系数，$0 \leqslant \alpha \leqslant 1$；

$\overline{Y}_t$——t 期的预测运输量。

平滑系数越小，说明近期数据对预测值影响越小，预测得到的结果会比较平稳；反之，则近期数据对预测值的影响大，远期数据对预测值的影响小。

取值问题的确定有两种方法。一是由经验确定，若统计资料实际值的长期趋势为接近稳定的常数，应取居中的值（一般取 0.4～0.6）；若统计资料实际值呈明显的季节性波动（即波动大），则应取较大的值（一般取 0.6～0.9），使近期的实际值在指数平滑值中有较大的作用，从而使近期的实际值能迅速反映在未来的预测值中；若统计资料实际值长期趋势变动较缓慢（即波动小），则应取较小的值（一般取 0.1～0.4），使远期资料值的特征也能反映在指数平滑中。二是实验法，选择几个不同的值进行试算，取其平均误差小者进行预测。

以上介绍的几种预测方法均可用于铁路客运量的预测，有时候也需要几种不同方法的结合使用，使得预测结果更为准确。

3.4.2 铁路客运量预测实例

如前所述，在实际运用中对铁路客运量预测必须综合考虑客运市场供需及市场环境等方面因素，选择适当的方法，科学处理客运需求与客运量，以及基础数据和竞争条件之间的联系。其基本思路是遵循客运量预测的原理和方法，根据预测目标和问题特点区别分类，提高精度，降低风险，为编制客车开行方案和运行图提供科学依据。

下面以高速铁路的客运量预测为例，介绍铁路旅客运输量预测的方法应用。

1. 高速铁路客运量预测特点

我国高速铁路建设基本分成以下两类，不同类型的线路面对的客运市场竞争环境和竞争条件特点各异。

1）与普速铁路平行的高速铁路

这一类型高速铁路的特点是建在相对成熟的客运通道上，其竞争对象是航空、公路和普速铁路。京沪高铁、武广高铁属于这样类型的高速铁路。

与民航、公路相比，由于在速度、价格和服务上具有优势，高速铁路吸引了部分其他运输方式的客流，增大了铁路客运量，扩大了铁路市场份额。另外，这种高速铁路与其普速铁路分工协作，承担大部分的中长距离、区域城际之间高密度、有高运输质量要求的高端客流，而普速铁路承担剩余客流。因此，与普速铁路平行的高速铁路客运量预测应该充分考虑高速铁路与普速铁路的合理分流，构成最有竞争力的铁路客运产品体系。

2）城际高速铁路

这种高速铁路出现在都市圈内，如长三角地区的沪宁城际、沪杭城际，京津唐的京津城际等。这一类型的高速铁路，主要承担短途的高密度客流，实现公交化的运营模式。其主要竞争对象是公路运输。它的特点是对所经过区域城市带的可持续发展有促进作用，产生“同城化”的城间通勤客流。

城际高速铁路的客流主要包括公路转移的客流，以及由城际线所诱发的城间客流和通勤客流。

2. 城际高速铁路客运量预测实例

AB 城际高速铁路全长 120 km，设计速度为 350 km/h，实现 A 市至 B 市两地间半小时通达。该城际高速铁路客流调查预测，考虑的主要因素包括两个城市及该地区的 GDP 增长、居民人均消费水平支出构成比例、居民的出行目的、选择交通工具时考虑的因素等。

2002—2004 年度 A、B 两市及该地区三地 GDP 增长率如表 3-5 所示。

表 3-5　2002—2004 年度 A、B 两市及该地区 GDP 增长率　　%

地区	2002 年	2003 年	2004 年
A 市	10.2	10.5	13.2
B 市	12.5	14.5	15.7
C	9.6	11.6	12.5

注：C 为 A 市、B 市所处的地区，如所处的省份或经济圈等。

A、B 市两地的人均消费构成比例如图 3-4 所示。

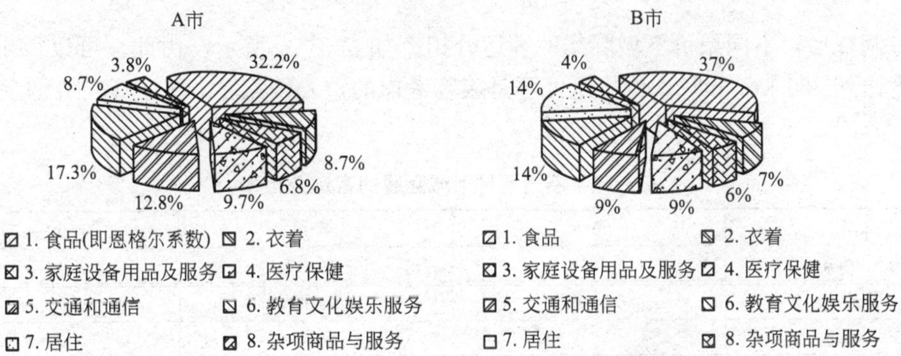

图 3-4　A、B 市两地人均消费构成比例图

从图 3-4 中可以看出，A、B 市两地居民的出行费用都占到日常支出中较大部分。

A、B 市两地旅客出行目的分布如图 3-5 所示。

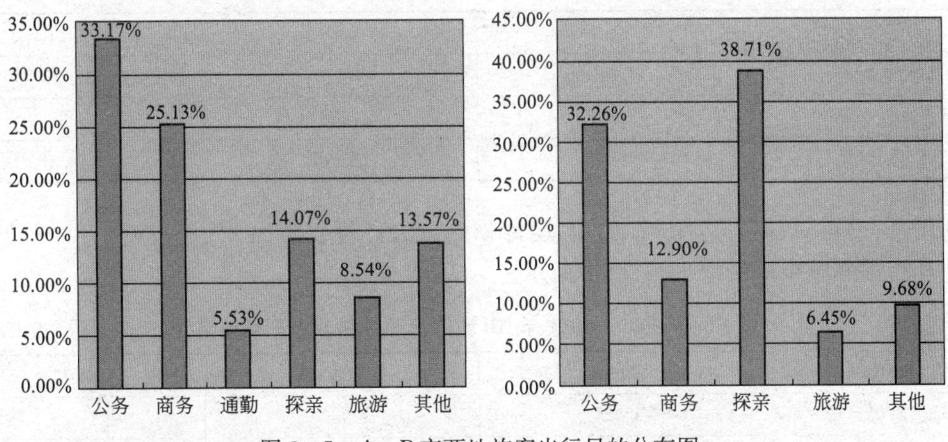

图 3-5　A、B 市两地旅客出行目的分布图

图 3-6 是 A、B 市两地旅客出行的第一重要考虑因素，从中可以看出旅客选择 AB 城际高

速铁路主要原因是基于安全和旅行时间的要求，而公路运输方面因其开行频率而受欢迎。

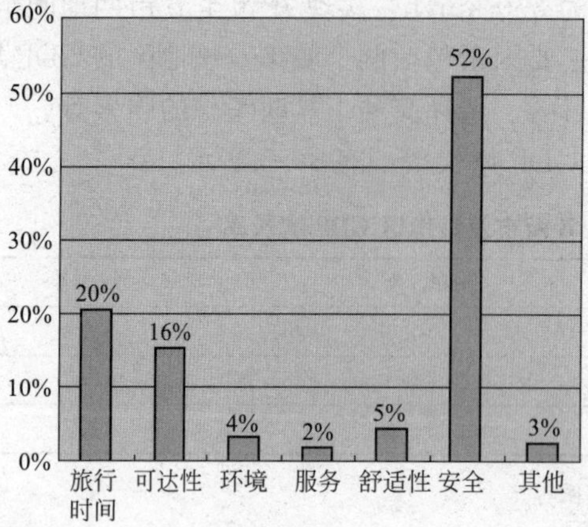

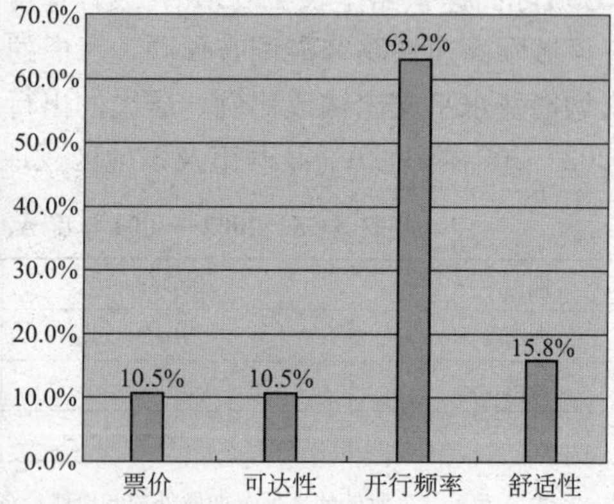

图 3-6 A、B市两地旅客出行第一考虑因素

经过调查后，不同票价下城际线的客运分担率如表 3-6 所示。由此，可以得出当列车开行速度达到 350 km/h 时，价格已经不是旅客考虑的重要因素了，人们偏向于选择速度较快的出行方式。

表 3-6 不同票价下城际线的客运分担率 %

价格	50 元	55 元	60 元
350 km/h	52.7	50.4	44.0
价格	45 元	50 元	55 元
250 km/h	47.7	36.4	34.6
价格	40 元	45 元	50 元
200 km/h	49.6	46.0	37.8

考虑经济诱增因子，可以计算出经济增长诱导的旅客人数，如表 3-7 所示。

表 3-7 经济增长诱导的旅客人数

年度	2009	2010	2011
经济诱增因子	1.040	1.070	1.037
经济诱增效果/%	0.45	0.76	0.37
运量诱增/万人	207.67	269.88	159.16

利用调查所得数据，运用相应的客运量预测方法，可以得出 2009—2011 年 AB 城际高速铁路客流预测结果。结果如表 3-8 所示。

表 3-8 2009—2011 年 AB 城际高速铁路客流预测结果 万人/年

年度	2009	2010	2011
通道趋势运量	1 028	1 069	1 115
铁路诱增运量	208	270	159
铁路总运量	747	831	915

根据每个月的假日安排，也可以预测 2009—2011 年之间每个月的客运情况。其中月波动预测如表 3-9 所示，客流随季节变动比率如图 3-7 所示。

表 3-9　2009—2011 年各月波动预测

月份	1	2	3	4	5	6	7	8	9	10	11	12
2009 年	66.4	79.2	63.8	51.1	91.7	37.6	46.8	52.4	52.0	96.4	44.0	65.6
2010 年	78.2	91.8	71.4	53.1	106.7	38.4	48.5	54.2	54.6	112.6	45.8	75.7
2011 年	86.6	105.2	78.9	57.8	122.6	38.7	49.6	55.4	56.7	130.1	47.0	86.3

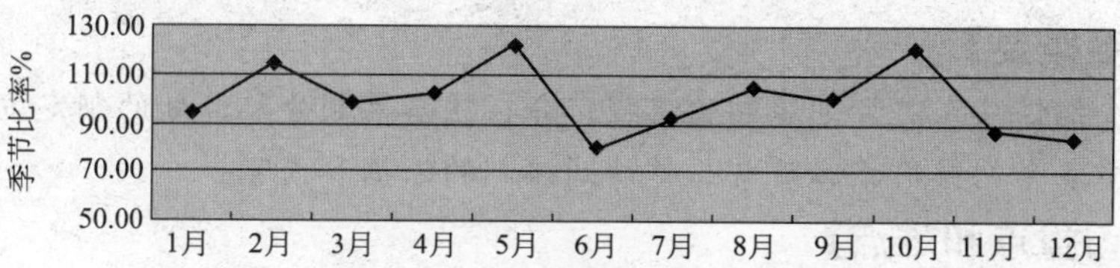

图 3-7　客流随季节变动比率

以上以 AB 城际高速铁路为例，介绍了铁路客运量预测的方法。在铁路客运量预测中，需要准确的历史数据和科学的预测方法，这样预测出来的数据才能更贴切未来铁路客运量的发展。

复习思考题

1. 简述旅客运输需求的概念，其包含的六要素是什么？
2. 简述铁路旅客运输需求的特点。
3. 影响旅客运输需求的因素有哪些？
4. 旅客出行方式选择理论的两个基本观点是什么？
5. 何谓旅客运输市场调查？其主要作用是什么？怎样进行旅客运输市场调查？
6. 铁路客运量预测的方法有哪些？
7. 居民的人均收入与客运量之间存在关系，根据表 3-10 中统计资料，利用回归分析法预测 2005 年的客运量（设 2005 年人均收入为 33 000 元）。

表 3-10　1998—2003 年人均年收入与年客运量

序号	年份	人均年收入 x/百元	年客运量 y/千万人
1	1998	116	43.5
2	1999	149	58.0
3	2000	158	69.3
4	2001	177	102.6
5	2002	208	129.9
6	2003	292	207.5

第 4 章

铁路旅客运输计划

【本章内容概要】

本章主要介绍铁路客流计划编制的流程；分析铁路票额分配计划的制定方法；介绍铁路的客票系统；重点介绍铁路旅客日常工作计划编制的依据和内容。

【本章学习重点和难点】

1. 了解旅客运输计划的主要内容和编制依据。
2. 掌握客流计划的编制方法和相关指标计标。
3. 了解票额分配管理和旅客日常工作计划的主要内容。

铁路旅客运输计划是铁路运输计划的主要内容之一，是设计旅客运输产品、编制旅客列车运行图的基础，是旅客计划运输组织工作的前提，同时也是确定客运设备、客运机车车辆修造计划及客运运营支出计划的重要依据。

从铁路旅客运输经营与组织的角度，旅客运输计划是反映市场需求，从旅客位移和服务需求出发，根据铁路旅客运输经营战略和产品市场定位，对铁路目标市场的客流进行梳理的过程。在能力紧张的普速铁路和能力富裕的高速铁路条件下铁路的经营理念、运输组织模式和方法等有所不同，其旅客运输计划的编制思路和方法等也有差异。本章主要针对普速铁路旅客运输计划体系做系统介绍，对于高速铁路大量运营后铁路旅客运输计划的编制有待于未来成熟后进一步补充完善。

4.1 概　　述

铁路旅客运输的基本任务是充分满足人民群众在经济文化生活上的旅行需要，安全、快速、准确、舒适地将旅客运送到目的地。实行计划运输是铁路运输业为满足人民旅行需要，提高旅客服务质量，有效利用客运技术设备的重要保证。

旅客运输计划分长远计划、年度计划和日常计划。其中，前两项计划目前由计划部门负责编制，日常计划由客运部门编制。

(1) 长远计划一般为五年、十年或更长时期的规划，是铁路旅客运输的发展计划，通常根据国民经济计划的期间进行编制。长远计划是铁路网发展和企业经营的纲领性的战略计划，它以满足国民经济和社会发展的运输需求为依据。其主要内容包括：远期的客货运输量（来自运输需求和企业经营战略）和周转量，重大的技术政策和战略措施，新线建设、旧线改造、机车车辆购置等重大基本建设项目，投资规模，人才培养，劳动生产率、经济效益的增长速度等。

(2) 年度计划包括旅客发送量、运送量、平均行程、周转量等指标，是根据长期计划的要求和当年的具体情况制定的执行计划，是运输产品设计的前期工作，属于企业经营的任务计划。年度计划的指标与年度计划基本相同。

(3) 日常计划是在年度计划指导下，进行旅客运输作业的月、旬、日、班计划，是运输产品生产服务过程和质量管理控制的作业计划。一般结合日常和节假日客流波动而编制。

旅客运输计划同货物运输计划比较，有以下特点：①计划期内人们提出的旅行需要，运输部门不能拒绝，不能延期或提前，必须及时满足；②旅客要求的径路和到达地，不能像货流那样进行调整；③运输企业提供的运输能力不仅要适应需求的数量，还应满足其质量结构上的要求；④铁路运送旅客的能力及客运机车车辆的工作量决定于旅客列车运行图。运行图的编制时间与计划部门编制年度旅客运输计划的时间并不一致，从而增加了综合平衡的复杂性。

一般计划的内容用指标系列来描述，指标是计划内容的数值表示。各种计划中相互联系的指标，构成铁路客运计划的指标体系。一个完整的指标，由指标名称、计量单位、所属时间、所处空间、指标数值等部分组成。

计划要正确反映客观经济规律的要求，切忌主观随意性。随着我国高速铁路的建成与运营，铁路客运市场的供需会发生质的变化，由此客运部门在计划编制中起着越来越重要的作用。国外经验表明，以运输需求和运输服务为导向的运输方案和计划的制定是必然发展方向。

4.1.1 旅客运输计划的主要内容

如上所述，铁路旅客运输计划包括长远计划、年度计划和日常计划。从运输经营的角度看，年度计划是最核心的计划，它不仅确定了旅客运输市场产品的数量和结构，还反映了企业的经营策略和理念。所以，年度计划一般也被称作旅客运输计划。

旅客运输计划一般通过若干指标来表达，包括旅客运输量、旅客发送量、旅客平均行程和旅客周转量。

(1) 旅客运输量（客运量）。一定时期内，车站为旅客始发和中转人数；铁路局集团公司为始发、接运到达和接入通过的旅客人数；国铁集团为全路各站始发的全部旅客人数和由国际联运、新线、地方铁路接运的旅客人数。为表达客运产品质量结构也可以分列车等级和席别等来描述客运量。

(2) 旅客发送量。一定时期内，车站、铁路局集团公司或全路始发的旅客人数。

(3) 旅客平均行程是指铁路运送的每一旅客的平均运输距离（公里）。计划时可按全局平均或按直通、管内运输分别估量。

(4) 旅客周转量。一定时期内铁路局集团公司或全路所完成的旅客人公里数。旅客周转量按直通、管内分别计算，然后加总，即

$$\text{旅客周转量}=\text{运送直通旅客人数}\times\text{直通旅客平均行程}+\text{运送管内旅客人数}\times\text{管内旅客平均行程}$$

4.1.2 编制旅客运输计划的主要依据

在铁路实际工作中，编制旅客运输计划的主要依据包括以下内容。

1. 客流调查资料

客流调查是了解客运需求，预测客运量的过程，是编制旅客运输计划的基础。根据客流调查资料，可以掌握客运量的变化和发展情况。对于大批团体客流和节假日客流，可通过专门的客流调查直接确定流量和流向，从而为制定计划客流提供可靠的资料。

2. 旅客运输统计报告资料

旅客运输统计报告资料，是掌握旅客运输变化规律的重要资料。根据统计报告资料，可以分析历年来实际客流的流量、流向及其变化规律和增长率，可以查明旅客运输的季节性波动。对旅客运输统计报告资料的分析可以从两个方面进行：一是前面所描述的分析旅客需求结构，为设计和优化运输产品做准备；二是从精密统计的角度，按照铁路客货运输统计规则系统分析运输计划中的各项指标。目前这两个方面分别由运输部门和统计部门共同完成。

通过分析各方向、各次列车乘车人数的统计资料，可以确定各区段列车的利用情况。旅客运输统计报告资料主要包括下列内容。

1）旅客运输部门掌握的日常统计分析资料

车站根据售出客票记录，分直通、管内编制售出客票报告（月报）及退票报告（月报）等精密统计资料，上报铁路局集团公司统计部门，并根据各次列车上下车人数业务统计资料，按日、旬、月，分车次、去向统计发送旅客及中转旅客的客流量。铁路局集团公司根据车站报告可以掌握各次列车座席利用率，有计划地组织日常运输。通过客票发售与预订系统可以提供：分省市县、路局、站段别客票发售及客流交换情况；分线路、区段、距离别客流情况；分车次、站别、席别上车人数及能力利用情况。根据统计报告资料的汇总比较，可以分析客流变化的规律，作为确定计划客流的参考。

2）由统计部门编制的客流统计资料

车站和车务段根据售出客票记录，分别按照直通、管内编制售出客票报告（月报）、退票报告（月报）及区段票、代用票（包括乘降所上车票据）一起报铁路局集团公司统计部门（主要是统计工厂）。再由统计工厂根据各站的售出客票报告、退票报告和铁路局集团公司内交换资料（输入和通过客流）编制有关统计报表，具体内容如下。

(1) 旅客发送量及票价统计表（客报-1）。本表是表示各客运营业站（乘降所）、铁路局集团公司和省、市、自治区的旅客发送情况，包括列车的补票人数、车站的补票人数和退票人数。有人售票乘降所人数统计为站售票，无人售票乘降所人数统计为补票人数。根据自局客运发送资料及外局交换资料编制。本表为月、年报。

(2) 旅客运输量及周转量统计表（客报-2）。本表是表示各铁路局集团公司旅客运输量、周转量及平均行程的完成情况。根据自局客运发送资料和各局交换的资料编制，按管内、直通（输出、输入、通过）分站别售票、补票、退票、合计填列旅客人数、周转量、平均行程。本表为月、年报。

(3) 分界站旅客输出输入及通过统计表（客报-3）。本表是表示铁路局集团公司间旅客去向及各局间分界站输出、输入及通过旅客人数。根据自局发送资料和各发送局交换的资料编制。本表为月、年报。

(4) 区段平均旅客密度统计表（客报-4）。本表反映铁路营业线上各区段平均旅客密度。根据本局资料和外局交换资料编制。本表为年报。

(5) 旅客运送距离统计表（客报-5）。本表是按照运送距离别，分席别反映旅客运送量和周转量，是作为了解和研究旅客行程情况的依据。根据自局旅客发送加补减退资料编制。本表为月、年报。

(6) 旅客中转量统计表（客报-6）。本表反映车站和列车上以电子售票方式办理中转手续的分担当局别、车次别旅客运送情况。根据本局车站电子售票、车内电子补票信息编制。本表为月、年报。

(7) 主要干线分线别旅客运输量统计表（客报-7）。本表反映全路主要干线的旅客运送量、周转量及平均行程的情况。根据自局客运发送资料和各局交换的资料编制。本表为月、年报。

(8) 分车次别、席别旅客发送量、周转量及票价统计表（客报-8）。本表是反映铁路局集团有限公司分车次、担当局、席别的旅客运输情况。根据自局发送资料和异地售票资料结合调度命令编制。本表为月、年报。

(9) 分站别、车次别担当局别旅客发送量及公免人数统计表（客报-9）。本表是反映各营业站、乘降所分车次别、担当局别的发送、公免旅客运送情况。根据本局发送资料和异地售票交换资料编制。本表为月、年报。

3. 客运业务及营销统计资料

随着铁路信息化的发展，基于客票系统的客流原始信息所衍生出来的铁路客运业务及营销统计分析资料越来越成为制定客流计划的参考依据。与客流精密统计资料相比，铁路客运业务及营销统计分析资料具有信息全面、反馈及时、针对性强等优势。这对客流计划制定、列车运营计划调整越发频繁，以及客运产品和服务越发突出其竞争性等十分有利，所以客运业务及营销统计分析资料在客流计划编制时越来越重要。

客流业务及营销统计资料的来源及分析均依托客运营销辅助决策系统完成，其信息源的输入全部来源于铁路客票系统。铁路客票系统保留了客票信息的所有内容，尤其是实名制购票以来，其客流的信息统计分析可以具体到列车别、产品别、子市场别等的客流时空分布、结构等，基本可以满足客运组织、日常优化调整决策要求。

4.2 铁路客流计划的编制

客流计划是旅客运输计划的重要组成部分，是实现旅客运输计划的技术计划，又是旅客运输能力的分配计划和旅客运输组织的工作计划。换句话说，客流计划的编制就是运输企业梳理计划期内客运量的过程。

客流调查只是为编制客流计划提供了一定的原始资料，还必须将调查来的情况进行科学分析，研究客流在各个时期是怎样依附于社会政治、经济、文化发展的。此外，还必须根据历来实际客流的变化规律和增长率及客流统计资料，综合社会调查后，采取适当方式加以推算。

客流计划的编制工作是在国铁集团的集中统一领导下，根据客流资料，采取上下结合集中编制的方法进行的。其步骤分为：下达任务、准备资料；铁路局集团公司编制客流图和客流计划；国铁集团汇总直通客流图和编制客流计划。

4.2.1 下达任务，准备资料

在编制新的列车运行图确定旅客列车开行方案前，一般首先要编制客流计划。由国铁集团指定用某月份（称客流月）的客流统计资料，于客流月前下达编制客流计划和客流图的任务，同时公布全路直通客流区段。管内客流区段则由各铁路局集团公司统计和运输部门共同商定。用划分客流区段的方法编制客流计划，是从合理确定直通、管内旅客列车的对数和运行区段出发的。这里所说的客流区段不是一般的列车运行或机车的牵引区段，而是客流的到达区段，其长度按客流密度的不同来划分。直通、管内都有自己的客流区段。凡客流密度大致相同的地段，即可作为一个客流到达区段；客流密度不同的，则需分为两个或几个客流区段。例如，直通客流区段的始点站和终点站一般为大量客流产生和消失的地点，并衔接几个铁路方向的大型客运站和各铁路局集团公司间的分界站。这样的划分，就能看出各区段客流密度的不同，从而可规定各客流区段应有的旅客列车对数。

铁路局集团公司根据国铁集团下达的任务，督促各站、段认真填写客票和表报单据，并及时完整地向统计部门（统计工厂）寄送。客票和表报单据主要有常备客票月报、代用票及车补小票等，这是编制客流计划最可靠的原始票据。

4.2.2 铁路局集团公司编制客流图和客流计划

各铁路局集团公司统计部门按铁路客货运输统计规则的要求，提出客流月的直通、管内分区段的发送旅客流向统计资料。目前，我国铁路客货统计方法以电子统计为主，个别使用人工统计。

根据铁路客货运输统计规则和国铁集团运输统计部门的要求，由各铁路局集团公司统计部门向客运部门提供客流月的直通、管内分区段的客流资料，按日均数绘制客流图（也称客流区段图）。客流图是旅客由发送地至到达地所经过的客流区段的图解表示（见图4-1）。编制客流图的目的是在编制列车运行计划时，提供确定旅客列车对数和运行区段所需的计划客流量。经常编制客流图，可以掌握各个时期各铁路客流流向和流量变化情况，掌握客流变化规律，以便制定日常、节假日客流组织办法。

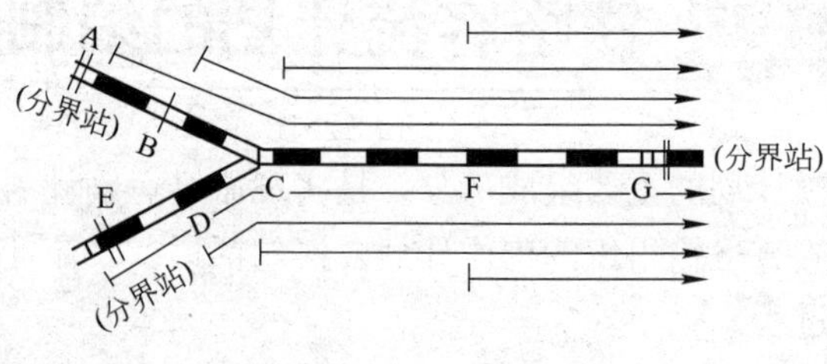

图4-1 客流图

客流图直观地反映了各区段客流流向和流量变化情况。按客流性质的不同，客流图分为直通客流图、管内客流图两种。

1. 直通客流图

直通客流图是由一个铁路局集团公司所属各客流区段产生的客流，经过一个或几个铁路局集团公司间分界站到达全路各铁路局集团公司的各客流区段的客流图解表示。每个铁路局集团公司都有一条或几条铁路线作为始发站、终到站或通过站。每条铁路线根据客流密度的不同，又可分为一个或几个直通客流区段。各直通客流区段的直通客流都是由以下 3 部分组成的。

(1) 输出客流。由本铁路局集团公司各直通客流区段内产生通过铁路局集团公司间分界站交到外铁路局集团公司的客流。

(2) 输入客流。全路各铁路局集团公司的各客流区段内产生的直通客流，通过本铁路局集团公司分界站到达本铁路局集团公司各直通客流区段内的客流。

(3) 通过客流。由本铁路局集团公司的一个局间分界站接入到另一个铁路局集团公司间分界站交到外铁路局集团公司的客流。

各铁路局集团公司和全路的直通客流图，只编制直通到达客流。

直通客流图的编制，是根据各铁路局集团公司统计工厂提供的各直通客流区段产生的输入客流量和流向，分线别、客流区段别进行编制，把每个客流区段产生的直通输入客流量按区段顺序，填入各客流区段。

为了简化统计工作量和便于全路的客流汇总工作，直通客流图应按国铁集团公布的直通客流区段绘制。在图上表示出本铁路局集团公司管内各客流区段的日均（月计）到达客流量（客流密度），以作为全路客流汇总时的交换资料。

2. 管内客流图

管内客流图是由一个铁路局集团公司各管内客流区段产生，而又在本铁路局集团公司管内各客流区段消失的客流图解表示。管内客流区段的客流包括同一客流区段始发、到达和通过的客流。区段内各站段送到其他区段及本区段的客流，视为区段首站发送的客流；其他区段到达本区段内各站的客流，视为到达本区段尾站的客流；由一区段接入通过本区段到另一区段的客流为通过本区段的客流。同一区段内上述 3 部分客流总和即为管内客流区段的客流。

管内客流图的编制方法与直通客流图不同，一般是先编制客流斜线表，后编制管内客流图。管内客流斜线表如表 4-1 所示。管内客流斜线表是将各大站及管内客流区段的发到旅客人数显示于表上。将每一发站发送的客流量按到站分列在同一行的相应栏内，表示出管内客流的流量和流向。表 4-1 中斜线以上为下行，斜线以下为上行。

表 4-1　管内客流斜线表　　人

发站＼到站	距离/km	甲	乙	丙	丁	戊	下行	上行	总计
甲	120		2 124	813	372	160	3 469	—	3 469
乙	135	2 493		2 561	277	27	2 865	2 493	5 358
丙	176	865	2 622		1 594	582	2 176	3 487	5 663
丁	221	501	770	1 436		1 316	1 316	2 707	4 023
戊	—	117	126	594	1 216		—	2 053	2 053
下行	—	—	2 124	3 374	2 243	2 085	9 826	—	9 826
上行	—	3 976	3 518	2 030	1 216	—	—	10 740	10 740
总计		3 976	5 642	5 404	3 459	2 085	9 826	10 740	20 566

管内客流图如图 4 - 2 所示。在图 4 - 2 中，区段内各站发送的客流视为本区段始发站发送的客流，到达区段内各站的客流视为到达本区段终点站的客流。直通客流在区段内各站到发时，往往需换乘管内列车，这部分客流除在直通客流图上作为通过全区段的客流外，还需加入管内客流，以便在计划管内列车对数时，将这部分客流考虑在内。

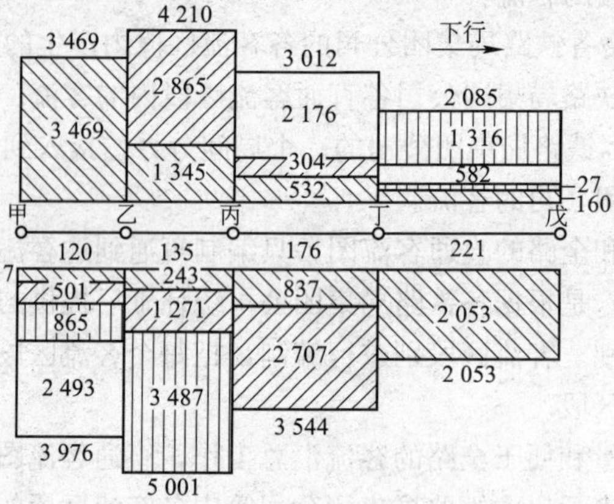

图 4 - 2　管内客流图

4.2.3　国铁集团汇总直通客流图和编制客流计划

国铁集团组织各铁路局集团公司对所编制的输入直通客流图资料进行交换，并汇总在按局别的全国铁路直通客流汇总图上。各铁路局集团公司根据交换的资料，计算出直通客流区段的客流密度，连同管内一起，汇总在全国铁路区段客流密度图上；然后各铁路局集团公司分析客流调查和统计资料，与过去几年同期实际资料相比，并预计可能的发展，推算计划期间客流的增长率，即可编制全部客流计划。按干、支线分区段汇总成直通客流计划表，并编制计划客流密度与现行运行图规定的旅客列车能力比较表（见表 4 - 2）进行分析，即可提供编制列车运行图所需的资料。

表 4 - 2　计划客流密度与现行运行图规定的旅客列车能力表　　年　月　日

线路区段	方向	年　月			年至　年计划			现行旅客列车能力				密度与能力比较			
		旅客密度	其中		旅客密度	其中		对数	总定员	其中直通客车		与　月		与　年	
			直通	管内		直通	管内			对数	定员	总计	直通	总计	直通
	上														
	下														
	上														
	下														

注：列车定员，按编组表中规定的定员计算。

4.3　铁路票额分配计划

4.3.1　票额分配计划的概念及类型

票额分配计划是旅客运输能力的运用计划，是旅客运输计划的重要组成部分，其实质是保障运能与客流的合理匹配。在客运输送能力相对短缺的情况下，票额分配计划的制定与实施有利于运输能力资源的公平分配、组织均衡运输、缓和供求矛盾。在客运输送能力供需平衡或相对富裕的情况下，票额分配计划应该有一定的执行弹性。只有合理地分配票额，才能全面安排售票、行包运输、服务和列车的乘务、餐茶供应等工作，实现科学、有序地组织旅客运输，提高旅客列车票额的使用效率。

票额分配是在编制新列车运行图后或客票销售过程中，根据旅客列车输送能力（分车次、分席别、分区段的席位能力）和历史客流统计资料与售票实际情况，针对车票各项要素制定的计划。它具体包括车票的乘车站、终到站和运行区段等。直通旅客列车票额分配方案由列车担当铁路局集团公司根据客流和列车停站情况与始发局和相关局协商确定，并上报国铁集团核备；管内旅客列车票额分配计划由铁路局集团公司组织编制，并分别以国铁集团、铁路局集团公司文件公布实施。

按照票额分配计划制定时机的先后关系，有票额分配基本计划、票额分配执行计划和票额分配调整计划三类。其中，票额分配基本计划是在旅客列车开行方案、运行图编制完成以后，依据客流月的日均 OD 客流确定；票额分配执行计划是在客票销售期之前综合考虑历史同期客票销售规律等因素对预售期内 OD 客流进行短期预测，之后再对票额进行预分并作为票额分配的执行计划；票额分配调整计划是在客票销售期内，按照客票销售的具体情况，随时对票额计划进行调整，其目的是提高列车的客座利用率。

票额分配基本计划在一定时期内是涉及运行图中所有列车的稳定计划，执行计划实际只涉及一天的所有列车，即对进入预售期第一天的票额实施分配，调整计划涉及的范围最广，包括在预售期内的各次有剩余票额的列车。系统会每天按照售票情况重新预分票额，实现票额的动态分配。

4.3.2　票额分配的依据和原则

1. 列车定员

票额是基于旅客列车能力（席位）的，列车能力即列车席位的数量，也叫列车定员。在票额分配工作中，所依据的列车定员指标及规定如下。

(1) 硬座标记定员。各硬座车厢标记定员的总和，即

$$A_{标记}=\sum a_{标记}$$

式中：$A_{标记}$——硬座标记定员，人；

$a_{标记}$——车厢标记定员，人。

(2) 硬座实际定员。硬座标记定员减 10 个不能发售的座位（办公席等占用，新型车标

记定员不包含办公席在内者，其实际定员即为标记定员）。

$$A_{实际}=A_{标记}-10$$

式中：$A_{实际}$——硬座实际定员，人。

（3）硬座超成定员。硬座实际定员与硬座实际定员乘以规定超员率之和。

$$A_{超员}=A_{实际}\ (1+K_{超员})$$

式中：$A_{超员}$——硬座超成定员，人；

$K_{超员}$——规定超员率。

（4）软座和软卧定员均按标记定员计算，硬卧定员（宿营车除外）按标记定员总和减去部分不能使用（如机务乘务员便乘）的卧铺。软、硬卧车代用软、硬座车时，软卧每一下铺按三人、硬卧每一下铺按四人计算，不再加超员率，上铺均禁止出售，中铺吊起固定。

（5）在保证安全、正点和服务质量的前提下，容许旅客列车硬座车厢超员运输，特别旅客快车始发不超员，途中准超员 20%（全程对号除外）；直通旅客快车始发不超员，途中准超员 30%；直通旅客列车始发准超员 10%，途中准超员 40%；春暑运期间如需增加超员率，以国铁集团发文、电为准。管内旅客列车超员限度比照上述相同等级旅客列车的规定办理。

（6）速度 300 km/h 及以上的高速铁路动车组和直通动车组列车不得超员；铁路局集团公司管内短途一等座车不得超员，二等座车最高超员率为 15%。

2. 票额分配依据

票额分配计划的编制依据主要考虑不同时期的 OD 客流，票额分配执行计划的制定与调整需要考虑历史客流数据和客票销售的实时数据。

1）历史客流数据

历史客流数据指由铁路局集团公司统计部门进行统计整理的席位汇总历史数据和存根汇总历史数据，包含以下 4 方面。①指定月份的管内、直通客流图及主要站间旅客交流表等资料。②列车的旅客密度表、分席别的实际人数，各次列车超员和虚糜的分析。③主要客运站分车次、分席别票额与发售情况对比，分区段的上车人数和分车次的下车人数。④历年票额分配计划及其兑现情况统计分析报告。

2）实时客运营销数据

实时客运营销数据是指由客运营销辅助决策系统根据近期客票销售的实时情况统计整理的客运相关实时统计数据，具体包括以下内容。

（1）旅客列车发送量统计表。分时期、分方向、分车站、分车次、分票种、分席别的上车人数统计。

（2）客票预售统计表。分方向、分车站、分车次、分席别、分长短途的售出票额、剩余票额、售票趋势、收入趋势等统计。

（3）旅客列车密度表。该密度表除了提供上下车客流、区间上座率和车内人数，还可以获得列车编组、定员及分车厢、分席别的列车客流密度表数据。

3. 票额分配原则

从合理运用铁路客运输送能力，提高铁路运输质量、效率和效益的角度出发，票额分配应树立全局观念，正确处理全局和局部的关系，遵循“充分利用运能、长短途合理分工、保证重点、统筹安排”的原则。针对不同列车、席别进行票额分配时，须遵循的原则如下。

(1) 硬、软座票额的分配原则。贯彻“先中转、后始发，保证重点”的运输原则，做到长短途列车合理分工，确保长途旅客乘坐长途列车、短途旅客乘坐管内列车。

(2) 软、硬卧铺票额的分配原则。优先考虑始发站长途旅客的票额需求，尽可能保证党和国家机要交通使用卧铺的需要，适当考虑中途直辖市、省会、自治区首府、各地铁路局集团公司和较大城市所在地车站的票额需求。

(3) 动车组列车票额分配原则。因动车组列车停站次数较少或无停站，票额分配时应尽量满足始发站的票额需求，并只在办理客运业务的停靠站预留少量票额，原则上不允许列车超员或控制一定的超员率。

4.3.3　票额管理的流程及内容

票额分配管理简称票额管理，是铁路客运日常管理工作的重要内容之一，不仅关系到铁路旅客运输资源的充分利用、客运收益的提高，同时也影响铁路满足社会需求、发挥社会效益的能力。严格来讲，票额管理包括依据票额分配原则及方法编制票额分配计划、执行调度命令、调整票额，组织票额的共用和复用等工作，具体体现为对票额分配基本计划、票额分配执行计划和票额分配调整计划的编制与执行过程。旅客列车票额的管理原则上由列车始发铁路局集团公司负责，特殊情况由国铁集团指定。车站负责调度命令核对、授权范围内的票额调整和调度命令的执行。

1. 票额管理的流程

票额管理的流程以票额分配及管理为中心，将可用的席位能力按照票额管理权限以票额分配计划的形式层层分配到各车站，各车站根据分配的票额组织售票。在客票销售期间，客票管理部门应根据市场需求变化对票额动态调整。票额管理流程如图 4－3 所示。

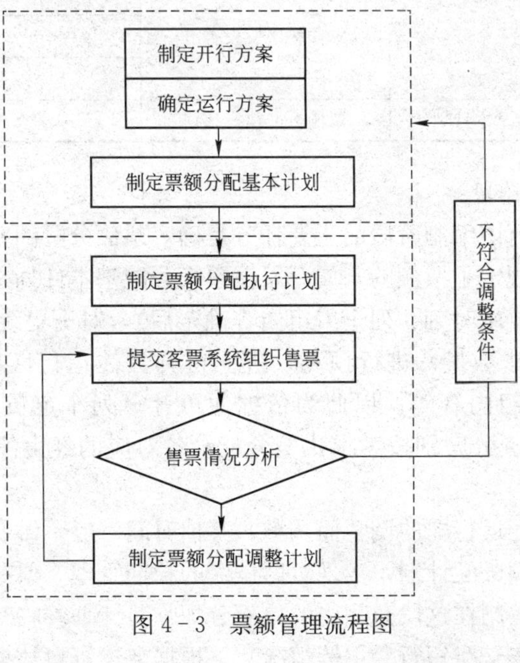

图 4－3　票额管理流程图

(1) 在制定开行方案和确定运行方案后，按照票额分配的原则和方法即可制定出相应的票额分配基本计划。

(2) 在近期客流和往年同期客流统计分析的基础上，进行短期铁路客流预测，并按照客流方向、OD和席别等系统分析客流结构和特点，进而给出不同区段、不同席别的客流预测结果。

(3) 在短期客流预测的基础上，按照票额分配的规定和方法，以票额分配的基本计划为基础，在客票预售期前制定票额分配的执行计划，并将该分配计划提交客票系统，生成相应的席位。

(4) 在客票预售期内对售票情况进行监控和评估，并在需求出现大幅度变化的情况下，对票额进行动态调整。即根据已售信息对预售期内剩余时间的潜在购票客流进行预测，对剩余票额按照新预测的客流进行重新分配。形成票额分配的调整计划，并提交客票系统对剩余席位进行调整。

2. 票额管理的内容

我国铁路列车票额组织管理工作可以分为3个阶段：列车运行图编制阶段、车票预售期前、预售期内，各阶段中票额组织管理工作的内容及成果见表4-3。

表4-3 各阶段中票额组织管理工作的内容及成果

<table>
<tr><th>阶段</th><th>运行图编制阶段</th><th>预售期前</th><th>预售期内</th></tr>
<tr><td>工作</td><td>票额分配</td><td>票额预分</td><td>票额调整</td></tr>
<tr><td rowspan="7">内容</td><td>票额归属车站</td><td>各车站票额</td><td>票额共用</td></tr>
<tr><td rowspan="6">票额用途</td><td rowspan="2">短途套用</td><td>席位复用</td></tr>
<tr><td>限售区段调整</td></tr>
<tr><td rowspan="3">限售区段设置</td><td>转换用途</td></tr>
<tr><td>调度命令调整</td></tr>
<tr><td>票额再预分</td></tr>
<tr><td></td><td></td></tr>
<tr><td>成果</td><td>票额分配基本计划</td><td>票额分配执行计划</td><td>票额分配调整计划</td></tr>
</table>

1) 列车运行图编制阶段

票额管理在列车运行图编制阶段的主要任务是确定票额分配的基本计划。

票额分配基本计划规定了票额的归属车站。票额分配基本计划是在列车开行方案和运行图编制时（列车对数、停站时刻、列车编组内容确定后），对历史统计客流数据对沿途车站的上车人数（即票额需求数量）进行预测，进而得到具体运行区段内各类旅客列车的开行对数、停站时刻及编组内容等。以此为依据便可计算列车定员、列车停站方案、票额用途规定等，将列车票额分席别按需求比例分配给各对应的经由停站，由此获得票额分配基本计划。

票额分配基本计划随运行图的调整而调整，其他时间一般不做变动。因此，基本计划是某趟车次长期有效的票额分配计划，实现对席位库的长期管理。票额分配计划在一段时间内需要进行调整时，可以编制在这段时间内的票额分配临时计划。临时计划是在突发情况（如列车编组临时更改、列车交路短暂变更等情况）下根据上述资料数据临时编制并短暂使用的票额分配计划，有起始和截止时间限制，只在该时间段内有效，是某趟列车短时间内的票额分配计划。

2）车票预售期前

由于票额分配基本计划在一定时期内相对固定，难以应对因客票需求波动造成的供需匹配问题，因此在客票销售的过程中引入票额预分，以解决客流波动幅度较大情况下的票额分配销售的优化问题。

票额预分是在进入客票预售期前（或预售期中）采用的一种票额再分配方式，它是对票额分配基本计划的补充。票额预分是指在旅客列车票额总量一定的情况下，首先根据 OD 客流历史数据、近期客流变化及实时客票预售情况对每趟列车 OD 客流进行短期预测，并将客流预测的结果用于对列车席位进行区段性分解，再次产生各车站的票额方案以及相应的限售方案和短途套用方案，从而形成票额分配的执行计划。

票额预分将旅客列车票额的静态分配变成了适应动态客流需求的动态分配，它的实施有助于推进票额管理的自动化和智能化。一方面，它能提高列车的票额利用率，实现效益最大化；另一方面，满足了沿途各车站的需求，达到吸引客流的效果。

3）预售期内

在车票的预售期内，首先以票额分配的执行计划组织售票。为进一步提高旅客列车上座率、实现票额有效利用和全路效益最大化，铁路局集团公司对票额进行实时监控，并根据当前客票的发售情况对票额分配计划进行调整，使票额分配更好地适应客流市场的变化。

票额调整就是在客票预售期内执行，根据当前的客票销售情况和客流变化趋势，提前进行的短期票额调整，以适应市场需求，提高席位的使用效率和铁路客运收益。票额调整手段有的是需人工手动操作，有的是系统自动完成。这种与实际客票销售更加贴切的票额分配计划称为票额分配调整计划。

4.3.4　票额调整常用方法

票额调整的主要手段，包括短途套用、限售区段调整、席位复用、票额共用等，这些售票组织手段一般不单独使用，而是在车票预售期的不同时间段内进行组合使用。通过短途套用提高始发端上座率，通过限售站设置保证长途票卖给长途旅客，通过席位复用提高终端上座率，从而充分利用铁路运能，提高铁路客运收益，通过设置票额共用调节供需差异。

1. 短途套用

票额分配的执行计划中，针对分配至非始发站的票额，增加始发站至票额分配站的等量短途车票。短途套用是票额预分在计划层面上的互补，它们共同保证每个区段的运输能力都达到列车定员。票额预分方案确定后，短途套用方案也随之确定，形成两部分独立执行的票额（子）计划。

2. 限售区段调整

1）限售区段定义

当铁路运输能力比较紧张时，为了避免短途客流占用长途运能，保证旅客列车效益最大，铁路往往将限定一部分票额发售至某一停站及其以远，将该停站称为限售站。只有当旅客购买需求为本次列车限售站以远的到站时，车票才能售出。限售站至终点站的整个区段为限售区段，如图 4-4 所示。

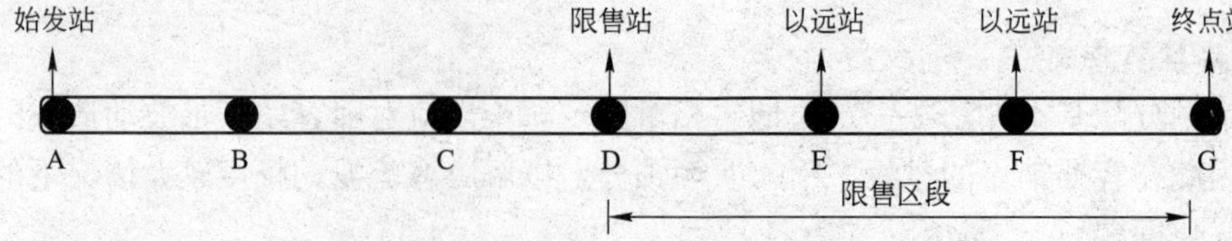

图 4-4　限售区段示意图

限售区段的设置是通过更改席位的属性，控制票额发售的区间，从而确保席位以长途形式发售，避免长票短卖、长途需求无法满足的现象。此外，限售区段的设置也可协调列车在不同区段及同方向列车间的客流分配，从而提高票额利用率和方便旅客运输组织。限售区段并不是一成不变的，铁路部门会根据售票情况与客流情况做相应的调整甚至取消。取消限售区段后，即可发售限售站以近的客票。

例如，K926（郑州—海拉尔）次列车，票额大部分分配给郑州站，同时设置唐山为限售站，只有当旅客的购买需求是郑州到唐山或以远的车站时，铁路售票系统才能将车票售给该旅客，而对于购买需求为郑州到天津的旅客，铁路售票系统将控制不能售出 K926 的车票。当至开车前设定的天数（如开车当天），铁路将会取消限售控制，那么若此时 K926 还有剩余票额，旅客即可购票到北京至天津的车票。

这种控制手段保障了长途旅客的需求，如果控制得当，可以达到旅客均衡运输同时提升铁路客运收入；但如果控制不当，放开控制的时间过晚，则可能出现已经没有长途旅客购票需求，而短途旅客需求又得不到满足的现象，导致席位虚糜。

2）限售区段调整策略

限售区段控制要考虑以下两个方面。

（1）限售区段的设置。铁路在进行旅客列车票额分配时就会确定限售站。限售站设置的原则是保障长途旅客的需求，避免长途列车运送短途旅客。

（2）限售站的调整。由于客流存在出行特点的不确定性和购票时间的不确定性，不能确保每天乘坐某趟旅客列车的长途旅客数量都是稳定的，所以车票限售站的设置，不能是一成不变的，而是要随着客流和时间变化进行调整。

3. 席位复用

1）席位复用定义及类型

席位复用是指对客票系统席位售出后，如果席位没有充分利用，那么在剩余区段再次生成新的席位，使列车能力再次利用。席位复用分为以下几类。

（1）按裂解车站分，席位复用可分为以下定上席位复用和指定站席位复用。

以下定上席位复用是指席位的售到站就是裂解席位的乘车站，例如 T43 次（北京西—西安）列车的一张始发长途席位，当售出区段为北京西到石家庄北时，则会裂解出一张石家庄北到西安的席位。这是最常用的一种复用方式。

指定站席位复用是指设定旅客列车的某几个站为复用车站，无论车票售出的是哪个到站，列车席位的乘车站为售出到站（含本身）前方指定的复用站。这种复用方式适用于列车沿途站客流上下不均衡或列车停站时间不合适的旅客列车。

(2) 按席位复用的区段性质分，席位复用可分为向前复用和向后复用。

向前复用是指当票额被共用后，裂解出原乘车站到共用车站的席位；向后复用则是指席位按乘车站被售出到前方某一到站后，裂解出售到站到原票额终到站的席位。

2) 席位复用控制

席位复用是席位剩余区段能尽快售出的有效处理方式，是铁路现阶段挖潜提效最为有效的措施，也是将来铁路收益管理不可或缺的手段。为使票额每一区段能力能充分得到使用，需对席位复用进行科学的控制，控制处理措施包含：①复用裂解时间；②复用裂解站设置；③复用有席位控制；④复用短途席位合并。

4. 票额共用

票额共用是指分配给某一停站的票额在一定条件下允许被同一列车径路上前方若干停站共用。它是针对一列列车票额而设置的在其停靠站（非终到站）间的票额发售共享机制。这种售票组织策略突破了车站乘车人数受到该站的票额限制，对减少列车席位虚糜、提高铁路运输能力利用率、满足旅客出行需求具有重要意义。

按共用的范围，票额共用可以分为全程共用和局管内共用（简称管内共用）。全程共用是指在规定时间内，列车某一乘车站的票额可以被列车前方任一车站使用；管内共用则是指在规定时间内，列车某一乘车站的票额只能被前方局管内车站使用。全程共用一般适用于客座率较低列车，而管内共用则适用于客座率偏高列车。

按共用时间分，票额共用可以分为开车前共用和开车后共用。开车前共用是指列车某一乘车站的票额，在列车未发车前，就可以被列车前方站共用；开车后共用是指列车某一乘车站的票额，需待列车从此乘车站开出后，才能被前方站共用，这是保护票额分配站利益的一种保守票额共用设置方式。

票额共用是将旅客列车票额的静态分配变成了适应动态客流需求的动态分配的另一种手段，其目的实现票额共享，提高票额利用效率，从而达到提高铁路旅客列车全程客座率作用。

票额共用策略的制定需要考虑以下因素。

1) 列车客座率

一般情况下，列车客座率较高的列车，其始发站的票额利用情况较好，那么对于这种列车，则不宜将始发站有席位票较早地放开给沿途站共用，沿途站通过发布无席位，作为客流补充。对于客座率较低的列车，一般会有三种情况：一是新开列车，其客流还处于培育期，始发站和中间站客流均不理想；二是既有开行的列车，始发站客流较好，但以短途客流为主，由于长期没有票额资源造成中间站客流得不到培育；三是既有开行的列车，始发站客流较差，但中间站由于长期没有票额资源，未显现出较好的客流需求。可以看出，客座率较低的列车，无论哪种原因都应及时将始发站的票额开放给列车前方站共用，从而提高列车全程客座率和收入。

2) 共用时间

共用时间 T_{AB} 是指旅客列车距 A 站开车多长时间内，A 站的票额可以供 B 站共用。

共用时间设置的合理性决定了票额利用的合理性。对于票额利用率低下的车站，可以设置距开车前较长时间，允许其票额被前方站共用，使列车前方站的客票在车票预售期初期就能有票可卖；对于票额利用率较高的车站，需设置距开车前较短时间，甚至可以设置列车从本站开出后，票额才可以供列车前方车站共用。这样既保证了票额分配站的客流需求，同时能在一定程度上缓解旅客列车前方站的客流需求。

3）共用数量

共用数量 M_{AB} 是指对于同一趟旅客列车，A 站可被 B 站共用的票额数量。

考虑不同地区不同旅客有不同的购票习惯，有的区域旅客习惯提前买票，有的区域旅客习惯临近开车前买票，为保证票额分配站的旅客购票需求能得到满足，需对票额共用数量进行一定条件下的控制，且当共用数量不足时，能自动调整共用数量。

综上，在客票预售期内，通过短途套用、限售区段调整、席位复用、票额共用等售票组织策略的协调配合，形成了一套完整有效的售票组织体系，有效提高票额利用率，从而提高铁路旅客列车全程客座率，实现铁路整体利益最大化。

4.3.5 票额分配计划的编制

1. 票额分配基本计划

在运行图编制阶段，针对每趟列车都要编制票额分配基本计划。若遇到突发情况需要调整列车开行方案或运行方案时，还需修订或编制临时性的票额分配计划。

直通旅客列车票额分配基本计划由国铁集团组织编制。具体由列车担当局根据列车运能和客流情况提出方案（两局担当的列车由始发局提出方案），经国铁集团审定后，以铁路局集团公司文件公布，报国铁集团核备。直通旅客列车票额基本计划的编制过程中，列车担当局可以用文件或电报形式对始发局提出票额需求并相互协商确定。管内旅客列车票额分配计划由铁路局集团公司组织编制并公布。全路票额分配计划使用统一软件编制。

1）票额分配方法

为了合理地充分利用铁路运能资源，更好地满足旅客需求，使票额分配与列车开行结构相适应，应遵循“充分利用运能，长短途合理分工，保证重点，统筹安排”的原则，规定其各次列车在各限售站的限售区段（指列车运行图中指定限售站至终点站的整个区段，不含限售站）。具体票额分配方法如下。

（1）坚持把全路整体利益放在首位，优先满足始发站至终到站及限售站以远长途客流的需要，保证党和国家机要交通使用卧铺的需要，适当考虑中途直辖市、省会、自治区首府、铁路局集团公司和较大城市所在地车站的票额需要。

（2）为实现票额资源的合理利用，直通快车票额分配实行日常和旺季两套方案。日常方案是票额分配的基础，旺季方案是在日常方案的基础上将部分中途站票额收回始发站而形成的。原则上，中途站凡有同方向、同终到站始发快车时，所经过列车不再分配票额。旺季是指春运、暑期、小长假等。在规定的时间范围内，始发站可根据客流情况，确定实行旺季方案的时间、车次、席列，再通知相关铁路局集团公司并报国铁集团备案后实施。特殊情况由国铁集团和有关铁路局集团公司研究确定。

（3）直通旅客列车往返票额分配由列车担当局根据客流和列车折返站的始发局及有关局确定，其中两局担当的列车由始发局负责票额分配。各局以局文公布票额分配方案，并报国铁集团核备。

（4）软硬卧铺和软座票额分配按标记定员分配票额。直通旅客列车卧铺、软座票额一般只分配给始发站及始发局所属较大站。列车在始发局管内运行距离较短时，可适当为中途局较大车站分配少量票额，但最远不超过列车全程运行距离的三分之一。

2）不同席别票额管理的具体规定

（1）硬座票额。硬座票额的分配数量以列车硬座实际定员为基础，按各等级列车规定的超员率分配。为防止非优质优价全程对号列车虚糜，在始发站（或指定中途站）每个硬座车厢增加 10 个无座号。

直通快车票额按列车限售区段分配，首先保证始发站至终到站或限售区段以远长途客流的需要，途中各停车站的票额按限售区段以远客流量依次分配。途中各停车站分配的票额由始发站套用，途中站不再套用短途票额。限售区段以远各站如有下车规律数量，可按规律数分配。

中途站凡有同方向、同等级、同终到站的始发列车时，所经过的直通快车原则上不再为中途站分配票额。

（2）软、硬卧铺和软座票额。软、硬卧铺和软座票额的分配数量为软、硬卧车和软座车的标记定员。

根据长、短途列车合理分工的运输组织原则，首先满足始发长途客流的需要，中间站凡有同方向、同终到站的始发快车时，所经过的列车要严格掌握，根据沿途客流情况分配少量票额。

列车夜间运行途中，开车时刻超过零点的车站原则上不分配软、硬卧和软座票额。列车运行到最后一昼夜前的车站如有长途旅客下车时，可根据下车规律数分配一定数量的票额。

软、硬卧铺的限售区段，原则上比照硬座限售区段办理，如不能满足长途客流需要时，必须延长限售区段。中途站对第二天白天到达终点站的列车，必须限售到终点站，以减少因白天运行不易利用造成的空费。列车运行第一个白天的中间站，分配预留的票额要尽量减少，以避免始发站到预留站全部是白天，不利套用。单程白天运行的列车，软卧可代用软座，硬卧应尽量发售卧铺，减少代用。

在不浪费运能的情况下，要尽可能保证党和国家机要交通使用卧铺的需要。在分配新运行图票额前，有关铁路局集团公司要事先与机要部门联系，共同协商机要占用票额事宜，并报国铁集团审批。

（3）动车组票额。直通动车组列车在满足始发站需求的前提下，可为中途站分配一定数量的有席票额，分配数量不超过票额总数的 25%。管内列车各铁路局集团公司自定。

直通动车组列车票额集中存放于始发局。按照能力利用最大化原则，始发局设专人负责票额日常管理和调整；中途局及时向始发局提供客流信息，做好售票组织工作，保证列车全程上座率。

直通动车组列车能力有剩余时，始发局应及时将票额向有客流需求的中途局（站）调整；始发局能力不足时，需将中途局票额调回始发局时报国铁集团批准。

动车组列车实行全程席位复用，时间为售出后即时复用。同时，动车组列车实行票额共用，其共用时间由始发局根据客流情况确定，报国铁集团批准。管内动车组列车票额共用时间由铁路局集团公司自定，报国铁集团备案。

3）票额分配基本计划编制

一般情况下，旅客列车票额分配基本计划是在列车运行图调整后，客运管理人员参考历史客流数据和往年票额分配资料，根据新的列车运行图条件进行编制，编制完成后在一段时间内保持相对固定。票额分配基本计划是在编制新运行图所使用的客流图、客流计划资料基础上，结合往年售票实际情况，按局别，分车次、分席别、分区段对各次列车的席位能力针对车票各项要素制定的计划。

票额分配基本计划的编制一般由铁路局集团公司客票管理人员在地区票务中心管理系统（客票系统的子系统）的票额计划管理模块中操作完成。普通列车和动车组的票额分配基本计划分别编制。

2. 票额预分与执行计划

为了提高列车席位能力的利用率和经营效益，在客票预售期之前，需要根据近期客票销售的实绩情况和规律预测，在票额分配基本计划的基础上编制票额分配的执行计划。其具体实现过程就是对票额的预分。票额预分方案是对票额分配基本计划的补充和改进，一般在预售期前进行编制。

旅客列车票额预分是指在各次列车开始预售之前（或预售期中），首先根据 OD 客流历史数据、近期变化及预售情况对该 OD 客流进行短期预测；并以此为依据，在客票系统中将以席位为载体的运输能力自动预分给各 OD 客流所对应的车站。

旅客列车票额预分的目的是提高铁路旅客运能的利用率、铁路客运竞争力、票额分配与客流需求吻合度，做到合适的列车带走合适的客流，合适的票卖给合适的旅客，实现每一趟列车每一席位的每一区段都得到充分利用，使列车能力利用率最大化。

票额预分的过程由客运营销辅助决策系统（简称营销系统）完成。该系统与铁路客票发售与预订系统（简称客票系统）相连，以客票系统提供的客流历史数据和其自身统计的铁路近期、实时客运营销数据为依据，进行短期 OD 客流预测，并在预先设定的预分模型和约束条件下根据客流预测结果进行票额预分，形成票额预分方案并提交给客票系统。从票额分配计划的角度来看，经过票额预分过程所形成并提交给客票系统的票额预分方案即为票额分配的执行计划，并于客票销售期前在客票系统内形成相应的客票（含各站的客票数量和全段的组合）。

票额分配执行计划编制的流程如下。

（1）营销系统使用来自客票系统的历史同期席位数据、存根数据以及其本系统统计的近期、实时客运营销数据，通过相关数学模型进行分析和处理，产生趟车分席别站站客流预测结果。

（2）除了预测出趟车分席别站站客流外，营销系统仍需要使用上述与该趟车相关的客流数据以及列车沿途重点车站信息、同方向列车信息及其限售策略和预售情况等信息，运用相关数学模型进行分区段的客流预测和预售规律预测，预估出预售期各时段内列车分区段的车内人数，为列车限售区段和限售时间的设置做准备。

（3）在客票预售期前，营销系统的运营策划子系统在预分原则指导下，选择适合的预分方式，遵循预先定义的约束条件（如时间约束、数量约束、车厢约束、技术站约束等），结合限售区段和限售时间的设置规则，使用客流预测结果，执行预分模型和算法进行票额预分，并形成限售方案。

（4）根据显示的票额预分结果，客票管理人员根据工作经验和其他实际情况对其做局部调整。在票额的局部调整过程中，系统自动进行冲突检测（占用冲突、禁分冲突、车厢冲突、席位冲突等），保证票额分配的准确性。

（5）确定票额预分方案后，根据票额短途套用规则，针对分配至非始发站的票额，生成始发站至票额分配站的等量短途车票，形成票额短途套用方案。

(6) 预分剩余票额自预分之日起按一定比例实施全程共用（即通售），系统自动提出相关的共用策略调整建议。

国铁集团将各局票额预分方案汇总形成全路旅客列车票额分配计划后，各铁路局集团公司再根据管辖范围将铁路局集团公司票额分配方案从国铁集团票额分配数据库中分离出来，形成该局可执行的票额分配计划，并据此组织售票。

3. 票额分配调整计划

客票销售期内，根据票额分配执行计划要求，根据各列车历史客流及客票销售的具体情况，采用短途套用、限售区段调整、席位复用、票额共用等策略，随时对票额计划实施调整，并形成票额分配的调整计划。其目的是提高列车的客座利用率，实现票额有效利用和全路效益最大化，铁路局集团公司对票额进行实时监控、动态调整。

票额动态调整就是在日常票额分配的基础上，根据当前的客流变化趋势以及近期预售情况，提前进行的短期票额分配调整。票额动态调整的基本手段是票额自动再预分调整，同时还有按照调度命令或协商的日常手工调整方式。票额调整计划涉及预售期内所有的有剩余能力（席位）的列车。

1) 票额自动再预分调整

在客票预售期内，为稳住列车沿途各中间站的常态客流，应对突发客流，吸引淡季客流，提高铁路旅客列车客座率和增加客票收入，应定时根据客票预售情况和客流情况对剩余票额进行再预分，即将旅客列车票额的静态分配变成适应客流的动态预分。

票额自动再预分调整指的是系统在预售期内对售票情况进行监控和评估，并按照设定条件定时自动对剩余票额进行再预分。如在需求出现大幅度变化的情况下，根据已售信息对预售期内剩余时间的潜在购票客流进行预测，对剩余票额按照新预测的客流进行重新分配，即二次预分。预售期越长，对票额的预分次数越多，不仅是进行二次甚至是多次再预分。

票额自动再预分调整实现了及时、自动地按需调整列车票额配置，突破了传统固定票额分配方法不能及时体现客流变化特征、时效性差、调整票额固定的局限，有利于实现列车沿途车站的售票组织与营销，有效提高了旅客列车沿途停靠车站组织客流的积极性，进而提高了列车的整体效益，为铁路客运挖潜提效发挥了积极的作用。

2) 日常手工票额调整

手工票额调整是指客票管理工作人员根据接到的调度命令、客流情况以及客票预售情况，临时将某停车站一定数量的席位调往需求车站发售的票额调整方式。

(1) 根据调度命令调整票额。在客票预售期内，客票管理人员接到临时调度命令后，及时核对，并根据调度命令对票额进行调整。例如，接到加挂车的调度命令后，则应该根据预测的客流及售票情况等将加挂车的席位分配到沿途各站。

与票额分配调整相关的调度命令包括停运及恢复、甩车及恢复、加挂、减定员及恢复、无座席调整、晚改点、封解站、停售等调令。

(2) 根据需求和客票预售情况调整票额。直通列车票额基本由列车始发局管理（国铁集团授权）。若直通列车的中间局由于某种原因产生大客流需求，通过与列车始发局协商，并征得始发局的同意后，可以实现票额的局间调整。

跨局票额调整要求需要局与票额所属局协商同意后，票额所属局填写“票额调整通知单”通知需要局；特殊情况下国铁集团可直接以“票额调整单”，由票额所属局在席位库中扣除席位，需要局在席位库中增加席位，立即填写“票额调整通知单”下达管内有关站段。票额调入、调出站接到“票额调整通知单”后应确认校对，并将有关内容人工摘抄到“席位预留通知单”上，做好站车组织和售票工作。

管内票额调整要求由铁路局集团公司通过“票额局内调整”进行操作，客票系统自动通知调入和调出站。客票系统自动将调出席位记录在“席位预留通知单”上。

4.4 铁路旅客日常工作计划

为了严格掌握旅客列车的乘车人数，及时调整票额，对发送和中转旅客人数较多的车站，应在票额分配计划的基础上，再根据客流变化情况编制旅客输送计划，以确定次日各次列车的计划乘车人数。旅客输送日计划是车站根据旅客运输年度计划任务、票额分配计划并考虑客流变化情况而编制的旅客乘车组织计划，目的是严格掌握旅客列车的乘车人数并及时调整各站的票额数量。

长期以来，旅客输送日计划的编制，实行固定票额与日计划相结合的方法。车站要建立日计划分析考核制度，各次列车计划完成兑现率及日计划完成兑现率均要达到95%以上。日常和节假日的客流计划应在客运副站长（或客运主任）领导下，由客运计划员根据分配票额的规律数，确定分车次、分区段的旅客输送日计划。客运计划员对票额要合理安排，统一调度，认真掌握，严格管理。

随着铁路售票组织模式的改革，这种以票额分配计划为中心的旅客输送日计划的编制方式和频率也发生了相应变化。例如，铁路运输能力的增长和客流的波动性，铁路局集团公司强化旅客输送季度（或月度）计划的编制，为日计划的编制与实施提供支持。再如，票额自动预分和票额共用相结合使得铁路局集团公司能够实时预报列车能力的利用状况和“票”的工序状况。但作为旅客运输组织最基层的单位，客运站对客流的需求状况了解最为及时，可以编制日计划，为上级提供能力调配信息也是十分必要的。

4.4.1 编制旅客输送日计划的主要依据

车站编制旅客输送日计划的主要依据包括：①铁路局集团有限公司下达的年、季度（或月度）旅客运输计划；②历史同期旅客发送情况；③各次列车本站的票额分配计划；④临时旅客列车开行方案；⑤图定列车编组变更情况；⑥近期各次列车能力利用情况；⑦近期分车次旅客运输计划完成情况；⑧节假日客流变化规律；⑨大型团体预约和到达本站情况；⑩气候及其他影响因素。

4.4.2 旅客输送日计划的内容

旅客输送日计划的内容包括：①旅客发送量、客票收入；②分车次运能利用及客票预售情况（包括免票、中转）；③分车次各席别的票额调整；④分车次、分席别限售区段调整；⑤分车次无座席数量调整；⑥列车编程调整及车辆加（甩）挂；⑦临客、旅游专列开行；⑧大型团体客流；⑨客流组织重点事项；⑩其他。

4.4.3　旅客运输日计划编制、审批与执行

1. 编制

车站旅客输送日计划，按零点至二十四点编制，分管内、直通列车，分车次并按客流区段进行，时间以列车的开车时间为标准。车站的发送、中转旅客都要统一纳入日计划。

编制旅客输送日计划必须从全局出发，按照长、短途列车合理分工的原则，注意运输能力的均衡使用，通过计划来指导、组织售票和其他服务工作。

对有硬座票额分配计划的列车，按固定票额分配计划、限售区段及有关调度命令执行；对无票额分配计划的列车，按平日上车规律数执行，同时考虑影响客流变化的各种因素。遇有长途客流发生变化时，车站应将变化数量及其流向上报客调，必要时提出加挂车辆或加开临客的请求。

对软、硬卧铺和软座客流，各站应根据固定票额、限售区段及列车预报组织售票，无须在日计划中安排。

节假日日计划的编制方法与平时有些不同。节假日期间客流量大，波动性大，时间集中，且常为单方向客流，需请示增开临客和加挂车辆来弥补图定列车运输能力不足。

2. 审批

旅客运输日计划编制完毕后，经客运副站长（或客运主任）审查并签字（或盖章）后，报客调批准。客调根据各大站日计划、小站上车人数、各次列车旅客在管内下车规律数，算出各次列车在客流区段内的客流密度，本着始发站照顾中间站、大站照顾小站的原则进行调整。

客调对日计划审批后，以调度命令下达。

3. 执行

各站接到客调批准的日计划后，将预售及团体预订票数量和中转签证的规律从计划人数中减去，就可得出本站次日可以发售的硬座票额，由计划人员下达给售票处、所发售，并要认真做好票务的管理和交接。售票处、所要严格按计划组织售票，不得超售。检票口要认真检票并做好上车人数统计工作。

4.4.4　车站旅客输送日计划的考核

为了考核日计划的编制质量和有关部门的执行情况，车站应对每一车次统计实际上车人数（分软、硬座和软、硬卧），并和旅客输送日计划对照，查明超员或欠员情况，并建立分析考核制度。

1. 每趟列车的日计划兑现率

每趟列车的日计划兑现率要求达到95%以上。

当实际大于计划时

$$y=\left(1-\frac{A_{实际}-A_{计划}}{A_{计划}}\right)\times 100\%$$

式中：$A_{实际}$，$A_{计划}$——每趟列车实际、计划上车人数。

当实际小于计划时

$$y=\frac{A_{实际}}{A_{计划}}\times 100\%$$

2. 车站日计划兑现率

车站日计划兑现率为将全天各次列车的兑现率加总后除以列车数，要求达到95%以上。

$$\beta=\frac{\sum y}{N}$$

式中：β——车站日计划兑现率；

N——列车数；

$\sum y$——每趟列车兑现率的总和。

4.4.5 站车客流信息传报

为了及时掌握客流动态信息，车站和旅客列车之间客流信息必须及时传报。站车客流信息传报工作是指办理客运业务的车站按规定区段或停车站，正确、及时地向旅客列车提报确切的乘车人数。建立站车客流信息传报制度，是合理组织旅客乘车、实现旅客计划运输、控制列车超员、弥补列车虚糜的主要措施之一，是准确实现车站旅客输送日计划的重要环节。站车客流信息传报工作和车站旅客输送日计划的结合，可使客调及时了解、掌握各次列车的旅客密度，使始发站、中间停车站的客流得到合理输送，列车前方停车站能有预见地组织旅客乘车，以保证旅客的均衡运输。通过站车客流信息传报，还可为列车提供良好的服务条件，对车站组织售票，维护站车秩序，保证旅客列车安全、正点运行起着重要作用。

站车客流信息传报主要通过专用表报的形式传递。专用表报有以下几种。

1. 乘车人数通知单（客统3）

乘车人数通知单如表4-4所示。它是车站统计各次列车上车人数、积累客流资料的原始记录是列车填记旅客密度表的依据，是车站考核日计划兑现率，检查售票、检票执行旅客输送日计划情况的依据。

表4-4 乘车人数通知单

到站	软卧	硬卧	软座	硬座			
				始发	中转	乘车证	合计
⋮							
总计							
上车总人数：			人	总进款： 元			

第______次列车长______签收

（1）凡办理客运业务的停车站，都必须按到站或规定的区段，正确地统计旅客上车人数，做到真实可靠，正确率达到95%以上，并及时向列车提交“乘车人数通知单”。旅客快车按到站分别统计软、硬座乘车人数，慢车按规定的区段分别统计软、硬座乘车人数。无旅客上车时，车站也必须提交“乘车人数通知单”，并在人数栏内填写“无”字。

(2) 在本站始发的上车人数、中转换乘的上车人数（包括不出站签证换乘的人数）和使用铁路乘车证乘车的人数，要分别填写在始发、中转及铁路乘车证的到站人数栏内，并分栏目做小计，最后合计总人数。

(3) 软、硬座乘车人数的统计采取检票记数或售票记数。检票记数是检票员检票唱票、记数员记数，一般采取“两剪一记”的方法，分发送、中转、免票按到站或区段画“正”字，最后合计。售票记数是由售票员在售票时记录每次列车分到站或区段的售票张数，每次列车售票张数之和，加上该次列车中转和免票的人数，即为乘车人数。

(4) 乘坐卧铺的人数不记入乘车人数通知单内，但车站应将中途上车和临时调拨的卧铺按照车厢号、铺位号填写“中途预留剩余卧铺通知单”(客统 6)，并将剩余的软、硬卧铺号贴在通知单上，于开车前交列车长。

(5) 乘车人数通知单和中途预留剩余卧铺通知单，一律一式两份，一份交列车长，另一份由列车长加盖段名、姓名章后留车站存查。如无车长盖章，即视作车站未向列车递交。交接地点为列车中部。

2. 列车密度表（客统 4）

列车密度表是列车长正确掌握旅客密度，向车站提交预报，向各级客调提交区段旅客密度报告、分界站报告的依据；是积累各站上下车人数资料，为编制列车运行图，调整列车停站和票额分配计划提供准确的依据；有利于列车长及时掌握旅客流量、流向变化，合理安排列车统一作业过程，主动地为旅客提供优质服务。

随着铁路客运信息化的发展和票务系统功能的不断完善，站车间客流信息的传递工作更加及时、准确。例如，乘车人数通知单可以从票务系统中自动生成并自动传输给列车终端机，列车上可自动查询并推算出客流信息。

复习思考题

1. 简述铁路旅客运输计划的分类及内容。
2. 简述铁路旅客运输计划的编制依据和编制方法。
3. 什么是客流图？为什么要编制客流图？客流图分哪两种？
4. 什么是客流区段？客流区段分为哪几种？如何确定？
5. 试分析运行图旅客密度与客车能力比较表的信息构成。
6. 什么是票额分配？包括哪些类型？各有什么特点？
7. 票额调整常用方法有哪些？其具体含义是什么？
8. 编制旅客输送日计划有何作用？编制的依据是什么？
9. 试述旅客输送日计划的主要内容。

第 5 章 铁路旅客列车运营方案

【本章内容概要】

旅客列车运营方案是铁路旅客运输工作的主要组成部分。本章主要对铁路旅客列车运营方案相关内容进行介绍，包括铁路旅客列车开行方案、运行方案、机车车辆运用计划和动车组运用计划的编制，铁路旅客运输工作的主要指标；并简单介绍节假日和新老兵的客运组织。

【本章学习重点和难点】

1. 重点掌握列车开行方案的编制方法、特点和设计优化。
2. 了解列车运行方案编制特点。
3. 了解机车车辆运用计划编制的方法。
4. 了解动车组运用计划编制特点和编制方法。
5. 掌握铁路旅客运输工作指标。
6. 了解节假日与新老兵运输组织。

铁路旅客列车运营方案的编制是铁路旅客运输组织工作的基础，编制合理的旅客列车运营方案为列车运行图的铺画和列车运行组织管理等工作奠定了基础。

5.1 概　　述

旅客列车运营方案是铁路旅客运输工作的主要组成部分。旅客乘车旅行所消耗的时间，大部分是在列车上。为满足旅客的旅行要求，方便旅客出行，铁路客运部门除了要做好列车乘务工作外，还要确定适当的旅客列车开行数量、种类、运行区段，以及合适的列车始发、终到和通过沿途各主要站的时间，并考虑列车合理的停车站和较快的直通速度等。只有正确地组织各种旅客列车的运行，才能使旅客感受到铁路运输的便利、快捷；同时，也才能经济、合理地使用客运机车车辆和各种技术设备。

旅客列车运营方案的制订，主要包括的内容有：①选择旅客列车的重量和速度；②制订旅客列车开行方案；③编制旅客列车运行图；④确定车底需要组数；⑤铁路客运调度指挥。

旅客列车运行组织计划的编制，主要是在国铁集团和铁路局集团公司两级机构中进行。这是一项复杂而细致的系统工程，需要在国铁集团、铁路局集团公司的统一领导下，在客运部门与车机工电辆各部门的密切配合、协调一致下才能完成。

旅客列车的重量和速度，决定着旅客列车编成的大小和旅客在途时间的多少，直接影响到铁路的客运能力、服务质量和客运设备的使用效率。选择旅客列车最佳重量和速度的方法有别于货物列车，要考虑的因素是多方面的；但主要应针对提高旅客列车直通速度这一要求，因为争取高速是在不同技术经济条件下旅客运输组织工作不变的主题。

我国普速铁路对旅客列车重量标准和编组辆数规定如下：特直快列车 800～1 000 t，15～20 辆；普通旅客列车 800 t，15 辆。《中华人民共和国铁路主要技术政策》规定，旅客列车最大编组为 20 辆；普速铁路与高速铁路动车组列车编组分为单组和重联两种，单组为 8 辆，重联为 16 辆编组。

在旅客列车的重量标准和编组辆数确定之后，根据各种旅客列车的编组结构，可以计算出它们的定员数。在已编制客流计划的基础上，便可着手拟定旅客列车的开行方案。

5.2　铁路旅客列车开行方案的编制

5.2.1　旅客列车开行方案概述

为满足旅客的旅行要求，方便旅客出行，铁路客运部门要在编制客流计划的基础上，确定适当的旅客列车开行数量、种类、运行区段，合适的列车始发、终到和通过沿途各主要站的时间，并考虑列车合理的停车站和较快的直通速度。只有正确地组织各种旅客列车的运行，才能安全、快速、准确、便捷、舒适地输送旅客到达目的地；同时，也才能经济、合理地使用客运机车车辆和各种技术设备。

1. 旅客列车开行方案的概念

旅客列车的开行方案，是指确定旅客列车运行区段（含停靠车站）、列车种类及开行对数的计划。旅客列车的始发站、终到站及经由线路构成旅客列车的运行区段，列车种类区别出列车不同的等级或性质，开行对数的多少表示行车量的大小，三者组成的旅客列车开行方案，体现了从客流到列车流的组织方案。

按照列车运行的线路可以把旅客列车开行方案分为普速铁路旅客列车开行方案、高速铁路旅客列车开行方案和跨线旅客列车开行方案 3 种。普速铁路旅客列车开行方案是目前我国铁路旅客列车开行方案中的主要组成部分，主要根据普速铁路的客流计划，再参考设备条件及车站所在地的政治、经济、文化情况，确定列车的运行区段、种类和对数。旅客列车都在普速铁路运行，其速度受到普速铁路的限制。高速铁路旅客列车开行方案是根据高速铁路的客流情况和设备条件，确定高速铁路高速列车和中速列车的起讫点、经由线路及对数。跨线旅客列车开行方案是根据跨线客流的流量、流向和大量客流的产生及消失地点。为了方便跨线客流的旅行，确定出跨线旅客列车（部分区段在普速铁路、部分区段在高速铁路）的运行区段、种类和对数，以便这类旅客列车在高速铁路上以较高速度运行，而在普速铁路上以线路的限制速度运行。

2. 旅客列车开行方案的影响因素

影响列车开行方案编制的因素很多，有社会经济的宏观因素，也有落实到每个人出行的微观因素。但总的来讲，旅客列车开行方案的确定主要受到客流计划、车站地位、设备能力、服务频率、经济效益等因素的影响，具体表现在以下方面。

(1) 客流计划。客流计划是“按流开车”的基础，客流除了反映流量的大小和结构外，还反映出客流流向，客流发生、消失及变化的站点，决定了要开行的列车数量、到发站、运行径路及列车种类，是制订开行方案的基础。

(2) 车站地位。从政治、经济、文化背景、旅游资源等方面可以反映车站的社会地位。社会地位重要的车站，一般其客流量也较大。车站在铁路网中的地位对开行方案的影响也很大，尤其是高速铁路列车开行方案一般按铁路客运结点的级别编制。

(3) 设备能力。在制订列车开行方案时，列车的开行数量、运行区段等有时候会受到铁路基础设施设备能力的限制，编制旅客列车的开行方案，除了客流的条件之外，还需考虑客运设备的配置条件。为了进行旅客列车车底整备作业，旅客列车的始发站和终到站应选择有客车整备所的车站。为了办理机车的折返，列车运行区段的两端站应为机务段所在站。在活动设备方面，要求配属的机务段和客车车辆段能提供足够数量技术状态良好的客运机车车辆。在高速铁路，始发站、终到站要有相应的动车组运用所或动车段。只有设备条件满足了要求，才是切实可行的。

(4) 服务频率。服务频率即车次密度，对吸引客流有着明显的作用。服务频率越高对客流的吸引作用就越大。根据不同的起讫点，适度增加行车密度，是减少旅客出行总时间、吸引客流的重要手段，是旅客列车开行方案优化的重要影响因素。

(5) 经济效益。更能吸引客流的开行方案会给运营者带来更多的经济效益，但单位时间内列车开行数量的增多和列车等级的提高会相应地使运营成本增高，因此开行方案的制订应对其经济效益进行比选。

(6) 其他因素。除了上述几个因素外，列车编组情况、列车定员及客座利用率等因素也会影响旅客列车开行方案的编制。

受这些因素的影响，列车种类并非一成不变。不同时期、不同地点、不同社会经济发展阶段，将会产生和形成不同的列车种类。可以按停站比例或旅速系数，对列车的等级或种类加以界定。关键是要合理确定不同等级列车间的比例，以最大限度地满足旅客出行的需要，尤其是我国高速铁路基本与普速铁路并行修建，高速铁路与普速铁路分流决定于列车开行结构，应该综合考虑运输需求和综合效益各方因素。列车运行区段的确定需符合尽量直达、能力适应的原则，即最大限度地吸引直通客流，减少中转；客流密度变化幅度较大的站间确定为短程列车运行区段，使整个方向上列车方案的能力与客流密度相适应。列车开行对数是在一定客流数量及其性质的基础上，采用某一列车定员一昼夜开行不同种类的列车数。开行对数的确定就是将客流转化为列流的过程，其与客运量成正比，与列车平均定员和席位利用率成反比。由于各区段客流量的波动性，各类列车的吸引率、定员数也存在变动。因此，列车的开行方案的优劣是相对的，需要随客流波动、设备变化等因素加以修正。

旅客列车开行方案是铁路客运组织的核心，它应较好地反映铁路旅客运输的经营策略和服务质量水平。好的开行方案能够提高铁路旅客运输的经营效果和效益，尤其是在市场经济条件下，旅客列车开行方案还是与其他运输方式竞争实力的体现。高速铁路的建设与运营，对我国传统的列车开行方案的制订有很大影响，这些影响既有来自社会大环境和运输市场环境，也有来自铁路自身改革和技术等方面的因素，总之，未来开行方案的确定一定要兼顾到服务和效益两方面的要求。

5.2.2　旅客列车开行方案的编制方法

我国传统的旅客列车的运行区段和开行对数，基本上是取决于客流计划。也就是说，按流开车，是确定旅客列车开行方案首要的和基本的原则。旅客列车开行方案是否合理，是衡量运行图编制质量的重要标志之一。它既要适应各客流区段上的客流密度，又要使客运设备得到经济合理的利用。高速铁路列车开行方案的编制由于技术先进、能力充裕，更应强调服务水平、市场竞争力和经营效益的综合平衡。

旅客列车开行方案的编制在国铁集团列车运行图编制委员会的统一领导下进行。直通旅客列车的开行方案由国铁集团研究有关铁路局集团公司的建议后确定；管内旅客列车的开行方案由各铁路局集团公司自行确定并报国铁集团，国铁集团有关业务局进行综合平衡后拟定全路开行方案并提交国铁集团列车运行图编制委员会审批。

旅客列车开行方案的设计非常复杂，首先要符合旅客出行规律，最大限度地方便旅客，提高服务频率，减少旅客等待时间，尽可能减少换乘，提高列车上座率，还要能充分利用运输能力，合理利用客车车底，控制列车超员。但总的来讲，开行方案的制订可归为确定旅客列车运行区段（即起讫点和运行径路）、确定列车开行对数及种类两个过程，下面分别进行介绍。

1. 确定旅客列车运行区段

直通旅客列车的运行区段应根据直通客流确定，跨铁路局集团公司列车的直通客流需达到一定数量时报国铁集团审批方可开行。国铁集团规定开行跨两局的直通旅客列车直通客流应不少于 600 人，跨三局的列车不少于 500 人，跨四局以上的列车不少于 400 人。这一规定实际体现了以经济效益为准则开行旅客列车这一原则，它保证了直通客车在整个运行过程中始终能保持一定的满员率，避免运能的虚糜浪费。但是这种以铁路局集团公司为单位来衡量客流多少的规定，是存在不妥之处的，因为实际上有些跨两局的列车行驶里程比跨三、四局的列车行驶里程更长，而且具体线路条件存在差异，各铁路局集团公司劳动组织水平也不同，因此不应完全采用同一个标准，应对具体开行的直通旅客列车进行具体分析。

高速列车主要输送高速铁路上大中城市间的本线客流和一些跨线客流，起讫点在高速铁路或某相邻普速铁路上的大中城市。

直通特快和快速旅客列车，主要为解决普速铁路大中城市间的旅客运输，起讫点应定在大中城市。列车运行区段按“按流开车”的原则，客流只要具备开直通车的条件且能力允许，就可以考虑开行，则区段应作为列车的运行区段。

管内旅客列车输送沿途变动的客流，运行区段的确定也应考虑其客流量的大小，以及政治、经济、国防上的需要。管内特快和快车只往返于管内大中城市之间，普通旅客列车主要为解决中小站的旅客运输。管内客车多由省会、铁路局集团公司所在地向邻近线路开行。

在分析上述情况的基础上，先按贯穿整个方向各客流区段的最小客流密度安排开车。也就是说，为了最大限度地以直达运输吸引直通客流，一般将一个铁路方向的两端站定为旅客列车的始发站和终到站，然后再将客流密度变化幅度较大的站间定为较短的旅客列车运行区段，并且要求整个方向上旅客列车开行方案提供的客运能力与各客流区段上的客流密度相适应。

在确定旅客列车运行区段时，要尽量有利于减少旅客中转次数，还要考虑客运设备的配备条件。高速铁路本线列车或跨线列车起讫点应具有动车组维修和整备能力，从而能够办理动车组的整备和维修，以保证动车组的技术状态；普速铁路旅客列车起讫点应具有客车整备能力和机车折返能力，从而能够办理旅客列车车底的整备和机车的折返；要使旅客列车配属站尽量集中，以利充分利用客车检修设备，并为客车车底的合理中转创造条件。另外，在确定起讫点和运行径路时，还要考虑铁路能力、固定设备的利用，以及国家在政治、经济、文化及国防等方面的需要，使旅客列车能把首都与边疆、沿海与内地、城市与城市、城市与乡村紧密地连接起来，最大限度地发挥铁路大动脉的作用。

在实际工作中，直通旅客列车由国铁集团根据客流量和有关铁路局集团公司的建议，经研究确定。管内旅客列车由铁路局集团公司根据管内客流量自行确定，报国铁集团批准和备案。季节性旅游列车的开行可根据需要，在通过能力、机车车辆等条件允许的情况下确定。

确定的旅客列车运行区段，遇有特殊情况时，也可将其运行区段超越客流需要而延长，如某一车站由于设备条件，不宜作车底折返站，或者为了节省车底需要数，可将两个短途旅客列车衔接起来，以长途直通旅客列车输送短途管内客流。

2. 确定列车开行对数及种类

随着我国经济的持续发展，人民生活水平的不断提高，旅客的需求发生了很大变化，不同层次的旅客，对旅行的要求不同，这就需要铁路适应市场的变化，开行不同种类和档次的旅客列车。如速度不同的普客、快速、特快、直达特快、高速列车，质量不同的普通、空调、卧铺、豪华列车，提供专项服务的旅游、会议列车等，充分发挥铁路的优势，提高铁路在客运市场的竞争力。

为适应市场经济条件下旅客对铁路客运的不同要求，必须合理地确定旅客列车的行车量和开行种类。影响旅客行车量的基本因素是区段客流密度、旅客列车编组情况及各类列车的定员等。这些因素也是计算确定旅客列车对数的必要条件。

(1) 各类旅客列车开行对数，必须适合各区段客流密度与客流性质的需要。直通旅客列车以解决直通客流为主，管内旅客列车以解决管内客流为主。

(2) 各类旅客列车必须合理分工，长途车与短途车、快车与慢车要做到合理搭配，争取在正常情况下能做到有长、有短、有快、有慢，这样最为理想。

(3) 直通旅客列车的开行数量，应保证满足各区段最大直通客流密度的需要，最大限度地减少中转旅客。

在实际工作中，旅客列车开行对数既要适应客流的需要，又要使客运设备得到经济合理的利用。在确定旅客列车运行区段后，根据各区段客流量及客流性质，结合主要站所在地的政治、经济、文化情况和车站技术设备条件，计算旅客列车行车量。

旅客列车行车量的计算通式为

$$N=\frac{A}{a_{均}}$$

式中：A——两站间的计划客流密度；

$a_{均}$——列车平均定员人数；

N——列车数，列。

由于旅客列车的种类及运行距离不同，其所能吸引的客流量不同，要求的列车编组内容也不同，各种列车的定员也就不同。因此，在确定行车量时应对各种旅客列车分别进行，一般从高级列车到低级列车顺序计算。

根据旅客列车运行速度、运行范围、设备配置、列车等级及作业特征等基本条件的不同，主要分为高中速动车组列车、直达特快旅客列车、特快旅客列车、快速旅客列车、普通旅客列车、临时旅客列车、旅游列车等。

现以A—E方向为例，来确定普速铁路旅客列车的开行方案。已知其最大客流方向的OD斜表如表5-1所示，区段客流密度如图5-1所示。$K_{特快}$、$K_{快}$皆为40%，列车平均定员$a_{特快}$、$a_{快}$、$a_{客}$分别为1 000、1 200、1 400人。A、E站具备办理列车始发终到的设备条件，B、D为沿线较具影响力的大城市。

表5-1 A—E方向客流OD斜表 人/天

	B	C	D	E	合计
A	2 350	200	1 500	800	4 850
B	0	300	250	450	1 000
C		0	70	300	370
D			0	850	850
合计	2 350	500	1 820	2 400	7 070

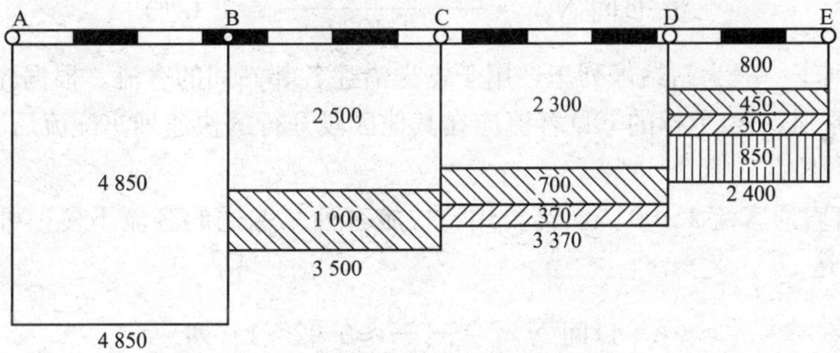

图5-1 A—E方向各区段客流密度图

本案例中，普速铁路列车开行方案的编制原则考虑以下几点：①客流密度相近的相邻客流区段可合并成一个客流区段。②根据各站的社会经济环境和车站技术设备条件，确定列车起讫点，且始发站、终到站至少有一端有客车整备所。③客流按高等级列车到低等级列车的顺序进行分配。④长流上长车，短流上短车。⑤每个客流区段至少开行一列站站停的普通旅客列车。

求解：(1) 确定列车运行区段。

B、D站邻接区段客流变化幅度较大，且根据各站已知的社会经济环境和车站技术设备条件，可将A—E区段细分为A—E、A—D、A—B三个列车运行区段。又由于C站的两邻接区段客流密度相差无几，故将B—D看作为一个客流区段，其客流密度取为3 500人。

计算各列车运行区段的直通客流密度。

A—E区段：2 400人

A—D区段：3 500－2 400＝1 100（人）

A—B区段：4 850－3 500＝1 350（人）

(2) 计算不同类别的旅客列车开行对数。

根据各区段的不同客流密度，结合不同类别旅客列车的客流承担比例及列车平均定员，计算相应旅客列车对数。

① A—E 区段。

A—E 间有较大的直通客流（2 400 人），且 A、E 站具备办理列车始发终到的设备条件，因此可在 A—E 区段开行特别旅客快车（特$_1$），并按比例计算其行车量。即

$$A—E间 \quad N_{特1}=\frac{2\ 400\times 40\%}{1\ 000}=0.96\approx 1（列）$$

根据长流上长车原则，特$_1$列车首先输送从 A 站到 E 站的直达客流 800 人；为减少列车虚糜沿途可增加停站 D 站，以输送 A—D 区段的长途客流 200 人以及 D—E 区段的短途客流 200 人。其承担 OD 客流见表 5-2。

表 5-2 特$_1$ 列车承担 OD 客流表 人/日

承担客流区段	A—E	A—D	D—E
承担客流量	800	200	200

开行特快列车特$_1$后 A—E 区段只剩余 2 400－1 000×1＝1 400（人），因各区段一般要开行一对普通旅客列车，故决定不再开行快速旅客列车。

$$A—E间 \ N_{普1}=\frac{2\ 400-1\ 000\times 1}{1\ 400}=1（列）$$

普通旅客列车一般为站站停列车，用于输送沿途各邻站间的客流。根据先高等列车后低等列车的配流原则，普$_1$承担的 OD 客流应在其他区段开行的快速列车配流后决定。

② A—D 区段。

A—D 间有直通客流 1 100 人，需要用特快旅客列车输送的客流不多，可采用快速旅客列车快$_1$进行输送。

$$A—D间 \ N_{快1}=\frac{1\ 100}{1\ 200}\approx 0.92\approx 1（列）$$

快$_1$列车可输送本应由特快列车承担的从 A 站到 D 站的直达客流 1 500×40%－200＝400（人）以及快速列车承担的直达客流 1 500×40%＝600（人）。因列车能力仍有富余，可在位于大城市的 B 站设置停站，分别输送 A—B 区段 200 人、B—D 区段 200 人。其承担 OD 客流见表 5-3。

表 5-3 快$_1$ 列车承担 OD 客流表 人/日

承担客流区段	A—D	A—B	B—D
承担客流量	1 000	200	200

至此，A—E、A—D 区段开行的特快列车和快速列车的配流结束，此时即可确定普$_1$列车承担的 OD 客流，见表 5-4。

表 5-4 普$_1$ 列车承担 OD 客流表 人/日

承担客流区段	A—D	B—E	A—C	B—D	C—E	A—B	B—C	C—D	D—E
承担客流量	300	450	200	50	300	900	300	70	650

③ A—B 区段。

由于 A—B 区段运行距离不长，同时客流不算太大，可组织开行普通旅客列车（普$_2$）输送剩余客流。扣除特$_1$、快$_1$、普$_1$列车承担的客流后，A—B 区段剩余客流为 1 250 人，见表 5-5。

表 5-5 普$_2$ 列车承担 OD 客流表 人/日

承担客流区段	A—B
承担客流量	1 250

$$\text{A—B间}\quad N_{\text{普}_2}=\frac{1\,250}{1\,400}\approx 0.89\approx 1\ (\text{列})$$

最后，绘制 A—E 方向旅客列车开行方案，如图 5-2 所示。方案的客流密度与列车能力输送表、各列车上座率情况表和各车站间直达列车服务频率表见表 5-6 和表 5-7。

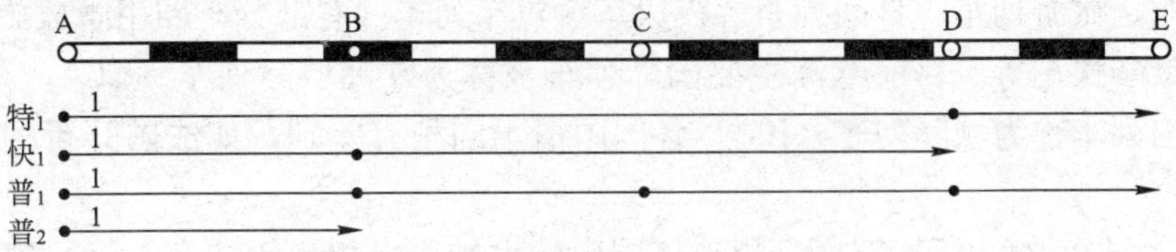

图 5-2 A—E 方向旅客列车开行方案示意图

表 5-6 A—E 方向区段客流密度及列车输送能力情况表

区段	A—B	B—C	C—D	D—E
客流密度/人	4 850	3 500	3 370	2 400
客运能力/人	5 000	3 600	3 600	2 400
平均上座率/%	97.0	97.2	93.6	100.0

表 5-7 A—E 区段各旅客列车上座率情况表 %

列车	频率	A—B	B—C	C—D	D—E	平均值
特$_1$	1	100.0	100.0	100.0	100.0	100.0
快$_1$	1	100.0	100.0	100.0	100.0	100.0
普$_1$	1	100.0	92.9	83.6	100.0	94.13
普$_2$	1	89.3	—	—	—	89.3

如直通旅客列车在运行全程的部分区段上出现列车虚糜情况下，可在能力有余区段适当增加列车停站次数，以吸收部分管内客流；在超员区段则可采用加挂回转车的办法解决，即往程在指定站摘下，返程再挂上，该回转车组（1～3 辆客车）只在指定的超员区段上加挂往返运行。

在实际工作中，每次编制运行图时，并不是都重新确定旅客列车的开行方案，一般是以现行运行图中已开行的旅客列车为基础。根据计划客流，确定加开的、由低等级改高等级的、短变长的旅客列车，综合形成一个新的旅客列车开行方案。但在有高速铁路并行的区段，必须综合考虑高速铁路与普速铁路的分流和平衡问题，逐渐“引流上高速”，促进分流释放普速铁路能力。

所谓短变长，即延长旅客列车运行区段，其目的如下。

(1) 为了节省车底需要组数。将输送短途客流的管内列车运行区段延伸加长，成为直通旅客列车，比邻接区段加开 1 对管内列车，可以减少车底折返时间，从而节省车底组数。

(2) 解决车站设备或能力不足。如按客流需要，某站应作为旅客列车的终到站，但因设备或能力不足，该站不宜作为车底折返站时，可将车底折返站由近及远加以延长。

5.2.3 高速铁路列车开行方案的编制特点

高速铁路列车开行方案编制的基本原理和主要内容与普速铁路相同，但由于高速铁路列车速度高、密度大等特点，其开行方案的影响因素和编制原则与普速铁路有差异。

1. 国外列车开行方案的特点

(1) 普速铁路列车种类繁多，高速线列车种类较少。在欧洲，每天有很多种列车供选择，包括快车、旅游列车、日间列车、夜火车、汽车列车（有部分车厢用于放旅客的汽车）、特价列车及豪华快车等。目前欧洲主要国际列车被称为欧洲城际列车（EC），车内设有一、二等舱；国内列车称为城际列车（IC）。各国国情不同稍有差别，如法国开行的列车种类有以下几种。

① 国内各城市之间的火车。IC 指连接国内的大城市，相当于快车，运行速度快，可节省时间；DE 为国营铁路列车，相当于慢车，运行速度较慢，但价钱较为便宜。

② 国际列车。TEE 指欧洲国际快车，连接各国际城市，适用于跨国旅行；IIC 指国际主要城市特快车；TGV 专指法国高速列车（俗称子弹头列车）。

③ 慢车及郊区车。N 为远郊列车；E 为普通快车；D 为特快列车。

相对来讲，D、E 车票较便宜，而 IC、TEE、IIC、TGV 车票则较贵。

为了保证高速列车运行的稳定性，国外的高速铁路上开行的列车种类通常较少，同时段运行的列车速差较小，而且停站方案较规律。例如，日本东京—博多间安排了 3 种高速列车共 61 种停站方式。专为通勤旅客服务的“回声号”运行距离短，站站停车；为满足旅客便捷、快速而开行的“希望号”列车停站少（最多停 6 站）；“光号”列车的停站次数介于二者之间，一般为 8～12 个，全程不开行途中不停站的直达列车。再如中国台湾的高速铁路也安排了 3 种类型的高速列车，包括一站直达列车，站站停慢车，只在大站停车的列车。满足通勤、通学需要的站站停车的列车往往是不对号入座的列车，以适应客流的特点。

(2) 列车密度大。列车高密度意味着旅客的高服务频率，对吸引客流有利。日本国铁遍及全日本，总长 21 000 km，每日有 26 000 班次。高密度、长编组、多定员、停站时间短、停站方案多、车站站线利用率高、列车服务频率高是日本高速铁路列车组织的主要特点。

西欧国家之间的经贸往来极其密切，跨国境的直通旅客列车开行密度很大，其国际和国内开行的 200～350 km/h 高速旅客列车主要服务于城市间的高密度商务、公务出行，同方向高速列车常常 1 h 内 1 趟，高峰时段会更密一些。不过，由于人口密度低，城市规模小，列车编组较少，同一方向列车密度比日本低。

(3) 列车接续良好。欧洲路网密度大，大站衔接方向多，如汉堡枢纽、纽伦堡枢纽有 5 个引入方向，法兰克福、慕尼黑有 7 个引入方向，由此车站到发列车密度大，车站接发能力往往比较紧张，为了保证旅客的及时换乘，欧洲各国铁路投入了很大的精力研究旅客中转规律，设计良好的列车接续。特别是欧洲的高速铁路和很多的普速铁路都采用周期性的列车运行图，在一个运行图周期里（通常是1 h)，列车在车站的接续方案都一样，旅客不仅换乘十分方便，而且旅程组合也非常灵活，真正体现“以人为本”的服务理念。

(4) 列车编组灵活。为了适应各时段客流的变化，欧洲各国和日本铁路在高峰时段经常采用“多列联运”的方式增加载客量，在客流密度较低的时段再把列车分开。对于客流密度不同区段，还会开行“翼型”列车，如图5-3所示。

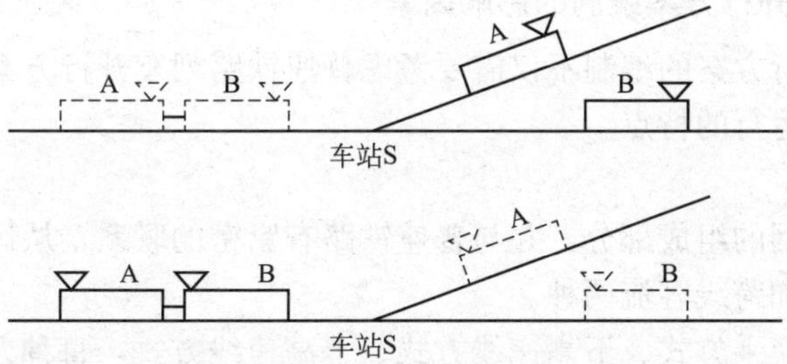

图5-3　“翼型”列车开行示意图

(5) 中长途列车为主。与普速铁路相比，高速铁路主要用于“中长距离”的城际间运输，列车运行距离相对较长。新干线是日本铁路从事城际运输的最重要线路。普速铁路列车旅客平均运距只有28 km，而东海道山阳、东北新干线旅客平均运距分别为283 km和153 km。西欧国家之间及国内开行的200～350 km/h高速旅客列车主要服务于城市之间，与普速铁路相比是典型的中长途列车。

(6) 客车开行方案与周期性列车运行图编制紧密配合。周期性列车运行图是列车按固定时间段（如1 h）周期性地有规律地循环运行的特殊形式的运行图，日本和西欧国家在客流密集线路上多采用周期性列车运行图。由于各种列车在车站到发和运行时刻的规律化，特别方便旅客出行和换乘。为满足周期性运行图的编制条件，客车开行方案也要相应配合，通常列车的始发站、终到站的设置不宜过多，运距差别不宜过大，列车途中停站次数和停站时间尽可能规律化，主要通过列车高密度开行和方便地换乘满足各站服务频率需求等。

(7) 客流预测与列车开行方案设计一体化。随着计算机技术在铁路上的广泛运用，客流统计和预测方法的不断进步，国外高速铁路已经实现了客流预测和客车开行方案的有机结合，可以从模型中一次编制出来，体现了客流预测与列车开行方案一体化的设计思想。

实际上，客流量的大小与列车开行方案的编制质量密切相关。列车开行方案符合市场需要可以吸引更多的客流；反之，客流就可能转向其他运输方式。例如，某站每天7—9点间有3 000人要乘车，列车定员为600人，如果7—9点间开行5趟列车，理论上所有的旅客都可以上车。但是，如果其中有40%的旅客能够接受的最长等车时间是15 min，而相同方向公路的发车间隔是15 min，这时有部分旅客就可能不选择铁路。要想留住这部分旅客就必须加开列车，不过加开列车又会增加运输成本，因此必须进行方案的经济比较。在进行经济比较时，首先应该分析客流的到达规律，然后根据概率统计原理计算出等车时间超过15 min的旅客数量，如果这部分旅客带来的收益高于加开列车的成本就可以考虑加开列车，同时还可以确定需要加开的列车数量。

在德国，长途客运公司十分注重利用科学的手段和方法，加强客流预测和分析，并结合客户需求，不断优化客车开行方案。长途客运公司在进行常规性客流预测的同时，特别强调运用心理学原理从情感、习惯等方面去分析和研究人们对运输需求的各种变化。例如，从人们对票价、速度、出行时间需求和对某种交通工具的喜好、各城市不同阶层客户购买力、各类客户出行规律及流量等方面进行研究和分析。在对客流进行预测分析的基础上，利用先进的客车开行方案模拟系统，设计出既符合旅客运输需求，又能实现运能与运量最佳匹配的客车开行方案。

2. 高速铁路列车开行方案编制的影响因素

高速铁路列车开行方案的编制不仅需要考虑普速铁路列车开行方案编制的相关因素，还要考虑高速铁路列车运行的特点。

1）客流量及结构

高速铁路是铁路网的组成部分，并与普速铁路有紧密的联系，从运输组织和经营管理的角度会产生本线客流和跨线客流两种。

跨线客流组织有换乘方式、下高速线方式、上高速线方式，每种方式又具有以下特点。

(1) 换乘方式。指普速铁路客流上、下高速线都必须在衔接站换乘。高速线上列车比较单一，而且普速铁路对高速线的影响较小，高速线上列车运行质量高。但这种方式对旅客不方便，同时还必须有足够的换乘设备和合理的运输组织方案。

(2) 下高速线方式。是国际上普遍采用的一种方式，对于扩大高速铁路的服务范围，吸引更多客流的效果显著。但要求普速铁路有运行高速列车的条件。

(3) 上高速线方式。可以减少旅客的换乘，在高速机车车辆不足的情况下便于充分利用高速线的能力；但高中速列车速差不能太大，否则会影响高速线的通过能力。

2）列车径路

根据高速铁路建设规划，新建高速铁路的线路走向基本与普速铁路干线并行组成铁路客运通道。一般而言，高速铁路较普速铁路的建设标准高、车站设置数量少。普速铁路技术标准较低，车站设置数量较多。因此，列车运行径路的选择必须有利于高速铁路与普速铁路的合理分工，以提高包括高速铁路网在内的整个快速客运网的效率。

3）列车编组及定员

高速铁路的市场定位主要是商务、公务客流，这些旅客的时间价值较高，对旅途的舒适度要求较高，能够承受的等待时间较短。因此，高速铁路列车应尽可能高密度运行，同时列车编组及定员不能太小，以保证列车上座率在合理的水平。

4）车站、区间能力

由于动车组养护、维修、夜间驻留的需要，高速铁路列车开行的起讫点不宜过多，但是也必须考虑列车集中到发的大型枢纽站的能力。根据国外的运营经验，衔接方向较多的车站能力往往比较紧张。为了吸引客流，各车站都希望增加列车停站的频率，但列车停站方案的增多会降低运输能力，这样不仅要求车站增加接发能力，还会影响到区间能力，特别是导致高峰时段区间通过能力紧张。

5）铁路部门的成本及效益

吸引客流多的列车开行方案会给运营者带来高收入，但是单位时间内开行列车数量越多等级越高，运营者的成本也越高。所以，以预测客流为基础设计若干可能的列车开行方案，并确定其实际吸引客流以后，还要以效益为标准进行比选，最终确定两站之间单位时间内开行的列车数量和列车等级。

6）旅客的旅行时间消耗及效用

从旅客角度，不同列车开行方案的总出行成本不同。旅客的出行成本主要包括购票费用、旅行时间、购票时间、候车时间、换乘时间等时间成本。列车开行方案起讫点、停站次数、列车等级、列车开行频率决定着旅客上述费用的大小。因此，列车开行方案的编制还必须进行旅客旅行时间消耗及效用分析。

3. 高速铁路列车开行方案的编制原则

编制高速铁路旅客列车开行方案的基本原则是以客流为依据，经济合理地利用铁路现有的客运设备，努力提高开行方案的经济效益和社会效益。旅客列车开行方案，一方面要考虑旅客的出行需求，满足安全、快捷、方便、舒适等原则；另一方面要考虑铁路企业的效益，遵守经济效益最大原则。从旅客和铁路企业两个角度考虑开行方案的设计原则。

1）保证旅客旅行安全原则

旅客旅行，最根本的需要是安全地到达目的地。旅客在选择交通工具时，都会将以往旅行经验，以及来自各媒体关于交通安全方面的信息，作为判断、选择交通工具的一个基本根据。旅客安全主要包括人身安全和财产安全。铁路在制订开行方案时，不仅要保证旅客列车在运行中的安全，防止列车事故以外，还应适当考虑列车在中间站停站时间，保证一定量旅客的上下车时间，防止旅客在上下车时拥挤，引起旅客恐慌而造成旅客伤亡等事故。

2）适应旅客消费水平原则

为满足不同种类旅客运输需求，争取更广泛的客运市场，分析不同消费层次旅客的心理和运输需求是十分必要的。根据开行方案中客流结构的影响因素分析，旅客按消费层次划分为高、中、低 3 个消费层次。

对于不同消费层次的旅客，要满足旅客不同的消费需求。例如，消费层次高的公务流和商务流，可以开行高等级的直达列车；中等消费群体可以开行较高等级停站较少的列车；而低消费群体，则开行经济实惠、等级较低的列车。

3）方便旅客出行原则

确定高速铁路旅客列车开行方案是以最大限度节省旅客旅行时间、方便旅客出行和提高旅客服务质量为目标。方便旅客出行主要包括以下几个方面。

（1）减少旅客换乘，提高直达率。开行直达旅客列车有利于方便始发、终到旅客的出行，提高列车的旅行速度，减少旅客换乘，并有利于铁路吸引更多的直达客流。在高速铁路上，应合理确定直达旅客列车的开行数量，满足直达旅客的运输需求。

（2）合理安排列车到发时刻。合理确定旅客列车始发、终到时刻范围是提高旅客列车服务质量和吸引客流、提高旅客列车客座利用率的重要措施之一，也是编制旅客列车运行图时需着重考虑的问题之一。一般来说，列车的始发、终到时刻及经过途中主要客运站的时刻最好在白天；同时应根据列车衔接的需要安排始发、终到时刻，以及接续列车的到发时刻，从而缩短旅客中转换乘的时间。

（3）增加行车密度和服务频率。适度增加行车密度是增加旅客选择，方便旅客出行，减少旅客等待时间的一种有效办法。有关研究表明，提高服务频率（即车次密度）对吸引客流有着明显的作用。然而，服务频率与吸引客流两者之间的关系是服务频率提高，吸引客流量增加，但服务频率达到一定的次数后，再增加服务频率对客流的影响就不大了，且有时服务频率的提高以牺牲直达率为代价。旅客列车开行方案的优化要综合考虑二者的关系，适度增加行车密度和服务频率。

4）确保旅客舒适的原则

随着社会经济的发展和人民物质生活水平的提高，旅客运输需求最明显的变化就是对旅行舒适度的要求日益增加。影响旅客舒适度的主要因素是列车的乘坐环境。在编制旅客列车开行方案时，为了保证开行列车良好的乘车环境，铁路企业就要合理确定列车满员率。旅客出行最基本的旅行条件是保证每个旅客均有各自的座位，并基本达到坐、卧各得其所，合理确定列车满员率是保证旅客旅行舒适度的重要因素。为了保持旅客在旅行中有一个良好舒适的乘车环境，在制订客车开行方案时，应合理确定列车席位利用率，配置相应的运输能力。

5）经济合理性原则

铁路作为运输企业，必须考虑企业的经营效益。在编制高速铁路列车开行方案时，应在满足旅客需求和体现铁路公益性的前提下，遵循经济效益原则，以最小的成本取得最大的效益。在实际应用中，有以下两个途径。

(1) 合理确定列车上座率。合理确定列车席位利用率有利于减少列车虚糜。列车虚糜少。铁路运输企业的成本就会相应降低。

(2) 合理运用动车组。在满足客流需求的情况下，合理运用动车组，优化动车组的周转，从而达到节约高速铁路运输成本的目的。

5.2.4 铁路旅客列车开行方案设计与优化

随着我国高速铁路的建设与投入运行，我国铁路旅客列车开行方案的制订也在不断发生着变化。因此，对旅客列车开行方案的设计与优化的及时进行研究也成了必然，从而为铁路旅客列车开行方案的运营和组织提供科学的理论依据。我国铁路旅客列车开行方案按照列车运行的线路分为普速铁路旅客列车开行方案、高速铁路旅客列车开行方案和跨线旅客列车开行方案 3 种。由于运行条件等各方面因素的差别，不同列车开行方案的制订和优化有其各自的特征。

1. 普速铁路旅客列车开行方案设计与优化

1）普速铁路旅客列车开行的成本与收益

在优化旅客列车开行方案时，增加铁路客运企业的经济收益是比较重要的一个方面，即在最大限度地满足旅客需求的前提下，尽可能节省运营成本，提高运营效益。

(1) 铁路旅客运输收入。具体包括客票收入、车补收入、行李包裹收入、邮运收入和其他收入等。其中，客票收入在所有客运收入中占到了绝大部分，它可依据票价、客座率和列车定员等数据计算而得。

(2) 铁路旅客列车运营成本。铁路旅客列车运营成本是指铁路旅客列车在运营过程中因使用铁路基础设施，接受其他公司提供的机车牵引服务和为旅客提供的附属性服务所需要支付的路网使用费、相关的服务费，以及税金等费用，包括线路使用费、电网使用费、机车牵引费、车站旅客服务费、车站上水服务费、营业税金，以及附加和营业外单位支出附加等。

铁路旅客列车开行的经济收益是用铁路旅客列车开行的各项收入之和减去各项成本之和。

另外，从旅客的角度考虑收益与支出时，可以通过旅客广义出行费用来反映。综合考虑出行直接费用、出行时间及方便性、舒适性等不可测因素的影响，使旅客广义出行费用最低。

2) 铁路旅客列车开行方案指标体系

旅客列车开行方案指标体系是评价和优化开行方案的基础，可以用于评价现有开行方案的运营效果，同时也是生成和优化旅客列车开行方案的依据。目前，我国铁路旅客运输工作中的考核评价，主要是车站、客运段、铁路局集团公司和国铁集团等部门，根据工作特点和要求，分别建立具有部门特色的指标体系。这些指标体系反映了客运任务完成情况、客运设备（包括机车车辆等）的运用和利用情况，旅客运输组织管理的质量和效率等。其中，与客车开行方案有关的是旅客周转量指标（旅客运送人数、平均旅客运程、周转量等）、速度指标（直通速度、技术速度、速度系数等）、客车运用指标（车底周转时间、车底需要数、车底运转时间、列车走行公里等）。这些评价指标着重从开行方案需要完成的运输任务和设备运用情况进行考察，而对铁路企业和旅客双方的经济利益和服务水平缺乏直接的刻画，同时对开行方案的运营效果评价考虑相对较少，在进行旅客列车开行方案的评价和优化时，不能完全反映旅客列车开行方案的优劣。因此，还需要在充分考虑双方利益和要求的基础上，结合铁路旅客列车开行方案的特点，对指标体系进行补充。

铁路作为中长途旅客运输的重要运输方式，具有企业属性和公益属性，作为铁路旅客运输主要服务产品的开行方案也是如此。

(1) 旅客列车开行方案的企业属性。主要从经济效益和运营情况来分析，主要包括铁路企业的运输能力、收益和费用，旅客的票价、时间支出及综合费用等方面。

(2) 旅客列车开行方案的社会公益属性。主要考虑重要城市、地区、沿线的社会经济发展的需要，列车运营的服务水平，以及旅客的服务需求和满足程度，即旅客开行方案的运营效果，它直接反映了开行方案对旅客的服务能力和水平。

相应地，对列车开行方案评价也应该反映经济指标、服务指标两个方面。这部分指标通常包括以下几项。

(1) 列车方案的经济指标——铁路企业的运营成本、运营收入（旅客的总票价支出）和运营效益。

(2) 客流换乘方案的经济指标——旅客的总票价支出、总乘车时间价值消耗、总换乘时间价值消耗等。

(3) 列车开行方案效果评价的服务指标——列车平均上座率、直达旅客比率、列车旅客满意程度。

(4) 旅客换乘方案效果评价的服务指标——旅客拥挤程度、旅客换乘次数、旅客换乘方案的满意程度等。

3) 旅客列车开行方案的优化

目前，各种运输方式竞争激烈，编制旅客列车开行方案也要以市场为导向，并且要不断进行优化，要以实现铁路客运企业运营效益最大化为目标之一，还要符合旅客出行规律，减少旅客等待时间，尽可能减少换乘，使得旅客在出行过程中有较大的方便性，充分考虑开行的列车能够输送完毕客流，使得滞留客流最小；同时，还要保证车内人数不超过定员的要求，使得每一列车在开行的时候，收入大于支出。为了满足旅客出行需求，增进沿海、内地与边远地区的交流或者为了培育市场，也可以在一定时期内使少部分列车亏损运营。另外，还要能充分利用运输能力，提高列车上座率，以及经济合理地使用客车车底，即在满足条件的前提下，使运用车底数最少。

2. 高速铁路旅客列车开行方案设计优化

1）高速铁路旅客列车开行方案设计与优化内容

高速铁路旅客列车开行方案首先要符合旅客出行规律，最大限度地方便旅客，提高服务频率，减少等待时间，尽可能减少换乘，提高列车上座率；其次要充分利用运输能力，合理利用动车组，控制列车超员等。因此，高速铁路旅客列车开行方案的设计与优化，是一项系统、复杂的工作，包括的内容也非常多，具体可以分为以下方面。

（1）列车运行特性。包括起讫点、运行径路、途中停站方案等。

（2）列车性质。包括列车种类、数量等。

（3）设备利用情况。包括列车编组内容、车底运用情况、席位能力利用等。

（4）旅客列车的开行效益。包括经济效益和社会效益，在设计与优化旅客列车开行方案时，应综合考虑铁路部门自身收益、旅客的出行需求及出行成本（主要包括旅客出行费用的支出和时间消耗），以实现旅客列车开行综合效益的最大化。

此外，高速铁路旅客列车开行方案的设计与优化，还涉及旅客列车方案运行图的编制问题和OD客流的预测及分析。其中，OD客流的预测及分析是旅客列车开行方案制订的前提和基础；而旅客列车方案运行图的编制则属于方案的具体实施，同时它还决定了车底运用、停站时间、运行时间等内容。

2）高速铁路旅客列车开行方案的优化方式

高速铁路旅客列车开行方案优化的程度直接影响到开行方案的优劣，而且优化贯穿于方案形成的整个过程中。高速铁路旅客列车开行方案的优化方式较多，但按照方案的形成过程，可以分为以下4种情况。

（1）旅客列车开行方案制订过程的单独优化。它是指在给定OD客流的情况下，生成列车的运行特性及列车性质的优化方案。它属于静态优化，与我国现有列车开行方案的制订过程类似。

（2）旅客列车开行方案制订与OD客流生成的综合优化。旅客列车开行方案是以客流为依据的，而OD客流的生成（客流预测）以旅客列车的运行特性（起讫点、停站方案、运行径路、服务频率）为基础，两者存在互相影响的关系。因此在进行实际开行方案的设计时，可以将两者综合考虑和优化。

（3）旅客列车开行方案制订与运行方案编制的综合优化。由于运行图是开行方案的具体实现，两者相互之间关系密切且互为因果，因此需要进行综合优化。

（4）3个阶段的整体综合优化。这是旅客列车开行方案优化最完整的形式，表现为各个阶段顺序优化、调整参数、循环迭代的过程，其优化过程如图5-4所示。在高速铁路旅客列车开行方案优化的过程中，开行方案所包含的各项内容是在不同的形成环节中得到的，各个形成环节相互联系，都有各自对不同数据信息的处理和计算工作，也都产生不同的参数。

高速铁路列车开行方案优化过程及对应相关工作如表5-8所示。

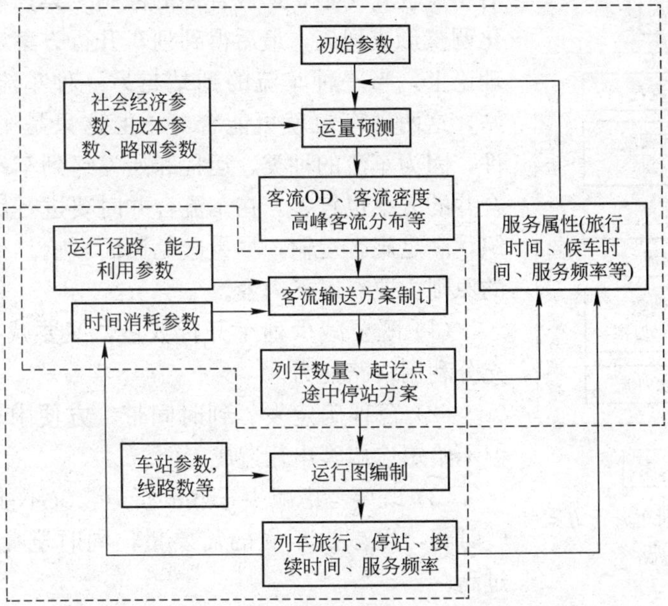

图 5－4 高速铁路旅客列车开行方案优化过程

表 5－8 高速铁路列车开行方案优化过程及对应相关工作

子过程	需要相关参数	相关优化内容	相关优化结果
运量预测	服务属性（旅行时间、候车时间、服务频率等）	客流量预测、路网配流	客流 OD、客流密度、高峰客流分布等
客流输送方案制订	客流参数、运行径路、列车能力利用参数、时间消耗等	列车输送方案、客流搭乘方案	列车数量、起讫点、途中停站方案
运行图编制	列车参数	运行图铺画、动车组周转	列车旅行、停站、接续时间、服务频率、动车组周转及数量

从系统优化的角度来讲，在每次循环的周期内都必须完成 3 个阶段的优化，用一个统一的综合优化模型和算法来实现是最好的。但是，此项工作面临着较多困难。因为 3 项内容都是比较复杂的优化问题，任何一个都具有相当大的复杂度。把三者统一，不但工作难度大，而且系统的复杂程度将大大提高，有可能产生系统无法控制的局面。另外，目前这样的工作都是由不同的机构、部门来分别完成这 3 项工作的，每一项工作基本上都是相对独立的，要将其融为一体难度也相当大。

3）高速铁路旅客列车开行方案的设计与优化

旅客列车开行方案的设计与优化是非常复杂的，它涉及因素众多，而且考虑角度不同，优化思路也各有差别。这里仅介绍一种已经应用于日本新干线的优化方法——合并式列车开行方案。所谓合并式列车开行方案，就是在当前列车开行方案的基础上，采取一定的设计原则与方法，把一些短运程列车合并为中长运程列车，以减少列车开行对数、运程差别，并能满足旅客出行需求的列车开行方案。

合并式列车开行方案的设计思路主要是根据 OD 客流得到的客流斜线表确定区段客流密度及各站客流到发量，生成 OD 车流（即根据 OD 客流换算形成的 OD 间需要车数）；然后

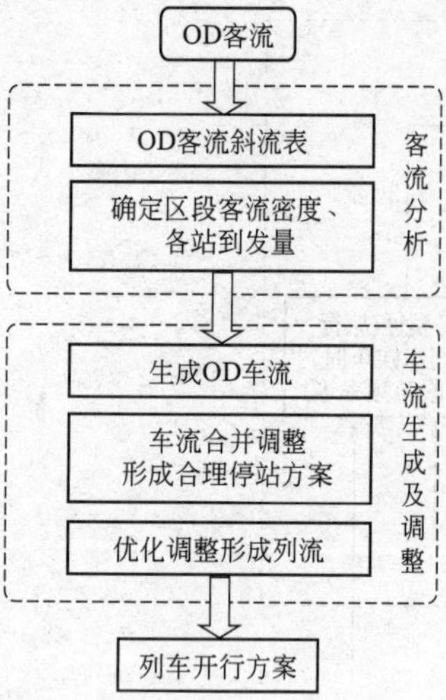

图5-5　合并式列车开行方案的设计思路

对车流合并调整，形成合理的停站方案；再对此方案进行优化调整形成列流，最后得到列车开行方案，如图5-5所示。理论上，当一种车流的到站与另一种车流的发站为同一车站，这两种车流就可能合并。但这只是车流合并的必要条件，因为车流的种类、运程和始发终到车站数量较多，所以合并的方案也较多。在车流合并时要进行优化，简化运输组织，满足旅客运输，尽量避免负面影响。车流合并方法优化的原则主要有以下内容。

(1) 既要减少列车开行数量，又要减少运行速度差异，充分利用线路能力。

(2) 合理确定发、到时间带，方便中长途旅客的出行，但不给短途旅客出行造成不便。

(3) 既要考虑减少车底的折返，又不能过分增加车底周转时间，以减少车底的需要量，同时避免乘务组工作强度过高。

(4) 符合线路、车站设备和能力的实际情况。

3. 跨线旅客列车开行方案设计与优化

由于我国客流及路网的特点，为满足客流多样化的需求，我国高速铁路成网之前，高速铁路在一定时期内既开行本线列车，又开行向普速铁路延伸的跨线列车。普速铁路仍将在长时期内开行一定数量的旅客列车，包括高速铁路跨线列车，这就要做好高速铁路列车与普速铁路列车开行方案的合理分工与协调配合。

1) 高速铁路分流普速铁路列车的基本原则

高速铁路分流普速铁路旅客列车时，应遵循以下基本原则。

(1) 提高普速铁路列车的旅行速度。高速铁路在分流普速铁路旅客列车后，应该能够保证较大程度地提高普速铁路旅客列车和货物列车的运行速度。我国建设高速铁路的初衷之一就是尽可能地分流普速铁路的旅客列车，最大限度地提高普速铁路旅客列车和货物列车的旅行速度，逐步实现普速铁路货物列车的全面提速。

(2) 满足旅客多样性的需求。高速铁路在分流普速铁路旅客列车后，应该能够保证普速铁路旅客运输的任务，满足由于旅客多样性而产生的运输要求。例如，在一些大城市间，很多旅客乘坐现在普速铁路开行舒适度较高且“夕发朝至”的卧铺列车；高速铁路由于可能采用矩形检修天窗，夜间0:00—6:00不再行车，而且由于高速铁路的高速度在一定范围内不适合“夕发朝至”时间要求所以高速铁路无法满足此部分旅客的需求。高速客运网建成后，在客流量较大的适合夜间运输条件的大城市之间，普速铁路仍有开行夜间卧铺列车的必要，实现了高速铁路与普速铁路的优势互补。

(3) 合理利用高速铁路与普速铁路的能力。高速铁路在分流普速铁路旅客列车时，应该兼顾普速铁路能力和高速铁路能力的利用情况，使两条线路的能力负荷能够较好匹配，均衡合理地利用两条线路的能力。

(4) 提高列车运行质量，创造良好的社会效益和经济效益。高速铁路在分流部分普速铁路旅客列车时，应使得普速铁路列车旅行速度提高的同时，减轻普速铁路能力利用紧张的状况，缓解运输组织与调度工作的难度和强度，从而创造良好的运行调整环境，提高列车运行的质量，创造良好的社会效益和经济效益。

2）我国高速铁路列车的种类及组织方式

我国已有京津、武广、郑西、沪杭等高速铁路投入运营，到 2020 年将建成总里程达 16 000 km的“四纵四横”高速铁路及城际高速铁路，形成高速铁路网。2020 年后还根据需求扩展高速铁路。目前修建的高速铁路平行于铁路网的主要干线，高速铁路和与其平行的普速铁路，以及许多其他线路是相互连接的，来自其他线路的跨线旅客列车种类很多，这些列车可以通过高速铁路运行，也可以通过平行于高速铁路的普速铁路运行。

跨线列车主要有两类：一类是高速铁路间相互开行的列车，如京沪高速铁路与京广高速铁路之间开行的跨线旅客列车；另一类是高速铁路与普速铁路间相互开行的列车，如郑西高速铁路与襄渝线之间开行的跨线列车。在高速铁路与普速铁路间相互开行的跨线列车中，由于列车在两种线路上的运行距离或列车级别不同，所使用的车底也不同。有的采用适合高速铁路运行的高速车辆（动车组），而有的列车车底则不能高速运行。

对于高速铁路向普速铁路开行的跨线列车，跨线客流由高等级列车运送，不需要换乘，而且高速铁路上运行的都是高等级列车，速度单一或速度差较小，区间通过能力利用充分，行车组织方法简单。但开行这种跨线列车需要具备以下条件：①要有大量的高等级旅客列车车底投入运用；②相关线路必须电气化；③高等级旅客列车车底折返站要有相应的整备及维修设备；④要有在高速铁路和普速铁路都可运用的列控系统。

普速铁路向相邻高速铁路上开行跨线列车一般是中速列车，跨线客流由这些中速列车运送，也可减少旅客换乘，更多地吸引客流。开行这种跨线列车时，跨线列车将可能采用 200 km/h以上的电动车组。因此，除相关普速铁路必须电气化外，运用动车组还必须能够同时适应高速铁路和普速铁路的技术条件。另外，在高速铁路上本线列车与跨线列车速差相对较大，区间通过能力受到限制，行车组织较为复杂。

3）高速铁路跨线列车与普速铁路列车开行方案的协调与配合

(1) 统一编制列车开行方案。在编制跨线列车及普速铁路列车开行方案时，应由各高速铁路股份有限公司及铁路局集团公司初步拟定旅客列车开行方案，然后由国铁集团综合考虑运输组织、技术设备、通过能力等众多因素统一协调方案，以合理确定高速铁路开行的跨线列车与普速铁路开行的上高速铁路的列车运行区段、对数、种类及停站方案，以及普速铁路其他列车的开行方案。

(2) 旅客列车开行方案形成互补。高速铁路跨线列车与普速铁路列车开行方案应形成互补，以满足旅客多样化的需求。经由高速铁路的跨线列车，不管是高速铁路开行的下普速铁路列车，还是普速铁路开行的上高速铁路列车，相比普速铁路现行列车，一般速度都较快，等级都较高，票价也较贵。由于我国铁路客流中有很大一大部分是中低收入者，因此普速铁路仍然需要开行一些中长途快速及普通旅客列车，来满足这些客流的需求。跨线列车一般只在一些主要客运站停靠，用于输送大城市间中长途客流，普速铁路需开行一些短途及普通旅客列车，以输送沿线客流。另外，由于我国绝大部分城镇的分布都紧邻普速铁路干线，普速铁路开行短途城际列车，在缩短中小城市间的通达时间上具有显著的效果。

综上所述，应合理编制跨线列车与普速铁路旅客列车的开行方案，从而最大限度地满足旅客的多样化需求，并有效利用普速铁路的能力，加速机车车辆周转、缩短旅行时间及提高服务质量，以求取得整体最佳效益。

5.3 铁路旅客列车运行方案的编制

5.3.1 旅客列车运行方案的概念及作用

制订了旅客列车的开行方案之后，就需要为开行的每一趟列车排点铺图，以便于基层站段按图组织行车。旅客列车运行方案是在运行图上对旅客列车运行线的铺画。列车运行图规定了各次列车占用区间的顺序，列车在每个车站的到达、出发、通过时刻及在站停留时间、列车在各区间的运行速度及运行时分、机车交路等，是旅客列车运行组织的具体计划。各部门、各工种、各项作业之间必须协调配合，严格按照运行图的要求组织行车。列车运行图是车务、机务、工务、电务、车辆等部门的综合性计划，在我国客货共线的情况下更是如此。列车运行图是运输组织工作的基本依据，是铁路经济效益的源头；同时，铁路运能也是由列车运行图综合体现的。因此，要在运输组织上更科学、合理、充分地配置运力资源，就必须编制好运行图，以保证铁路综合运输能力的充分运用。

如果旅客列车开行时段、密度、编组、等级、径路、停点等方面不尽合理，就会导致客流的流失。

随着铁路运量的日益增大，技术设备的逐步改善，运输组织水平的不断提高和市场需求的变化，每经过一定时期，就有必要重新编制一次列车运行图。以往我国一般是每两年编制一次，在运行图实行期间，必要时各铁路局集团公司对管内列车可作局部调整，报国铁集团备案。为使列车的开行适应市场的需要，1997 年以后，列车运行图不一定按每两年一次的常规做法进行编制，而是要根据实际情况和需要及时重编或调整。

列车运行图的编制，应在国铁集团的统一领导下，由各铁路局集团公司负责铺画。国铁集团成立车、机、工、电、辆各业务局参加的运行图编制委员会，由主管运输的副部长领导。各铁路局集团公司的编图委员会由各铁路局集团公司局长领导，各业务处参加。在集中统一领导下，既明确分工又密切配合，做到协调一致，正确处理好各方面、各环节的关系。

5.3.2 普速铁路旅客列车运行方案的编制

长期以来，我国普速铁路客货混运，能力十分紧张。运行图的铺画是铁路运输中难度最大、关系最复杂的工作之一。

在编制列车运行图时，首先铺画旅客列车运行线。此时分两步进行。第一步编制旅客列车运行方案（图），着重搭好整体框架、处理各方关系、解决全面布局问题；第二步以方案为基础，铺画出表示每一列车在各个车站上到发及通过时刻的列车运行详图，在此基础上再铺画货物列车运行线。也可以说，列车运行图的编制按旅客列车运行方案→旅客列车运行详图→货物列车运行方案→货物列车运行详图的顺序进行。下面仅就旅客列车运行方案图和详图的制作步骤、原则和方法等作简要介绍。

1. 旅客列车运行方案图和详图的编制步骤

旅客列车运行方案是以每一方向各技术站间小时格运行图的形式表示的，所以又称旅客列车运行方案图，简称客车方案图（见图 5-6）。由于它主要是解决列车整体布局问题，最先铺画，所以它是整个列车运行图的骨架和核心。而下一步在二分格运行图上铺画的旅客列车运行线则精确具体地规定列车到发通过各站的时刻及交会待避的地点，使列车运行组织建立在切实可行、精确协调的基础之上。最后，按修正后的时刻再回归为各方向各技术站间小时格简明运行图的形式。

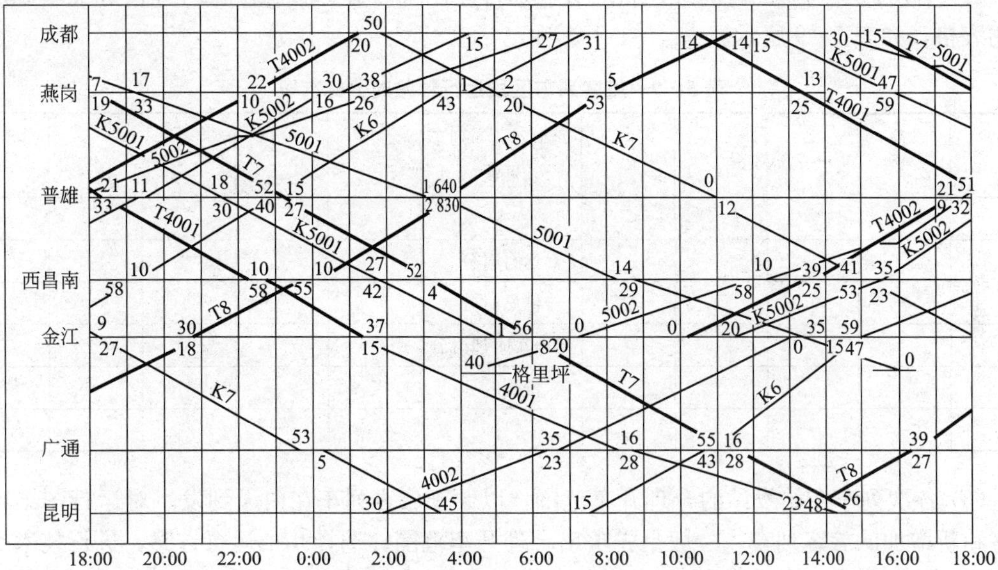

图 5-6　旅客列车运行方案图

旅客列车运行方案图及详图的编制，分以下 3 个阶段进行。

1）第一阶段

第一阶段为准备及审定资料阶段，时间约为 3 个月，其内容如下。

(1) 管内各线，特别是主要干线上的客流量、客流密度及旅客列车开行方案。

(2) 各种旅客列车的重量标准、编组辆数、车型、吨位、定员。

(3) 各种旅客列车的停车站名及停站时分标准。

例如，1997 年的列车运行图有如下几项规定。

① 直达特快列车，只在技术作业站停车。

② 特快列车只在省会、直辖市、自治区首府、铁路局集团公司所在地、技术作业站、主要开放城市所在地和客流较大的中转站停车。

③ 直通快速车，单程运程 500 km 以下每 40～55 km 停 1 站，500～1 000 km 每 55 km 以上，1 000～1 500 km 每 65 km 以上，1 500～2 000 km 每 75 km 以上，2 000 km 以上每 85 km 以上各停 1 站。

④ 有 2 对及其以上的特、直快车运行的线路，要实行交错停车。

⑤ 不允许特、直通快速车代通勤。

⑥ 在补水站客车停车为 6～8 min，其他站快速车停车不超过 4 min。

⑦ 旅客列车在站换挂机车作业时间标准为 12 min，更换机车乘务员的作业时间标准为 8～10 min。

⑧ 旅客列车的机车乘务员一次连续工作时间（包括出退勤）不得超过 8 h。

⑨ 跨局旅客列车车底入库检修时间规定如下：运行 1 000 km 以内的，在配属段不少于 4 h，在折返段不少于 2 h；运行 1 000～1 500 km 的，在配属段不少于 6 h，在折返段不少于 4 h；运行 1 500 km 以上的，在配属段不少于 8 h，在折返段不少于 6 h。局管内旅客列车的入库检修时间由铁路局集团公司自定。

（4）各次旅客列车的区间纯运行时分、起停车附加时分、施工慢行时分按标准填制成专门的表格，如表 5-9 所示。

表 5-9　旅客列车区段运行停站时分标准表

					列车 / 区段 / 列车					
					运行时分					
					停站时分					
					起停车附加时分					
					慢行时分					
					计					

（5）各次列车在始发站的合理开车范围，以便于旅客列车在白天到发。对运行图结构性调整和新增加的旅客列车，一般是先求出合理开车范围，选择几个运行方案，进行技术经济比较后，选取其中的最优方案；与原方案调整范围不大的列车不用再重新计算。

（6）对现行运行图的执行情况和存在问题提出改进建议。

国铁集团审查各铁路局集团公司上报的编图资料，特别是各项时分标准和停站资料，要求新图资料有利于新图质量指标的提高，而不是降低。

2）第二阶段

第二阶段为编制阶段，时间约 2 个月。这阶段包括以下 3 项工作。

（1）铺画小时格各客流区段间的客车方案图。从图上只可看出各次列车在始发站、终到站、分界站及沿途主要站的到、发、通过时刻及区段内列车交会待避概况。也就是说，这种图是框架式的，着重解决各种列车整体上的布局问题。

（2）铺画二分格各客流区段内各站间的客车运行详图。从图上可看出各次列车在沿途各站的到、发、通过时刻及交会越行的车站，这样就使客车方案图上的运行线建立在切实可行的基础之上。

（3）审查图纸及计算指标工作。在客货列车运行线全部铺画完毕后，应进行细致的审查。对旅客列车运行线审查的内容有：①全部旅客列车运行线的铺画是否符合既定的方案；②各次旅客列车的区间运行时分是否准确，停车站和停车时分是否符合规定的原则；③旅客列车车底在始发站和折返站的停留时间是否符合规定的标准；④旅客列车的会让是否合理，有无客车等会货车的不合理情况；⑤主要客运设备能力的利用情况；⑥客运机车及客车车底的运用是否经济合理，乘务组连续工作时间是否超过标准。

审查完毕后，应计算运行图的数量指标和质量指标，填记列车运行图旅客列车指标计算表（见表 5-10）和列车运行图旅客列车指标汇总表（见表 5-11）。

表 5-10　列车运行图旅客列车指标计算表

<table>
<tr><td rowspan="4">列车运行区段</td><td rowspan="2">车次</td><td rowspan="2">列车公里</td><td colspan="5">列车运行时分</td><td rowspan="4">直通速度</td><td rowspan="4">技术速度</td><td rowspan="4">速度系数</td><td colspan="2" rowspan="2">列车对数</td><td colspan="4">列车编组</td><td rowspan="4">列车编组总公里（自局担当）</td><td colspan="2" rowspan="3">列车编组（车底）停留时间（自局担当）</td><td rowspan="4">记事</td></tr>
<tr><td rowspan="3">全程总时分</td><td colspan="4">其中</td><td rowspan="3">组数</td><td rowspan="3">辆数</td><td rowspan="3">其中客座车数</td><td rowspan="3">定员</td></tr>
<tr><td>下行</td><td>下行</td><td colspan="2">停站</td><td rowspan="2">平均停站时分</td><td rowspan="2">运转时分</td><td rowspan="2">管内运行</td><td rowspan="2">自局担当</td></tr>
<tr><td>上行</td><td>上行</td><td>站数</td><td>时分</td><td>本段</td><td>外段</td></tr>
<tr><td></td><td></td><td></td><td></td><td></td><td></td><td></td><td></td><td></td><td></td><td></td><td></td><td></td><td></td><td></td><td></td><td></td><td></td><td></td><td></td><td></td></tr>
<tr><td></td><td></td><td></td><td></td><td></td><td></td><td></td><td></td><td></td><td></td><td></td><td></td><td></td><td></td><td></td><td></td><td></td><td></td><td></td><td></td><td></td></tr>
<tr><td></td><td></td><td></td><td></td><td></td><td></td><td></td><td></td><td></td><td></td><td></td><td></td><td></td><td></td><td></td><td></td><td></td><td></td><td></td><td></td><td></td></tr>
</table>

列车运行图编完后，报国铁集团批准。

3）第三阶段

第三阶段为实行准备阶段，时间约 2 个月。

在新图实行前，应着手以下几项准备工作。

(1) 编制旅客列车新旧交替计划。在新图实行的这一天，要求各主要干线的旅客列车都要按新时刻表运行，那么在实行前的过渡期间，有的列车需要调整到开时刻，有的列车需要变更编组，有的列车需要增减车底，一般不允许在中途变更车次、到开时刻或列车编组。为了不致因运行图交替而打乱整个运行秩序，需要编制 24 h 格的旅客列车新旧运行时刻交替图，允许各种旅客列车在交替期间内可以停运、增开或提前按新时刻表运行。新旧交替计划要提前下达到各站段，并按此组织售票、乘降、列车运行调整等一系列工作，顺利过渡到新运行图全面实行。

(2) 编制旅客列车时刻表。根据新运行图规定的车次、运行区段、停车地点、到开通过时刻及列车编组情况等事项，抄点制表，编制印刷成供旅客及行车部门日常使用的旅客列车时刻表，如表 5-12 所示。

时刻表中常用符号的含义如下：①“↓”或“……”表示列车在该站通过；②“=”表示列车不经过该站；③“—”表示列车的终到站；④“*”表示该地点为旅客乘降所。

(3) 编制旅客列车编组表。具体确定每对旅客列车的编组情况，内容包括列车的发到站、车次、车辆和客运的担当段、编组辆数、车厢顺序号、编挂车种、定员、总重吨数、车底周转图、车底需要组数等事项，如表 5-13 所示。

表 5-11 列车运行图旅客列车指标汇总表

中国铁路________集团有限公司

列车种别＼项目	年季别		列车公里	列车运行时分					直通速度	技术速度	速度系数	图定旅客列车对数														列车编组				列车车底日车公里		列车车底停留时间				记事
				全程总时分	其中							直通列车								管内列车				合计						列车车底总公里	平均	总停留时分		平均停留时分		
					停站			运转时分				特快		直快		直客		小计		快车	旅客	混合	小计	管内运行	其中自局担当	组数	辆数	其中客座车数	定员			本段	外段	本段	外段	
					站数	时分	平均					管内运行	其中自局担当	管内运行	其中自局担当	管内运行	其中自局担当	管内运行	其中自局担当																	
直通列车	直快																																			
		比较																																		
	直客																																			
		比较																																		
	计																																			
		比较																																		
管内列车	管客																																			
		比较																																		
	混合																																			
		比较																																		
	计																																			
		比较																																		
铁路局集团公司	计																																			
		比较																																		

表 5-12 旅客列车时刻表（北京—天津—唐山—秦皇岛）

T5003	4401	4414 /4411	4417	4419	4427	4431 /4434	自北京起公里	车次	4412 /4413	4418	4420	4428	T5002 536	4432 /4433
北京 16:52	北京 17:35	承德 22:52	天津 6:38	北京 10:30	北京南 14:06	大同 23:40		始发	天津 21:16	秦皇岛 15:02	唐山 16:21	秦皇岛 6:01	泰达 7:35	唐山 18:08
泰达 19:28	天津 19:56	天津 5:55	秦皇岛 9:53	唐山 14:23	唐山 18:15	唐山 11:56		终到	承德 4:32	天津 19:09	北京 20:20	北京南 12:42	北京 9:48	大同 7:15
		接 162 页			接 232 页				转 162 页					转 232 页
V 16:52	V 17:35	4:04 12		V 10:30		7:40 50	0	北京	23:23 22:59		— 20:20		— 9:48	23:07 22:34
↓	↓	↓		↓	V 14:06	↓	7	北京南	↑		↑	— 12:42	↑	↑
↓ ↓ ↓ ↓ 18:03	53 18:08 = 19:24 48	↓ ↓ 5:01 ↓ 47		49 ↓ 11:27 ↓ 12:12	21 ↓ 58 15:37 16:01	↓ 8:29 9:01 ↓ 47	17 33 72 106 133	丰台 黄村 廊坊 杨村 天津北	22:43 ↑ ↑ ↑ 27		20:04 = ■ 19:16 ↑ 28	29 12:11 11:34 ↑ 53	↑ ↑ ↑ ↑ ↑	↑ ↑ 21:36 ↑ 32
18:11 46	19:56 —	5:55 —	V 6:38	20 28	09 17	55 10:04	137	天津	21:16 ∧	— 19:09	17 18:09	36 10:22	34 8:22	20 20:04
19:16 泰达 19:28 终到			7:08 ↓ ↓ ↓	13:01 24 36 47	49 17:11 23 34	40 ↓ 11:10 21	177 202 210 218	塘沽 茶淀 汉沽 芦台		35 ↑ 18:06 56	33 17:10 ↑ 54	48 ↑ 19 9:08	49 泰达 7:35 始发	32 ↑ 19:02 50
			8:03 07	14:23 —	18:15 —	11:56 —	260	唐山		23 17:19	16:21 ∧	35 27		18:08 ∧
			↓ 54 ↓ ↓				311 332 373 401	马柳 滦县 昌黎 北戴河		↑ 16:20 46 22		37 7:18 43 20		
			9:53 —				423	秦皇岛		15:02 ∧		6:01 ∧		

表 5-13 旅客列车编组表

北京—哈尔滨东	车辆 乘务	顺序	京开	1	2	3	4	5	6	7	8	9	10	11	12	13	14	15	16	17	18	19	计	
			哈开	19	18	17	16	15	14	13	12	11	10	9	8	7	6	5	4	3	2	1		
	三棵树 哈尔滨	车种		FD	YW	YW	YW	YW	YW	YW	RW	RW	CA	YW	YW	YW	YW	YW	YZ	YZ	YZ	XL	19	19
		定员				66	66	66	66	66	36	36		60	66	66	66	66	118	118	118		1 080	1 080
		吨数		69	55	55	55	55	55	55	55	55	54	55	55	55	55	55	56	56	56	61	1 067	1 067
特快		附注			广宿																			
T17/T18次	车辆 客运 段担任	北京 哈尔滨东		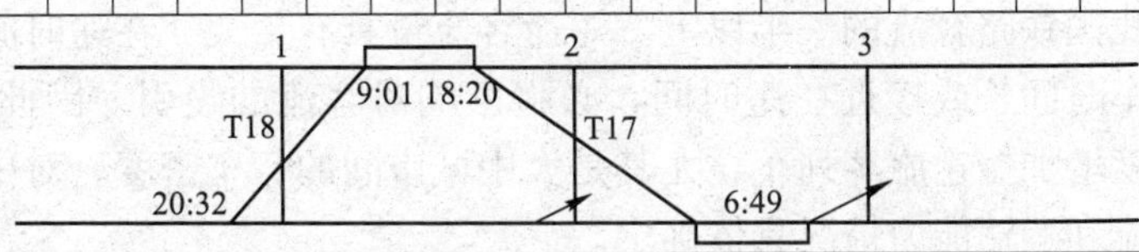																				

列车的发到站规定先填下行始发站。对改变运行方向的列车，先填担当铁路局集团公司的始发站，其车次的填写顺序必须和列车的发到站相对应。

特、直快列车车厢顺序号的填写方法。首先，凡进京列车，从北京站始发时均为小号在前，大号在后。其次，进沪列车以上海站始发为准，小号在前，大号在后；其他列车，均以担当铁路局集团公司始发站的发车方向为准，小号在前，大号在后。

车底周转图表示列车的始发、终到时刻和需用车底组数，并由此计算车底在配属站和折返站的停留时间。周转图上填写的站名顺序需和列车发到站的填写顺序一致，不得上下颠倒。列车运行线从担当铁路局集团公司的始发站开始铺画。

(4) 组织学习新运行图，为新运行图的顺利实行做好准备工作。

2. 旅客列车运行方案图的编制原则

1) 提高列车的旅行速度

随着我国社会、经济的发展，市场经济的不断深化，人们的工作节奏不断加快，时间价值不断增加，对旅行速度的要求越来越高。在旅客运输组织上，主要应提高旅客列车直通速度。在机车类型和线路条件已定的情况下，提高直通速度可采取加速列车运行、压缩停站次数、缩短停站时间等措施来实现；还应从列车始发时刻、终到时刻、通过大站的时刻即方便旅客的角度出发来进行检验和修正，按这个修正后的直通速度计算出来的各种旅客列车重量标准和编组辆数，最后还需考虑沿途车站的线路有效长、站台雨棚长、团体及专包车加挂预留吨位等实际因素加以确定。

2) 合理安排列车运行时刻

列车始发、终到、通过各主要站的时刻，应方便旅客旅行。直通旅客列车最好晚间发车，但不迟于零点，终到时间在白天或早晨，但不宜早于 7 点，通过沿途主要城市尽可能安排在白天。由于一天中最适合旅客旅行的始发、终到时间有限，应对有优势、有竞争力的中距离列车给予最优先考虑。特别是要把以北京及上海、广州、成都、郑州、武汉、西安、沈阳等大城市为中心的夕发朝至列车放在重中之重的位置，并且要保证用最好的机车、车辆，以最短的径路，给最优的运行线和最优的停点。对于短途旅客列车发、到时间应尽量满足多数人当天往返（朝发夕归）的出行需要。

结合我国的具体情况，一般应对进京、进沪、进穗，以及各省会城市间的列车给予优先考虑。对国际联运、联结香港的列车给予优先考虑。对于与高速公路平行但旅客流量大、客运竞争激烈区段的列车给予优先考虑。此外，还应做出预留线，满足春运、暑运等节假日和季节性运输对增开旅客列车的需要。

铁路旅客列车的到发时刻与其他交通工具衔接配合，除对需要换乘的旅客带来较大的方便外，也对报纸及邮件的传递有重要意义。

3) 合理安排行车密度

根据不同的起讫点，适度增加行车密度，是减少旅客出行总时间、吸引客流的重要手段。我国的客流一般规律是随着距离的增加，客流呈递减趋势。目前 200 km 以内的短途客流量占我国铁路客流的一半以上。短途客流量具有量大、在途时间短的特点，如果行车密度小，候车时间长或接近在途时间，必将影响对客流的吸引。因此，应根据铁路运输能力情况，适度增加短途旅客列车，尤其是大中城市间的行车密度。对中、长途列车，应视距离远近、客流和运输能力情况具体确定。

4）合理安排列车编组

要充分利用铁路运输能力，提高效益，必须做到旅客列车编组合理。短途客流量时段分布相对分散，且在途时间较短，因此对短途旅客列车应尽量采取小编组。对于中、长途旅客列车由于行车密度相对较小，因此应适当增加列车编组，合理利用设备能力。同时，对于经济发展水平不同的地区应根据其客流层次特点编挂车辆，如内陆欠发达且客流多的地方，可多挂经济型车辆；而在沿线经济较发达的地区应增加舒适度较高的车辆，以满足不同层次旅客的需求。

5）合理安排列车停站

虽然列车停站越多，吸引的客流也越多，对于某些旅客的出行也比较有利。但停站多会降低列车的旅行速度，增加部分旅客尤其是中、长途旅客的在途时间，也会因此而失去一部分客流。因此中、长途旅客列车的合理停站是优化旅客列车运行组织的重要方面。在同一线路上有 2 次以上的列车经过时，可适当组织交错停站。

6）合理使用机车车辆

加速机车和客车车底的周转是铁路运输组织工作的重要原则之一。在客货共线条件下，旅客列车与货物列车运行线应有良好的配合。此外，还要考虑旅客列车的运行与客运站技术作业过程相协调，旅客列车在运行图上均衡铺画，不仅对车站客运设备的运用有利，而且能保持旅客列车良好的运行秩序，并有利于货物列车密度的均衡，对加速机车车辆的周转是有利的。旅客列车运行线的安排应尽可能减少货物列车待避、停会旅客列车的次数，更不应使旅客列车待避和停会货物列车。

在编制旅客列车运行方案时，如果旅客列车运行时刻安排得好，往往可以减少车底的需要数，使车底得到更经济的使用。如图 5－7 所示。

适当调整列车的到发时刻也可以节省运行机车台数。如图 5－8 所示，由 4 台机车可减至 3 台。所以，在编制旅客列车运行方案时，应同时考虑各区段的客运机车的运用。

由于要求旅客列车在大城市有较合适的到发时刻，则可能出现密集到发的情况。此时，列车的到达（出发）间隔应与车站技术作业过程相协调，否则将使车站不能正常接发列车。图 5－9 中到达车次的虚线表示旅客列车运行与车站技术作业过程不相协调的情况。

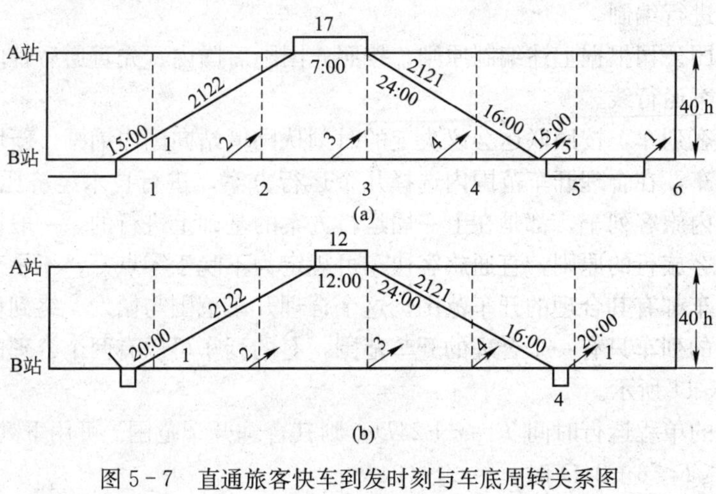

图 5－7　直通旅客快车到发时刻与车底周转关系图

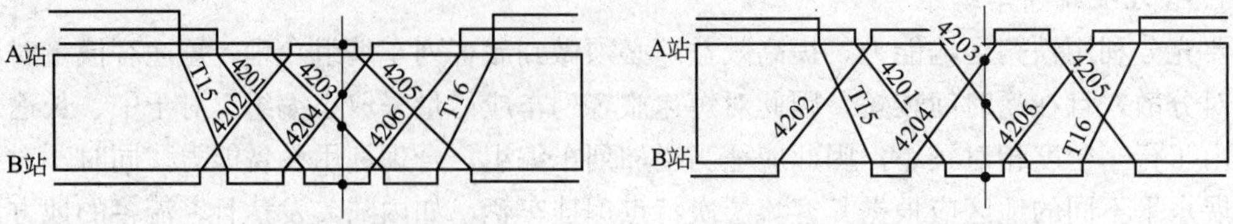

图 5-8　旅客列车运行线与机车交路关系图

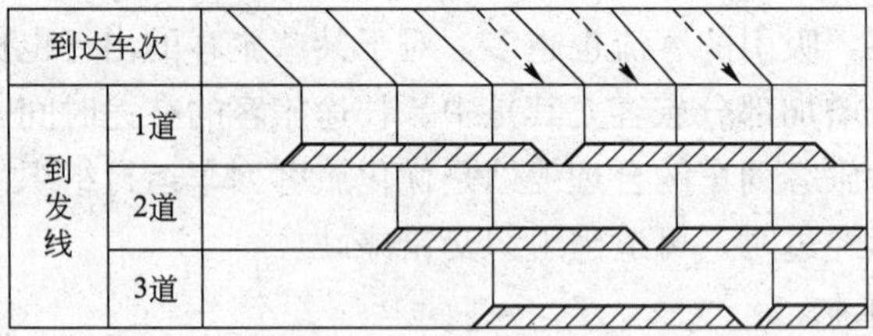

图 5-9　旅客列车到达间隔与车站技术作业过程相协调的示意图

同方向旅客列车的始发间隔，也应考虑与客运组织工作相配合的问题。同方向列车密集到发，会带来客运站工作负荷过重，增加组织工作上的困难。

总之，旅客列车的运行组织要综合处理好列车到开时间和列车密度、列车性质、客车车底运用、机车交路、施工封锁几方面的关系。优化旅客列车运行组织要以能力为前提条件，能力不足，许多优化措施难以实现。因此，大力加强铁路建设，实现繁忙干线的客货分线运行，才能既适应市场需求，又提高铁路的社会经济效益。

3. 旅客列车运行方案图的编制方法

全路列车运行图的编制工作，应贯彻集中领导和分级负责相结合的原则。跨三局的直通旅客列车，应在国铁集团统一领导下由各铁路局集团公司到国铁集团集中编制。跨两局的直通旅客列车，由两铁路局集团公司协商编制。管内旅客列车，则由铁路局集团公司组织分局进行编制。在国铁集团的总体部署下，分片、分线、分工负责，各片、各线之间又密切配合，交叉并进地进行编制。

各铁路局集团公司根据上述编制原则，按照先国际后国内、先直通后管内、先快车后慢车的顺序铺画方案运行线。

国际联运旅客列车，按照联运会议决定的时刻从国境站向国内铺画。新增或有大幅度改变的直通旅客快车，在合理开车范围内选择几个运行方案，进行技术经济比较后择优采用。大多数直通和管内旅客列车，都是在上一届运行方案的基础上进行的，一般调整范围不大。

根据方便旅客旅行的原则，直通旅客快车可规定为不晚于零点开，不早于 7 点到。按这个条件，每一对车都有其合理的开车范围。这个合理开车范围与始发、终到城市之间的距离等因素有关。有的列车只有一个合理的开车范围，有的列车可以有两个合理的开车范围，如图 5-10 和图 5-11 所示。

设直通快车的单程运行时间 $T=x+24D$，则其合理开车范围 t 可用下列分析式确定。

当 $1+24D\leqslant T\leqslant 6+24D$ 时：$t=7\sim(24-x)$

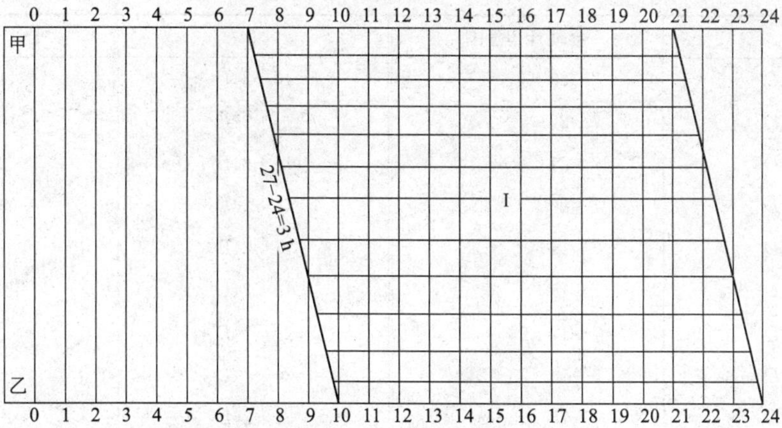

图 5 - 10　合理开车范围示例图之一

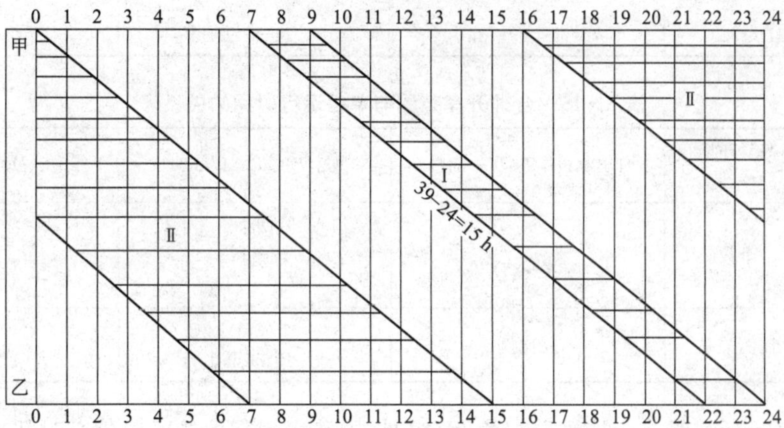

图 5 - 11　合理开车范围示例图之二

当 $7+24D\leqslant T\leqslant 17+24D$ 时：$t=\begin{cases}7\sim(24-x)\\(24-x+7)\sim 24\end{cases}$

当 $18+24D\leqslant T\leqslant 24+24D$ 时：$t=(24-x+7)\sim 24$

根据上述分析式，可将不同的单程运行时间及其相对应的合理开车范围列于表5 - 14中。

根据表 5 - 14 的计算结果，直通快车的合理开车范围与单程运行时间的关系可归纳为表 5 - 15。

从表 5 - 14 可看出，单程运行时间为 $6+24D$ 或接近这个时间的直通快车，以及单程运行时间为 $18+24D$ 或略超过这个时间的直通快车，在铺画客车方案时，难度较大。因其合理开车范围小且只有一个，调整的余地不大。单程运行时间为 $7+24D\leqslant T\leqslant 17+24D$ 的直通快车，在铺画旅客列车运行方案时比较容易，因为有两个合理开车范围，活动余地比较大。

编制旅客列车运行方案图时，一般从列车始发站开始，向终到站顺序铺画。如终到站的能力紧张，也可以从终到站开始铺画，反推出沿途各站的运行时刻和始发站的开车时刻。有时为了某站的接续、会让等需要，也可以从列车运行区段的中间部分开始，向发到站两端铺画。

表 5-14 合理开车范围表

T	合理开车范围	T	合理开车范围
1+24D	7～23	13+24D	7～11 18～24
2+24D	7～22	14+24D	7～10 17～24
3+24D	7～21	15+24D	7～9 16～24
4+24D	7～20	16+24D	7～8 15～24
5+24D	7～19	17+24D	7 14～24
6+24D	7～18	18+24D	13～24
7+24D	7～17 24	19+24D	12～24
8+24D	7～16 23～24	20+24D	11～24
9+24D	7～15 22～24	21+24D	10～24
10+24D	7～14 21～24	22+24D	9～24
11+24D	7～13 20～24	23+24D	8～24
12+24D	7～12 19～24	24+24D	7～24

表 5-15 合理开车范围与单程运行时间的关系表

项目＼单程运行时间/h		$1+24D\leqslant T\leqslant 6+24D$	$7+24D\leqslant T\leqslant 17+24D$	$18+24D\leqslant T\leqslant 24+24D$
合理开车范围	个数	一个 （7～23）	两个 （7～17） （14～24）	一个 （7～24）
	比例关系	反比例	一个成反比例 另一个成正比例	正比例

铺画方案运行线时，应按铁路局集团公司报国铁集团审批的区段旅行时间来确定各技术站的开点。遇到列车会让时，应遵守低级列车等会或待避高级列车、短途列车等会或待避长途列车的原则，并为等会或待避的列车增加区段旅行时间。这额外的附加时分随单双线及信联闭设备条件而异，一般会车附加 10～12 min，待避附加 30～40 min。

为了经济合理地使用客运机车车辆，在编制旅客列车运行方案图的同时应编制车底周转图和机车周转图。

4. 旅客列车运行详图的编制方法

根据旅客列车运行方案图和有关资料对每一区段进行编制，在二分格运行图上精确地铺画每一条运行线，确定每一趟旅客列车在每个车站的到、发、通过时刻和在区间内的运行时分。

二分格运行图由车务人员铺画。本着客货兼顾、统筹安排的原则，必要时对个别旅客列车的运行线可稍加调整。

一般来说，二分格运行图上列车的到、发时刻与旅客列车运行方案运行图比较，总是有差异的。在双线上差别不是很大，在单线上有时出入较大。各次列车在各技术站的到、开、通过时刻，应按二分格运行图上的时刻进行修正，最后形成旅客列车简明运行图。

列车运行图编完后报国铁集团批准。

5.3.3　高速铁路旅客列车运行方案的编制特点

高速铁路运输组织由于技术标准、列车类型、列车速度、运输能力等方面与普速铁路有较大差异，所以在编制旅客列车运行方案方面注意以下特点。

（1）运行图铺画目标。在借鉴国外高速铁路先进运输组织和运行图编制经验的基础上，高速铁路旅客列车运行方案的编制应以最大限度方便旅客出行、提高旅客服务质量和优质的列车运行秩序为目标。在此基础上，尽可能使上线的中速列车旅行时间最小、始发和终到时间合理、非旅客乘降作业的停站次数最少和停站时间最短、高速动车组使用数量和中速列车使用机车台数最少。对于普速铁路来说，由于运能和运量不相匹配，反映在运行方案编制上，就是挖潜提效、充分利用普速铁路通过能力，缩小列车运行间隔时间，提高列车开行对数，并使列车的旅行时间最小、货物列车接续时间最短和机车使用台数最少。

（2）线路上运行的列车属性和种类。高速铁路上运行的是高速列车和跨线的中速列车等旅客列车；而普速铁路基本上是客货混线，运行的是旅客列车和货物列车。根据列车等级的不同，旅客列车和货物列车又有详细的分类。

（3）运行方案编制顺序。高速铁路上运行的都是旅客列车，而且高速列车等级高于上高速铁路的中速列车。因此，在考虑列车等级和运行距离的前提下，总体上应先铺画高速列车后铺画中速列车；再根据中速列车在高速铁路衔接站的到发时刻，铺画跨线中速列车（为普速铁路上的特快、快速旅客列车）在普速铁路的运行方案，校验列车的始发、终到时间是否合理。而在普速铁路上运行的旅客列车等级明显高于货物列车，因此应先铺画旅客列车再铺画货物列车。具体的铺画顺序是在全路客车直通方案的基础上，铺画跨铁路局集团公司的直通旅客列车（按所跨铁路局集团公司的多少确定该等级旅客列车的铺画顺序）、管内旅客列车、跨铁路局集团公司的货物列车、管内货物列车。

（4）运行方案的编制策略。由于高速运行方案编制是以最大限度方便旅客出行、提高旅客服务质量和优质的列车运行秩序为目标，因此高速铁路应追求类似日本高速铁路的规格化运行图的铺画策略，即高速列车的开行数量、运行顺序、运行速度、越行或待避车站等都基本上相同，将定期列车、季节列车和临时列车以不同运行线铺画在基本运行方案中，充分考虑不同时间段、不同出行目的的旅客要求。普速铁路运行方案在满足旅客列车开行数量和一定程度上的出行时间范围基础上，保证不同种类的货物列车运行线分布比较均匀，使编组站和区段站不同时间段作业负荷趋于合理。

（5）运行方案的优化调整策略。高速铁路上运行的全部为旅客列车。虽然高速列车等级高于中速列车，但是跨线的中速列车基本上都为普速铁路上等级很高的特快和快速优质列车，对列车始发和终到的时间范围、列车旅行速度、列车正点率等方面的要求同样很高，这就决定了高中速列车的调整优先级同等重要。对于中速列车的调整在考虑上述几点要求的基础上，还要照顾到中速列车在普速铁路途经几个主要客运站的到达和出发时刻是否能符合票额分配的要求。普速铁路由于是客货混行，旅客列车较货物列车有很高的调整优先级，而且旅客列车的铺画也先于货物列车，因此，在保证货物列车运行线大致均衡分布和提供自动交叉疏解保证的前提下，可以优先调整旅客列车运行线，货物列车待避（等会）旅客列车。

（6）运行方案可铺画运行线的时间段。高速电气化铁路维修天窗（工务和接触网维修）的设置，使高速铁路列车运行图可用来铺画高速列车和中速列车的时间带（1 天 24 h 减去大约

6 h的维修天窗时间和无效时间）较普速铁路的时间带大为减少，维修天窗时间同时割裂了可循环使用的连续的运行图时间，使上高速线的长运程中速列车的始发时间范围缩短；而对于普速铁路维修（施工）天窗的设置相对比较灵活，同一区间在不同时间区域内（季节或日期），根据运输组织实际要求可以交错采用矩形天窗和V形天窗，而且天窗时间也较短。

(7) 旅客列车合理始发、终到时间范围。确定旅客列车合理的始发、终到时间范围，是提高旅客列车服务质量和吸引客流最重要的措施之一，也是编制旅客列车运行方案需着重考虑的问题，在考虑铁路与城市交通相结合及旅客出行习惯的基础上，普速铁路旅客列车始发、终到时间范围的确定比较简单和单一。在考虑旅客列车运行距离的前提下，一般只要满足不早于7:00和晚于24:00始发和到达即可，对于上下高速线的中速列车，其合理的始发和终到时间范围的计算比较复杂，需要满足列车在普速铁路始发时间范围（如果中速列车上高速线）、在高速线上受天窗影响的运行线的铺画范围、列车在普速铁路的终到时间范围（如果中速列车下高速线）的多重约束。

5.4 铁路机车车辆运用计划的编制

在编制旅客列车运行方案图的同时，应绘制客车车底周转图，以确定各次列车车底的需要数。在普速铁路上，旅客列车的机车和客车车底的运用与管理一般是分离的。我国客运机车由负责交路的机务段提供并指派相应的机车乘务组，由各交路的机务段和折返段负责其整备工作。一般长途旅客列车需要由其径路上若干个机务段的机车担当，每台机车只牵引列车总运程中的一部分，而客车车底和对应的列车乘务组则由该车底的配属客运段或列车段负责组织与管理。可见，担任牵引任务的客运机车和负责客运服务的客车车底的关系不固定，设备或人员的管理是分散的，机车周转的优化和客车车底使用的优化是分别进行的。

5.4.1 旅客列车车底需要数

旅客列车车底需要数的计算方法有图解法和分析计算法两种。

1. 图解法

根据客车方案图绘制客车车底周转图，从周转图上直接查得需要的车底数。如图5-12所示，在图5-12 (a) 中车底数可从客车车底周转图上的箭头直接查得，在图5-12 (b) 中截取线和运行线或车底停留线的交点数即为车底的需要数。

2. 分析计算法

分析一定到站和一定种类的列车车底周转时间，计算该周转时间内发出的某种旅客列车总数。

车底周转时间是指车底自配属站始发时起至该车底从折返站返回原配属站再次出发时止所经过的时间。车底周转时间应按每一对旅客列车分别计算，不能就全路或全铁路局集团公司计算全部客车车底的平均周转时间。

设某到站某种旅客列车的车底周转时间为$\theta_{车底}$，在一个周转时间内平均每天发出的列车数为K，则该到达站该种旅客列车的车底需要数$n_{车底}$为

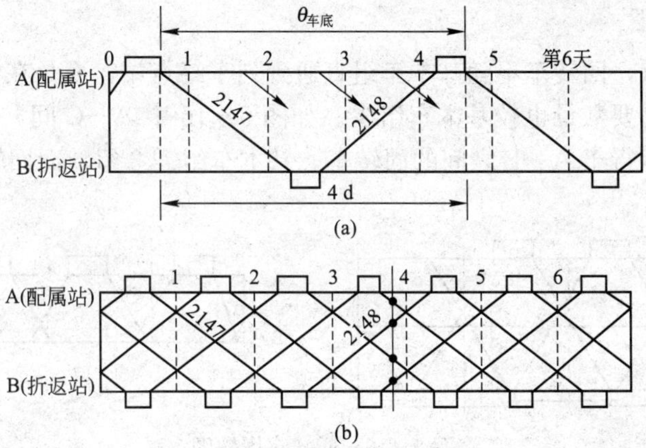

图 5-12　客车车底周转图

$$n_{车底}=\theta_{车底}\cdot K$$

由于 $K=\dfrac{N}{\theta_{车底}}$，所以上式也可写成

$$n_{车底}=\theta_{车底}\cdot\frac{N}{\theta_{车底}}=N$$

式中：N——车底周转时间内发出的该到站该种旅客列车总数。

5.4.2　车底周转图

车底周转图应按直通和管内旅客列车分别绘制。

1. 直通旅客列车车底周转图

如图 5-13 所示，1179/1180 次列车为直通旅客列车，第 1 天 1180 次列车从 B 站始发，其车底第 7 天返回配属站，周转时间为 6 天，所以需要 6 组车底。

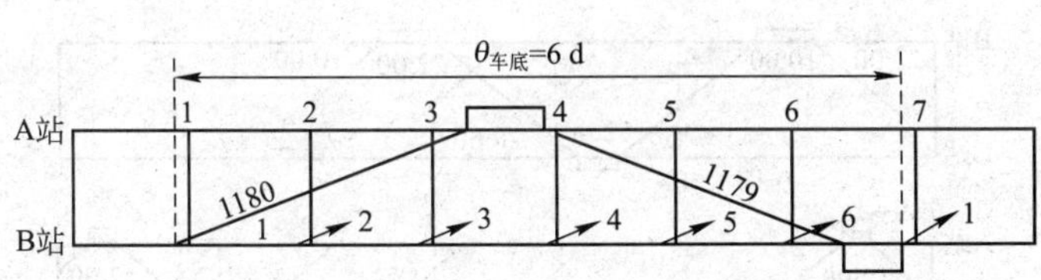

图 5-13　直通旅客列车车底周转图

2. 管内旅客列车车底周转图

如图 5-14 和图 5-15 所示，管内旅客列车行程一般较短，车底可能一天周转 1 次或数次。

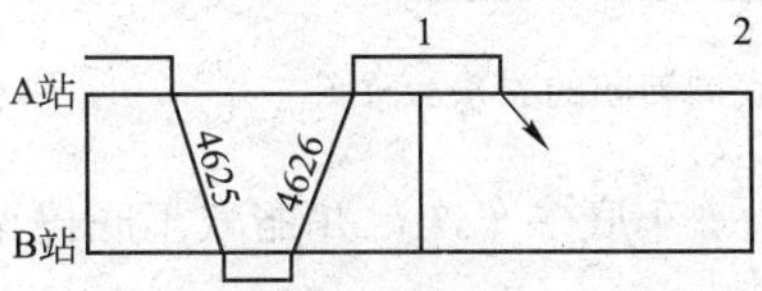

图 5-14　管内旅客列车车底周转图

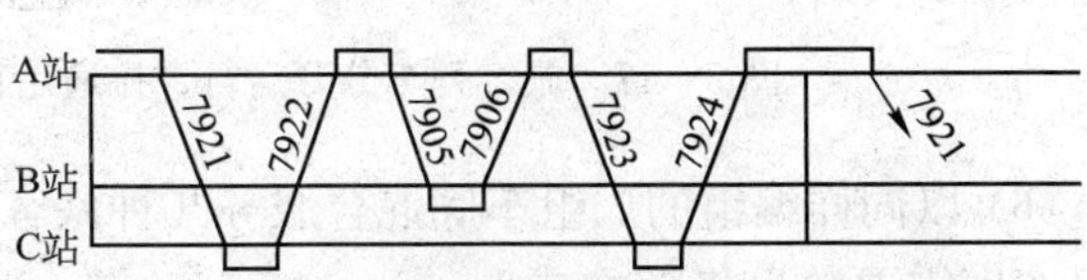

图 5-15　管内（市郊）旅客列车车底周转图

3. 回转车周转图

如图 5－16 所示，回转车不随基本车组直通到列车终点站，而是在中途站回转，其行程较基本车组短，其需要数量也较基本车组少。如图 5－16 中 A—C 间，1189/1190 次直通旅客快车，挂有 1 辆运行于 A—B 之间的回转车，基本车组需 3 组，而回转车只需 2 组。

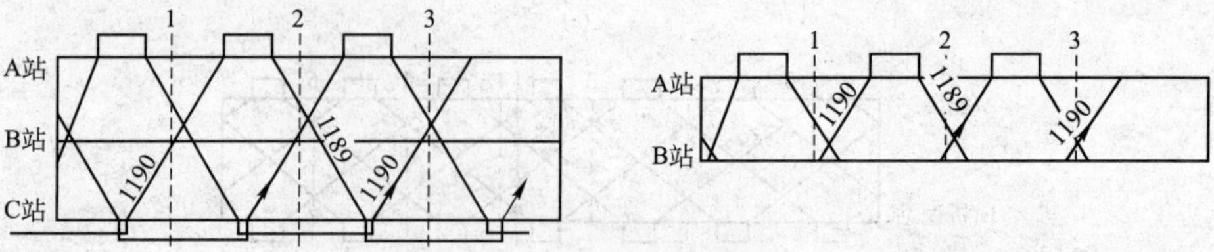

图 5－16　回转车周转图

在客流增长快、客车不足的情况下，充分挖掘客车潜力，加速客车车底的周转，对我国铁路具有较大的现实意义。其方法如下。

(1) 提高直通速度，适当压缩旅客列车车底在途中和配属站、折返站的停留时间。

(2) 变更旅客列车发到时间，并适当压缩车底在折返站的停留时间。

(3) 组织长途列车与短途列车的车底套用。

(4) 部分外属车底在折返站组织立折。

(5) 组织短途与长途列车拉通运行，适当改变一些到发时间。如图 5－17 所示，A—B、B—C 两区段分别开行旅客列车，分别需要 4 组和 3 组车底。如果两区段列车合并开行，取消在 B 折返站的停留时间，则只要 6 组车底，可节省 1 组车底。

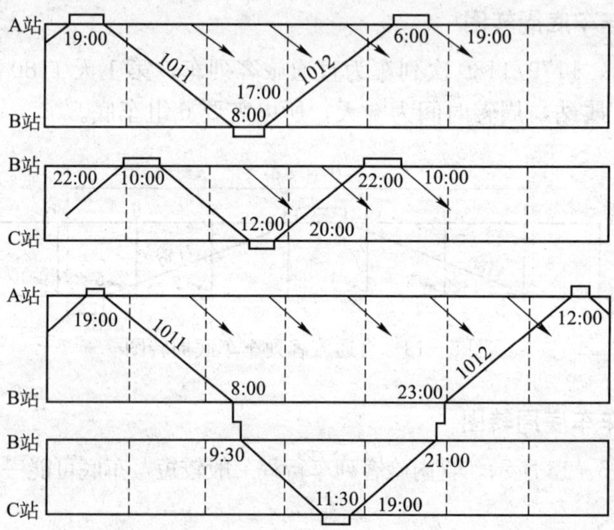

图 5－17　旅客列车分开运行、拉通运行和车底周转图的关系示意图

(6) 以同样编组的成组车底混合服务几种旅客列车，一车底多车次，并缩减车底停留时间，车底需要数也将随之减少。

5.5　铁路动车组运用计划的编制

5.5.1　动车组的运用与管理特点

高速铁路的旅客运载工具是由牵引动力和运输载体一体化的“动车组”构成，这同普速铁路有很大不同。动车组的运用与管理特点如下。

(1) 提高了运营效率。动车组的牵引动力与运输载体联成一体，在担当某一车次的全过程中，不需要途中换挂机车。因此，缩短了换挂机车的作业时间，既有利于提高列车的旅行速度，又减少了工作环节，提高了工作效率；而且牵引动力（机车）和运输载体（客车车底）的管理合二为一，减少了管理机构和相应的管理人员，同样也提高了运营效率。

由于牵引动力与运输载体合一，动车组运用的效率，也超出了普速铁路机车的长交路，形成所谓的联程交路运用方案。在普速铁路上，长交路是指机车运用范围可跨越若干个牵引区段，甚至跨铁路局集团公司范围的运行。但一般而言，由一台机车自始至终地完成更大运程（1 500 km 以上）的牵引任务，并不多见。而由一台机车连续完成两个及其以上不同运程的牵引任务，则由于组织管理工作复杂，尚难以实现。而动车组则完全可以实现连续完成多个不同运程服务的联程交路运用方案，这不仅是由于动车组设备的高可靠性可以保证联程运用，而且也是强化利用动车组、提高运营效率的必然选择。

(2) 革新了整备和维修体系。与普速铁路不同，动车组采用了新的整备和维修体系，提高整备和维修作业质量，缩短整备和维修作业时间，成为高速铁路动车组高质量、高可靠、高效率运营的一项重要表征。维修方式是指对设备维修时机的控制，也就是说对维修时机的掌握是通过采用不同的维修方式来实现的。高速动车组可以考虑采用的维修方式有定期维修、状态修和故障修 3 种。

定期维修是以使用时间作为维修期限，只要设备到了预先规定的时间，不管其技术状态如何，都要进行规定的维修工作，这是一种强制性的预防修理。状态修是按实际技术情况来确定维修时机。它不对机件规定维修期限，不固定拆卸分解范围，而是在检查、测试其技术状况的基础上确定各机件的最佳维修时机。这种维修方式是靠不断定量分析和监测机件的某些参数和状态数据来决定维修时间和项目。故障修是在机件发生故障之后才进行修理，也不控制维修时机。实践证明，有些机件即便发生故障也不会危及安全造成恶果，采用事后维修则更经济。对于采用了冗余技术的机件，虽一台出现故障时另一台会自动接替工作，也应采用故障修方式。

国外高速动车组采用状态修与定期修相结合、以状态修为主的检修体制。如上所述，实行状态修，主要依据动车组上的先进检测设备、故障诊断设备及其与维修中心联网的信息传输系统，可以准确预知动车组的设备状态和故障情况，有针对性地进行检修作业。而定期修，则主要以定期检查、维护和更换重要的零部件为特征。所谓定期，是以高速动车组的实际走行公里或运用时间划定的。德国 ICE、日本新干线高速动车组的检修规程分别如表 5-16和表 5-17 所示。

表 5－16 德国 ICE 高速动车组检修规程

维修名称	走行公里/万 km	检修内容	作业时间	维修场所
走行装置检修（L级）	0.35	日常检查及整备等（轮对、走行装置、受电弓及制动系统，列车内部清洗、厕所排污、上水补充备品和餐车上料）	1 h	汉堡维修段、慕尼黑维修段
全面检修（N级）	2	L级检修全部工作，制动装置检查，驱动单元维护保养	2 h	汉堡维修段、慕尼黑维修段
1级定期修（F1级）	6	N级检修全部工作，主要部件和整列车各项功能的检查，列车内部清洗，制动机检修，空调设备保养等	18 h	汉堡维修段、慕尼黑维修段
2级定期修（F2级）	12	F1级检修全部工作，列车内部清洗，检查配电柜、油冷却器、通风机、空调、过滤器等	22 h	汉堡维修段、慕尼黑维修段
3/4级定期修（F3/F4级）	24/48	F2级检修全部工作，车轴超声波探伤，车钩及通过台检查，列车清洗，制动机检修	26 h	汉堡维修段、慕尼黑维修段
简易大修	120	F3/F4级检修的全部工作，转向架检查、分解和更换，制动机检修，车辆在隧道内压力监测，压力保护设备功能检查	4 d	纽伦堡修理厂
大修	240	整个列车分解，全面清洗（包括部件、空气管道等）；车体重新油漆，部件检查，更换地毯等	13.5 d	纽伦堡修理厂

表 5－17 日本新干线高速动车组检修规程

检修名称	检修周期	检修内容	作业时间	备注
日常检修	48 h	每次运行前定期补充更换易耗品，对受电弓、转向架、走行装置、制动装置、电气设备、自动门、车内设备等状态、作用及性能进行外观检查	1 h	每10万 km或必要时车轮检修
定期检修	30天或30万 km	对受电弓、高压回路、主回路、辅助回路、控制回路、自动门、制动装置、转向架、走行装置、车体、仪表、车内设备、附属设备等的状态作用及性能进行检修，车轴探伤	4 h	每3个月对车上自动控制系统全面检修（ATC性能检修）
架修	1年或45万 km	对转向架、牵引电动机、传动装置、走行装置、弹簧装置、制动装置等主要部件解体后进行全面仔细检修，车轴探伤	9 h	
大修	3年或90万 km	拆卸分解动车组的主要部件，做全面仔细检查和修理，车轴探伤	11 d	

注：除上述检修类别外，还根据需要进行运转检查和临时性检修。

高速动车组的维修作业一般在专门的维修中心（或维修基地）进行。维修中心的主要设备包括整备维修库、电器测试装置、轮对踏面诊断装置、不落轮旋轮设备、车轴探伤装置、轮对及转向架更换中心、动车组外部清洗设备、动车组内部清洗和整备设备等。为了不受气候条件和夜间作业时间等环境影响，所有检修和维护工作都在建筑物内进行。在维修中心，动车组是作为一个整体来进行整备和维修综合作业的，这同普速铁路将机车和客车车底分别送入各自作业地点、分散进行各种整备和维修作业的模式有着根本的区别。德国 ICE 设置在汉堡的整备维修车间是按整备维修一体化思想进行设计的典型。该车间凭借动车组上的先进检测、故障诊断设备和信息传输系统，可以准确预知动车组的设备状态和故障情况，因此可以提前计划作业内容并做好各项准备工作，包括人员、设备、材料、工具、零部件、备品及必要的图纸、资料等。该车间按上、中、下 3 层空间合理布局和配置生产线，设置 3 个不同高度的作业平台和合理、流畅的备品、材料等运输通道，创造了良好的作业环境，既可以保证在同一时间对多个动车组进行综合作业、可以保证同一动车组整备和维修的平行作业；既消除了动车组在作业过程中的调移转线，也减少了不同作业及同一作业不同工序之间的交叉干扰，大大压缩了整备维修作业的总时间，将动车组一次入段整备、维修的总时间标准从原来的 150 min 降低到 60 min。

各国高速动车组维修基地的设置与本国的国情和路情密切相关，设置方式也不尽相同。德国的动车组维修基地是按动车组的种类设置的，不同的车种在不同的维修基地进行检修；法国的动车组维修基地是按线路设置的，各个线路都有自己的维修基地；日本的动车组则是按公司设置维修基地，动车组可以在外公司动车组基地维修。

(3) 实现了动车组运用与整备、维修一体化。动车组的整备、维修是保证动车组有效使用和运用的前提条件，而动车组的运用计划也同时是合理安排整备、维修工作的重要依据。在国外高速铁路，列车运行图中动车组运用交路安排，即动车组周转图必须按照动车组实际走行公里数和定检期限及时安排相关的入段或入厂检修作业，并符合整备、维修作业时间标准的要求，以保证动车组在运用中的高质量和高可靠性，而动车组的整备、维修作业又必须严格按照动车组周转图的要求进行计划和安排，以保证动车组按图行车，有效利用。在列车运行图调整时，更应注意其之间的相互关系。这就是动车组运用计划与整备、维修计划一体化的含义。

根据动车组运用与整备、维修一体化的思路，动车组的运用和整备、维修计划是统一编制、统筹安排的，这使运载设备的运用和管理从普速铁路的分散化走向集中化，使动车组摆脱传统客车车底的固定运用方案模式，采用更为高效的运用方案。也就是可以根据运用期间的所有动车组数量、设备状态、所在位置、累计运营里程和定检期限，安排滚动式的运用方案，在保证完成运输任务和按期进段检修的前提下，使动车组的利用效率达到最高。

5.5.2　动车组运用方案

根据动车组运用与整备、维修一体化的思想，高速动车组的运用方案主要有以下 3 种。

1) 固定运行区段的使用方式（简称固定使用方式）

固定运行区段的使用方式与普速铁路客车车底的运用方式一致，高速动车组只在固定的区段内往返运行。固定使用方式又分为站间固定周转方式和两区段套跑周转方式，如图 5 - 18 所示。

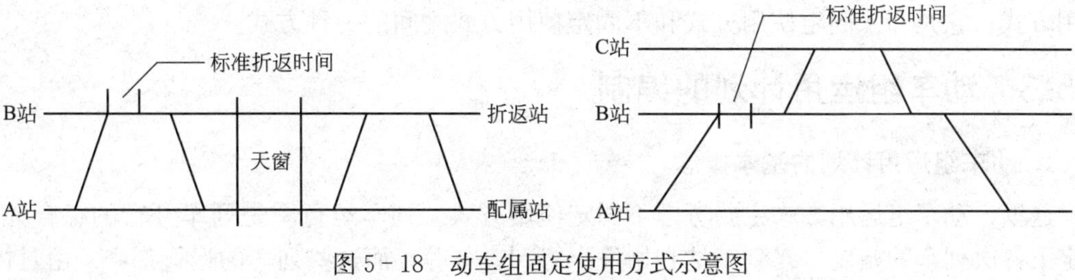

图 5 - 18　动车组固定使用方式示意图

在固定使用方式下，各动车组在固定的区段内运行，有利于动车组的管理，并可根据客流变化采用不同的车辆编组方案，动车组的运用组织比较简单。但是，这种方式不利于高速动车组的检修。一方面，在动车组检修期间需要有一定量的备用车组来代替，如果备用车组由各区段分别配备，则备用动车组数量较大且利用率不高；另一方面，由于高速动车组的维修技术复杂，设备昂贵，只能集中配置，将所有动车组的维修作业集中在维修中心进行。所以，对与维修中心不相邻的区段，需要维修的动车组必须专程送检，事后又需专程回送。

2）不固定运行区段的使用方式（简称不固定使用方式）

不固定运行区段的使用方式以全线（或高速线路网）为系统，统筹考虑动车组的使用与维修来安排动车组的运用。它的含义是，在假定各动车组无差别的前提下，不固定各动车组的运行区段，而是根据需要和可能，动车组可以在任何高速区段之间运行。如图 5－19 所示。

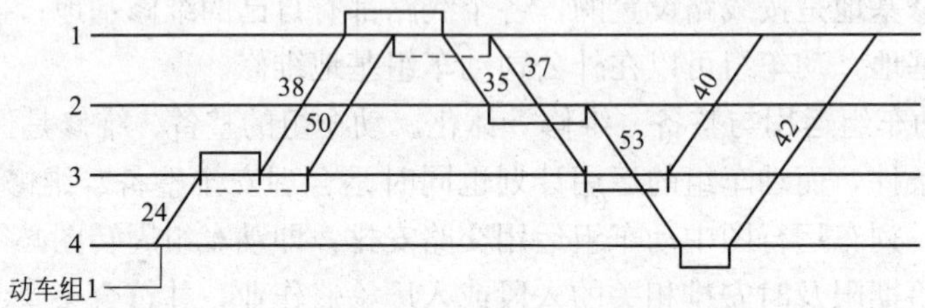

图 5－19 动车组不固定使用方式示意图

在图 5－19 中，位于第 4 站的动车组 1 可根据需要运行编号为 24、38、35、53、42 等 5 条运行线组成的交路，也可根据需要运行编号为 24、50、37、40 等运行线组成的交路，可以运行的区段没有限制。动车组可以连续运行不同运行线的基本原则是满足动车组在变更车次、担任新的运输任务时可能需要的转线（改变运行方向时）、整备作业等接续时间要求。

与固定使用方式相比，在不固定使用方式下，动车组在使用过程中可以根据其运行状态，对必须进行维修作业的动车组预先在适当时间安排 1 条终到维修中心的运行线，从而保证它的及时维修，能够比较灵活地解决运行与维修的配合问题。此外，由于动车组有多种运行线可以选择，就有可能提高动车组的使用效率，减少动车组的使用数量。因此，在高速铁路，动车组不固定区段使用方式是比较合理的方式。但是，由于该方式动车组接续安排比较紧密，出现较大的运行干扰时，动车组运用所受的影响也大；由于假定各动车组之间无差别，动车组的编组也不能根据不同区段的客流特点而加以改变，因而也可能造成输送能力的虚糜和浪费。

3）半固定运行区段的使用方式（简称半固定使用方式）

半固定运行区段的使用方式是一些动车组采用固定使用方式，而其余动车组采用不固定使用方式。它是介于固定使用方式和不固定使用方式之间的一种方式。

5.5.3 动车组运用计划的编制

1. 动车组运用计划的基本概念

这里，动车组运用方式主要考虑不固定使用方式。列车运行图是列车开行的综合计划，规定了各次列车的始发、终到车站和始发、终到时刻等，而这些列车的运行都必须由具体的动车组来牵引。动车组运用计划是动车组周转接续和维修的综合计划，也就是根据给定的列车运行图、有关动车组检修修程的法律规定，以及检修基地条件等，对动车组在什么时刻、在哪个车站担当哪次列车，在什么时间、什么地点进行哪种类型的检修等作出具体安排，以确保用状态良好的动车组实现列车运行图。在列车运行图调整的同时，动车组运用计划也将被重新编制。

下面用简单的例子说明动车组运用计划及运用方法。设图 5 - 20 为需要完成的列车运行图（斜线为运行线，旁边的数字为列车车次），假定日常检修和定期检修只能在 B 站进行，编制完成的动车组运用计划如图 5 - 21 所示。

图 5 - 21 中每一行称为一个交路段，它规定了 1 个动车组一天的运用内容，每条横线上面的数字为列车车次。例如，某天动车组 1 按交路段 1 的计划运行，其过程是：首先从 A 站担当 1201 次列车运行到 B 站，在车站停留一段时间之后，从 B 站担当 2106 次列车运行到 A 站，最后担当 1209 次列车运行到 B 站，夜里在 B 站驻留；第 2 天，按交路段 2 的计划运行，担当完列车 1207 次任务后，在 B 站（或相连的维修基地）进行日常检修；检修完毕后，第 3 天，按交路段 3 的计划运用；然后按交路段 4、5、6、7 的计划运用，当按交路段 7 运用完以后，再按交路段 1 的计划运用。在动车组 1 按交路段 1 计划运用时，其他的动车组也按照同样的规则按交路段 2，3，…，7 的计划运用，可见，按照图 5 - 21 的运用计划完成运行图 5 - 20，需要 7 个动车组。交路段 1～7 构成整体运用计划。一般对应同一运行图，可以编制出许多不同的动车组运用方案。

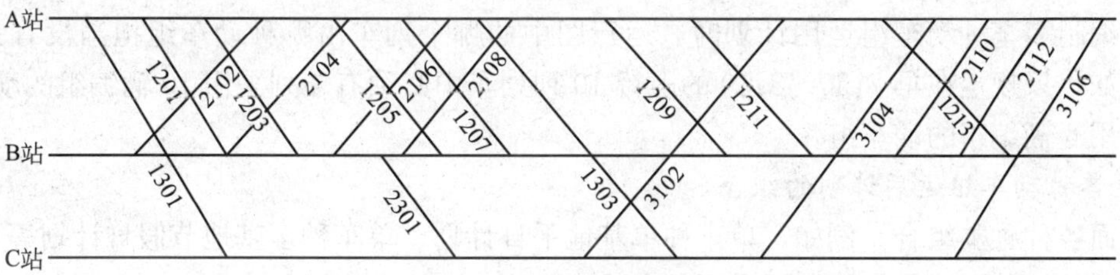

图 5 - 20 列车运行图

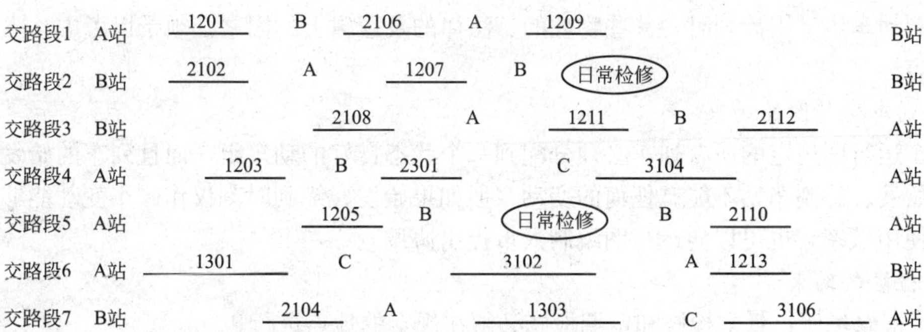

图 5 - 21 动车组运用计划

编制动车组运用计划时，不仅编制列车间的接续，动车组的日常维修计划（根据动车组的种类，通常每 72～144 h 以内进行 1 次，需要在特定场所进行 4 h 左右）和定期动车组运用计划更进一步可以分为不同的类型。

2. 动车组运用计划的种类

上面介绍了动车组运用计划的基本含义，由于旅客需求、动车组归属、动车组种类等不同，动车组运用计划更进一步可以分为不同的类型。

1）平日运用计划与节假日运用计划

平日和节假日旅客的需求不同，体现在出行的时间、密度、方向等各个方面，为适应这种需求，在平日和节假日分别采用不同的运行图。因此，动车组运用计划也自然地分为平日计划和节假日计划，动车组平日按平日计划运用，节假日按节假日计划运用。

为保证动车组在平日和节假日之间过渡和检修计划的实施，先编制平日计划；编制节假日计划时，保证节假日计划的交路段结构（交路段的始发站、终到站及检修的种类）与平日计划的相应交路段一致。

2）单基地与多基地动车组运用计划

列车运行图由1个动车组基地配属的动车组担当，所作的运用计划为单基地动车组运用计划。如果列车运行图由2个及以上基地配属的动车组担当，相应的计划为多基地动车组运用计划。在编制多基地动车组运用计划时，运行图中的哪些列车由哪个基地的动车组来担当一般没有具体规定，由编制人员综合考虑各基地的情况和动车组的运用效率而定。

3）单车种和多车种动车组运用计划

列车运行图上的列车采用同一种类型的动车组担当，所对应的计划为单车种动车组运用计划；如果运行图上的列车由不同种类的动车组担当，所对应的计划为多车种动车组运用计划，在编制多车种动车组运用计划时，运行图中的哪个列车由哪种动车组担当没有完全规定。例如，只规定在早7:30—8:30的上行10列列车中必须有4列采用10辆编组的动车组，其他采用6辆编组的动车组。

4）各种动车组运用计划的组合

上面各种种类组合。例如，单车种单基地平日计划、单车种多基地节假日计划等，其中单车种单基地的形式是最为广泛采用的方式。

3. 编制动车组运用计划的约束条件

编制动车组运用计划时，一些物理的、法律的及逻辑上的因素必须予以考虑，主要包括以下内容。

1）列车运行图的约束

列车运行图规定的所有列车必须分配到一个状态良好的动车组，而且列车的始发、终到时刻及始发、终到车站不能有任何的变动（但如果始发、终到时刻仅作微小变动能够改变动车组的使用效率，也可以向运行图编制人员提出协调）。

2）检修的约束

(1) 检修场所：日常检修和定期检修必须在规定的地点进行。

(2) 检修周期：定期检修和日常检修必须在法律规定的检修周期内进行。

(3) 检修所需时间：必须保证日常检修和定期检修所要求的时间。

(4) 检修可能的时段：日常检修和定期检修必须在规定的时段内进行。

3）交路的约束

始发、终到车站，交路中相邻的两个交路段，前一日交路段的最后终到站必须与后续日交路段的始发站一致；最后一个交路段的终到站必须与第一个交路段的始发站一致。

4）交路段的约束

编制检修计划（每 50 天以内或 3 万 km 以内进行一次，在特定场所进行 7 h 左右）的同时也编制，上述例子中没有给出定期维修计划。而大修计划需要较长的检修时间，在编制动车组运用计划时不予考虑。

后续列车的始发时刻晚于前行列车的终到时刻，而且其时间差必须大于最小折返时间。

5）其他约束

（1）线路容量，在各车站及车辆基地停留的动车组数量不能超过规定的数量。

（2）动车组数量，计划中所使用的动车组数量不能超过规定的动车组数量。

（3）清扫周期，列车清扫的种类、周期、地点等条件。

（4）运用人员的意图，计划中要反映使用者的一些意图。例如，希望编制的计划能较好地适应运输波动；希望用最少的动车组；希望在某个时段内确保一组预备车等。下面为几个具体的使用者意图的例子。

① 希望某次列车和某次列车接续，主要为了使动车组在检修时段内有足够的时间。例如，图 5－22 中虽然 6 次列车和 3 次列车在 A 站可以接续，但如果 6 次列车和 5 次列车接续，则在 A 站可以有更充足的时间进行检修，因此，希望 6 次列车和 5 次列车接续。

② 从某时刻到某时刻，希望在某个车站有 1 组备用车组。例如，在图 5－22 的 A 站，如果 2 次列车和 17 次列车接续，这一时段内，A 站一直保有一组动车组，在列车运行突然发生紊乱时，可以作为临时列车来运用，使运用计划具有较强的抗波动性。

③ 不希望某次列车和某次列车接续。例如在图 5－22中，8 次列车和 9 次列车可以接续，但由于一些原因，估计 8 次列车容易晚点，为了不波及 9 次列车，所以不希望 8 次列车和 9 次列车接续。

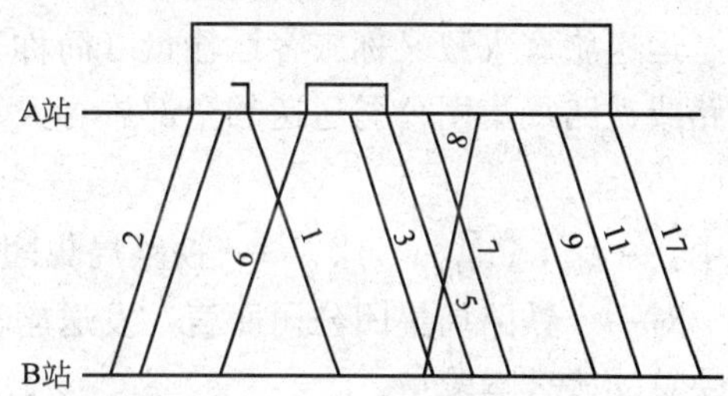

图 5－22　运用人员的意图

4. 动车组运用计划方案的评价标准

动车组本身比较昂贵，完成同样的列车运行图，所使用的动车组数量越少越好。虽然一些回送列车的设置是不可避免的，但回送列车不能运送旅客，不仅不能直接带来收入而且需要人力、电力等资源，回送列车开行的次数越少越好。定期检修和日常检修需要人力、时间、费用等，在满足法律规定的要求情况下，一般进行的次数越少越好。因此，一般采用下面几个指标来评价运用方案：使用的动车组数，定期检查次数和日常检查的次数，回送列车的次数和里程。这些指标值越小越好。

5. 编制动车组周转计划需要的数据

编制动车组周转计划需要的数据包括：①列车运行图数据；②动车组基础数据（类型、数量）；③检修基地及运用所的有关数据；④动车组运用、检修规则；⑤车站动车组折返、整备作业时间；⑥动车组出入基地及运用所的时间；⑦车站夜间动车组驻留能力等。

5.6 铁路旅客运输工作的主要指标

旅客运输指标在一定程度上反映了客运任务完成的情况，反映了旅客运输工作质量、效率和效益。不同的旅客运输企业和主管单位均有各自的指标体系。从管理的观点出发，站、车指标体系可分业务及经济管理、质量管理、技术管理三大方面的指标，具体可又详细分为以下几类。

5.6.1 数量指标

1. 发送旅客人数

发送旅客人数（简称旅客发送量），是指在一定时期（日、旬、月、年）内，全路、铁路局集团公司由各站始发的全部旅客人数。应分别按直通、管内统计计算，然后加总，即

$$A_{发}=A_{发}^{直通}+A_{发}^{管内}$$

式中：$A_{发}^{直通}$，$A_{发}^{管内}$——直通、管内发送旅客人数，人。

全路发送旅客人数等于全路各站发送旅客人数的总和。一个铁路局集团公司的发送旅客人数等于管内各站发送旅客人数的总和。发送旅客人数是国家规定的旅客运输任务，其完成的程度，反映全国铁路、铁路局集团公司客运工作量的大小。

2. 运送旅客人数

运送旅客人数又称旅客运输量（简称客运量），是指在一定时期（日、旬、月、年）内，全路或铁路局集团公司运送的全部旅客人数，即

$$A_{局运}=A_{局发}+A_{到达}^{接入}+A_{通过}^{接入}$$

式中：$A_{局运}$，$A_{到达}^{接入}$，$A_{通过}^{接入}$——铁路局集团公司发送、接入到达和接入通过的旅客人数，人。

对一个铁路局集团公司而言，发送旅客人数不能全部反映其工作量，运送旅客人数才能反映总的旅客运输量。

全路的运送旅客人数等于全路发送旅客人数、国际联运铁路及新建临管线接运的旅客人数之和，即

$$A_{运}=A_{发}+A_{国际}+A_{临管}$$

3. 旅客周转量

旅客周转量是指在一定的时间（日、旬、月、年）内全路、铁路局集团公司计划或完成的旅客人公里数。旅客周转量应分别按直通、管内客流统计计算，然后加总。

由于发送旅客人数不能代表各铁路局集团公司的全部客运工作量，因此计算周转量应以运送旅客人数为准。

旅客周转量能较全面反映铁路的旅客运输量，是铁路客运工作中最重要的指标之一，又是各铁路局集团公司分配客运收入、计算和分析运输成本、劳动生产率的依据。

$$AL=A_{运}^{直}L^{直}+A_{运}^{管}L^{管}$$

式中：AL——旅客周转量，人·km；

$A_{运}^{直}$，$A_{运}^{管}$——运送直通、管内旅客人数，人；

$L^{直}$，$L^{管}$——旅客相应的乘车行程，km。

4. 旅客平均运距

旅客平均运距（或旅客平均运输距离）是指每位旅客被平均运送的距离。分别按直通、管内统计计算，然后加总取平均值，即

$$L_{客}=\frac{\mathrm{AL}}{A_{运}}$$

5. 旅客运输密度

旅客运输密度（简称客运密度），在一定时期内某一区段、铁路局集团公司或全路平均每公里线路所承担的旅客周转量，即

$$\varepsilon_{客}^{区段}=\frac{\mathrm{AL}_{区段}}{L_{区段}}$$

式中：$\mathrm{AL}_{区段}$——通过该区段的旅客周转量，人·km；

$L_{区段}$——该区段线路长度，km。

$$\varepsilon_{客}=\frac{\mathrm{AL}}{L_{营业}}$$

式中：$\varepsilon_{客}$——全路、铁路局集团公司客运密度，人·km；

AL——全路、铁路局集团公司旅客周转量，人·km；

$L_{营业}$——全路、铁路局集团公司营业里程，km。

6. 行李包裹运送量

行李包裹运送量是指在一定时期（日、旬、月、年）内，全路、铁路局集团公司的车站始发和中转的行李包裹件数之和，即

$$G_{行包}^{运送}=G_{行包}^{始发}+G_{行包}^{中转}$$

5.6.2　质量指标

1. 速度指标

(1) 旅客列车技术速度。技术速度是指旅客列车在运行区段的各区间内，每小时平均运行的公里数（分别对直通、管内列车进行计算），即

$$v_{技}=\frac{\sum nL}{\sum nt-\sum nt_{停站}}$$

式中：$\sum nL$——旅客列车公里，km；

$\sum nt$——旅客列车旅行总时间，h；

$\sum nt_{停站}$——旅客列车在中间站停留总时间，h。

(2) 旅客列车旅行速度。旅行速度是指旅客列车在运行区段内，每小时平均运行的公里数，即

$$v_{旅}=\frac{\sum nl}{\sum nt}$$

(3) 速度系数。速度系数是指旅客列车旅行速度与技术速度的比值，即

$$\beta_{旅}=\frac{v_{旅}}{v_{技}}$$

(4) 旅客列车直达速度。直达速度（直通速度）是指旅客列车在车底配属站和折返站之间的平均速度，即旅客列车在其运行全程中的平均速度，即

$$v_{直}=\frac{L_{客}}{\sum t_{运转}+\sum t_{中停}+\sum t_{技停}}$$

式中：$L_{客}$——车底配属站至折返站之间的距离，km；

$\sum t_{运转}$——列车运转时间，h；

$\sum t_{中停}$——列车在中间站停站时间，h；

$\sum t_{技停}$——列车在区段站、客运站停站时间，h。

2. 客车及动车组运用指标

(1) 旅客列车车底周转时间。旅客列车所用的车底，从第一次由配属站发出之时起，至下一次再由配属站发出之时止所经过的全部时间，以天为计算单位，而且为整天数，即

$$\theta_{车底}=\frac{1}{24}\left(\frac{2L_{客}}{v_{直}}+t_{配}^{客}+t_{折}^{客}\right)$$

式中：$t_{配}^{客}$——车底在配属站停留小时，d；

$t_{折}^{客}$——车底在折返站停留时间。

旅客列车车底周转时间反映车底周转全过程的运用效率，反映所有与客运有关部门的工作效率，是考核客车运用效率最重要的指标之一。

(2) 旅客列车车底需要数。旅客列车车底需要数是指为开行某一对旅客列车所需要的运用车底数，即

$$N_{车底}=\theta_{车底}\cdot K_{客}$$

式中：$K_{客}$——平均每天开行的对数，如每日开行 $K_{客}=1$，如隔日开行则 $K_{客}=1/2$。

车底数是由车底周转天数和平均每天发出的列车数决定的。

(3) 运用客车需要数。运用客车需要数是指为开行某一对旅客列车所需要的运用客车数，即

$$N_{客}=N_{车底}M_{客}$$

式中：$N_{车底}$——运用车底需要组数；

$M_{客}$——每个车底的编成辆数，辆。

各客车车辆段需要的运用客车辆数为

$$m_{运}=m_1n_1+m_2n_2+\cdots+m_nn_n$$

式中：$m_{运}$——运用客车辆数，辆；

m_1，m_2，…，m_n——列车中编挂的车数，辆；

n_1，n_2，…，n_n——车底数，列。

以运用客车为基础，对于某车辆段配属车辆，需用下列公式计算客车总数

$$m_{总}=m_{运}\times(1+\gamma)$$

式中：$m_{总}$——配属车辆段的客车总数，辆；

γ——检修、备用车所占运用客车的百分数。

(4) 动车组平均运行里程。动车组平均运行里程是指运行图中运行线里程与所需动车组数量的比值。

$$L_p=\frac{\sum l}{N}$$

式中：l——运行图中单条运行线的里程，km；

N——需要的动车组数量。

L_p 越大，说明完成所有运行线里程所需的动车组数量越少，即动车组的整体运用效率越高。

(5) 动车组时空利用指标。动车组时空利用指标是指在编制周期内的累计非生产时间和运行里程的比值，即

$$I=\frac{T-\sum(t+T_Z)-t_k}{l}$$

式中：T——动车组运用计划编制周期，h；

t——动车组运行时间，h；

T_Z——动车组在站最短接续时间，h；

t_k——动车组在编制周期内的累计检修时间（各级检修作业时间），h；

l——动车组运行里程，km。

动车组时空利用指标 I 越小，则说明动车组的利用越充分。该指标衡量的是单一动车组的运用效率。

3. 载客人数及客座利用率

载客人数是反映客车容量利用程度的指标，可以按旅客列车平均载客人数及客车平均载客人数分别计算。

(1) 旅客列车载客人数。旅客列车载客人数是指在一定时期内，全路、一个铁路局集团公司平均每一旅客列车公里所完成的人公里数，其计算公式为

$$A_{列}=\frac{\sum AL}{\sum NL}$$

式中：$A_{列}$——每一旅客列车平均载客人数，人；

$\sum AL$——在一定时期内，全路、一个铁路局集团公司完成的旅客周转量之和，人·km；

$\sum NL$——在一定时期内，全路、一个铁路局集团公司的旅客列车公里总和，列车·km。

(2) 客车载客人数。客车载客人数是指在一定时期内，全路、一个铁路局集团公司平均每一客车公里所完成的人公里数，其计算公式为

$$A_{客车}=\frac{\sum AL}{\sum NS_{客}}$$

式中：$\sum NS_{客}$——客车公里总数，km。

(3) 客车平均日车公里。客车平均日车公里是指某一客车车底内每辆客车或全部客车中每辆运用车在一昼夜内平均走行的公里数，即

$$S_{客}=\frac{\sum NS_{客}}{N_{客}}$$

式中：$S_{客}$——客车日车公里，km；

$N_{客}$——运用客车数。

(4) 客座利用率。客座利用率是指用百分率表示的平均每一客座公里所完成的人公里数，即

$$\lambda_{客}=\frac{\sum AL}{\sum NS_{客座}}\times 100\%$$

$$\lambda_{客}=\frac{A_{列}}{A_{列}^{定}}\times 100\%，或\quad \lambda_{客}=\frac{A_{车}}{A_{车}^{定}}\times 100\%$$

式中：$\sum NS_{客座}$——客座公里总数；

$A_{列}$——旅客列车载客人数；

$A_{列}^{定}$——旅客列车平均定员；

$A_{车}$——车厢载客人数；

$A_{车}^{定}$——车厢定员人数。

客座利用率是以相对数字反映客车载客能力利用程度的指标。

4. 客运安全及列车正点指标

(1) 旅客伤亡事故件数和旅客伤亡人数。这是指车站、列车（段）、铁路局集团公司或全路在一定时期内由于本单位责任事故造成旅客死亡和受伤的事故件数及总人数。

通常用旅客伤亡事故发生率作为考核铁路局集团公司以上单位旅客运输安全的相对指标。它是指铁路局集团公司或全路在一定时期内，每完成一亿人公里旅客周转量所发生的旅客伤亡事故件数，即

$$\alpha_{事故}^{旅客}=\frac{G_{旅客}}{\left(\sum AL\right)/100\ 000\ 000}$$

式中：$G_{旅客}$——旅客伤亡事故件数。

(2) 行李包裹责任事故件数。这是指车站、列车（段）铁路局集团公司及全路在一定时期内结案的由于本单位责任造成的行李包裹事故的总件数。它包括由本单位结案属于本单位责任和由外单位结案属于本单位责任的件数，即

$$G_{行包}=G_{行李}+G_{包裹}$$

$$G_{行包}=G_{行包}^{自结}+G_{行包}^{外结}$$

式中：$G_{行包}$——行李包裹事故件数；

$G_{行包}^{外结}$——外单位结案的本单位责任事故件数；

$G_{行包}^{自结}$——本单位结案的本单位责任事故件数；

$G_{行李}$——行李责任事故件数；

$G_{包裹}$——包裹责任事故件数。

为了全面考核行李包裹运输的质量，常用行李包裹责任事故发生率作为考核指标，即

$$a_{事故}^{行李}=\frac{G_{行李}}{G_{行李}^{总}}\times 100\%$$

$$a_{事故}^{包裹}=\frac{G_{包裹}}{G_{包裹}^{总}}\times 100\%$$

$$a_{事故}^{行包}=\frac{G_{行包}}{G_{行包}^{总}}\times 100\%$$

还可用每万元行李包裹收入中，行李包裹责任事故赔偿金额（简称行包赔偿率）作为经济方面反映铁路行包运输质量的指标，即

$$a_{行包}^{赔}=\frac{P_{行包}}{R_{行包}/10\ 000}$$

式中：$R_{行包}$——行包总收入；

$P_{行包}$——行包赔偿金额。

(3) 旅客列车始发正点百分率。旅客列车始发正点百分率是指在一定时期内，全路、铁路局集团公司或车务段正点发出的旅客列车次数在发出旅客列车总次数中所占的比重，即

$$r_{发}=\frac{n_{正点}^{发}}{n_{发}}\times 100\%$$

旅客列车始发正点率是反映铁路工作和服务水平的一个综合性指标。保证旅客列车始发正点，是保证按图行车的关键。始发正点率越大越好。

(4) 旅客列车运行正点百分率。旅客列车运行正点百分率是指在一定时期内，全路、铁路局集团公司、车务段正点到达终到站或各铁路局集团公司的列车次数在到达列车总次数中所占的比重，即

$$r_{远}=\frac{n_{正点}^{到}}{n_{到}}\times 100\%$$

5. 方便性指标

方便性指标是指旅客在旅行过程中能否得到便捷的服务。主要包括售票方式便捷、中转换乘简便、行包托运提取手续简捷、列车上餐饮供应方便。衡量的指标有以下几种。

(1) 旅客列车开行间隔（频率）。旅客列车开行间隔时间小，旅客在站滞留时间短，$I_{间}$越小旅客越方便。

$$I_{间}=\frac{T_{时}}{n}$$

式中：$I_{间}$——在合理开车时间范围内开行同方向列车的间隔时分；

$T_{时}$——24 h 中适合开行旅客列车的时间段（时分数）；

n——在合理开车时间范围内开出的同方向旅客列车数。

(2) 旅客旅行总时间。旅客从始发地到达旅行目的地花费的总时间。这是旅客选择某种客运方式时考虑的一个重要因素。

$$T_{总旅}=t_{站候}+t_{旅}+t_{换}$$

式中：$T_{总旅}$——从旅客准备出发旅行开始到旅客到达目的地所花费的总时间；

$t_{站候}$——旅客上车前在车站等候的时间；

$t_{旅}$——旅客在列车运行途中经过的全部时间；

$t_{换}$——旅客旅行途中换乘中转时间。

(3) 售票时间。旅客有了旅行需求从住宿地出行开始到售票处所买到车票时止所需的时间。计算公式为

$$T_{售票}=t_{出行}+t_{候票}+t_{办票}$$

式中：$t_{出行}$——从住宿地至售票处所花费的时间；

$t_{候票}$——旅客在售票处等候售票的时间；

$t_{办票}$——旅客办理售票手续的时间。

售票是旅客接受旅行服务过程的开始，也是旅客感觉某种方式是否方便的敏感点。要想压缩 $T_{售票}$，必须建立计算机网络预售票系统，并增设售票代办点。

6. 舒适性指标

舒适性指标是指旅客在旅行过程中，从精神到物质条件上享受心理和生理愉悦与舒适的程度。可通过下列指标衡量。

(1) 站车文明服务旅客满意率。站车文明服务旅客满意率是指感到满意的旅客人数占抽样调查旅客总人数的百分比。其计算公式为

$$P=\frac{a}{A_{抽}}\times 100\%$$

式中：P——旅客满意率；

$A_{抽}$——抽样调查总人数；

a——感到满意的旅客人数。

(2) 客车车辆人均占有面积。这是指按标准座席旅客在列车上人均占有的基本面积。在客车车辆设计规范中有明确的规定。世界上发达国家规定 $0.82\ m^2\leqslant S_0\leqslant 1.18\ m^2$；目前，我国普速旅客列车仅为 $0.57\ m^2$/人。

(3) 乘坐舒适度。这是指旅客在乘坐列车过程中的舒适程度。为此，在线路设计时就必须考虑最小曲线半径、横向加速度临界值、外轨超高时间变化率、车体震动加速度和横向加速度、噪声频率等，这些参数都应按乘坐舒适度评价试验或国外经验值确定。

(4) 站车环境舒适度。旅行环境是考虑舒适度时不可忽略的一个重要方面，要提高旅行生活质量，必须有良好适宜的环境，环境参数必须符合国家规定的旅行卫生环境标准。

5.7 铁路旅客运输调度

铁路旅客运输调度（以下简称客调）是铁路旅客运输日常工作的组织者和指挥者，在保证旅客列车按运行图行车，加强旅客计划运输组织工作，完成旅客及行包运输任务等方面起

着重要作用。各级客调受同级客运主管部门领导。

客运调度在普速铁路（客货混运）和高速铁路运营模式下的含义和工作内容是不同的。在客货混运的组织模式下，客运调度的工作内容只是围绕旅客列车的计划和调整的相关内容；高速铁路条件下的车、机、工、电、辆等业务客观上都是为旅客列车的运行服务的。所以说，高速铁路条件下的调度为综合调度，包含各业务领域的计划、组织和运行调整工作。

5.7.1　普速铁路客运调度职责

国铁集团、铁路局集团公司客运调度，应在同级客运主管部门领导下，负责日常旅客计划运输的组织工作。在发布旅客列车的加开、停运，客车甩挂及软、硬卧票额临时调用命令时，需经同级客运主管部门领导的批准。全路日常的客运工作必须由各级客运调度实行统一调度，集中指挥，下级服从上级。各级客运调度的基本任务是正确地编制和执行客运工作日常计划，有预见地组织客流，经济合理地使用客车和客运设备，组织客运各部门紧密配合，保质保量地完成旅客运输任务。

1. 客运调度的职责

根据《铁路旅客运输管理规则》，客运调度具体职责如下。

(1) 各级客调按分组管理的原则认真贯彻执行规章制度，掌握旅客列车的运行和客流及行包流量、流向变化情况。

(2) 及时调整运能，有预见地组织均衡运输。

(3) 掌握各次旅客列车旅客区段密度，分界口输送人数，列车超员或虚糜的情况及原因。

(4) 督促和检查站、车客流信息传报工作。

(5) 遇有特殊情况，经客运主管部门同意，可批准旅客列车在不停车车站临时停车。

各级客调指挥运输生产的指示以调度命令形式下达。

根据《铁路运输调度规则》，国铁集团、铁路局集团公司应根据调度的工作量配置班制，主要调度工种全路统一实行四班制（国铁集团有特殊要求的除外）。其具体职责如下。

(1) 国铁集团客运调度员。国铁集团客运调度员掌握全路客流和国际旅客列车及直通旅客列车的运行，组织各铁路局集团公司有计划地、均衡地输送旅客，处理跨铁路局集团公司旅客列车的加挂、停运、变更径路、客车甩挂及调拨。

(2) 铁路局集团公司客运调度员。铁路局集团公司客运调度员掌握团体旅客运输工作，按级监督组织旅客列车按运行图安全、正点运行，经济合理地运用客车，掌握旅客列车编组和车辆检修、整备情况，及时调整车组的配挂，检查掌握专运列车和加开临时旅客列车及中转站的合理接续，掌握客流动态和行李、包裹运输的变化，及时提出增减车辆计划。

由于市场供需关系和经营理念的不同，国内外铁路客调的职责范围也有差异。例如，德国、日本、法国的高速铁路客运调度需要根据列车运行和客流接续状况决策后续列车的开行时间。为了实现高度方便换乘的目标，在确定列车停站方案和编制列车运行图的时候，就充分考虑旅客换乘。在日常运输管理过程中，当列车出现晚点，进行列车运行调整时，应考虑旅客换乘的方便。例如，德国高速列车普遍采取停站较多，主要城市都停的停站设置模式。再如日常调度过程中，遇列车晚点时，常常牺牲后续列车正点而等待前行列车，确保旅客换乘。

2. 客运调度日常工作

客运调度的日常工作主要包括以下 5 个方面。

1）正确组织旅客及行李、包裹运输

国铁集团客调要经常分析各个铁路局集团公司、主要站发送旅客人数的波动情况，并及时提出决策意见。经常检查各铁路局集团公司直通旅客、行李包裹的运送情况，掌握旅客列车编组调整及车辆调拨。对节假日大批旅客、行包的运送，有计划地安排车辆，必要时加开临时旅客列车。

铁路局集团公司客调要按日、旬、月对铁路局集团公司管内的发送旅客及行包波动情况进行分析、总结；向国铁集团汇报跨三局以上的旅客列车利用情况，并提出修改意见；协商处理跨两局的旅客列车的利用情况并报国铁集团备案，处理铁路局集团公司管内旅客列车的停运、加开或增减车辆，对停运、增开的旅客列车应向国铁集团报告。

铁路局集团公司客调还要督促检查各站做好计划运输工作，严格按批准的票额或规律数售票，如客流发生变化，应调整票额和运能，并下达给各站执行；对始发、终到时刻适宜、客流集中的列车应重点掌握；按日、旬、月对本铁路局集团公司管内发送旅客人数及行包波动情况做好分析、总结工作；掌握日常和节假日旅客与行包变化，制定旅客和行包输送日计划，组织各站按计划均衡输送；及时安排支农、抢险救灾和团体旅客、行包的输送计划；掌握各次列车的区段密度、分界站报告，严格控制超员率，组织本铁路局集团公司管内旅客的均衡运输。

2）经济合理使用客车

全路的客车均固定地配属给各铁路局集团公司有关车辆段，并由其负责日常维修保养。因此，各铁路局集团公司客调都应组织好本铁路局集团公司配属客车的使用，掌握客车动态，包括建立专门的报表，用以了解和掌握客车运用情况，分析旅客列车晚点原因，统计本铁路局集团公司出入客车，登记检修客车等。

客调应了解各次列车人数的波动情况，根据乘车人数和区段密度，及时发布调度命令，调整“全国旅客列车编组表”规定的编组，增减或换挂车辆。客调应根据客运量调剂客车使用；解决不了时，及时报告国铁集团联系借用或调拨外铁路局集团公司客车。

3）监督列车按运行图行车

旅客列车如果运行晚点，不仅打乱整个运行图，而且给旅客带来不便。因此，客调在监督旅客列车按运行图运行的日常指挥、组织工作中，应做好下列工作。

（1）了解和掌握旅客列车运行情况，掌握规律，抓关键列车、车站，发现问题及时解决。

（2）对始发旅客列车，应及时检查客车车底的整备及取送情况，督促车站及时取送。检查机车交路，了解机车运用和整备情况，发现问题，及时通过有关部门联系解决。检查和督促车站安全迅速地组织旅客乘降及行包装卸工作，保证旅客列车正点始发。

（3）加强与相邻铁路局集团公司的联系，遇接入晚点旅客列车时，及时与行车调度员联系，调整列车运行，并事先了解列车行包件数，以便组织前方有关站提前做好卸车准备，及时采取措施恢复列车正点运行。

国铁集团客调应每日收录各铁路局集团公司旅客列车运行情况，并进行全面分析，找出晚点主要原因，提出改进意见。

铁路局集团公司客调应不断地了解和掌握旅客列车运行情况，并与有关列车调度员建立必要的联系制度，保证旅客列车按运行图行车。对旅客列车运行情况进行全面分析，找出晚点主要原因，向上级领导汇报并提出改进意见。

4）客运调度工作的分析

为了提高客运工作计划质量，改进客运组织工作，国铁集团、铁路局集团公司的客运调度工作必须建立、健全各种表报和客流分析制度，认真考核客运组织工作情况，系统地对客运工作进行分析研究。分析工作由各级主任客运调度员负责，分析的主要内容有：①客流情况及波动规律；②旅客列车晚点情况及其原因；③客车运用及检修车的完成情况。考核客运调度工作的主要指标有外局车平均停留时间、座席利用率、客车日车公里等。

5）客运调度报告制度

为准确掌握客运工作情况，及时处理发生的问题，车站、铁路局集团公司和国铁集团各级客运调度，必须加强客运调度报告制度。

各铁路局集团公司除按现行规定上报有关资料外，遇下列情况必须及时逐级向客运调度报告：①发生自然灾害和行车重大、大事故中断行车；②发生旅客、路内客运职工伤、亡事故；③车站和旅客列车发生火情、火灾；④因机车、车辆发生事故造成甩车、长时间修理，从而始发和运行晚点；⑤由于站车设备损坏或其他原因造成人员伤亡；⑥车站和列车票款、票据被抢、被盗；⑦站车之间发生纠纷或其他原因造成旅客列车严重晚点；⑧站车发生意外情况，工作人员不能正常作业；⑨其他需要及时上报的有关客运工作事项。

5.7.2　高速铁路综合调度

1. 高速铁路运营调度特点

高速铁路的运营调度和普速铁路相比，具有以下特点。

1）组织目标不同

在借鉴国外高速铁路先进运输组织经验的基础上，高速铁路的运输组织应以最大限度方便旅客出行、提高旅客服务质量和优质的列车运行秩序为目标。在此基础上，尽可能使上线的中速列车旅行时间最小、始发和终到时间合理、非旅客乘降作业的停站次数最少和停站时间最短、高速动车组使用数量和中速列车使用机车台数最少。

对于普速铁路来说，由于运能和运量不相匹配，反映在运行图编制上，就是挖潜提效，充分利用普速铁路通过能力，缩小列车运行间隔时间，提高列车开行对数，并使列车的旅行时间最小、货物列车接续时间最短和机车使用台数最少。

2）组织优先级不同

高速铁路上运行的都是旅客列车，但列车等级有区别，在考虑列车等级和运行距离的前提下，总体上应先组织高速列车后组织中速列车，再根据中速列车在高速铁路衔接站的到发时刻，确定跨线中速列车（为普速铁路上的特快、快速旅客列车）在普速铁路的运行时刻，校验列车的始发、终到时间是否合理。普速铁路上运行的旅客列车等级明显高于货物列车，因此，应先组织旅客列车开行，再组织货物列车开行。

3）组织策略不同

高速铁路的运输组织以方便旅客出行、提高旅客服务质量、优化列车运行秩序为目标。以日本新干线的规格化的运输组织策略为例，即高速列车的开行数量、运行顺序、运行速度、越行或待避车站等都最大限度地规范化，将定期列车、季节列车和临时列车以不同运行线铺画在基本运行图中，充分考虑不同时间段、不同出行目的的旅客要求。

普速铁路在满足旅客列车开行数量和一定程度上的出行时间范围基础上，保证不同种类的货物列车运行线分布比较均匀，使编组站和区段站不同时间段作业负荷趋于合理。

4）优化调整方法不同

高速铁路上运行的高速列车等级高于中速列车，但是跨线的中速列车基本上都为普速铁路上等级最高列车，这些列车对始发和终到的时间范围、列车旅行速度、列车正点率等方面的要求同样很高，这就决定了高、中速列车的调整优先级同等重要。因此，在对中速列车运行调整时，必须考虑到其在普速铁路上途经的几个主要客运站的到发时刻等方面是否满足要求。

普速铁路由于客货混行，旅客列车较货物列车有很高的调整优先级，而且旅客列车运行线的铺画和调整先于货物列车。因此，在保证货物列车运行线大致均衡分布和提供自动交叉疏解保证的前提下，可以优先调整旅客列车运行线，货物列车待避（等会）旅客列车。

5）列车运行的时间段不同

高速铁路综合维修天窗（工务和接触网维修）的设置，使高速铁路可用来组织高速列车和中速列车的时间带较普速铁路的时间带大为减少，维修天窗时间同时割裂了可循环使用的连续的运行时间，使上高速线的长运程中速列车的始发时间范围缩短。

对于普速铁路维修（施工）天窗的设置相对比较灵活，同一区间在不同时间区域内（季节或日期），根据运输组织实际要求可以交错采用矩形天窗和V形天窗，而且天窗时间也较短。

2. 国外高速铁路调度指挥概况

调度指挥系统的类型与高速铁路运输组织方法和运营管理方式密切相关。目前，世界上有两种类型的调度指挥系统。一种是以法国、德国高速铁路为代表，沿袭普速铁路传统模式构成的调度指挥系统，通常称之为“传统型”系统；另一种是以日本新干线为代表，根据高速铁路的特点和需要，按照新的思路构成的综合型调度指挥系统，简称“综合型”系统。

1）日本高速铁路运营调度系统

日本高速铁路调度指挥系统是典型的综合型指挥系统。东海道、山阳新干线调度指挥采用计算机辅助控制系统COMTRAC（computer aided traffic control），是1964年东海道新干线开通时开始采用的。调度中心在东京，为防止地震等自然灾害，在大阪设置了备用中心。目前，COMTRAC系统的功能已经不能适应东北新干线等的要求。1995年11月，将东北、上越、北陆新干线各子系统进行整合，形成了新的COSMOS系统。

(1) COSMOS系统功能。COSMOS（computerized safety maintenance and operation system of shinkansen）由运输计划、运行管理、电力管理、信息集中管理、设备管理、维护作业管理、车辆管理、段内作业管理8个子系统构成，如表5-18所示。但由于系统的开发均基于日本的技术条件、技术标准开发，故通用性较差。

表5-18 COSMOS系统构成和功能

子系统名称	业务目的	主要功能
运输计划子系统	对运输生产的主要计划进行综合编制及其在各部门、各项业务间的彻底共享	列车/车辆/乘务员计划 向作业现场、其他系统传达计划信息
运行管理子系统	实现以最新运行图为基础的高密度运行	自动进路控制、运行调整 旅客向导、信息服务
电力管理控制系统	电力供给的稳定化	供电设备的运距离遥控

续表

子系统名称	业务目的	主要功能
信息集中管理系统	对沿线情况的实时掌握	沿线（气象/设备）情况监视 临时限速提案
设备管理子系统	设备维护业务的高效化	地面设备维护信息的管理
维护作业管理子系统	维护作业管理的高效化，防止人为失误	维护作业计划编制支援 维护作业开工管理
车辆管理子系统	车辆维护业务的高效化	车辆维护信息的一元管理
段内作业管理子系统	动车段内作业的高效化	段内作业计划的编制、传达 段内进路控制

各子系统的功能如下。

① 运输计划子系统。运输计划子系统是新干线运输计划的编制及管理系统。其主要编制列车开行计划（包括基本运行线、季节波动运行线、日别波动运行线，以及团体旅客需求的临时运行线）、动车组运用计划、乘务员运用计划、动车组检修计划的基本计划；同时进行统计资料的编制、汇总和计划传输。

编制好的计划以日为单位向运行管理系统等进行传达；次日以后的计划向车站、乘务所（机车乘务员）、乘务区（列车乘务员）及总公司、分公司等部门自动传达，从运行管理系统接受当天列车运行变更情况，进行列车走行公里等统计工作。

② 运行管理子系统。运行管理子系统是基于运输计划系统编制好的列车时刻表，调整列车运行和向旅客提供信息。其主要有列车运行调整、运行表示、列车时刻表管理、进路控制和旅客服务指南等业务。

运行管理子系统由中央运行管理和车站运行管理构成，两者由专门网络连接。

中央运行管理的调度员在显示器上对运行线直接进行操作，包括列车运行变更、列车进路构成操作等。当需要慢行时，调度员直接进行临时速度控制。

车站运行管理由车站进路程序控制（programming routing control，PRC）管理系统、控制系统和旅客向导装置构成。车站 PRC 管理系统对进路控制、运行信息、运行图、手动控制等进行管理；车站 PRC 控制系统从车站 PRC 管理系统接受进路构成指示，对进路冲突条件等进行检查并向信号装置输出。在养护维修时间段内，由养护作业用终端进行养护动车组进路的控制。旅客向导系统根据车站 PRC 的实际信息对旅客进行广播和对信息板进行控制。

从中央向车站运行管理传送当日及次日的运行图信息，车站根据轨道回路的情况等进行控制。因此，当网络发生故障时，仅依靠车站 PRC 也能进行列车控制。

③ 电力管理控制系统（监控管理系统）。电力管理控制系统进行新干线变电所的控制和定时停送电的管理，中央系统和各地区的系统由专用网络连接。中央系统可以对各地区的系统进行控制。

④ 信息集中管理系统。信息集中管理系统是对新干线的沿线防灾情报，以及信号通信设备的状态进行监控的系统（centralized information monitoring system，CMS）。中央系统通过专用的线路可以集中监视来自车站的信息（风、雨、轨道温度、ATC 信号的水平及联动设备的动作状况等），中央系统也可以进行远程控制。

⑤ 设备管理子系统。设备管理子系统指线路、电力、通信信号等设备检查数据的管理系统，中央系统与各检修区段系统用通用网络连接。中央系统将来自综合检测车的数据进行处理并传送到相应的部门。各检修区段加工和管理本区段的设备维修数据。中央系统和计划系统共用硬件设备。

⑥ 维护作业管理子系统。维护作业管理子系统是支持有关维护作业计划、实施等的系统。中央系统与各维护区的终端以通用网络连接。在各维护区的终端上登录的作业计划在中央系统保存，中央系统对当日养护作业的开始、结束，以及出入新干线的环节进行管理。施工人员用无线电话进行作业申请和报告作业的开始、结束等。

⑦ 车辆管理子系统。车辆管理子系统是对车辆检修业务进行支持的系统。中央系统与车辆基地用通用网络连接。其主要进行车辆的检查、故障数据的管理，以及装载车辆零部件的管理。主要有以下功能：车辆档案管理、故障数据管理、检修数据管理和施工管理。所有列车（动车组）的数据在中央系统管理，零部件在车辆基地数据库中管理。

⑧ 段内作业管理子系统。段内作业管理子系统是基于计划系统编制的动车组运用和检修计划，对动车组基地内的具体作业、人员安排、场地和时间的分配等支持，同时对基地内的调车作业及进路等也进行管理。

(2) 日本新干线调度指挥管理组织结构。东日本中央调度指挥中心设置了5类调度，如图5-23所示。

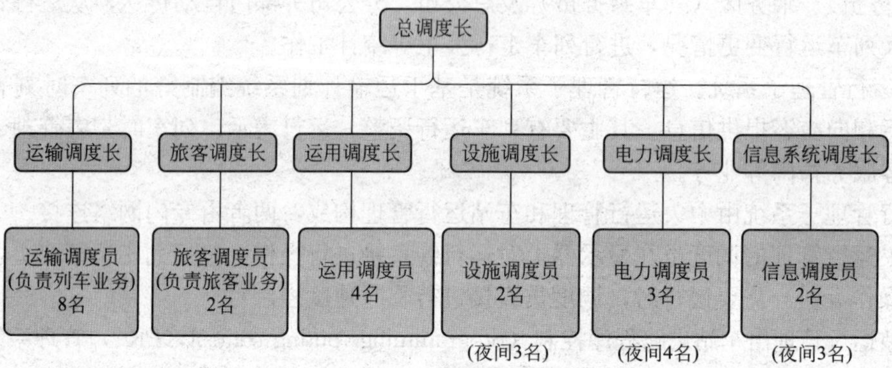

图5-23 东日本新干线调度中心每班调度人员配置情况

① 运输调度：包括列车调度和旅客调度两部分。列车调度实时掌握列车的进路和运行位置等情况，严密监控列车是否安全正点运行。当发生异常情况时，迅速做出处理，采取调整措施；旅客调度对与旅客有关的各类信息进行集中管理，并为旅客提供综合服务，如旅客生病时联系救护车；晚点时安排旅客换乘，遇上紧急情况时，及时向旅客解释。此外，还负责向车站及列车通报有关情况。

② 运用调度：根据新干线的运行情况，发出更改乘务计划或者动车运用的命令；当列车故障时，向乘务员发出紧急处理的指示；负责安排车辆的更换和修理；同时负责所有高速动车组日常使用计划的制订。

③ 设施调度：对线路及相关设施的维护保养作业进行统一管理。

④ 电力调度：统筹列车供电管理和电力设备维护工作。供电管理主要是监视和控制变电、配电站，以保证列车正常行驶和车站正常用电；电力设备维护主要是协调维修作业内

容、监控电网、确认测试工作等，以确保线路、车辆等检查维修工作安全顺利进行。

⑤ 信息调度：负责管理信号、通信和计算机系统和设备，以保证列车安全正点运行。

东日本新干线调度中心列车调度区段划分如图 5-24 所示。

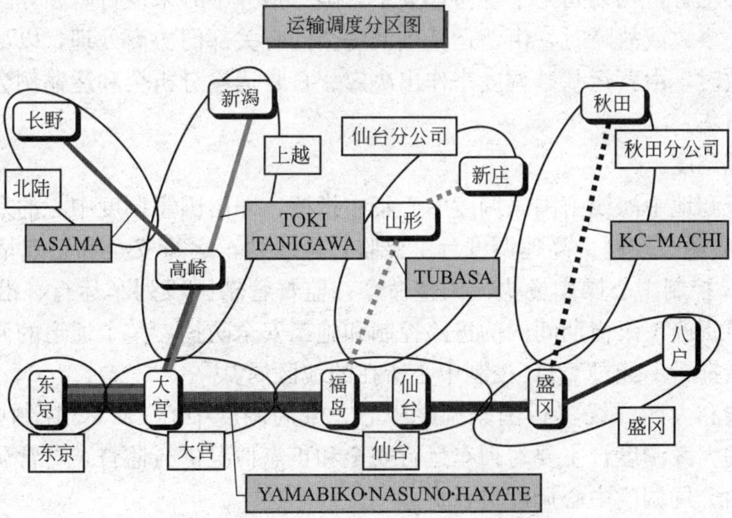

图 5-24　东日本新干线调度中心列车调度区段划分

(3) 日本新干线调度指挥系统特点。

① 按线（东海道山阳）和区域（东日本公司）分别设置单独的调度指挥系统，无国家级统一调度指挥中心。

② 东海道山阳新干线与普速铁路完全独立，调度系统完全独立，并设立了备用中心；东日本公司的部分高速列车下普速铁路运行（普速铁路改造，在普速铁路上列车运行速度较低），与普速铁路调度指挥系统间相互协调。

③ 充分考虑了高速行车所伴随的高风险性及行车安全对调度系统的依赖性，突出了安全的重要地位。

④ 基于对可靠性、实时性、安全性等不同要求，各子系统采用不同网络通道相连接。

⑤ 以运行计划为基础、以列车运行管理（调度）为核心、以良好的设备状态为保障，系统具有高度的综合性，功能强大。

⑥ 基于管辖范围设计的系统，容量有一定限制，不利于扩充。

⑦ 系统基于日本的技术条件、技术标准开发，其通用性较差。

2) 法国高速铁路运营调度系统

法国高速铁路采用调度集中系统（centralized traffic control，CTC），由调度中心与沿线信号室中的分机共同组成的系统。各高速线的调度组织形式不一，有两级管理和三级管理两种：两级管理是指国家调度中心和 CTC 控制中心两级控制；三级管理是指国家调度中心、分局调度中心、CTC 控制中心三级控制。

(1) 法国高速铁路调度指挥系统。国家调度中心主要对列车运行安全和正点情况进行监督，日常调度指挥和列车运行调整工作由分局调度中心调度员负责。目前，对高速铁路的调度指挥逐步过渡到国家调度中心集中管理模式。通过近十年的发展，逐步建立起较完整的运营信息化支持系统和调度指挥的规章制度体系。

① 国家调度中心。在国家调度中心，调度台是按法铁总部部门分别管理设置的，设置的调度工种主要有营运基础调度、客运调度、电力调度、动车组运用管理调度和司机调度。各工种调度设有主管，相互间是平等协作关系，国家指挥中心未设行政领导。在日常调度指挥中，发生较大事故或故障时，由营运基础调度会同有关部门协商处理，以尽快恢复列车运行；意见不一致时，由营运基础调度来作出决定。日常运输分析会和运输例会，由营运基础调度部门负责召集。

● 营运基础调度

一是东南线和地中海线由国家调度中心集中指挥，即由国家调度中心的东南高速调度台与 CTC 控制中心两级控制，高速调度台主要监督全线列车运行安全和正点情况、负责列车运行调整，CTC 控制中心操作员执行调整命令，监督管辖区段列车运行、沿线基础设施设备运转情况，负责施工天窗期间内的进路控制和施工安全防护。整个通道的调度指挥由国家调度中心直接指挥，不经过 CTC 控制中心所在的地区局。

二是北方线和大西洋线实行国家调度中心、分局调度中心、CTC 控制中心三级管理，国家调度中心的大区调度台主要对列车运行安全和正点情况进行监督，日常调度指挥和列车运行调整工作由分局调度中心调度员负责。

● 客运调度

由国家调度中心、分局调度中心和车站/车长三级组成。国家调度中心协调各分局间的关系，录入晚点 15 min 以上的列车信息及晚点原因，并通过各种信息渠道，给车站、旅客提供列车晚点信息。当列车晚点 30 min 以上时，监督客运部门落实有关补偿措施，妥善安排中转旅客。遇列车出现大的延误及非正常情况下制订旅客列车调整方案，与营运基础调度协商后确定调整措施。另外，在国家调度中心设有专门的车长联络调度台，遇列车晚点时，将有关信息通过电话或短信通知车长，车长及时向旅客通报，并将旅客中转等有关信息及时反馈给客调；分局调度中心负责具体的客运调度业务。

● 电力调度

国家调度中心未设置电力调度台。在分局调度中心内设置电力调度中心，管理高速铁路和普速铁路牵引供电，高速线牵引变电所养护维修由普速铁路设施段负责，接触网检修由高速线负责。电力调度行政上隶属普速铁路设施段管理。

● 动车组运用管理调度

为了有效组织高速列车商务运营，TGV 列车运用主要由隶属法铁法国欧洲客运部的 TGV 技术中心负责，该中心根据列车实际运用周转图，监督 TGV 列车实际运用情况，日常运用调整与动车段及乘务段进行协商后确定。

● 司机调度

由国家调度中心、分局调度中心、司机段及 TGV 技术优化中心的司机救援调配中心组成。在列车发生故障后，司机与救援调配中心联系，以得到服务支持，在规定时间内仍不能解决问题时与分局调度中心或 CTC 控制中心联络，需紧急救援时与国家调度中心联系。

② 分局调度指挥中心。23 个铁路分局除阿芒斯分局未设调度中心外，其他 22 个分局均设有调度中心。分局调度台的设置除与国家调度中心对等设置外，还设有电力调度台，以及隶属于法铁公共运输部的区域客运调度（通常与直通客运调度合设）。另外，巴黎地区的分

局中还设有隶属于法铁公共运输部的巴黎大区客运调度。各工种调度间的关系与国家调度中心类似。

③ CTC 控制中心。控制中心根据列车运行、沿线行车设备状态，以及维修作业情况的实施信息，按照列车运行计划，集中控制管辖区段列车运行，在设备发生故障时各车站可以进行本地操作。法国高速线基本上是 1 条线设 1 个控制中心。法国高速铁路发展历经 20 年，CTC 控制中心的操控技术有很大差别，有 PRS、PRCI 和 MISTRAL 系统，目前最先进的是地中海线马赛 CTC 控制中心的 MISTRAL 系统。

在 TGV 通达的普速铁路客运车站中，大站设有车站调度员，中小车站设有值班员。高速线车站设有值班人员，主要为客运服务人员和旅客提供列车正晚点信息及列车编组顺序等信息。另外，值班人员在集中控制转入站控的特殊情况下，可对进路实行控制。

(2) 法铁调度指挥管理组织结构。东南线和地中海线调度管理由国家调度中心集中指挥，即由国家调度中心的东南高速调度台与 CTC 控制中心两级控制。高速调度台主要监督全线列车运行安全和正点情况、负责列车运行调整，CTC 控制中心操作员执行调整命令，监督管辖区段列车运行、沿线基础设施设备运转情况，负责施工天窗期间内的进路控制和施工安全防护。法国高速铁路东南线和地中海线调度组织结构如图 5-25 所示，其营运基础调度包括列调、工务、通信、信号、安全监控。

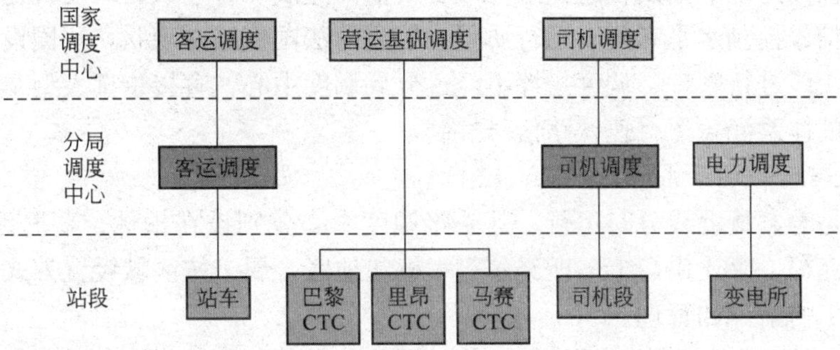

图 5-25　法国高速铁路东南线和地中海线调度组织结构图

北方线和大西洋线调度管理实行国家调度中心、分局调度中心、CTC 控制中心三级管理，国家调度中心的大区调度台主要对列车运行安全和正点情况进行监督，日常调度指挥和列车运行调整工作由分局调度中心调度员负责。法国高速铁路北方线和大西洋线调度组织结构如图 5-26 所示，其营运基础调度包括列调、工务、通信、信号、安全监控。

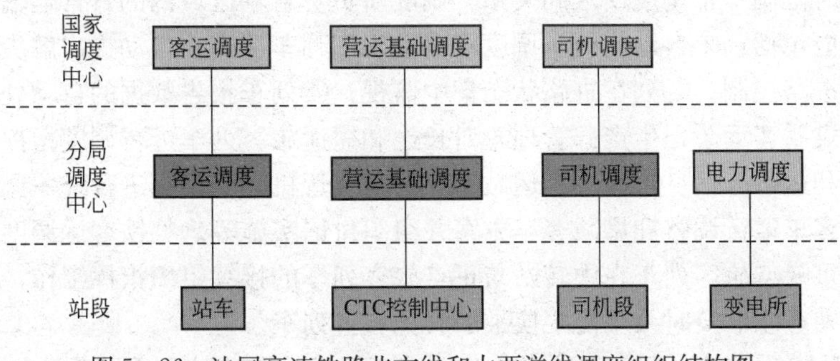

图 5-26　法国高速铁路北方线和大西洋线调度组织结构图

(3) 调度指挥系统的特点及发展趋势。法国高速铁路调度指挥系统有如下特点。

① 设有相对独立的高速铁路调度指挥系统。

② 采用二级或三级结构进行调度指挥，即国家调度中心、分局调度中心（二级结构无）和CTC指挥中心。

③ 按区域设置分局作为管理机构。

④ 高速铁路的调度系统与普速铁路调度系统之间，尤其在上下线站有密切的联系和数据交换，包括列车运行、设备运用信息等。

⑤ 由于上下普速铁路列车逐步增多，高速线与普速铁路相对独立的调度指挥模式难以适应运营需要，正在整合国家调度中心和CTC控制中心，希望对高速铁路及高速铁路与普速铁路衔接地区进行统一集中管理。

目前，在法国铁路国家调度指挥中心内，只有东南线和地中海线实现了集中控制方式，但在列车上下普速铁路时由分局调度中心管理控制。随着运输量的增长，高速列车上下普速铁路运行的数量逐步增多，当高速列车在高速线上发生故障或延误时会对既有线产生很大影响，严重干扰普速铁路的正常运输秩序。鉴于这种原因，法铁对调度机构设置方式进行探讨，认为有必要进行集中管理。即对目前高速线和普速铁路的CTC控制中心或信号楼进行整合，按主轴干线建立大型的CTC控制中心，组建系统性的运输指挥体系。在大型CTC控制中心，既控制高速线又控制普速铁路，改变目前高速线和普速铁路调度机构相对独立设置方式，以提升信号控制水平和列车运行质量。按目前法国铁路网现状，法国设想将全法铁路划为6个主轴干线进行管理，调度指挥不经过分局调度中心，直接指挥大型CTC控制中心，不同之处是新的体系涵盖了普速铁路信号控制。

3) 德国铁路运营调度系统

德国铁路是客、货混线分时运行，其铁路调度中心分别设在柏林、慕尼黑、杜伊斯堡、汉诺威、法兰克福、莱比锡、卡尔斯努尔等大枢纽地区，属于按区域设置方式。这种设置便于对客、货列车的指挥和管理。

(1) 调度指挥管理组织结构。在法兰克福调度指挥中心和7个调度所，路网公司、长途客运公司和货运公司的调度人员均在一起进行合署办公。其高速铁路没有专门另建调度中心，而是纳入所在区域的既有调度系统，以利于高速列车与普速列车的跨线运行。路网、客运和货运调度均实行三级管理，依次为：法兰克福调度指挥中心总部—调度所—设在客运站和货运中心负责行车、客运和货运的车站值班员。调度人员实行2班倒，每班工作12 h。

法兰克福调度指挥中心隶属路网公司运行部管理，负责指挥跨区域、国际间的客货列车按图行车，同时协调7个调度所之间关系；调度所负责管辖区域内的日常运输指挥工作。区域管理控制功能包括：①自动化行车调度（自动识别列车冲突、自动提出解决冲突的建议）；②集中式自动进路控制；③列车进路状态集中监视；④列车报告数据的自动处理。

客运调度隶属客运公司生产部管理，对长途和短途旅客列车进行调度指挥，主要负责为旅客提供发到和运行等信息、指挥客运站发车、对客运机车和车辆进行统一调配和运用、向路网调度提出客车运行调整和增减客车方案并组织付诸实施等。德铁客运调度在日常调度指挥中，特别注重晚点旅客列车在中转站与正点旅客列车的接续组织指挥工作，尽量满足晚点旅客列车上的乘客能够及时乘坐需要换乘的其他旅客列车。

(2) 调度系统的设备。调度系统设备分别由西门子、劳伦茨和德国系统技术公司研究开发，其结构和功能无显著差别，均符合德国铁路的技术标准。

西门子公司系统由连续式自动列车控制（continuity automatic train control，CATC）、自动速度控制（automatic speed control，ASC）、微机联锁和自动列车监视（automatic train supervision，ATS）等子系统组成。调度系统的功能有列车控制、列车监视、供电管理、旅客信息管理和车站监视等。调度系统为局域网（LAN）构成的多功能综合运输控制系统。系统对列车的监视按时刻表进行，必要时可对列车进行控制。列车按车号自动控制进路，根据储存的时刻表与列车运行实际状态，调度员可以及时发现列车偏离运行图的情况，并作出调整。

德国铁路的高速区段，列车调度采用分散（分级）控制方式，在 50～70 km 的较短范围内，通过该区段的地面控制中心对车站联锁和区间道岔直接进行控制，上级调度中心除下达命令和接受报告外，一般只通过表示系统进行监督。

（3）运输组织与调度管理中存在的问题。德国铁路改革以来，在运输经营、管理、组织和调度指挥等方面取得了一些成功经验和成效，但也存在一些需要引起重视的问题，主要有以下几个方面。

① 客车晚点现象比较普遍。机车车辆、通信信号、线路等行车设备故障是客车晚点的主要原因，其中线路状态不良导致客车晚点的问题更为突出。近几年来，旅客列车晚点现象司空见惯，甚至 ICE 高速列车也经常晚点。

② 路网调度与客、货调度协调工作量增加。德铁实行网运分离后，行调、客调和货调由原来同属一个部门变为分属路网、客运和货运公司，在客货列车运行调整等方面协调量增加。法兰克福调度指挥中心 2001 年 5 月，由于客车晚点，客调请求路网调度进行运行和发到时间调整 10 545次，其中路网调度同意 4 941 次（159 次/日），不同意 5 513 次（178 次/日）；由于线路状态不良等原因，路网调度与客、货调度协调安排客货列车绕行 1 629 次；为方便晚点客车上旅客中转的需求，路网调度组织安排了客调 730 次（24 次/日）请求临时增加长途旅客列车停站的申请。

③ 运行图协调难度大。长途客运、短途客运和货运公司，以及 200 多家其他运输公司作为路网公司的用户，其需求集中反映在列车到发时刻、线路使用费等方面，面对众多客户相互冲突的各种要求，路网公司很难从路网战略发展规划和宏观运营管理等方面找到优化列车到发时刻、减少中间站停站数量、充分利用线路能力、保证客货列车正点率的好办法。

④ 长、短途客运公司之间矛盾突出。短途客运实行地方化改革后，短途客车开行数量、方式等由各联邦州运输管理部门负责自主规划和安排。部分联邦州从局部经济利益出发，忽视长、短途客运产品之间的协调和配合，造成短途客运产品冲击长途客运产品，影响了铁路的整体效能的发挥。

以德国为代表的行车指挥中心与我国普速铁路的调度指挥系统相似，其构建思路仅从狭义的运输系统出发，首要目标是保持运输生产稳定有序，业务范围较窄，只承担行车调度任务，系统结构较为简单，功能相应较弱，难以适应高速度、大密度、快节奏、时效性强的条件下确保行车安全和正点的要求。

3. 我国高速铁路调度指挥系统

我国高速铁路调度按照分级管理、集中统一指挥的原则，设立两级行车调度指挥系统，由国铁集团调度指挥中心和铁路局集团公司调度所构成。

1）高速铁路调度指挥分级职责范围

国铁集团调度指挥中心高铁调度设值班副处长、计划、行车、动车、客运、供电、综合维修调度台。铁路局集团公司调度所高铁调度设高铁值班副主任、计划、列车调度、动车调度、动车司机调度、供电调度、客服调度、综合设施调度台。调度台业务实行专业化管理，动车调度由车辆处、动车司机调度由机务处、供电调度由供电处、客服调度由客运处、综合施工调度由铁路局工务处、电务处进行专业指导和相关业务培训，并对其专业管理。

2）国铁集团调度指挥中心高铁调度主要职责范围

（1）国铁集团调度指挥中心负责全国高铁的运输调度指挥和行车组织工作。

（2）参与高铁列车运行图的编制工作。

（3）参与全路高铁运力资源的统一安排和调配，落实跨调度所的列车开行方案调整及动车组调用工作。

（4）协调处理铁路局集团公司间、调度所间运输工作出现的问题。

（5）审批高铁动车组列车跨铁路局集团公司调度所加开、停运、回送等计划，督促检查日计划实施情况。

（6）审批国铁集团管理的施工日计划，组织各高铁调度所兑现施工日计划。

（7）负责有关客服信息的发布，组织、指导下级调度制订突发情况下的客服方案。

（8）掌握全路高铁列车安全正点情况，收集、分析晚点原因，组织有关单位（人员）恢复运行秩序。

（9）掌握全路高铁固定设备、移动设备的运用状态，及时收取与掌握铁路交通事故、自然灾害等突发事件信息，启动应急预案，通报信息、组织救援、调整运输。

（10）对高铁调度安全指挥进行监督管理和监督检查工作。维护调度纪律，正确发布调度命令，检查各有关单位执行国铁集团调度命令和规章制度的情况，对造成不良后果的单位和人员进行通报批评并提出处理意见。

（11）负责全国高铁日常运输工作完成情况和调度安全监督检查情况的分析工作，抓好典型，及时总结、推广调度工作先进经验。

（12）参与高铁各工种调度规章制度的制定，检查指导全国高铁调度基础管理和技术培训工作，组织技术业务培训，不断加强和规范调度管理和队伍建设。

（13）负责高铁调度信息化统一规划，积极采用、推广先进技术和设备，促进调度指挥工作现代化。

（14）作为各铁路局集团公司调度所的备用中心，必要时接管指定铁路局集团公司调度所的调度指挥权，直接负责高铁的调度指挥。

3）铁路局集团公司调度所高铁调度主要职责范围

（1）在国铁集团调度指挥中心的集中统一指挥下，负责对调度管辖范围内的高铁进行集中调度指挥和行车组织工作。

（2）严格执行各项规章制度和安全卡控措施，遵守和维护调度纪律，正确发布调度指令，及时处理影响行车安全的有关情况，确保调度指挥安全。

（3）负责组织管辖范围内日常运输生产，按列车运行图组织行车，加强与相邻调度所的工作联系，合理利用资源，提高铁路运输效率。

（4）参与管辖范围内列车运行图编制工作，掌握客流变化情况，落实动车组列车开行方案。

（5）负责编制和下达铁路局集团公司调度所高铁调度日计划，并组织有关单位完成运输生产任务。

(6) 掌握管辖范围内动车组配属、转属、借用、调动、运用、检修情况，负责管辖范围内动车组列车的临时加开、停运、途中折返、变更客运业务停站、变更定员和应急情况下的票额调整。

(7) 负责编制、下达综合维修日计划，发布运行揭示调度命令、综合维修作业命令，协调组织综合维修按计划进行。

(8) 负责有关客服信息的发布，制订突发情况下的客服方案并组织落实。

(9) 掌握调度管辖范围内固定设备、移动设备的运用状态，检查、通报各站段安全生产情况，及时收取、上报铁路交通事故、自然灾害等突发事件信息，启动应急预案，通报信息、组织救援、调整运输。

(10) 负责铁路局集团公司调度所管辖内救援用动车组列车的出动及向国铁集团调度提出跨铁路局集团公司调度所救援用动车组列车、跨局救援列车出动的申请。

(11) 及时收取、上报调度工作报告。

(12) 检查各站段执行调度命令和规章制度的情况；对违令、违章的单位或人员，进行通报批评并提出处理意见。

(13) 负责铁路局集团公司调度所高铁调度基础管理和技术培训，指导下级调度工作，不断加强和规范调度管理和队伍建设。

(14) 负责配合有关部门实施路局高铁调度信息化建设规划，促进调度指挥工作现代化。

(15) 负责路局调度所日常运输工作完成情况及调度安全工作情况分析，及时总结，推广运输生产先进经验。

4) 铁路局集团公司调度所高铁岗位基本职责

(1) 行车调度台。行车调度在值班主任（或值班副主任）的领导下，负责所辖区段的行车组织指挥工作，组织实现列车运行图；严肃认真铺画下达列车运行调整计划，并负责组织落实；确保运输施工安全；掌握车站的到发线使用，注意列车在站到发及区间运行情况，及时正确地处理临时发生的问题；正确及时地发布调度命令，确保行车安全。

(2) 计划调度台。计划调度负责高铁日计划的编制、下达，组织动车组临时加开、停运、途中折返、变更客运业务停站和应急情况下的票额调整等工作。

(3) 动车调度台。动车调度负责动车段（所）、动车组及随车机械师乘务的调度管理。

(4) 动车司机调度台。动车司机调度负责动车组司机乘务人员的组织、指挥及相关专业指导。

(5) 供电调度台。供电调度负责指挥牵引供电系统的运行、检修和事故抢修，处理行车供电设备故障，审核、批准供电施工及停、送电计划。

(6) 客服调度台。客服调度负责与列车、大型客站信息联系和客服应急处置工作。

(7) 综合设施调度台。根据高速铁路固定设施维修作业需要，有行车调度台的铁路局集团公司调度所设置一个综合设施调度台，调度台工作由具备工务、电务专业知识技能的调度人员分别担当，每班人数根据管辖设备数量确定。

各铁路局集团公司依据实际管辖范围及工作需要设置高速铁路调度台。图 5-27 为某铁路局集团公司调度所行政组织管理结构图。其中，行车调度台与客服调度台由高铁值班副主任直接管理，动车司机调度台隶属于机车调度室，动车调度台隶属于车辆调度室，高铁计划调度台隶属于客运调度室。各路局高铁调度台的实际设置与行政组织管理关系可能存在差异，但调度体系结构、模式与调度台职责基本一致。

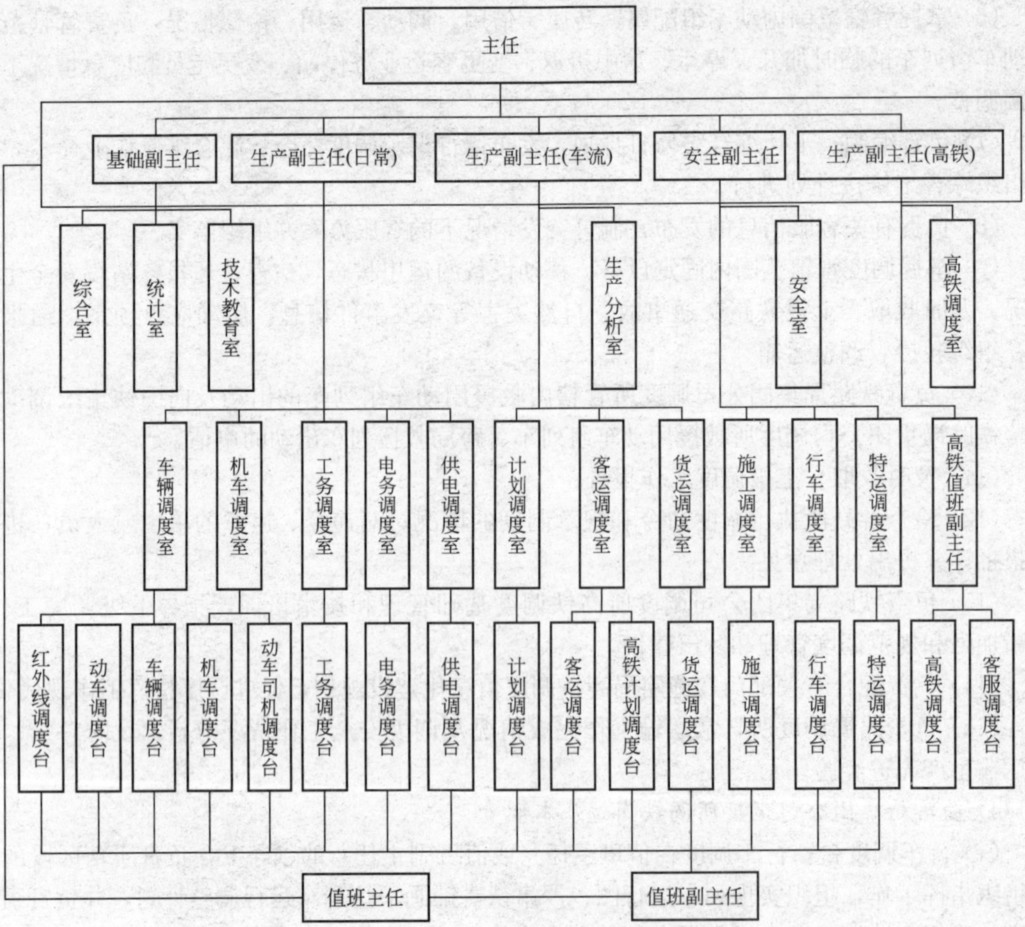

图 5-27　某铁路局集团公司调度所行政组织管理结构图

5）高速铁路客运调度

高速铁路客运调度指挥以基本列车运行图作为基础，以调度日计划为保证，通过高铁各相关工种调度员实现日常运输组织工作。以铁路局集团公司调度所为例，介绍隶属于高铁客调管理的高铁计划调度与高铁客服调度的主要职能。

(1）高铁计划调度。

① 列车开行计划编制。

调度日计划是高铁日常运输组织工作的基础，包括列车开行计划和综合维修计划。日计划是 0：00—24：00 一日内的运输工作计划。

高铁计划调度根据以下资料编制列车开行计划：

基本列车运行图（包括分号列车运行图）；

国铁集团及路局客运处关于加开、停运、专运等的文件、电报及调度命令；

动车组运用（车型、组数）、检修计划及回送申请；

月度施工计划（含临时文电批复的）及主管业务处提报的施工计划、路用列车开行、设备维修作业计划申请等。

高铁列车开行计划以铁路局集团公司高铁计划命令的形式发布，内容包括：各站列车开行车次；临时定点列车始发站、终到站及沿途客运业务停站发、到时分，股道运用计划；开行列车所对应的车组（型号、重联）、动车组车底运用方案及库内保洁计划、路用列车开行计划等；重点事项，即高铁计划命令中每组交路的实际担当车底号来自各相关路局的动车组调度（包括本局及担当的外局）上传交换的信息。

② 动车组列车调整，具体分以下 5 种情况。

第一，临时有计划加开、停运、定员变化或变更客运业务停站时。

● 铁路局集团公司客运、车辆、机务部门确定方案，于客票预售期前 2 日（加开或对已发售客票不影响时，需在列车开行前 2 日）向铁路局集团公司调度所计划调度台提出申请。

● 铁路局集团公司调度所计划调度台审核后，向有关单位发布调度命令，并抄送铁路局集团公司客运处（客票管理所）、调度台；跨铁路局集团公司调度所时，须经国铁集团高铁计划调度台与客营部门协商同意后以调度命令批准。

第二，遇突发情况需临时加开、停运、定员变化、途中折返、变更客运业务停站时。

● 铁路局集团公司调度所根据运输需要，协商相关部门确定方案，由计划调度台向铁路局集团公司客运处（客票管理所）和客运段发布调度命令，并抄送动车调度台、客运调度台。

● 动车调度台依据计划调度台的调度命令向相关动车基地（段）、机务段发布动车组车底运用调度命令。

● 涉及反编组、席别顺位变化等影响旅客乘降组织的，客运调度台还应转发至相关车站。

● 跨铁路局集团公司调度所时，须经国铁集团计划调度台以调度命令批准。

第三，变更车底。

● 动车基地（段）向铁路局集团公司调度所动车调度台提出申请。

● 动车调度台审核并与计划调度台协商后，向动车基地（段）、机务段等单位发布调度命令，并抄送客运调度台；客运调度台负责转发至相关客运段和客票管理所，涉及反编组、席别顺位变化等影响旅客乘降组织的，客运调度台还应转发至相关车站。

● 跨铁路局集团公司调度所或使用外属动车组担当交路时，须经国铁集团动车调度台批准。

第四，动车组列车的回送。

● 动车组回送经路、运行条件有特定要求时，相关专业部门以电文形式明确。

● 铁路局集团公司调度所动车调度台根据动车基地（段）、造修单位提交的书面回送申请，依据相关电文、检修计划、运用交路调整及检修方案，审核后提交值班副主任批准（跨铁路局集团公司调度所回送时向国铁集团申请），计划调度台负责纳入日计划。

● 调度管辖权管理的动车组在担当区段内运用交路调整、检修（故障时）调整产生的空载运行来不及纳入日计划时，经动车调度台确认、值班副主任审核后，由列车调度台发布调度命令。

● 跨铁路局集团公司调度所时，动车调度台向国铁集团动车调度台申请，国铁集团动车调度台审核（无动力回送时须经机车调度台会签），交国铁集团行车调度台发布调度命令。沿途各调度所值班（副）主任根据国铁集团调度命令组织相关工种调度纳入日计划交接。

第五，试验列车的开行。

● 试验单位根据有关文电，会同相关部门确定方案，向铁路局集团公司调度所值班副主任提出申请，涉及跨铁路局集团公司调度所试验列车开行时由铁路局集团公司调度所值班副主任向国铁集团行车调度台提出申请。

● 国铁集团行车调度台根据试验单位或铁路局集团公司调度所提报申请，经领导批准后，发布跨铁路局集团公司调度所试验列车运行命令。

● 铁路局集团公司调度所管辖范围内开行试验列车时，铁路局集团公司调度所值班副主任根据有关文电及试验单位提报的申请，报调度所副主任批准后，交计划调度台纳入日计划。

(2) 高铁客服调度。

高铁客服调度归属客调管理，主要职责为与站、车联系并进行客服应急处置，具体包括以下内容。

① 与列车长进行信息联系，及时掌握旅客在列车运行途中的突发事件及服务需求，联系行车调度协商并执行必要的列车运行调整方案，监督列车在区间及车站的重点组织，联系并监督车站进行必要的应急处置工作。

② 如遇启用热备车，通知并监督车站组织旅客换乘。

③ 与列车长进行信息联系，及时掌握列车计划外的上水、吸污的需求，联系并监督车站及时组织作业。

④ 其他客服应急处置工作。

5.8 节假日与新老兵客运组织

5.8.1 节假日客运组织

节假日主要包括3类：第一类是“十一”国庆节、“五一”劳动节、元旦和春节这4个节日；第二类是清明节、端午节和中秋节这3个传统节日；第三类是学生每年的寒假和暑假这2个假期。这些法定假期与双休日共同构成公休假日，加上国家规定的带薪年假，成为旅客出行的特殊时间带。

由于节假日客流增长较大，时间集中，而且往往是单方向的，所以仅靠正常的图定列车，无法满足客流的需要，运输能力主要依靠增开临客和加挂车辆来解决。这就要求在运输组织、站车管理、临客运行组织、机车车辆运用及安全管理和治安保卫等方面适应节假日运输的特点。

1. 春节和暑期旅客运输组织

对于春运和暑期这两个长节假日的旅客运输，由于民工、学生的探亲，旅游和外出经商客流交织在一起，出现相应春节前（暑期开始）和春节后（暑期结束）的客流高峰。因此，在此期间，需统筹安排机车、车辆和客运能力，充分挖掘既有设备潜力，增加人员和设备投入，做好人员培训，并应使春运、暑运工作纳入制度化和规范化轨道，圆满地完成运输任务。

1) 春运、暑运期间的客流变化特点

春节是我国传统文化中最重要的节日，因此民工、学生和其他探亲客流是春运的主要对象。暑运期间，以运送学生和旅游客流为主，具有客流大、流向集中、时间性强的特点。概括起来，春运、暑运期间客流的变化特点如下。

(1) 客流结构不均衡。春运、暑运期间客流与管内客流增长幅度相比，直通客流增长较大。

(2) 客流地区分布和流向不均衡。春运期间的客流地区分布、流向受我国经济政策和经济发展状况及传统文化的影响较大。目前，春运期间客流集散量较大的是我国中南部地区，并集中于一些主要干线，如民工输出量较大的是去广东、上海等东南沿海，以及东北、华北、西北方向的客流比较集中；暑运期间，各大中专院校集中的城市，以及气候适宜、自然风光和传统文化景点集中的游览胜地客流比较集中。

(3) 客流在时间上不均衡。春运的客流，集中在节前探亲和节后学生返校、民工返回原工作地点及其他旅客返回工作岗位的一段时间，而在春节期间客流相对较少；暑运的客流则集中在学生暑假开始及假期临近结束的两头，以学生客流和旅游客流为主。

由于客流的地区分布和时间分布上的不均衡，往往造成客流在一定时期的增加是单方向的。

2) 春运、暑运的旅客运输组织

(1) 根据客流变化及其特点，合理配置运力。要扩大列车编组，图定客车按规定满轴运行，该加挂回转车的必须加挂；客运量大的始发站或中转站要备车底；增加运输组织弹性，确保客流没有大的积压，并做到有流开车、无流停运。

(2) 组织旅客均衡输送，严格控制列车超员率。由于春运、暑运期间客流的增加往往是单方向的，因此必须组织均衡运输，严格执行旅客计划运输的有关规定。各车站、列车要密切配合，坚持验票进站、上车，严格控制列车超员率，以确保运输安全。

(3) 改进售票方式，加强客运组织。做好车票预售、预订组织工作，针对高峰期客流在时间、方向上的不均衡性，一方面造成单方向能力的空费，另一方面增大了对运能的需求量。由于运输能力的不可储存性，只有采用科学的客流组织措施，引导客流均衡出行，平抑高峰客流，才能达到充分利用运能的目的。最有效的措施就是加强客票的预售、预订工作。抓好民工、学生团体票预售工作，按照“路企协作、错开高峰、均衡运输、送票上门”的原则发售团体票，同时组织好售票网点的预售票工作，减轻车站售票工作压力。

售票组织是高峰期客运组织的核心，直接影响乘降组织和站车秩序。加强售票组织要严格按照高峰期运力、运能安排，有计划、有控制地均衡发售车票，即：以能定运，通过售票控制，实现调控旅客发送人数，消减车站高峰客流压力；同时，要充分发挥计算机联网售票的优势，发挥代售点的作用，提高售票效率。另外，还可以采取延长售票时间、增设售票窗口等措施，增加售票能力。

(4) 组织旅客有序乘降。客流高峰期旅客乘降工作组织是铁路运输组织与管理的重点。除了通过加强内部管理，充分发挥车站现有设备能力，提高客流在站内的通行效率外，还可以采取封闭车站、严格控制入口，将站前广场纳入整个旅客乘降组织中去，将其与站房、进出站通道、站台等设备综合考虑等方法，达到将候车室延伸到广场，将站内冲突点移到站外，并利用栅栏和工作人员将各种客流分开，减少交叉干扰，以提高车站办理旅客和行包的综合能力，实现旅客有序乘降。

(5) 科学安排运力资源。其采取的主要措施如下。

① 停短开长。由于客流高峰期客流的构成、流量及流向具有显著的特点，造成主要干线运输能力（通过能力及运载工具能力）严重短缺。为最大限度地满足客流高峰期运能的需要，可停运短途旅客列车，加开临时旅客列车。对停运的短途旅客列车，停运前票务中心要严格控制其客票预售期，以免影响停短计划的实施。

② 充分利用通过能力。客流高峰期间，特别是春运高峰期间，为最大限度地满足客流需要，需大量开行临时旅客列车，可对进出客流集散地的主要通道采取铺画客车平行运行图的方法。铺画客车平行运行图，可充分利用通过能力，避免高峰期临时铺画图外临客运行线，造成部分能力空费。

③ 做好车站能力与区间能力的协调。枢纽地区客运站到发线能力不足时，可组织临时旅客列车经编组站运行，在编组站指定车场进行换挂机车和车辆技术检查作业，以便减轻客运站到发线能力和咽喉能力不足的问题，提高客运站到发线及咽喉的通过能力，实现车站能力与区间能力的协调。

④ 提高应急处理能力。对客流高峰期可能出现的各种突发事件，制定应急预案，确保旅客运输安全、有序、顺利进行。

(6) 利用客流规律缓和运能紧张。及时、准确地掌握直通客流信息，利用旅客出行特性形成的规律性波动和直通临客一般运行时间跨两天的特点，如在始发站逢单日开行的临客（上车人数可能较少），运行至接运铁路局集团公司时可能为逢双日，可组织利用直通临客捎带部分管内客流，以充分利用运能；并可组织开行一站或两至三站直达临时旅客列车，减轻沿途客运站压力，提高临时旅客列车旅行速度，加速机车车辆周转。对客流有明显出行时间特性的地区，可在“吉祥”出行日（如俗语所称：“三、六、九，往外走”）加开临客，在其他出行日减少临客列车开行的方法，达到提高运能利用率的目的。

(7) 回空车底运行方案。在春运的特殊时期，单方向客流加重了铁路运营压力和经营负担。往往是列车满员始发，而回程客流稀少。针对单方向客流特点，采取客流方向开行重车，回程方向开行临空车次，按照空客车底办理。一方面可减轻技术站股道运用紧张压力，另一方面增加了调度日常运行调整的灵活性，可加速临客车底的移动。

此外，如果能够在车辆的改装上下一番工夫，将一些只有单方向客流的热门列车，返回时组成行包专列，以此提高客车车底的利用效率。通过灵活多变的经营方式，降低铁路的运营成本。

铁路由于资源和能力的限制，特别是在客运高峰期，铁路运输无法满足激增的客运需求，应该对春运作理性的新思考。在一定的运输供给规模下，有效抑制运输需求总量，削减不合理运输需求，分散和调整运输需求，使整个交通网络达到平衡，是解决铁路春运紧张状况的总原则。

2.“五一”“十一”及元旦旅游列车运输组织

“五一”“十一”及元旦旅客运输区别于春运、暑运客流组织，在营销理念、服务对象、服务形式有其自身特性。这类节假日期间旅客出行需求以旅游为主，旅客收入水平总体较高，对客运产品的质量要求也高。“五一”和“十一”黄金周期间增长的客流主要是旅游客流，其中“五一”主要是短途流，“十一”主要是长途流，并且增长的客流方向以旅游的热点方向为主，因此应特别重视以做好旅游列车的组织工作。

旅游列车是指由铁路局集团公司与一家或几家旅行社共同策划开行的往返于各大中城市间，以及大中城市和著名旅游景点间的旅客列车，它属于非图定旅客列车，“有流就开，无流停运”。因此，灵活性是旅游列车的一大特点。旅游列车是在旅游业迅速发展和铁路运输业全面走向市场的大背景下应运而生的一种跨行业的新产品，它是旅游业和铁路运输业二者相结合的产物。由于其自身的特殊性，旅游列车运行组织方法与一般旅客列车有着诸多不同之处。

1) 旅游列车运输组织的特点

旅游列车的服务对象是旅游客流，与一般旅客列车运输的客流相比，其范围的覆盖面要窄。由于受到旅游客流特定需求的影响和制约，旅游列车运行组织具有以下特点。

(1) 旅游列车运行的途中站和终到站较集中。旅游列车是完全面向市场、按市场订单而不是根据自身计划生产的运输产品，旅游列车对运行区段的选择取决于大量旅游流的产生地和旅游目的地。因此，旅游列车的开行路线多选择著名旅游城市或景点作为目的地。就目前情况而言，旅游流大多产生于全国各大中城市，旅游目的地多为著名旅游城市（如北京、大连、青岛、上海、三亚等）和在全国乃至世界闻名的旅游景点（如华山、普陀山、黄山、张家界等）。每逢旅游黄金季节，各铁路局集团公司开往这些地方的旅游列车就会暴增。

(2) 开行旅游列车比开行一般旅客列车具有更大的波动性。旅游列车的开行完全取决于旅游流，因而有极大的灵活性。今年游客可能偏爱某景点，那么开往该景点的旅游列车就会多些；明年人们可能偏爱其他景点，那么明年就会改开去那些景点的旅游列车。因此，旅游列车开行的波动性取决于旅游流的波动性。

(3) 旅游列车在旅游景点的到发时刻和停留时间以方便游客为目的。为方便游客白天游玩，旅游列车一般选择在早 6:00—8:00 间到达旅游景点；为了充分发挥火车车厢可作为“旅馆”这一潜在优势，降低游客旅行成本，旅游列车的出发时刻一般选在晚 7:00—9:00 间，最晚不迟于零点。但这些也不是绝对的，在制订开行方案时常根据游客需求来灵活选择列车的到发时刻。中国铁路郑州局集团有限公司曾经开过的“夕阳红”旅游专列，由于乘坐列车的游客全是老人，他们希望列车到达景点后能住宿一夜，然后再去游玩。于是中国铁路郑州局集团有限公司在制订列车运行方案时将列车到达景点的时刻调整到了傍晚。此外，旅游列车在旅游景点所在站的停留时间还应满足游客游玩的需要。

(4) 旅游列车沿途一般没有旅客乘降作业。旅游列车整列运送的是特定的服务对象——游客，而且这些游客都有共同的旅游目的地。旅游列车的这种特殊性就决定了它沿途一般无旅客乘降作业。

(5) 旅游列车车辆档次、服务水平较一般旅客列车高。一般旅客列车据列车种类不同分别由不同档次车辆编组而成；而旅游列车则不然，它一般要求列车编组中高档次车辆，因为人们外出旅游的目的之一就是缓解工作压力，愉悦身心，所以车况的好坏极大地影响游客对交通方式的选择。同时，旅游列车上应提供优良的服务。例如，华运旅行社负责组织的“丝绸之路”涉外旅游专列，编组的车辆均为租借来的“高包车”，服务员都进行过专门的涉外服务技能培训。此外，该旅行社还应外国游客的要求增加了“列车酒吧”，并推出了“烛光晚宴”等特色服务。但就我国目前情况而言，各铁路局集团公司中高档次车辆数量有限，开行的旅游列车有相当部分是经过装修改造的“绿皮车”。虽然这种状况并非旅游列车的发展趋势，但目前在我国还是有其存在的必然性。在我国的广大旅游群体中，具有不同收入水平、受教育程度和生活背景的游客，他们心目中的旅游列车软、硬件标准是有差异的。因此，针对这一情况，铁路运输企业在制订旅游列车开行方案时，可据游客的需求差异混编各种档次的车辆，以充分利用现有的客车车底。

2) 影响旅游列车运输组织的因素

(1) 受旅客旅游需求行为的影响。

① 对旅游景点的偏好。对旅游景点偏好的影响因素很多，如受教育程度、收入水平、所处地域特征、旅游景点的特点等。此外，就是同一个旅游者的偏好也并非是一成不变的，它可能随时间的变化而变化。游人对旅游景点的偏好直接影响了旅游列车对开行目的地和途经景点的选择。因此，必须首先对旅游群体的旅游偏好进行调查研究，掌握各种旅游偏好的分布程度和变化规律，从而做到“有的放矢”。

② 对旅游时间长短的要求。这取决于旅游者所拥有的闲暇时间的多少。有的人时间充裕，如退休职工；有的人闲暇时间有限，如因工作需要只能休几天公假的在职人员。因此，在制订旅游列车开行方案时就应照顾到各类群体，有针对性地开行旅游列车。例如，面向闲暇时间充裕的旅游群体可开行途经多个旅游景点的一线多游式长途旅游列车；而面向闲暇时间不多的群体可选开往某个有较大吸引力景点的中短途旅游列车。

(2) 受旅游景点车站接发车能力和旅游景点接待能力的影响。当旅游景点所在车站接发车能力较大时，旅游列车的开行受其影响较小；而当旅游景点车站的接发车能力不大时，则应本着“旅游列车在景点车站的到发时刻尽量避开该车站的列车密集到发时间段”的原则来确定旅游列车的运行方案，以减轻车站的作业压力。

(3) 受铁路运能的影响。长期以来，国内对铁路运输的需求与铁路运能之间的矛盾一直存在，这就必然会出现临时性、波动性都较大的旅游列车与图定客货列车争运能的局面。此外，旅游列车的开行往往还受到机车车辆配备的限制。

5.8.2 新老兵运输组织

1. 新老兵运输期限及组织原则

全国新老兵运输期限依照国务院、中央军委的命令和指示确定。通常情况下，全国新老兵运输应当于每年 11 月 25 日开始，12 月 31 日前结束。其中，老兵铁路、水路运输应当于 11 月 25 日开始，新兵铁路、水路运输应当于 12 月 10 日开始。航空运输及与之衔接的铁路、水路运输期限，由中国共产党中央军事委员会后勤保障部会同有关部门确定。公路运输时间根据铁路、水路和航空运输需要确定。

新老兵运输工作应当遵循集中领导，归口管理，分级负责，统筹计划，优先安排，方便部队的原则。

2. 新老兵运输计划及其制定原则

军事运输计划是指同一单位新兵和接兵干部人数达 20 人以上，且乘行日期、车（船）次、发到站（港）相同的铁（水）路运输；经中国共产党中央军事委员会后勤保障部批准的新老兵航空运输。新老兵运输计划按照下列要求编制。

(1) 优先安排，均衡发运，合理选择运输方式。

(2) 优先安排使用可直达新老兵最终到站（港）的车（船）次。

(3) 新老兵始乘车站有优质优价旅客列车和普通旅客列车开往同一到站的，应当安排使用普通旅客列车。

(4) 合理安排中转换乘，减少新老兵中转停留时间，防止因车（船）晚点影响新老兵中转。

(5) 先安排使用本管区始发的车（船）次，后安排使用他管区始发的车（船）次。

(6) 按照《新老兵军事运输计划安排表报填写要求》，确定军事运输每批新老兵的乘行日期、时分、车（船或架）次及始乘、中转、终到的车站（港口或机场），做好统计工作。

3. 新老兵运输计划的实施

经审批下达的运输计划一般不得变更，特殊情况确需变更的应当于始乘日的 5 天前提出申请。

铁路、交通、民航系统的各级运输、公安部门和军队的各级军务、动员、军事交通运输部门，应当及时互通信息，加强协调配合。各级铁路、水路、航空运输部门和军事交通运输部门应当加强调度指挥和现场组织工作，掌握运输情况。

接兵部队应当按照新兵铁（水）路军事运输计划，于始乘日的 5 天前向始乘车站（港口）新老兵运输办公室或客运部门递交铁（水）路军运费后付凭证。车站应当给部队开具军运后付客票（或以现行“代用票”代替，下同），给部队和列车长开具注明部队使用车厢席位的调度命令。港口应当给部队开具注明部队使用舱位的军运后付客票。接兵部队到达铁路中转站后，应当及时向中转站新老兵运输办公室或客运部门出示军运后付客票。中转站应当给部队和列车长开具注明部队使用车厢席位的调度命令。

接送兵部队应当按照新老兵铁（水）路运输购票计划，于始乘日的 3 天前，凭介绍信或联系人有效证件，到始乘车站（港口）新老兵运输办公室或客运部门办理购票；已编报中转购票计划的，应当派出先遣人员，在换乘列车（轮船）开行时分的 6 h 前，凭介绍信或联系人有效证件，到换乘车站（港口）新老兵运输办公室或客运部门办妥购票或中转手续。

换乘列车（轮船）开出前 6 h 接送兵部队未办理购票或中转手续的，取消中转购票计划。铁（水）路客运部门可以发售为该计划调配的客票。

运输企业应当做好供水、供电、供暖和餐料卫生检查及补充工作。车站（港航单位）应当制定和落实新老兵优先购票、优先上车船、优先中转换乘、优先托运行李的有关措施。新老兵运量大的车站（港口）应当专门开设新老兵售票口，有条件的应当开设新老兵候车、候船室，并设置醒目的标牌和指引标志。

全国新老兵运输期间，旅客列车的列车长必须到始发站所在客运（列车）段值班室或车站计划室报到，受领任务。列车长、船长应当采取措施保证新老兵按计划入座。

承担新兵军事运输任务的列车、轮船、飞机晚点时，有关运输企业应当采取措施组织恢复正点，并迅速将情况通报驻本单位（本地区）的军事代表机构。

新兵铁路、水路军事运输在运输途中发生人员漏乘时，漏乘人员凭军事代表开具的证明免费乘车（船）追赶队伍。新老兵和接送兵干部在运输途中发生伤、病不能继续乘行的，应当就近救治。对危重伤病员，接送兵部队应当留人护理，做好善后工作。

铁路通勤职工和通学学生，可以搭乘整列运输新兵的旅客列车，但不得与新老兵和接送兵干部争抢座位；其他无关人员不得搭乘。旅客列车全部硬卧代硬座运输新兵的，机车乘务员便乘铺位在宿营车安排。

铁路（水路）运输企业客运部门应当逐日统计逐级上报始发和中转的新老兵数量。

老兵免费携带物品重量为：乘火车、轮船限 35 kg，乘飞机、汽车限 20 kg；超量部分应当办理托运并按规定交纳托运费。

按军事运输办理的老兵凭团（含）以上单位证明，按购买客票办理的老兵凭客票及士兵退出现役证，于乘车（船）日的 3 天前或乘飞机、汽车的当日办理行李托运。

经铁路、水路、公路运输的托运行李应当拴挂货签，标明发、到站（港）和收货人姓名、详细地址，并注明醒目的“老兵行李”字样。

有条件的车站（港口）应当到部队集中办理行李托运，部队应当主动配合，提供方便。

车站（港口）开具行李托运票据应当一人一票，对老兵行李应当优先装运、优先中转，不得积压，做到人到行李到。

车站（港口）一律免收老兵行李保管费。

复习思考题

1. 旅客列车运行组织工作主要包括哪几方面的内容?
2. 什么是旅客列车开行方案? 如何编制?
3. 高速铁路旅客列车运行方案有何特点?
4. 如何编制旅客列车运行方案图和旅客列车运行详图?
5. 简述旅客列车的运行组织原则。
6. 旅客运输工作的主要指标有哪些? 如何进行计算?
7. 为经济合理地使用机车车辆，应采用哪些具体措施?
8. 如何确定列车的合理开车范围?
9. 如何确定旅客列车车底需要数? 如何绘制车底周转图?
10. 什么是车底周转时间? 缩短车底周转时间应采用哪些措施?
11. 动车组有几种运用方式?
12. 高速铁路运营调度特点是什么?
13. 我国国铁集团、铁路局集团公司高铁调度的岗位职责各包括什么?
14. 简述我国铁路局集团公司调度所高铁调度台设置类别及其隶属的专业管理部门。
15. 春运、暑运期间的客流变化有哪些特点? 应如何组织?
16. 旅游列车运行组织的特点及影响因素有哪些?
17. 铁路运输新老兵计划编制原则是什么? 计划实施的具体要求是什么?

第6章 铁路客运站工作组织

【本章内容概要】

本章主要介绍铁路客运站的工作组织，包括生产管理、服务管理、技术管理及车站所属的客车整备所对车底和客车的技术作业流程，以及关于高速铁路车站的工作组织相关内容。

【本章学习重点与难点】

1. 了解客运站售票工作、旅客乘降工作、行包运输工作的组织方法。
2. 理解客运站服务的内容和管理办法。
3. 了解客运站技术管理。
4. 了解我国高速铁路客运站相关工作的组织方法。

6.1 概　　述

客运站是指专门办理旅客运输业务的车站，客货运站是兼办客货运输业务的车站。它们是铁路与旅客之间联系的纽带，因为这里是旅客与铁路最先和最后接触的场所，双方当事人之间的权利义务关系在此产生或消失。客运站或客货运站的客运车间是铁路旅客运输的基本生产单位，是铁路的“窗口”，一系列旅行手续均在此办理，旅客列车在此到发及作业等。客运站又是城市的大门，是城市建设的有机组成部分。因此，客运站的工作水平影响到旅客、铁路、城市3个方面。

客运站按其日均上下车及中转人数、到发及中转行包件数核定等级，根据车站等级配备建立组织管理机构。

客运站的工作组织主要包括生产管理、服务管理、技术管理和财务管理等方面。

6.2 客运站的生产管理

铁路旅客运输生产是指铁路旅客运输企业利用运输工具完成旅客或行李包裹由甲地至乙地的生产过程。为了保证这个运输过程顺利完成，铁路运输企业（承运人）与旅客或托运人需签订运输合同，明确各自的权利和义务。因此，运输合同又是实现运输产品位移的法律形式。铁路运输合同的形式，一般是指铁路旅客车票、行李票、包裹票和货物运单。大宗货物、旅游团体也可以签订详细的书面合同来明确双方的权利和义务。在通常情况下，车票、行李票、包裹票分别代表了铁路旅客运输的合同形式。在一些特殊情况下，这些票证还不完全就是合同，而与其他运输票证一起，构成铁路旅客运输合同整体。

6.2.1 售票工作组织

售票工作是客运工作的重点之一，只有通过通畅的销售渠道，才能将众多的旅客按车次、方向有计划地组织起来，纳入车站旅客运送计划。

铁路局集团公司客票管理中心负责全铁路局集团公司售票组织管理，大站设置客运计划室，配置专职客运计划员，在车务段、客运段、其他客运营业站也要根据具体情况，指定专人负责售票组织工作。

车站售票范围较全面，以发售当日客票为主，并办理电话订票、送票和预售客票。售票窗口开设的数量及位置，应根据客运量大小来决定，在城市人口集中的繁华地区或交通便利的地方可设立市内售票所或代售点等。

售票工作是一项细致的工作，售票员应有熟练的业务技能和良好的工作态度，售票速度要迅速，票额要准确无误。

目前铁路客运的售票方式主要有以下几种。

(1) 车站窗口售票。

(2) 代售网点售票。

(3) 自动售票机售票。

(4) 通过中国铁路客户服务中心网站（www.12306.cn）售票。2011 年 6 月，京津城际铁路和京沪高速铁路进行了 12306 网络售票的试点，2011 年底在全国推行。网络购票需持有效身份证件，包括居民身份证、港澳居民来往内地通行证、台湾居民来往大陆通行证和护照。网络售票的销售模式可以在更大的范围内、更广的层面上，以更高的效率实现资源配置，由于网络销售具有不受场地、时间限制，能自动完成交易等优势，能有效减轻车站窗口售票的压力，为旅客出行提供方便。

(5) 自助语音电话订票。2011 年 6 月，京津冀地区旅客拨打订票电话 95105105，即可预订 3 日后至电话订票系统确定的车票预售期内各次列车的车票。其中也包括京沪高铁车票。电话订票可预订全票、儿童票、学生票和残疾军人车票；其他票种、当日和次日的车票不开通电话订票业务。

在售票方面，要结合科学技术的发展，逐步做到乘客购票更加便捷。在这一方面，日本的新干线发展较为成熟，有很多值得学习的地方。

日本新干线全部采用了计算机联网售票车站的售票、进出站和服务系统自动化程度相当高，与强大的接发列车能力相匹配，适应了大流量、高密度、客流快速集散的需要。

新干线车站售票以自动售票为主，人工为辅。通过自动售票机，旅客可以方便地查询各次列车的售票情况，选择乘坐车次、座别、吸烟车和禁烟车等。车票全部使用电子车票，使进站、出站的检票、验票工作全部实现自动化和无人化。车上补售票由列车长完成，利用无线售票设备与地面售票系统实现动态的信息对接传输，使每个车站都能实时准确地掌握每一列车各种席位发售情况和现员情况。

正确组织售票工作，必须合理分布售票处所和安排售票作业过程，并采用多样的售票方式，便于旅客选择；同时，售票工作是铁路客运服务工作的窗口和关键点，需要在文明服务及系统完善方面同抓共管。我国铁路系统的售票工作，要借鉴国外先进经验，做到票务工作越来越便捷。

随着铁路电子客票的快速发展，在客运服务的方便性、快速性等方面有了明显进步。旅客凭购票时使用的有效身份证件，就可以顺利完成乘车全过程，电子客票不用担心丢失车票，改签与退票不需再到车站窗口办理，直接通过互联网就能实现。

铁路电子客票是以电子数据形式体现的铁路旅客运输合同。旅客购票后，铁路运输企业不再出具纸质车票。旅客在 12306 网站（手机 App）购买电子客票成功后，可在网上自行打印或到车站自助售票机或人工窗口打印购票信息单；车站窗口或自助售票机购买成功后，直接打印购票信息单。购票信息单载明旅客所购车票的日期、车次、开车时间、座位号等信息，如丢失可以再次打印。购票信息单和报销凭证均不能作为乘车凭证使用。

实施电子客票车站，旅客持二代居民身份证、外国人永久居留证、港澳台居民居住证直接在自助进站通道刷证进站。持儿童票以及其他证件的旅客，凭购票时使用的乘车人有效身份证件原件通过人工通道办理进站检票手续。旅客使用电子支付方式通过铁路售票渠道购买的电子客票，未打印报销凭证的均可通过 12306 网站（手机 App）或车站指定窗口办理改签、退票手续。在开车前或乘车日期之日起 30 日内，旅客可以凭购票时使用的有效身份证件原件，到车站自动售/取票机、售票窗口、客票代售点换取报销凭证。

旅客在乘车前丢失证件，可到有效身份证件的发证机构办理身份证明，凭身份证明进出站乘车。若在列车上、出站前丢失证件的，需先补票，经站车按规定核验确认后，旅客可在乘车日期之日起 30 日内，凭客运记录、该有效身份证件发证机构办理的身份证明、后补车票，到列车的经停站办理后补车票与原票乘车区间一致部分的退票手续。

6.2.2　旅客乘降工作组织

有秩序地组织旅客在站内通行、检票进站，走向列车停靠站台上车，以及到达车站下车旅客在出站口交票出站，是客运站的一项重要工作。

根据车站设备条件及列车占用线路来划分旅客在站内的通路。在大客运站，应从市内交通的停车场起，对入站购票、候车的长途及市郊客流分别组织。应设置现代化的导向系统，指示售票处、候车室、各方向各次列车的候车地点及通路，以便旅客按最短径路进站乘车。

旅客上车前检票，应在检票口的明显处设置列车车次、去向和开车时间指示牌。检票时，在站台入口处要组织好客流，并确认客票日期、车次、到站是否正确，以防旅客误乘和无票乘车，车站按到站、始发，以及中转正确统计乘车人数。按到站顺序填写“乘车人数通知单”，在开车前交列车长。

旅客下车组织，应在列车到达前及时将到达列车的接车线路、站台和到达时刻通报客运服务人员及迎接旅客者，清除出站通路上的障碍物。旅客下车后，使之在站台上停留时间最短，并按指定通路出站。检票员按客票中转方向、到站正确统计下车人数，交客运计划室。

高速铁路的行车组织特点是“高密度”“小编组”。因此，高速列车在车站要求快速、高效作业。这就要求围绕高速列车的到发时刻组织客流，提高车站集聚、分流的能力。如采用先进、多样、快速的售票方式以满足旅客的需求。许多国家普遍采用了自动售检票机、IC 卡等客运服务设施，大大简化了旅客的购票、检票过程，提高了作业效率和客运服务质量；同时，各种便利的售票网点及代售模式均为旅客出行提供了方便。

由于高速列车停站时间短，需要提高旅客乘降速度，缩短旅客在站停留时间。而我国部分高速铁路车站是与普速铁路合并设置的，这就需要自进站口至站台设置清晰的旅客引导设备和多处定时提示各次列车信息的电子信息告示牌，以帮助旅客迅速明确自己的行程路线。此外，站台上应提供准确醒目的停车车号车门标志，使旅客以最短时间上车。因此，高速铁路车站要求为旅客提供更加先进、准确、清晰的导向信息和系统。

日本东京站是日本国内最大的铁路枢纽，其汇聚 2 条高速标准轨距新干线和 7 条普、快速窄轨铁路，每天在此站乘降的旅客约为 200 万人次，是全世界铁路客运量最多、通过能力最大、作业效率最高、服务质量一流的现代化客运站。其做法对我国在旅客乘降作业上有较强的参考价值。

东京站旅客引导服务系统十分健全。在各个进出站口、交换大厅、售票大厅、地上地下电梯处，各种固定引导标记和电子显示十分醒目、清晰。各公司各种线路的列车分别采用不同的颜色标进行区分，指导换乘也十分方便。站台地面上设有明显的各种车型车门位置标记，引导乘客排队上车。

在东京站每个进站、出站闸口设有多部摄像机，密切监视着乘客的情况。所以，尽管用人很少，一旦发现异情，工作人员也能立即出动，快速处置。

东京站客流密度十分巨大，但由于引导系统和各项服务设施功能的完备，使人感到密而不乱，忙而有序，流程简洁，衔接顺畅。

6.2.3 行包运输工作组织

保证行李、包裹（二者简称行包）安全、迅速、准确、便捷地运到目的地是客运站工作的一项重要内容。行李运输是随同旅客运输而产生的，包裹运输是工农业生产和人民生活需要由旅客列车运输的零星物资。行李运输由于托运人和收货人比较分散，批数较多，每批件数少、体积小，行李基本上是随来随运，包裹则要求事先提出托运单。

客运站的行包运输工作分为发送作业、到达作业和中转作业三类。

1. 行包发送作业

行包发送作业包括承运→保管→装车，一环紧扣一环，不可分割，否则将影响行包运输的输送速度和质量。

(1) 承运。承运是铁路承担运输责任的开始，行包的品名、包装、标签和票据必须符合规定要求。承运过程如下：①旅客将托运物品交过磅处，提出有效客票或行包托运单；②装卸员检查包装、物品及检斤并将到站、件数、包装及重量报告行李员；③行李员填写行李票(包裹票)，确认磅码，核算运价并加盖戳记，将行李票交收款行李员；④收款行李员核检行李票面事项，复检运价，向旅客收款并将票据交旅客；⑤装卸员检斤后，将票签挂在物品两端，核对行包运送报单与物品的到站、票号、件数，最后将票、货送仓库保管。

(2) 保管。承运以后，将行李按方向、区段、到站或车次运至发送仓库货位。仓库保管应建立责任制、货票对照的班组交接制度，防止丢失及混乱，应特别注意防火、防湿、防盗、防爆，保证行包的安全。

(3) 装车。车站对行包装运数量应于前一日上报铁路局集团公司客调，由客调平衡后，再按车次编制下达客运站和区段的行包装运计划，各站按装运计划及列车预报组织装车。

车站在装车前应根据行包运输报单按到站顺序、票据号码、件数、重量编制装车清单，清点货签及件数后，将行包运至站台待装，然后填写“行包装卸交接单”。

装车时，应注意防止误装误卸、货票分离、标签脱落、包装破损、物品损坏等现象。

2. 行包到达作业

行包到达作业包括卸车→保管→交付。

(1) 卸车。行李员于列车到达前应了解行李预报情况，组织劳动力至车站站台。列车到达后，检查清点运输报单总数与交接证相符后，按票卸车。

(2) 保管。行包入库后，业务量小的车站可按仓库具体情况堆放。业务量大的车站可采用不同形式堆放。

① 按线分区。按铁路线别划分上行线区、下行线区，并分别以票据尾号再划分货位。

② 按运输报单尾号分区。按运输报单尾号划分货位，不分级别、件数及到达日期。

③ 按件分区。按运输报单尾号为标准，再按尾号分为 1 件区、2 件区、3 件区直至 10 件区。11 件以上为多件区，适用于面积较大的仓库。

④ 按到达日期分区。按行包到达日期，划分当日区、次日区……

行包运至仓库后，按运输报单填写行包到达登记簿，注明堆放货位，交值班行李员。

(3) 交付。交付是行包运输的结束，应建立交付制度，防止交付错误。办理交付行李员应按票核对行包的货签、号码、发到站、姓名、品名、件数，相符后加盖交付戳记，并将行包交付旅客及收货人。

3. 行包中转作业

中转作业是指行包在中转站卸下后，装入另外的旅客列车行李车继续运送的作业。

中转站应根据站、车预报做好快速中转工作，使中转行包随最近列车装运，不得积压。当行包运量突增时，可以组织扩大列车编组和整车直通运输，减少行包中转次数及中转站的负担。

6.3 客运站的服务管理

铁路客运站的服务需要充分考虑客流在车站集散和办理旅行手续的特点，从旅客的舒适、便捷上下工夫。这就要求在新建、改造铁路客运站时予以充分考虑，并及时采用新技术、新设备。

铁路客运站服务是指用以满足旅客旅行需要的全部服务，即旅客“了解客运信息—购票—从出发地到车站—托运行李、包裹—进站候车—检票上车—到站下车—验票出站—从车站到目的地”全过程得到的服务，包括问讯与信息服务、售票服务、行包服务、候车检票服务、验票出站服务，以及与旅行有关的一切服务等。

服务的实质是在旅行过程中，以旅客需求为中心，为旅客提供安全舒适的候车环境，使旅客能够便捷地办理相关旅行手续。具体表现在：买票、乘车便捷；候车、乘坐环境舒适；服务周到、态度好；相关信息服务和沟通顺畅等。

因此，要求铁路客运站为旅客的旅行提供良好、先进的软硬件设备，以及高素质的站车服务人员以保证优质的服务；提供系统的、高效的信息化服务平台，充分提高旅客运输服务质量。

6.3.1 客运站服务的内容

铁路客运站服务的内容，按照服务性质不同，可分为运输生产性服务和非运输生产性服务。运输生产性服务是指与运输生产密切相关的旅客服务，如售票、旅客乘降组织、行包运输等，是运输产品的重要组成部分；非运输生产性服务是指附着在运输生产过程中的商业服务需求，如候车环境、商品、餐饮、寄存、搬运行李、信息服务等，是运输产品的延伸部分。

1. 信息服务

旅客在车站所需信息包括：客运业务类服务信息，如列车基本情况信息、列车运行动态信息、交通换乘信息、客票余额及票价信息、行包信息等；通告和旅行常识类信息，如车站公告通知、引导揭示信息、铁路常识、法律法规、旅行常识、旅行安全、旅行服务、服务监督电话、服务设施设备布局和使用说明等；社会服务类信息，如旅游、住宿、城市交通、气象、新闻、娱乐、医疗、金融等信息。

例如，法国铁路的客运站内，在站台上设有列车到发显示屏、车厢位置对位电子显示屏、站台座椅、自动售货机、自动扶梯、垂直电梯、时钟、车站标志牌等。站房内设有出租商店及快餐、咖啡店、人工售票窗口、问讯服务台、自动售票机、自动换票机、自助式剪票机、列车到发显示屏、车站各种引导标志、广播及摄像监控、行李托管处少量候车座椅等。车站的候车区域设置较小，这与列车开行密度大，购票、进站、乘车方便和车站的商业服务设施齐全有很大的关系。助残设施齐全和助残服务周到，车站基本上是低站台，车站配备专用站台升降设备，帮助残疾人乘轮椅上车。

2. 随身携带品暂存处工作

随身携带品暂存处是为旅客临时寄存物品的地方，能使旅客顺路办理暂存手续，给上车前和下车后的旅客创造便利条件。

3. 候车室服务工作

候车室是旅客大量聚集等候上车的地方。室内应设有一定数量的座椅，并有足够的通路，保证室内整洁，空气流通。

母子候车室应与一般候车室隔开，室内保持安静、温暖和舒适，备有儿童休息的小床及图片、玩具等，服务人员应保证母子优先乘车。

贵宾候车室应装饰美观、典雅，并有清洁、安静的候车环境。

候车室服务人员应经常宣传安全及旅行常识等，及时通告列车到开及检票上车时刻，主动热情地为旅客服务，解决他们旅行上遇到的困难。

随着铁路不断提速，旅客候车逐渐由“等候式”向“通过式”转型，随之高速铁路旅客的候车服务内容有逐步弱化的趋势，其主要原因是高速铁路高密度、高频率的列车使旅客在站停留时间大幅缩短所致，并且越来越多的自助式服务设施设备替代高接触度的人工服务模式。旅客候车期间的服务包括旅客旅行生活服务、购物、娱乐服务和其他候车服务（如贵重物品保存、物品寄存等）。

6.3.2 客运站服务的管理

1. 创造良好的硬件环境

(1) 展示铁路的特色。客运站设计以方便旅客使用为前提，在流线设计、空间设计和细节设计上，尽力为旅客提供快捷便利的换乘方式、方便舒适的乘车环境和人性化的优质服务，充分展示铁路特色，具体体现如下。

① 系统性。系统性不仅是指铁路客运站内部各种设施间的有机结合，而且是指通过系统的研究，展示“以旅客为中心”的设计新理念。

② 功能性。客运站功能的设计要以旅客为核心，满足快捷通过、旅客进出站和换乘方便、候车环境舒适的要求，并体现在广场规划、各种交通方式的衔接、旅客流线、站房平面布局、空间组成及其他配套客运设施的具体设计中。

③ 先进性。在车站规模、设备设置、建筑材料及建筑技术上体现现代化和环保，适应可持续发展要求。

④ 经济性。客运站的建设要合理把握车站规模与建筑标准的关系，注重近期与远期的结合。经济性不只是建设要节俭，在长期的运用中对与环境有关的光、气、音、物、水等进行有效处理时，要环保节能。

⑤ 文化性。客运站的建筑设计体现车站交通功能与时代特征和地域文化的完美结合。

客运站不仅是城市的门户，也是城市发展的新地标，其重要性不仅在于车站交通对城市发展的带动作用，更在于其形式对于城市特色的诠释。

(2) 购票便捷。通过多渠道、多方式提供铁路的售票服务，满足不同旅客的出行需要。并在售票过程中改善售票服务方式，变被动售票为主动“导购”，更好地服务旅客。

车站售票大厅的窗口数量和服务功能，以及客票信息的及时公布等应满足不同运输季节和不同层次旅客的购票需求。车站内增设自动售票机，开展并扩大订、送票业务并借助售票网络完善铁路售票渠道。

(3) 候车环境舒适。车站候车服务较售票及进出站服务的时间、空间与内容相对更为丰富和具体。宽敞的候车大厅、柔和的灯光、适宜的温度、充足的供水、适当的广播、良好的文化氛围、合理分布的商品购物区等都可营造出一种舒适幽雅的候车环境。

(4) 乘降便捷。根据旅客办理手续更简便的需要，通过合理的进出站、上下车流线设计，组织旅客安全进站、检票，引导旅客有序上下车。在服务方式上，利用引导标志、广播系统、检票设备等有序组织旅客乘降。

出站通道应满足列车密集到达时的客流疏解需要。车站的出站引导要清晰、准确，公交、短途接续尽可能方便、合理，为外地到达旅客提供旅馆服务、旅游服务、交通服务。为需要换乘铁路、民航、公路等继续旅行的中转旅客提供售票服务。

(5) 信息服务。客运站利用广播、电子显示屏、公告栏、揭示牌和服务咨询台、铁路网站等多种信息服务措施，不间断地向旅客宣传客运安全常识，各方向车次票额动态、运行情况和旅客列车开行信息。车站服务信息设置应位置醒目，内容表示准确，信息更新及时，旅客阅读方便。

通过信息查询服务系统，使旅客能够方便地获取各次列车到发时刻、最佳换乘列车、到发列车停靠站台、行包到达和换乘等铁路运输信息，以及市内交通、旅游、住宿信息等社会信息。

铁路具有公益性，在客运站候车时，旅客有更多思考空间和时间，各种引导德行的公益广告及与公众利益相关的信息能起到很好的效果，也能更好地展示铁路企业良好的社会形象。

(6) 导向国际化和规范化。车站的设施、揭示公告须实现与国际接轨。车站为旅客服务的各项设施揭示须符合国际标准、标识图例文字，满足不同国家或地区旅行者的需要。交流无障碍公告、公示广播提醒须采取中英文对照满足不同国家或地区旅客认知需要；同时，需加强对客运职工英语培训和学习，使车站客运职工英语口语服务的水平基本满足旅客需求。

(7) 车站商业服务。铁路车站应借鉴国际交通物业开发经验，建成集交通和商业于一体的综合功能中心，提供全方位的商业服务。其主要服务内容包括：餐饮供应，提供多种快餐及当地特色餐饮服务；商品供应，提供日用品、食品和旅游常用品服务；纪念品，铁路特色旅游品、纪念品等；娱乐设施，如室内高科技娱乐设施、网络服务、电影院、主题游戏中心等；其他服务设施，包括银行、文教、医疗、邮政服务等。

2. 提供优质的“软件”服务

1) 树立“以人为本”的服务理念

(1) 研究旅客的服务需求，提供实用、贴心的服务。例如，在车站广场，旅客最关注的是进站、购票位置所在，应多设置一些定位引导标志；在售票厅，旅客最想了解车次、票额剩余数量等信息，应充分提供相应的信息查询和问讯服务；进入站内，旅客需要了解候车、检票、列车正点、餐饮、卫生间等信息，就应及时给予广播导航、指示引导等服务。

(2) 针对不同旅客增设相关设备和服务内容。例如，为充分考虑到外籍旅客的需求，增加英文服务的内容；顾及中、青年旅客的感受，增加电影、杂志、报纸等休闲娱乐项目，营造“人在旅途、乐在其中”的氛围；设立商务区域，增设计算机、网络、通信、传真等硬件设施，为旅客提供“延伸办公”的临时工作场所等。

2) 拓展“硬件”服务的外延

针对客票发售中存在的问题，进一步改进电话订票、互联网售票的方式，提升便捷度，满足旅客购票需求。针对旅客进站，采用移动式排队机等方式，保证客流高峰时旅客进站的安全有序；建设更加全程化、自动化、立体化、多元化的引导、广播、信息查询系统，让旅客享受更加快捷、方便的信息服务；聘请专业的装饰设计和保洁公司，为旅客提供更加美观、整洁的环境；增加中西餐、民族餐等多元化的饮食结构，为旅客提供更丰富的饮食选择；加强对残障和有特殊需要的旅客服务；加强求助系统与监控系统的建设，积极向主动服务、无干扰服务方向发展。

3) 丰富“软件”服务的内涵

(1) 提升服务标准。客运站的每个工种对旅客提供的服务基本上是重复的，有规律可遵循的。为了使每位职工都能够向旅客提供规范化服务，就需要对每个工种涉及的问题、动作和有关规章、制度进行分析，制定出适合每个工种、岗位的标准程序。

客运站服务标准化，就是以服务旅客为中心，根据旅客的需求来制定各项服务内容和标准。对旅客乘降程序、服务流程、餐饮供应、保洁服务等标准逐一进行高标定位，加强服务标准化管理，促使服务人员在岗位上工作优良，保证服务质量；建立严格的卫生检验制度，确保食品的安全；在售票、验票、解答旅客问询、帮助重点旅客等日常服务方面制定统一的规范和标准；在应急管理方面，充分做好超前预想，制订完备的应急方案和演练制度，并适时地向旅客讲解有关应急知识，保证旅客旅行安全。

（2）提高人员素质，注重服务礼仪与服务技巧。注重对客运服务人员的培训，使铁路服务人员具备良好的服务意识和素质，在服务过程中妥善处理各种问题。在培养主动服务、热情服务、周到服务意识的同时，提升服务人员的服务技巧。特别是在接待心情焦躁、易怒、投诉等特殊旅客，以及老、幼、病、残、孕等重点旅客时，最能够体现出一个行业服务人员的素质。需要通过培训、定期研讨、案例分析等管理手段提高服务技巧，使广大铁路服务人员在应对旅客时轻松自如，能以端庄的笑容、大方的仪表、得体的姿态，展现在旅客面前；在言行措辞、自我控制、机智地处理各种问题方面提升中国铁路工作人员的形象。

4）实现服务创新

在客运站的服务工作要根据实际情况不断创新，这就要求加强培训，提升管理者及职工的敬业精神和政治文化素质；同时，力求对服务管理的规范化。

服务创新的过程就是服务质量和服务水平提高的过程，服务管理是否规范直接影响服务质量和服务水平的提高。而提高服务质量需要有相应的制度保证。在服务管理中，必须建立和完善用人机制，实行竞争上岗；采取有效的激励机制，加强监督和考核机制，制定相应的奖惩措施。

5）延伸铁路服务链条

与地方政府密切配合，充分发挥和拓展铁路的作用，不断完善运输链条，及时建立和健全车站附近的城市交通网络，实现城市轻轨、地铁与铁路的无缝连接。并以此为基础，最大限度地发挥铁路的产品价值和社会价值，实现铁路运输与城市发展的利益最大化。

6.4 客运站的技术管理

6.4.1 客运站技术作业过程的特点及其内容

客运站的技术作业与货物列车在车站的作业有很大不同，其技术作业具有以下特点。

（1）旅客列车绝大部分都是每天固定运行，其行车量及行车时刻表较固定。客运站能更精确地制定工作计划。

（2）旅客列车编组内容比较固定，一般无须对整个车底进行解编等调车作业；如有调车作业，不准溜放调车。

（3）客运站行车作业必须与客运列车车辆整备作业相配合，与客运工作相配合。客运站应保证旅客列车始发正点。

（4）旅客列车车底的洗刷、检修等整备作业一般在客车整备所进行，故在客运站及客车整备所之间需进行取送车底的作业。客车整备所的作业过程与客运站的技术作业过程必须与旅客列车运行图相协调。

在编制客运站技术作业流程时，必须充分考虑以上特点。

客运站的技术作业内容由以下几部分组成。

（1）车站的技术生产特征。其主要包括车站位置、工作性质、用途，所有技术设备和建筑物数量、使用情况，各种直通、管内旅客列车到发、通过数量，办理邮政和行包运输数量等。

（2）车场、线路和站台的专门化。

(3) 车底及车辆的技术作业计划，调车工作组织。

(4) 客运站行车工作计划。

(5) 客运站行车工作指标。

在编制客运站技术作业过程时，应将直通、管内与市郊列车分开，充分考虑各自的径路；应注意所采用的技术作业时间标准要切实可行，最大限度地进行平行作业及消除各项作业的中断时间；广泛采用各种先进工作方法及机械化、自动化设备；技术作业过程应充分保证行车、调车和旅客的安全。

6.4.2 客运站车场及线路的专门化

为保证客运站的作业安全、有效地使用车站技术设备，必须对车场及线路进行专门化。由于旅客列车运行的经常性及到发时刻比较固定，所以可将一定种类和一定方向的列车到发作业固定于某一车场或某一线路，便于车站员工熟悉各次列车的到发线路以提高工作效率。

车场及线路的专门化：应先确定车场的用途；然后根据工作性质（接、发车）、列车种类及运行方向分配车场内的线路和固定线路的使用。在确定车场及线路的专门化时，应尽量减少敌对进路，保证流水作业。在按车次固定线路时，应考虑旅客进出站径路的便捷及安全。

(1) 按运行方向专门化。按运行方向专门化是指一个车场专门接上行列车，另一车场专门接下行列车，以减少进路交叉。如有 3 个以上方向时，则需在进站线路上修建跨线桥。

(2) 按邻接铁路专门化。按邻接铁路专门化即同一邻接铁路线到发的列车固定于同一车场，不区分上下行。因此，无论有几个邻接方向，不必建跨线桥；有 3 个以上方向时，宜采用这种方案，如图 6－1 所示。

(3) 按列车种类专门化。按列车种类专门化即一个车场专门接发直通和管内列车，另一个车场专门接发市郊列车。在市郊列车较多的车站，这样的方案可以减少车列由接车线转往发车线的调车过程，使市郊与长途客流分开。

如车站为尽端式，并有 2 条以上邻接铁路线时，应采用邻接铁路线专门化；当市郊客流较大时，同时还应按列车种类专门化。如图 6－2 所示，其中 A、B、C、D 代表车站衔接方向。

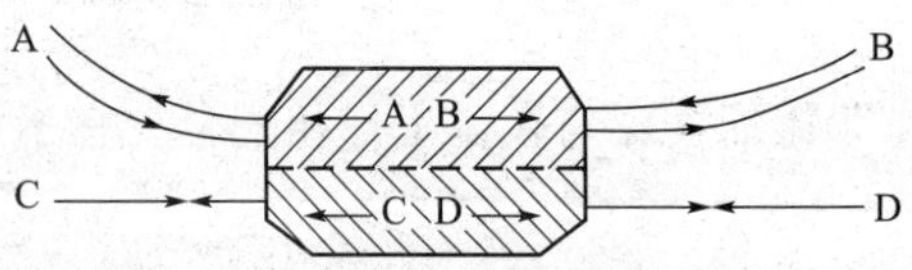

图 6－1　车场按邻接铁路专门化示意图

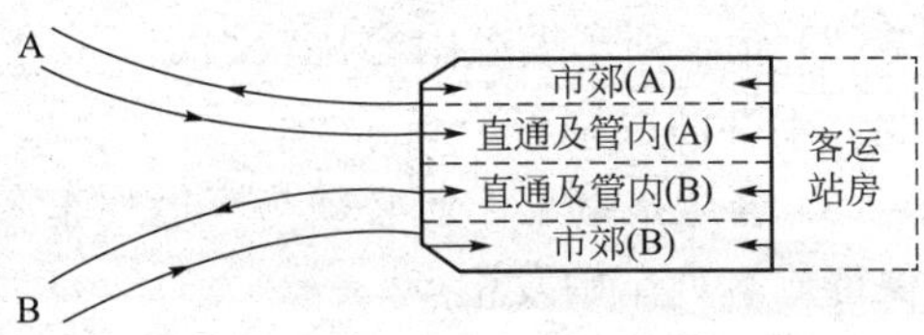

图 6－2　尽端式客运站车场专门化示意图

在混合式车站上，最好将尽端式线路接发市郊列车，直通线路接发直通和管内旅客列车。大多数客运站只有一个车场，线路专门化方案应视车站类型及客运站与客车整备所配置的位置而定。

6.4.3 旅客列车的技术作业

旅客列车技术作业内容与其列车类型特点有关，按照列车在始发、终到和途中客技站作业分为以下几种情况。

1. 始发旅客列车技术作业过程

动车组（含 C、G、D）列车和其他普速列车，在始发站的技术作业过程包括从动车段和客车整备所调入客运站到发线后，即开始相关技术作业、组织旅客上车等作业内容，见表 6－1和表 6－2。

表 6－1 始发动车组列车技术作业表

顺序	作业项目	时间/min					
		0	10	20	30	40	50 60
1	动车组接入到发线						
2	组织旅客上车						
3	上备品、水						
4	准备发车及发车						
5	作业总时分						

表 6－2 始发其他普速铁路旅客列车技术作业表

顺序	作业项目	时间/min					
		0	10	20	30	40	50 60
1	车底送入到发线						
2	摘走调车机车						
3	连挂本务机车						
4	列车始发技术检修作业						
5	组织旅客上车						
6	上备品、餐料、水						
7	装行包邮件						
8	准备发车及发车（有运转车长值乘的列车，增加其接收列车作业）						
9	作业总时分						

2. 终到旅客列车技术作业过程

动车组（含 C、G、D）列车和其他普速列车，在终到站的技术作业过程包括从列车到达至转线入段、所前的各项作业内容，见表 6－3 和表 6－4。

表 6－3 始到动车组列车技术作业表

顺序	作业项目	时间/min					
		0	10	20	30	40	50 60
1	助理值班员、客运员等人员出动						
2	组织旅客下车						
3	装卸备品						
4	动车组转出到发线						
5	作业总时分						

表 6-4 终到其他普速铁路旅客列车技术作业表

顺序	作业项目	时间/min						
		0	10	20	30	40	50	60
1	助理值班员、检车员、客运员、行包、邮政等人员出动							
2	旅客列车到达试风							
3	摘走本务机车							
4	车底到达技术检修作业							
5	组织旅客下车							
6	卸行包、邮件							
7	装卸备品、餐料							
8	连挂调车机							
9	车底转出到发线							
10	作业总时分							

3. 需上水、补油或换挂机车的通过旅客列车技术作业过程

普速铁路上运行的旅客列车在运行途中需要在客技站到发线上进行上水、补油或换挂机车等作业，见表 6-5。

4. 需临时摘挂车辆的通过旅客列车技术作业过程

普速铁路上运行的旅客列车，若出现需要摘挂车辆的情况，其作业过程见表 6-6。

5. 到达立即折返旅客列车（立折旅客列车）技术作业过程

“立折”旅客列车是指列车到达后，车底无须入库（段）整备的列车。其在到发线上的作业过程见表 6-7 和表 6-8。

表 6-5 需上水、补油或换挂机车的通过旅客列车技术作业过程表

顺序	作业项目	时间/min						
		0	10	20	30	40	50	60
1	助理值班员、检车员、运转车长、客运员、上水工等人员及机车准备出动							
2	摘挂机车							
3	列车技术检修作业							
4	组织旅客上下车							
5	行包邮件装卸							
6	列车上水、补油							
7	准备发车及发车（有运转车长换乘的列车，增加其交接作业）							
8	作业总时分							

表6-6 需临时摘挂车辆的通过旅客列车技术作业过程表

顺序	作业项目	时间/min						
		0	10	20	30	40	50	60
1	助理值班员、客运员、调车人员等出动							
2	摘本务机车							
3	技术检修作业							
4	摘挂车辆							
5	挂本务机车及试风							
6	组织旅客上下车							
7	行包邮件装卸							
8	上水							
9	准备发车及发车							
10	作业总时分							

表6-7 到达立即折返动车组旅客列车技术作业过程表

顺序	作业项目	时间/min						
		0	10	20	30	40	50	60
1	助理值班员、客运员、上水工等人员出动							
2	司机更换操作端							
3	组织旅客下车							
4	吸污作业							
5	装卸备品、上水							
6	调整座椅方向及保洁							
7	旅客上车							
8	准备发车及发车							
9	作业总时分							

表 6-8　到达立即折返其他旅客列车技术作业过程表

顺序	作业项目	时间/min 0　10　20　30　40　50　60
1	助理值班员、检车员、客运员、行包、邮政等人员出动	
2	试风及摘走本务机车	
3	技术检修作业	
4	组织旅客下车	
5	卸行包、邮政	
6	车底整备	
7	装卸备品、餐料及上水	
8	连挂本务机车及试风	
9	组织旅客上车	
10	装行包、邮件	
11	准备发车及发车（有运转车长值乘的列车，增加运转车长接收列车作业）	
12	作业总时分	

6.4.4　客运站行车工作计划

客运站的行车工作日常变动较少，因此可以在运行图实行期间根据各次旅客列车的到发时刻、车底和车辆技术作业过程、车站的技术设备等资料，编制行车工作日计划，作为组织完成日、班作业的依据。

6.5　客车整备所对车底和客车的技术作业

凡办理始发、终到旅客列车为主的客运站，一般设有客车整备所。客车整备所是客车进行技术检查、修理整备和停留的场所。

客车整备所对客车车底的主要整备作业如下：①清除泥垢及技术检查；②车底改编；③车底外部及内部清扫、洗刷、修理、上燃料、上水等；④有关乘务组接收车列、车底等待送往客运站。

车底在客车整备所停留时间与车场的配置、整备和修理设备的地点、车辆清洗和整修的机械化、完成作业的组织有关。

客车整备所应配备调度设备（控制盘、电信及电视设备等），以便引导车底出乘，并应具备双向和单向的广播设备，便于与列检所、车辆值班员、车辆检查人员、整备组人员进行作业联系。

客车在客车整备所进行各项作业的方式有定位作业和流水作业两种。

(1) 定位作业方式的技术作业。旅客列车车底由旅客站送至客车整备所后，除改编作业外，一直停在同一条整备线上进行检修和整备，并且在该线等待送往旅客站。定位作业方式的客车整备作业过程如表 6－9 所示（装卸卧具及餐车上食品在旅客站到发线上进行）。

(2) 流水作业方式的技术作业。客车车底由旅客站送到客车整备所后，按作业顺序分别在到发场进行客车整备，在整备场进行库整备。流水作业方式的客车整备作业过程如表 6－10所示。

表 6－9　定位作业方式的客车整备作业过程

顺序	作业项目	作业时间/h				
		1	2	3	4	5
1	调机将车底送至客车整备所					
2	摘走调机					
3	包乘组向库列检交车					
4	车底检查提出不良车					
5	车底改编					
6	库列检检查及修理					
7	车电检查及修理					
8	车底外部洗刷及擦拭					
9	车底上水					
10	车底上燃料					
11	库列检向包乘组交车					
12	清扫车底并向列车乘务组交车					

表 6－10　流水作业方式的客车整备作业过程

地点	顺序	作业项目	作业时间/h					
			1	2	3	4	5	6
到达场	1	车底送到客车整备场到达场						
	2	摘走调机						
	3	清除车内垃圾、炉灰及走行部分的脏物或冰雪						
	4	车底检查及提出不良车						
	5	车底改编						
	6	车底外部清洗及厕所冲洗						
	7	调机连挂并送至整备场						
整备场(库)	1	车底送到整备场						
	2	摘走调机						
	3	包乘组向库列检交车						
	4	库列检检查及修理						
	5	车电检查及修理						
	6	车底内部清扫及擦拭						
	7	车底上水						
	8	车底上燃料						
	9	库列检向包乘组交车						
	10	清扫车底并向列车乘务组交车						
	11	调机连挂并送至发车场						
出发场		车底等待送旅客站						

6.6 客运站各部门的协调及其技术作业过程与列车运行图的配合

客运站的技术作业有的在车站到发线上办理，有的在客车整备所内进行，合理的技术作业过程要求这些作业彼此相互协调。从客运站的工作和列车运行图的协调原则来看，为了在“高峰”时刻列车无阻碍地到达车站，必须遵守下列条件，即

$$t_{占} \leqslant I_{到} n_{到发}$$

式中：$I_{到}$——列车到达间隔，min；

$n_{到发}$——车站到发线数量，条；

$t_{占}$——列车占用线路时间，min，且 $t_{占}=t_{到}+t_{停}+t_{发}$。

其中：$t_{到}$——准备进路必要的时间和列车通过进站点距离的时间，min；

$t_{停}$——列车停留延续时间，min；

$t_{发}$——从列车出发时刻开始至该线路全部腾空为止的时间，min。

为了使列车由配属站或折返站按运行图及时出发，应使车列在站作业停留总时间符合列车到发间隔时间的要求，即

$$I_{到发} \leqslant T_{技作}$$

式中：$I_{到发}$——车列到达车站至出发之间隔时间，min；

$T_{技作}$——从到站时刻至出发所完成的车列技术作业时间，min。

旅客列车在终点站到发时刻应和车站技术作业过程相联系。如果遵守下列条件，就可从客车整备所无阻碍地调入车列以便旅客上车，并保证列车按运行图及时发车。

$$t_{占}^{发} \leqslant I_{发} n_{到发}$$

式中：$I_{发}$——列车出发间隔时间，min；

$n_{到发}$——到发线数量，条；

$t_{占}^{发}$——列车出发时占用线路时间，这项时间在车列配属站或折返站时其值为

$$t_{占}^{发}=t_{交}+t_{停}+t_{发}$$

其中：$t_{交}$——车列由客车整备所交至发车线路的时间，min。

要使客运站到发线上的作业与列车运行图配合，还须使客车整备所的作业与运行图协调。在客车整备所接车进度方面应符合下列不等式

$$t_{到}^{整} \leqslant I_{到} n_{到}^{整}$$

式中：$t_{到}^{整}$——车列占用客车整备所接车线路的时间，min；

$I_{到}$——列车到达间隔时间，min；

$n_{到}^{整}$——客车整备所到达线数量，条。

利用上述不等式对一昼夜到达列车最多的时间进行检查。既能发现薄弱环节，又可由此条件寻求客车整备所内接车线路的最少数量。

$$n_{到}^{整} \geqslant \frac{t_{到}^{整}}{I_{到}}$$

如果改编牵出线和列车运行图在工作中相互协调的条件得到遵守，就可保证车列改编进

度符合列车到达进度，即

$$t_{编} \leqslant I_{到} K_{牵} \alpha_{利}$$

式中：$t_{编}$——车列改编所需时间，min；

$K_{牵}$——牵出线数量，条（或在其上进行改编作业的调车机车数量，台）；

$\alpha_{利}$——牵出线或调车机车利用系数。

考虑到一昼夜乘务组换班及机车整备（如无替换机车时）时间，以及由于敌对进路所造成的作业中断，则

$$\alpha_{利} = \frac{1\,440 - \sum t_{中断}}{1\,440}$$

如果不能实现上述要求，特别当客车整备所内到达线路数量受到限制时，必须千方百计地缩短改编作业时间，否则就需增加牵出线和调车机车数量。按条件可确定牵出线和调车机车的最少而必要的数量为

$$K_{牵} = \frac{t_{编}}{I_{到} \alpha_{利}}$$

另外，车列整备作业进度还须与车列改编作业进度进一步协调，以免车列改编完了不能及时送入整备线作业，产生等待时间，影响后续车列的改编。

$$t_{整备} \leqslant \frac{t_{编} n_{整备}}{K_{牵} \alpha_{利}}$$

式中：$t_{整备}$——车列整备作业延续时间，min；

$n_{整备}$——整备线路数量，条。

如果不能符合这一要求，就应在一定时间内采取加速整备作业的措施。

6.7 高速铁路车站工作组织特点

6.7.1 车站的类型及工作内容

1. 高速铁路车站分类

我国高速铁路的运营模式目前尚未完全确定，高速线上既要开行高速列车，又可能要开行中速列车，高中速列车可在高速铁路和普速铁路间跨线运行。因此，我国高速铁路车站主要分为以下 4 类。

1）越行站

越行站的主要作业即中速列车待避高速列车越行，也可能办理高等级高速列车越行低等级高速列车作业，但不办理客运业务。

2）中间站

中间站一般位于高速铁路中间，为不办理列车始发、终到作业的车站。

高速铁路上设置的中间站主要进行下列作业：①高中速列车的停站或不停站通过；②中速列车或低等级高速列车待避高等级高速列车；③办理高中速列车的客运业务，如售票、旅客乘降、行包业务（中速列车上线条件下）等；④可能有少量的高速列车的夜间停留。

3）枢纽站

枢纽站一般位于铁路枢纽或省会、直辖市，有大量的列车始发和终到作业，但不办理动车组的技术作业的车站，如南京站。

高速铁路枢纽站主要作业如下：①办理大量停站高、中速列车到发作业；②办理少量高、中速列车通过作业；③办理为数较多的高速列车始发终到作业；④少量的动车组合并或分解作业。

4）始发、终到站

始发、终到站位于高速铁路起讫点，有大量列车始发、终到作业和动车组的技术作业，需考虑大量旅客换乘作业的车站，如北京南站。

高速铁路始发、终到站主要作业如下：①办理高速列车的客运业务和旅客中转换乘作业；②办理高速列车的技术作业，如列车接发、动车组出入段取送、技术检查等；③办理高速列车车底的整备作业，如车底的清洗、检修、整备等；④动车组合并或少量的分解作业。

此外，对于石太线等客货混跑的高速铁路车站还可能办理少量货运作业，其作业与普速铁路相似。

根据与普速铁路车站的关系，车站的类型还可以划分为新建高速站、与普速铁路紧靠或并列设置的高速站、高架于普速铁路车站之上的高速站、利用普速铁路的高速站等类型。考虑的因素主要是方便换乘和充分利用普速铁路能力。我国由于土地资源较为紧张，既有站附近地域拆迁费用较大，故较多地采用了新建高速站的模式。

2. 高速铁路车站的工作组织内容和模式

高速铁路车站很大程度上改革了传统的客运组织模式，形成售票、候车、检票、上下车、进出站，以及在途服务等全过程的客运组织新模式，最大限度地提升旅客出行的便捷性和舒适性。在实际工作中，充分借鉴地铁和国外铁路客运站的先进经验，在现有铁路计算机客票发售及预订系统广泛应用的基础上，通过应用自动售检票系统（AFC）、旅客自动查询系统、车站自动引导揭示系统等先进的信息管理系统，改变目前以候车厅为中心的组织格局，建立以综合大厅为中心的新格局；改“等候式”为“通过式”；改革现有“售票—候车室候车—人工检票进站—上车—在途服务—下车—人工检票出站”的客运组织模式，实行“自动售票—自动检票进站—站台或候车室候车—上车—在途服务—下车—自动检票出站”的模式，引导旅客快捷进出车站，简化进站流程，缩短在站停留时间。

在综合大厅内设置自动售票机，在综合大厅和候车厅之间设置自动检票机，旅客通过自动检票机随到随检；旅客根据候车厅内的旅客信息系统的引导，选择站台乘车；到站后通过平行布置在出站口的多台自动检票机出站。

乘客进出车站均需通过检票机检票，从而杜绝了人工检票时的漏检、逃票、以售代检、以检代售等问题的发生，并可因此取消困扰旅客多年的车上验票制度。自动售检票系统通过对客流量、客票收入等综合业务信息的汇总分析，可以增强企业客流分析预测的能力，合理地调配车辆，为运营管理提供实时准确的统计分析报告和决策依据。

提高铁路客运组织效率和质量，离不开城市交通工具的有效衔接，两者的系统整合将大大提高客运组织工作的效率，提高铁路客运市场的竞争力；反之，就会出现旅客进站难和出站难的问题，影响铁路旅客乘降组织工作的顺利进行。因此，铁路客运系统必须充分考虑与城市交通枢纽的衔接和协调，特别要注意与各城市的地铁、轻轨等城市轨道交通工具的衔接配合，使铁路客运站成为城市公共交通换乘中心，实现零距离或短距离换乘。例如，天津市在建设津滨轻轨和规划新地铁线路时，充分考虑了与铁路天津车站的衔接和配合，将天津车站设计为整个天津市城市交通的枢纽，有利于实现铁路客运与城市交通的系统整合。又如，北京市在规划地铁 4 号线时，通过微调线路走向新增了北京南站站点。这些措施，对疏解铁路车站地区客流和提高铁路客运组织效率发挥了关键性的作用。

6.7.2　车站售检票工作组织

按国外情况看，高速铁路客票售票途径普遍丰富多样，旅客可以通过人工售票窗口、旅客自助购票机、车上手持终端、电话、互联网、旅行公司系统、航空公司等多种方式，以现金或信用卡支付手段购买或预订铁路车票。车站售票仅承担其中少量工作任务。高速站车站的售票系统自动化程度相当高，与强大的接发列车能力相匹配，适应了大流量、高密度、客流快速集散的需要。车站售票以自动售票为主，人工为辅。通过自动售票机，旅客可以方便地查询各次列车的售票情况，选择乘坐车次、座别、不同运输产品车等。不同客运公司间售票点都相互代售对方车票，并通过售出车票取得对方的代售费用。

售票窗口和自动售票机数量配置上要考虑旅客的消费习惯和适应能力，初期应设有较多的售票窗口和少量的自动售票机，并随着售票机购票旅客数量的增加而逐步增加售票机的数量，保持售票机排队旅客数量较窗口少或除高峰期外其他时段没有旅客排队，以引导旅客逐步接受自动售票设备。由于高速铁路的服务特性，建议整个售票点的数量上保留一定的弹性，控制好旅客排队的长度，尽最大可能降低旅客的排队时间。

售票点的位置应尽量靠近综合大厅，并可考虑在综合大厅、旅客通道两侧、城际列车所在站台、与其他交通方式衔接位置上布设适量的自动售票机，以分担集中售票点的售票压力，并可以达到更好地为旅客服务的效果。如采用以换乘为主的组织方式，则在换乘站台或大厅也应设置自动售票机和少量的售票窗口。

高速铁路车票品种多样，售票窗口和自动售票机的功能设计上要能保障不同的功能需求，如长期票的签证、已订票的取票等。

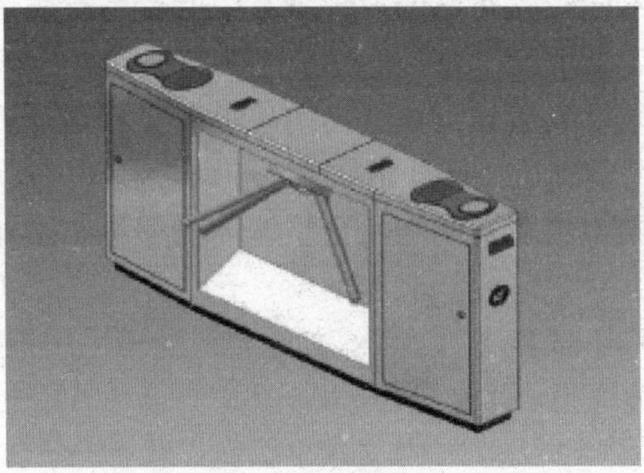

图 6-3　转杆式检票机（一侧）

高速铁路检票大多采用自动检票系统，检票机的类型包括以下几种。

（1）转杆式。这种检票机通行流量比较小，容易造成拥堵和事故，如图 6-3 所示。

（2）扇门式。该种检票机可以达到迅速、安全地疏散人流的目的，不会出现转杆式闸机那样的拥堵与事故。但人性化的闸机也引来了小麻烦，由于停滞时间相对较长，往往出现一些不自觉的乘客在出闸门时漏刷或者逃票。如图 6-4 所示。

（3）拍打式。该种检票机适合于大流通量或大件行李及残障车，须配合监控人员使用，如图 6-5 所示。

图 6-4 扇门式检票机

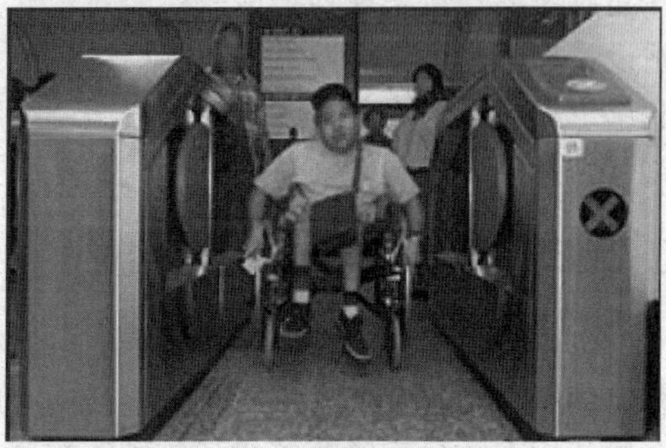

图 6-5 拍打式检票机

各类检票机的性能比较见表 6-11。

表 6-11 各类检票机的性能比较

	转杆式	扇门式	拍打式
通道宽度/mm	500	500	900
流通量/(人/min)	30～35	45～60	90～100
乘客方便性	较差	较好	好
大件行李残障车	不支持	不支持	支持
防逃票	好	较好	较差
成本	低	一般	略高
应用	小流通量，乘客文明度不高	大流通量，乘客较文明	大流通量或大件行李及残障车，需配合监控人员

检票机通道设置地点有两种：一是在进站口；二是在候车室与站台间。传统铁路因送站旅客较多和安全的考虑而较多采用第二种。国外的高速站普遍采用第一种，有的国家甚至未设检票作业。我国高速站检票机通道设置地点在不同线路车站的设计方案中两者都有采用，但从高速铁路服务特性和客流特点角度分析，建议采用第二种。

由于我国高速铁路客流量较大且候车室往往采取高架设计，进出站口一般应分别设置。出站是否需要设置自动检票通道进口检票机尚无明确结论。国外出站多不检票，利于大流量到达流的尽快疏散；我国高速铁路的情况有所不同，旅客素质和社会整体环境都不如国外，是否设置需要进一步深入研究。

检票机通道的数量应留有一定富余，保证高峰小时客流的通畅。如检票机通道采用拍打式，为节约服务人员数量在非高峰时段应关闭部分通道。

6.7.3 车站乘降工作组织

高速铁路车站由于大多采用了进站检票、候车室和候车站台间没有障碍等措施相对既有线简单，组织的主要内容大致包括正确引导旅客上下车和站台候车管理等。

正确引导、组织旅客依靠自动化的旅客导向系统（指示设备）。旅客导向系统主要采用从调度系统提取信息结合人工录入的方式，在车站加工处理形成信息源，以音频和视频的方式发布给旅客。导向系统主要分为 4 个部分：站外信息服务、站内信息服务、车上信息服务和网上服务系统。通过这些服务，旅客可以了解到各次列车的发到时间、始发站/经停站/终到站、列车编组、客票发售、列车运行（列车正在运行区间、列车正晚点、列车晚点原因）等列车运行信息，以及候车地点、服务地点、进出站走行路径、城市交通信息等站内服务信息，还可以考虑提供部分服务计算机供旅客查询其他相关信息并可直接进行有关操作，如预订车票、预订旅馆等业务。

旅客导向系统广泛分布于各个进出站口、交换大厅、售票大厅，地上地下电梯处，各种固定引导标记和电子显示应十分醒目、清晰。每个进站、出站闸口最好设有摄像机，密切监视着乘客的情况，一旦发现异情，工作人员能立即出动，快速处置。

站台候车主要依靠设备而一般不需要专门的客运员进行管理，如不同线路的列车分别采用不同的颜色标进行区分，以鲜艳的颜色标出候车安全线，站台地面上设有明显的各种车型车门位置标记，设置排队标志等，引导乘客排队上车。可以考虑在站台设置客运值班员对候车情况进行监视，以保证候车安全。

6.7.4　车站服务工作组织

1. 候车室服务工作

候车室应设有一定数量的座椅，其他服务设施大部分应设在综合大厅，候车室内可按需要设置少量的服务项目，如可以考虑提供电视、报刊、饮水、信息发布等。因候车室作用较普通铁路小，可不设专门的服务人员。

2. 安全检查工作

国外高速铁路大部分不进行安全检查，而我国出于安全考虑，在车站设计中都加设了安全检查装置。一般可将这些安全检查装置置于进站的检票口；要设置足够数量，避免出现普通铁路安检仪成为能力限制地点的现象。安检装置平时可不全部开启，视客流量的大小和不同列车种类对安全的要求决定开启数量。安全检查以自动化仪器为主，发现问题时要注意保持良好的服务态度。

3. 公共广播系统

公共广播通常用于广播实时的公告，具体包括铁路时刻表信息、预录制的公共信息公告、紧急公告、背景音乐等。公共广播系统主要供控制中心工作人员和车站工作人员使用，由他们用来发布必要的信息。

4. 生活服务

生活服务主要包括问询、寄存、行李托运、特殊服务等。

问询处应设在旅客集中的进出站口、综合大厅、站前广场等处，解答旅客有关购票、乘降、中转、集散等方面的问题。为加强服务的亲和力，一般以人工服务为主。

寄存处需要设置在旅客顺路办理的地点，高速铁路车站最佳设置地点应在综合大厅。寄存可分别采用自动化设备（密码箱等）与人工服务的方式，方便旅客选择。对于旅客随身携带的大件行李应提供行李车，方便旅客搬运。行李车的位置可放在进站口某一侧，供旅客自由使用。

某些特殊旅客如老人、孕妇、残疾人等，除硬件设施的保障外，还需要服务人员提供专门的服务。例如，为行走不便的老人提供轮椅等。

5. 应急处理工作

应急处理工作是高速铁路客运服务不能忽视的一项工作，在发生旅客拥堵、突发疾病、服务纠纷、特殊群体事件、自然灾害、发生刑事犯罪案件等问题时，必须尽快化解。应急处理工作的重点，一是预案，对各种情况处理办法做到心中有数或有章可循；二是明确各部门的岗位责任。由于该类事件不可能设专门的日常人员防范，更要重视一旦事件发生时的组织工作。

6.7.5 车站技术作业工作组织

1. 高速铁路车站作业特点

(1) 车站作业单一，只办理客运业务，不办货运业务。高速铁路运营初期能力上会存在一定富余，但由于技术上的原因一般不开行货物列车。日本、法国等多数国家高速铁路均不开行货物列车，德国虽存有两条客货混跑高速线，但仍以客车为多，货车主要在夜间运行，车站办理的作业主要是通过作业。我国高速铁路大部分也设定为不办理货运作业，即使如石太等客货混跑线的车站也基本不办理货运作业。

(2) 高速旅客列车不办理行包和邮件的装卸业务。我国普通客车多挂有行李车和邮政车。列车到达较大车站时，要进行邮件和行包的装卸作业，车站站台上沿站台的纵横向均须设置行邮拖车的走行通道，列车作业繁忙的大站通常需设横越股道、站台的地下通道，交叉干扰多，作业时间长，往往成为列车到发作业的主要限制因素。因此，高速铁路车站一般不办理行包和邮件的装卸作业。国外的高速动车也均不办理行邮作业，解决行包的办法一是设置较宽敞的行李架，二是开行单列的行包邮政列车。我国高速铁路基本与既有线平行，行包运输问题可以考虑由既有线完成，故高速列车可不办理行邮业务。

(3) 高速车站作业必须突出“安全第一”的思想。不停站的高速列车通过车站的速度按设计要求应与区间相同，停站的列车进入咽喉区的速度也达到 80 km/h。在车站，人身安全、列车运行安全、车站员工的安全，以及高速列车养护维修车列与动车组运行和调车作业的安全，都必须加以注意。

(4) 高速车站作业组织要充分体现“以人为本、方便旅客”的宗旨。车站是聚集大量旅客的场所，必须做到快速集散客流、尽量减少旅客步行距离、减少滞留时间。

(5) 高速车站的客运和行车工作组织要适应高效率快速作业要求。高速列车停站作业时间很短，列车停站时间最短 1 min，立即折返的列车停站时间为 15～25 min（国外经验），必须提高车站客运和行车组织工作水平，以适应高速列车的高效、快速的作业要求。

2. 高速铁路客运站技术作业内容及作业时间

普通客运站技术作业包括客运站车场及线路的专门化、车站作业计划的编制、动车组相关技术作业、接发列车等。按照高速铁路调度系统的功能设置，在基本计划中，车站车场及线路固定使用办法已基本确定，旅客列车到发股道有专门的车站到发作业计划具体规定，列车运行秩序混乱时也由调度中心的列调按其编制的调整计划进行调整，一般情况下不需要客运站做什么工作。我国高速铁路的行车指挥采用分散自律式调度集中设备，客运站接发列车作业也主要由调度中心完成，车站仅在特定条件下暂时接管该作业的指挥任务。动车组的调车工作也可以由调度中心完成。故一般情况下，高速车站的技术作业相当简单，仅包括CTC条件下的接发列车、调车作业组织和动车组的相关技术作业两项。国外高速铁路车站技术作业普遍较为简单，德国铁路甚至在所有中间站不设行车人员，日本铁路也仅设 1 名值班员负责旅客和列车间的联系工作。

与车站技术作业相关的作业时间标准与具体车站的布局形式、车站设备等相关，可以实际查定获得。作业时分分为两类：一类是车站技术作业时分，另一类是动车组在站停留时分。车站技术作业时分与车站平面布局和列车速度有关，线路长度根据设计图确定，列车走行速度根据线路道岔和曲线确定，转线作业牵出速度一般不超过 40 km/h，推送速度不超过 20 km/h。旅客列车在站停留时间按列车类别确定。《京沪高速铁路设计暂行规定》给出了一部分列车在站作业时间参数：始发（动车组）旅客列车 7 min，终到列车 6 min，立折列车 18 min。

列车在站停留时间主要考虑旅客乘降作业过程，包括旅客上下车时间、打扫卫生时间、尽头站旅客座椅转向等。这些时间与营运方式有密切关系，甚至车厢结构对其也有显著影响。

旅客下车时间主要考虑车厢内旅客人数与每位旅客经过车门需要的时间，高峰时段按列车满员考虑，每车厢乘员 75～85 人。若每人经过车门时间为 3 s，则旅客下车占用时间 3.75～4.25 min；考虑两端门同时下车，占用时间为 1.9～2.13 min。在方案计算中，最小可取 3 min，城际列车可相应减少 1 min。

由于旅客上车后要寻找座位，走行通道不畅引起时间延滞，旅客上车时间通常比下车要占用更多的时间，一般按比下车多 1 min 取值。在方案计算中，最小可取 3～4 min，城际列车可相应减少 1 min。

日本东北新干线最短折返停留时间为 8 min，一般立折取 12～15 min，入段折返停留 4 min。根据这些指标，旅客下车需要 3～4 min，上车需要 4～5 min，还需考虑清扫卫生及座椅转向时间（一般为 4 min）。

我国高速铁路列车在站最短停留时间可参考以下数据取值：300～350 km/h 旅客列车 12 min（下车 3 min，上车 5 min，其他 4 min）；200～250 km/h 旅客列车 14 min（下车 4 min，上车 6 min，其他 4 min）；城际列车 6 min（下车 2 min，上车 2 min，其他 2 min）；入段停留 4 min（下车 3 min，其他 1 min）；停站（大站）通过 5 min（下车 2 min，上车 2 min，其他 1 min）。

6.8 客运站的财务管理

客运站的财务管理包括固定资产管理、流动资金管理、成本管理、运输收入管理、运输进款管理和专用基金管理。这几项管理是相互联系和不可分割的统一整体。其中，客运站的运输收入管理是客运站财务管理的重要方面，是对资金收入和分配的管理；固定资产管理、流动资金管理和专用基金管理，是对资金取得和使用的管理；成本管理是对资金的耗费管理；运输进款管理是对运输进款资金收入和解缴的管理。只有把这些管理工作搞好，才能实现以较少的资金投入和较低的运输成本，完成较多的旅客运输任务并取得良好的经济效益。

1. 客运站财务管理的主要任务和应遵循的基本原则

客运站财务管理的主要任务是：组织好资金的筹集和供应；监督客运站的生产经营活动，提高经济效益；维护财经纪律，保护国家财产完整。

客运站财务管理应遵循的基本原则是：实行计划管理，即根据批准的生产计划，制订财务收支计划。贯彻经济核算制，是国家管理企业的一项基本制度。实行统一领导和分级管理，铁路运输企业实行铁路局集团公司和站段二级管理。

2. 客运站的经济核算制

客运站有自己的生产财务计划，并拥有铁路局集团公司转拨的同定资金和流动资金，在银行开立结算账户，直接与有关企业签订经济合同并发生往来，对自己的支出进行核算，并按照一定办法与铁路局集团公司进行清算，并获得拨款作为再生产所需的资金。客运站在形式上实行独立经营，但它又不能独立地为国民经济其他部门完成运输工作，只是担任铁路运输业务的部分工作，因此，它不是完整的经济核算单位，而是完整的经济核算单位的组成部分。

3. 客运站运输收入管理

车站是铁路运输企业的基层生产单位，是客货运输过程中的中心环节。它的职责是按运输计划的规定，正确办理客货运输业务。负责编制、分劈、下达运输收入计划，保证完成和超额完成各项收入任务。正确核算收入，按期提报各种收入报告，进行经营活动分析；加强基础管理，建立健全岗位责任制；严格客货票据的使用、管理和运输收入进款的存汇管理。车站各项技术经济指标能否全面完成，不仅影响本单位的经济效益，也影响铁路局集团公司乃至全路运输收入任务的完成。因此，按照分级管理的要求，必须把运输收入工作纳入车站的整体经营管理中去，设置专业人员，加强组织领导，建立健全各项管理制度，正确计算和核收运输收入进款。加强运输收入管理，对于实现多运增收、提高经济效益有着十分重要的意义。

车站经营活动的组织管理是一个有机的系统，客运站的运输收入日常管理主要有售票、行包、补票和收入进款等。

客运收入是客运站在完成旅客、行包、邮件运输工作中，按照国家批准的运价取得的货币收入。客运站的客运收入包括以下内容。

(1) 旅客票价收入。车站发售各种车票的收入。

(2) 行李运费收入。国内发送行李和变更到站的行李运费，国际联运国内段行李运费。

(3) 包裹运费收入。国内发送包裹和变更到站的包裹运费，国际联运国内段包裹运费。

(4) 行李、包裹保价费。对声明价格按保价运输的行李、包裹核收的保价费。

(5) 客运其他收入。指除票价、行李、包裹运费以外的收入。主要包括：①车站补收无票旅客的票价；②补收旅客随身携带品超重、超限的运费；③退票费；④补剪手续费；⑤补签手续费；⑥行李、包裹变更手续费等。

复习思考题

1. 客运站的工作组织主要包括哪些具体内容？

2. 客运站主要技术作业内容包括哪些？旅客列车的技术作业过程主要分为哪几种？
3. 车底在客车整备所要进行哪些作业？作业方式有哪两种？
4. 客运站的各项技术作业过程如何组织？
5. 客运站行包工作组织包括哪些方面？
6. 如何做好客运站服务及管理工作？
7. 高速铁路车站作业特点有哪些？
8. 简述高速铁路客运站工作组织内容和模式。

第7章 铁路旅客列车乘务工作组织

【本章内容概要】

本章主要介绍旅客列车上的乘务工作组织，主要包括乘务组的组成、分工及工作内容，旅客列车乘务作业的具体内容，以及旅客列车的乘务计划编制、乘务组数量计算方法和列车收入管理。

【本章学习重点与难点】

1. 掌握旅客列车乘务工作包含的内容。
2. 了解乘务制度、工作制度和作业流程，掌握列车乘务工作编制的方法。
3. 掌握列车乘务需要数量计算方法。
4. 了解列车运输收入管理办法。

7.1 概　　述

铁路旅客运输生产是以列车运行方式进行的，旅客的旅行生活大部分时间在列车上度过。旅客列车是流动的小社会，只有列车上的服务好、秩序好，人们才能通过旅客列车这个窗口看到整个铁路的良好形象，对构建和谐社会增加信心。列车服务管理是铁路客运部门的核心任务，在全路客运职工中列车乘务职工约占60%。旅客列车乘务工作水平的高低，直接关系到铁路客运企业的形象，关系到铁路客运企业竞争力量的强弱。因此，做好旅客列车服务工作，对保证乘客安全、便捷、舒适，争取铁路客运在客运市场中占有份额，具有十分重要的意义。

旅客列车乘务组工作的主要特点是：工作环境处于列车动态运行中的封闭状态，面对的是具有多元化旅行需求的旅客，要从限定的设备条件和时间内，从实际出发及时解决旅客提出的要求和处理临时发生的各种问题。

旅客列车乘务组的主要任务是：保证旅客上下车及旅途中的安全，及时为旅客安排座席、铺位，保持列车内整洁、卫生，维护车内秩序，做好服务工作，保证行李、包裹安全、准确地到达目的地，充分掌握车内旅客数量及行包密度和去向，及时办理客流信息传报，正确执行规章制度，维护铁路正当收入，做好餐饮供应及文化服务工作，充分发挥列车各种设备效能，爱护车辆设备。

7.1.1 旅客列车乘务组的组成及其分工

为了不断提高服务质量，满足旅客不断提高的旅行需求，旅客列车乘务管理工作已经形成了国铁集团客运部、铁路局集团公司客运营销处（客运处）和客运段 3 级由宏观控制到决策与管理再到组织实施的分层次的乘务管理体制。

1. 普通旅客列车乘务组组成及分工

旅客列车乘务组由客运、车辆和公安等部门的人员共同组成，包括列车长、列车员、列车行李员、广播员、餐饮供应工作人员、检车员、车电员和乘警等，分别归属于客运段（列车段）、车辆段、铁路公安处领导，在旅客列车上共同担当乘务工作。列车乘务组组成如图 7－1 所示。

- 列车长（副列车长）
  - 客运乘务组
    - 主任列车员
      - 列车员
      - 广播员、列车行李员
      - 供水员
    - 餐车主任
      - 厨师——副厨师、炊事员
      - 服务员
      - 售货员
  - 检车乘务组
    - 车电员
    - 检车员
  - 乘警组——乘警

图 7－1　列车乘务组组成

客运乘务组、检车乘务组、乘警组合称“三乘”。各乘务组的分工如下。

客运乘务组：保证旅客和行李、包裹的安全；协助乘警做好车内“三品”的检查；组织好列车饮食供应；保持车内各项设备的完整和列车的清洁卫生；对重点旅客重点照顾；检验车票；通报到站站名；保证旅客安全乘降；正确填写各种表报，乘务终了时，认真填写乘务报告。

检车乘务组：负责客运车辆从始发站到终点站的运行安全；列车站停时经常巡视及检查车辆走行部分；检查车内通风、给水、取暖（空调）、照明、门窗等各项设备的技术状态，对发生的故障及时处理。

乘警组：协助客运乘务组维持列车秩序，调解旅客纠纷，及时处理列车内发生的各种案件；遇有突发事件及时赶赴现场，按照分工，积极开展工作。

2. 动车组列车乘务组组成及分工

动车组列车乘务人员安排如下。

1）人员组成

(1) 动车组司机：实行单司机值乘制。

(2) 客运列车员：按每组 2 人配备，其中列车长 1 人。

(3) 客车检车员（随车机械师）：每组 1 人。

(4) 列车乘警：固定运行时间在 5 h（含 5 h）以内不配乘警，超过 5 h 的每组配 1 人。

(5) 不设运转车长。

乘务人员预备率一般为：动车组司机（含地勤司机）16%，其他人员 7%。

2）工作时间标准与劳动班制

动车组司机、列车员、客车检车员（随车机械师）原则上采用轮乘制，根据交路设计，科学确定换乘方式。实行综合计算工时制度，月平均工作时间按国家规定的标准执行。运行图中单趟运行 4 h（含 4 h）以内的，实行单班单司机值乘；运行图中单趟运行时间超过 4 h 的，实行双班单司机值乘。单班单司机值乘一次出乘时间（含出退勤，立折时间）不超过 8 h；双班单司机值乘一次出乘时间不超过 12 h。双班单司机在动车组上安排的随车便乘休息时间不计算为工作时间。

7.1.2 旅客列车乘务组的乘务制度

为保证旅客列车安全，旅客列车乘务组实行固定班组制。旅客列车的乘务组织形式，有包乘制和轮乘制两种。

1. 包乘制

包乘制是指按列车行驶区段和车次由固定的列车乘务组包乘。根据车底使用情况不同，可分为包车底制和包车次制。

(1) 包车底制。包车底制是指乘务组不仅固定区段、车次，而且固定包乘某一组车底。其优点是有利于加强车辆设备和备品的管理，乘务人员熟悉沿途情况和旅客乘降规律，能更好地安排自己的工作，有利于提高服务质量；缺点是长途旅客列车需加挂乘务员休息车，乘务工时一般难以保证。目前在执行包车底制工时不足时，采用乘务员套跑短途列车或长途车底套跑短途列车的方法。这样既可节省车底，又可弥补乘务工时的不足。

(2) 包车次制。包车次制是指一个车次（通常称线路）几个乘务组包干值乘，但不包车底。其优点是便于管理，有利于提高服务质量；缺点是交接手续复杂，不利于车底保养。

2. 轮乘制

轮乘制是指在旅客列车密度大且列车种类和编组又基本相同的区段，为了紧凑组织乘务交路和班次，采用乘务组按出乘顺序，轮流担当乘务工作的制度，并可互相套用。其优点是不需编挂乘务员休息车，乘务员单班作业，对线路、客流等情况熟悉，联系工作方便；缺点是交接频繁，不利于车辆保养和服务设施维护。

7.1.3 旅客列车乘务组的工作制度

旅客列车乘务组在列车长统一领导下，建立必要的工作制度和管理制度，以保证做好旅客、行包的安全运输及旅客服务等项工作。其主要工作制度如下。

(1) 出退勤制。列车乘务员在本段出乘时，要按规定时间由列车长带队到派班室报到，听取派班员传达有关事项，列车长摘抄有关电报、命令、指示。到达折返站或由折返站出乘时，列车长必须向有关人员报告乘务工作，接受任务。返回本段后，列车长向派班室汇报往返乘务工作情况并提出书面乘务报告。

(2) 趟计划。列车长每次出乘前要编制趟计划，其主要内容为本次乘务中的重点工作安排，贯彻上级指示、命令、通知、规章的具体措施。

(3) 验票制。为保证旅客安全、准确的旅行，维护铁路运输秩序和保证铁路收入，列车上由列车长负责检验车票。检票次数原则上每 400 km 一次；不足 400 km 的列车，每个单程不得少于一次；无票旅客多的区段也可多次。

(4) 统一作业制。根据乘务列车的运行时刻、线路、客流、换班和餐饮等情况乘务组各工种均应有细化的作业过程。除上述制度外还应建立以岗位责任制为中心的各项作业标准化的管理制度，如安全生产、路风建设、服务质量、备品管理、列车环境卫生等制度。

7.1.4　旅客列车乘务作业流程

旅客列车乘务工作流程可划分为交接作业、始发前准备工作、始发站作业、途中作业、折返站前作业、折返站后作业等几个环节。其工作流程如图7-2所示。

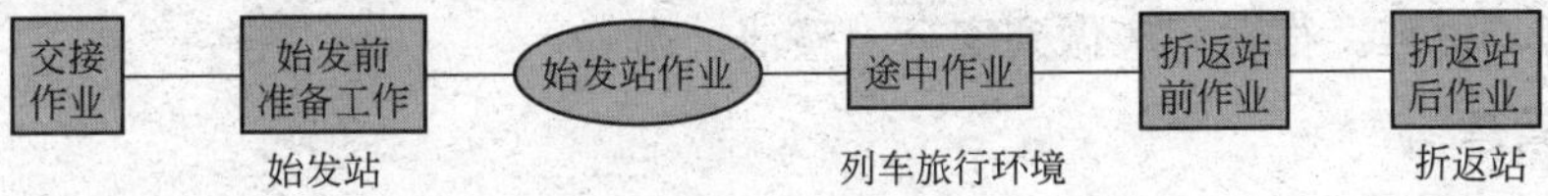

图7-2　旅客列车乘务工作流程

7.2　旅客列车乘务作业

7.2.1　旅客列车乘务组工作要求

1. 对列车乘务组工作安全方面的要求

列车乘务组人员会使用紧急制动阀和手制动机，会使用各种类型的灭火机和炉灶。通过乘务人员的工作防止旅客误乘、误降和行包误装、误卸，防止危险品上车和政治、刑事案件发生；消灭行车责任晚点、火灾、爆炸、人身伤亡、食物中毒，以及行包事故；杜绝被盗，跳车、烫伤、挤伤和砸伤事件，确保列车正点运行。为此，列车乘务人员在到站之前要通告到站和停站时间，对重点旅客应重点通报，夜间去向要做登记，临时停车要做说明。装行包时要检查到站和件数，卸车以前要准备好票据和行包。对公文和信件交接要检查到站、包装和骑缝线。列车的乘务室、广播室、储藏室、茶炉间、锅炉间、软卧包房、列车长与车长办公席抽屉，以及保温桶离人时要加锁。通过大桥、隧道时要关窗、锁厕所，并进行巡视。票据用一本取一本，现金及时入柜保管。此外，要严格执行各项作业标准和《中华人民共和国食品卫生法》等有关法规，防止各种事故的发生。

2. 对列车乘务组工作服务方面的要求

如何准确把握不同条件列车、不同旅客的不同服务需求，努力提高服务质量，是列车乘务工作始终要考虑的问题。乘务组人员要树立全心全意为人民服务的思想，坚持“人民铁路为人民”的宗旨，以旅客的需求为中心，想旅客所想，急旅客所急，帮旅客所需，做到“以人为本，旅客至上”。执行全面服务、重点照顾的原则。对待旅客要文明礼貌，纠正违章要态度和蔼，处理问题要实事求是。为使旅客在列车上能享受到优质服务，乘务员必须热心接待旅客，耐心解答问题，虚心听取旅客意见，主动为旅客服务。乘务人员要着装整洁，语言文明，举止有度。总之，只有乘务人员对旅客、对工作、对铁路和国家有高度的责任感，才能最大限度地满足旅客在旅途中的物质和文化生活需求。

7.2.2　车厢服务

1. 车容整理

列车车容应保持庄重整洁、美观大方，具有时代气息和地方特色。具体标准如下。

(1) 四条线标准。行李架、衣帽钩、窗帘、毛巾绳等 4 项设施物品，应做到线直物平，统一大方。

(2) 物品安放标准。物品安放应当平稳、整齐、牢固。轻的物品放行李架上，重的物品放座位底下；行李架上不放扁担、长杆等易滑物品，也不放易碎、流质物品。

(3) 乘务员室标准。乘务员室应保持清洁、整齐，物品摆放统一。

(4) 宿营车标准。宿营车应做到安全、整洁、肃静。

2. 备品管理

固定和活动备品管理应遵循庄重美观、挂摆统一整齐、状态良好的原则。

3. 清洁卫生

搞好列车上的清洁卫生，为旅客创造一个良好的旅行环境，保证旅客的身体健康，是列车服务工作的一项重要内容。列车的清洁卫生，应遵循“窗明几净、四壁无尘、器洁镜明、物见本色、严格消毒、消灭死角”的原则。

4. 旅客服务

旅客列车服务应坚持“人民铁路为人民”的宗旨，做到全面服务，重点照顾。要通过列车乘务人员热情、有礼貌的服务，为旅客创造亲切、舒适的乘车环境。

(1) 车门立岗。在车门立岗迎接旅客时，应热情诚恳、礼貌周到。目光关注旅客，用亲切的语言表示欢迎：“您好，欢迎乘车！请出示车票。”按顺序快速查验车票。

(2) 引导入座。对乘车经验少、老人及行李较多的旅客应主动引导，注意对号入座。

(3) 供应茶水。为旅客送开水是一个重要的服务项目，任何列车在始发和运行途中都要做到这一点。有电茶炉的客车，要向旅客介绍电茶炉的位置。对重点旅客，坚持送水到位。卧铺车厢的热水瓶要注意续水。

(4) 对重点旅客的服务应该做到以下几点。

① 对各类残疾旅客和老人，应主动帮助拿行李，安排座位或介绍列车设施及作用，联系就餐，端茶送水，协助上厕所等，尽可能为他们提供方便。

② 儿童活泼好动，应随时观察小孩的举动，发现有危险行为时要及时制止，并提醒家长看好自己的孩子。

③ 对身体表现出不适的旅客，应主动询问是否需要找医生，在生活上多加照顾，必要时联系餐车做“病号饭”。

④ 孕妇容易疲劳，行动也不方便。可安排一个方便走动的座位或铺位，动员周围的旅客说话小声、动作轻，尽量提供一个安全、宁静的休息环境。

7.2.3 列车广播

列车广播是社会主义精神文明建设的一个重要阵地，也是铁路客运工作的一个重要内容，是展现铁路风貌的重要窗口。搞好列车广播工作，对于保证旅客旅行安全、丰富旅客旅行生活、组织指挥客运生产和服务、倡导社会主义精神文明具有重要作用。

列车广播作业要求如下。

(1) 列车广播工作应坚持全心全意为人民服务的原则，坚持与中央宣传口径保持一致的原则，坚持思想性、艺术性、计划性、针对性的原则。

(2) 广播员在每次出乘前都要制定“广播趟计划”。计划的内容包括列车运行全过程中的播音项目、播出时间及节目内容，即对乘务中各阶段各区间的播音内容做详细安排。

(3) 列车运行中除计划播音外，还可以根据实际情况灵活机动地穿插相关内容。

(4) 广播员应经常向旅客宣传铁路旅行常识，使广大旅客懂铁路运输知识，自觉遵守铁路规章制度。

(5) 为了方便旅客就餐和使用卧铺，广播应准确介绍餐车供应和剩余卧铺发售情况。

(6) 清晨第一次播音应介绍洗漱设备的使用方法，宣传节约用水，提醒旅客不要遗忘贵重物品等；夜间停止播音前要重点介绍安全注意事项、夜间停站预告及注意防盗等事项。

7.2.4　餐饮服务

铁路客运餐饮服务是现代铁路客运工作的重要组成部分，是吸引客流的有效手段，也是塑造铁路服务良好形象的重要窗口。优质的餐饮服务不仅为旅客提供了方便，同时也增加了铁路的吸引力和竞争力，其收入也是客运收入的重要来源之一。

1. 铁路客运餐饮服务的特点与原则

铁路客运餐饮服务包括列车餐饮服务和车站餐饮服务。车站餐饮服务的经营模式、制作环境、物品供应形式等与一般的餐饮经营和服务差异不大，只是在价格、档次、口味等方面应充分考虑到旅客结构、旅客在车站就餐的需求特点等。在经营管理方面主要取决于运输企业的餐饮经营模式。列车餐饮服务由于其制作环境、物品供应形式，以及旅客选择余地等有明显的特点，具体表现在以下几个方面。

(1) 流动性。流动性主要指列车的流动性和旅客的流动性。旅客列车运行过程中其承载的旅客是流动的，由此造成旅客餐饮习惯口味喜好、价格认知等方面的不确定性，要求列车餐饮供应应充分考虑该次列车所经途中旅客的结构等问题。

(2) 封闭性。旅客列车在运行途中是一个封闭的环境，旅客的流动只是随着列车的停站间变化。旅客除了在列车停站时有很短时间的餐饮选择（可以在站台上购物和快餐）以外，基本上是在列车上封闭的环境里就餐，由此造成列车餐饮的“垄断性”。其结果是要么旅客只能忍受“价高、质次”的餐饮服务，要么只能自带方便食品将就解决旅行餐饮问题。总之，铁路客运餐饮服务的封闭性特点应该得到充分重视。

(3) 档次性。我国铁路旅客列车分为各种档次。既有服务于较高层次的直达特快旅客列车，又有服务于沿途或较低层次的普通旅客列车。不同档次列车所吸引的客流结构也有较大差异，所以其餐饮服务从经营品种、口味到价格定位等都要考虑其差异性。

(4) 互为服务性。铁路运输业联动性的特点，造成了各运输企业（或列车）旅客餐饮服务是互相服务的关系，因为旅客列车属于不同运输企业，在其运行途中又要经过不同运输企业的管辖，并需要对其餐饮物品进行补充、上水，以及餐饮废弃物的处理等。由此可见，铁路客运餐饮服务具有各运输企业间互为服务的特点。

2. 铁路客运餐饮服务的供餐方式

在铁路客运餐饮服务的发展过程中大致有以下几种供餐方式。

1) 在餐车上直接制餐

这种供餐方式要求列车加挂餐车，由厨师在餐车上直接烹制食物，旅客可以选择去餐车点餐，也可购买由餐车出售的盒饭。我国铁路目前多数以此种供餐方式为旅客提供服务。这种供应方式一定程度上方便了旅客就餐，但效率较低，成本高，易发生事故（如火灾等）。

2）航空式配餐

航空式配餐即车下制备，真空包装，车上加热。此种供餐方式起源于法国铁路。其优点是：生产标注严格，食品卫生合格，餐具整洁配套，营养搭配合理，送餐服务规范，价格统一合理等，简化了列车上的作业，减少了工作量，并且食品保鲜状态好，不变味，方便、卫生，可为旅客提供有选择余地的膳食。

3）自助餐供应方式

这种方式所花费用比在餐车就餐经济实惠。20 世纪 70 年代起这种方式在欧洲兴起，法国铁路在 1969 年开始采用自助餐餐车系统为旅客服务。目前，为迎合旅客要求，部分自助餐车被改造为常规车，编入城间列车运营。

4）酒吧车服务

酒吧车代表了现代餐车的发展趋势，即提供比常规餐车小卖部还好的饮食服务，“创造一种小酒家式的就餐气氛”。

3. 我国铁路客运餐饮服务流程

目前，我国铁路客运餐饮服务模式主要包括列车编挂的餐车和配备的送餐车、流动售货车，以及航空式餐饮配送。从今后高速铁路建设、经营模式，以及发达国家铁路客运餐饮发展经验来看，后者将是一个重要的发展方向。

1）列车编挂餐车服务流程

列车编挂餐车服务流程是目前我国铁路客运餐饮供应最主要的方式。从餐饮原材料的采购、初步加工到列车餐食的制作、售卖，以及废弃物的回收等均由旅客列车担当铁路客运企业完成。所以，在餐饮流供应、餐饮服务管理等各方面，其流程较为简单。

2）航空式餐饮配送服务流程

为严格保证列车食品质量安全，减少损耗，防止污染，避免发生群体性的食品卫生事故，食品加工配送应采用冷链供应系统。食品冷链是指易腐食品在生产、储藏、运输、销售到消费前的各个环节中，始终处于规定的低温环境下，以保证食品质量，减少食品损耗的一项系统工程。

（1）配送服务流程。列车配餐发生在从配餐地至列车上餐车过程中，其配送流程包括以下内容。

① 根据列车服务信息系统查询终端提供的列车发车前 1 小时的旅客信息，加热适量的正餐，同时确定干点的数量。

② 将加热后的正餐装入保温箱并施封，将干点装入送餐车内并施封。将保温箱和送餐车装入专业配餐车。

③ 专业配餐车按规定时间到达车站站台列车餐车位置。

④ 将送餐车和保温箱从餐车车门送上列车并办理交接。

（2）餐食发放服务流程。此流程发生在旅客列车上为旅客提供餐饮服务的工程中，其服务内容包括以下内容。

① 通过列车服务信息系统手持移动终端确认旅客信息。

② 开车后发送干点；在中间站开车后，根据旅客座次等信息，向新上车旅客发送干点。

③ 有饭点时间，配送正餐；无饭点时间，不提供正餐。

④ 回收配餐垃圾。

(3) 垃圾回收服务流程。在旅客列车餐饮服务中，需要对配餐垃圾、送餐车和保温箱等进行回收。

配餐垃圾的回收流程为：①将配餐垃圾回收至送餐车；②配餐基地对配餐垃圾清理。

送餐车和保温箱的回收流程为：①将送餐车和保温箱统一送至餐车并交接；②将送餐车和保温箱由专业配餐车直接运走；③在配餐基地对送餐车和保温箱进行清洗、消毒。

7.2.5　验补票服务

我国铁路旅客列车上验票和补票是铁路旅客列车乘务工作的重要组成部分。它和车站售票和检票有很大不同，在旅客列车上验票和补票发站也随着列车的移动而变化；此外，还要考虑变径、变席、变到站和分段计费（同时经由营业线、新线或地方铁路线）等问题。我国铁路旅客运输的特点，决定了旅客列车上补票时有发生，并将和车站售票长期共存，其主要原因如下。

(1) 全国铁路 7 000 多个办理客运业务的车站中，四、五等站和旅客乘降所约占 80%。这些场所没有完善的进出口设施来对乘降旅客检、验客票，即使是三等以上车站设有比较完善的进、出站口，也无法完全杜绝无票人员进出站，这是产生旅客无票乘车的最重要原因。

(2) 各站开放的“绿色通道”允许部分旅客上车补票，增加了车上补票的工作量。

(3) 在旅客乘降所上车的旅客必须在列车上补票。

(4) 旅客列车上可发售空余软、硬卧铺和处理旅客变径、变席、变到站等。

我国铁路旅客列车上长期采用人工填写代用票来补票，工作量大，方式落后，计费复杂，劳动强度大，结算时间长，不能适应发展的形势。随着科技进步，铁路现代化进程加快，在旅客列车上采用便携式智能型电脑补票机补票，已逐步取代手工开代用票的补票办法。

智能型电脑补票机的基本结构是便携机加热敏打印组成的一体化机器。它采用最先进的计费里程，特别是分段里程自动计算，对制票过程实行软件监控技术，确保售票电子数据存储正确、可靠，同时可对其存储的信息按客运、财务、统计工作的各种需要，进行自动处理。实行软件全路集中统一管理和维护，杜绝各种可能产生的经济问题。

7.2.6　列车行包运输

根据需要，部分旅客列车挂有行李车，负责旅客的行包运输。车站办理行包的托运和交付工作，列车行李员负责行包在运行途中的行包安全和行包完好。

1. 行包作业过程

(1) 装车。车站行李员在装车前，根据行包运输报单，按到站顺序、票据号码、件数、重量编制好装车清单，并清点货签，将行包运至站台列车行李车厢门口待装。列车行李员按车站行李员给的装车清单监装，待装车完毕清点货、票相符后，填写“行包装卸交接单”，由列车行李员签名后交车站行李员。列车行李员在监装（卸）时，尤其要注意防止误装、误卸、货票分离、标脱落、包装破损、行包损坏。装车时，应做到重不压轻、大不压小，码放整齐，作业完毕后将情况通报调度，并向前方站预报。

(2) 运送。为保证行包运输的安全和沿途停车站装卸作业的方便，行李车两端间、4 个侧门间必须留有通道。列车运行途中，行李员必须经常巡视车内行李装载情况，发现异状，立即处置，并将前方到站应卸的行包，事先搬运至侧门口，以便组织卸车。

(3) 卸车。车站行李员于列车到达前，应了解行李预报情况，组织劳动力至车站站台，准备好卸车工具如小车等。列车到达后，检查清点运输报单总数与交接证相符后，按票卸车。在列车中间停车站装卸的行包，必须坚持先卸后装的原则，并事先组织好以便进行快速装卸，以免因行包装卸造成旅客列车晚点运行。

2. 标准化作业标准

(1) 行李车资料台账齐全，修改填写及时；办公室有规定的时刻表、货位示意图和“押运员须知”；货仓内有“严禁烟火”标志、站名牌和隔离红带。

(2) 执行行包运输方案，装运行包监装监卸，开门点数，使用规定印章办理站车交接；行包装载堆码整齐，不侵占通道，不偏载、超载；贵重品、密件入柜加锁。

(3) 及时、正确填写“行包密度表”“列车行李员乘务工作记录”，及时向前方站做好预报。

(4) 行李车内无违章运输物品，无闲杂人员，货仓门关闭加锁。对押运人员要查验车票，告知注意事项并进行登记。

(5) 无行包被盗、丢失。

高速列车由动车组担任，没有编挂行包车，且高速列车停站时间短，不具备各站装卸行包的条件，可组织开行快速行包列车。

根据高速铁路区段调查的行包运输需求量，确定行包列车的始发站和终到站、基本编组辆数、停车站及停站时分，组织好装卸劳力及装卸作业，利用高速铁路上空余的早晚时段或夜间综合维修天窗时间，在运行图上专门铺画行包快运列车运行线开行行包快运列车。

7.2.7 乘务人员应急事件处理

1. 乘务人员报警措施

1) 列车司机鸣笛报警

旅客列车运行途中，遇到危急险情或特殊情形被迫停车而不能继续运行时，司机在立即采取安全应急措施，以列车无线调度电话通知两端站、追踪列车、邻线列车、列车调度员及运转车长的同时，还须随即鸣示有关警报信号或紧急性行车信号，以便全体乘务人员应急行为的统一性、协调性和有效性。

机车鸣笛时间一般为：长声为3 s，短声为1 s，音响间隔1 s；重复鸣示时，须间隔5 s以上。

2) 列车广播报警

列车广播设施，一般是指客运列车固定编组中广播车上有关广播装备，以及延续设置在全列各车厢壁板内的传声装置。遇有特殊情况时，还应包括手持话筒、半导体喇叭等现场临时性就地组织、疏导旅客所使用的简易式的传、扩音器具。列车广播报警、告警及警示等情况，往往都是在比较特殊情况下进行的。

(1) 列车长，在诸如列车遭遇洪水侵袭、泥石流、塌方断道等紧急情况下，通过列车广播做好稳定旅客情绪、安全疏导旅客的警示性工作组织。

(2) 乘警长，诸如就维护列车治安秩序、防范刑事犯罪活动的警告或警示性的列车广播讲话。

(3) 广播员，诸如代表列车对临时重病患者的求医救助（应视为铁路列车的“120”）或列车遭遇重大疫情等告急性、警示性工作。

例如，洪水侵袭，铁路断道，列车运行受阻且变更径路时，列车长的广播词如下。

各位旅客，你们好！

我是本次列车的列车长×××。

由于列车运行的前方遭遇洪水侵袭，已造成铁路区间线路断道而阻止列车运行。现在列车正在安全退行，请大家保持镇静，不要慌乱。我们已请示××局客运调度，并报请上级批准，本次列车将改变径路经由××线、××线运行。为此，给旅客们带来的不便和麻烦，我代表铁路部门表示深深的歉意，并恳请大家的谅解。

我将与我们全体乘务员一起，进一步做好列车服务工作，真诚感谢旅客们的大力配合。

2. 乘务人员消防责任

1) 客运列车义务消防组织

客运列车义务消防队是列车火灾的自防自救性义务组织，是做好列车消防工作的重要基础。尤其是对初起火灾迅速采取的扑救、报警、逃生、停车、疏散、抢险等一系列有组织地抢救及援助活动，使列车火灾损失降到最低程度，都具有十分重要的现实意义。

结合客运列车工作特点，列车义务消防队组织机构及任务分工如图7-3所示。

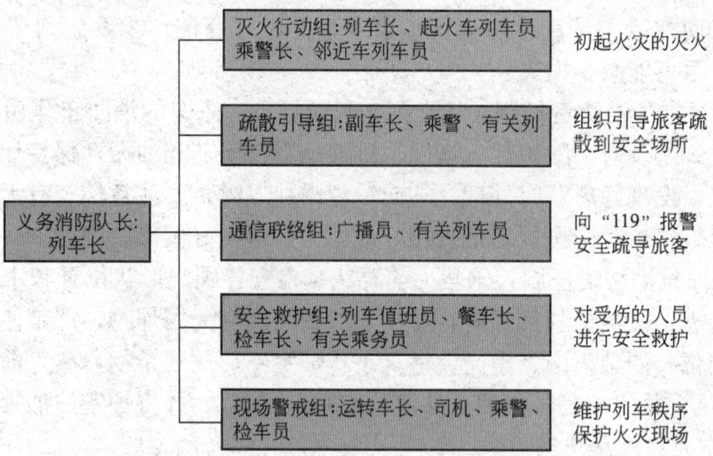

图7-3　列车义务消防队组织机构及任务分工图

2) 客运列车乘务员岗位消防责任制

客运列车有关乘务人员的岗位消防责任制，是消防安全工作的重要基础，也是列车火灾应急预案的具体细化。

(1) 列车长岗位消防责任制：①全面负责担当乘务的客运列车消防管理工作，组织并督促列车各岗位消防工作的实施，接受上级的消防检查；②主持召开列车防火领导小组会议，组织乘务人员学习消防知识，提高防火灭火技能；③负责组织列车“三乘联检”，落实各项消防制度，发现隐患及时整改；④向旅客宣传列车消防安全知识，督促做好“三品”查堵工作；⑤担当列车义务消防队长，负责组织扑救列车火灾。

(2) 车辆乘务员岗位消防责任制：①负责列车上的电气、消防器材及自动报警等设备的检、维修和保养工作；②参加列车“三乘联检”，按规定巡视、检查有关设备运行状态，及时处置设备故障及隐患，确保设备常处完好状态；③列车发生火灾时，迅速参加安全救护工作，必要时应做好着火车辆的分离工作。

(3) 公安乘警岗位消防责任制：①在列车长领导下，负责列车的消防安全监督检查工作，指导列车乘务人员消防知识与技能的提高；②参加列车“三乘联检”，督促列车防火制度及安全措施的落实；③依照有关消防法规的规定，制止和处理违反消防管理的行为；④参加列车火灾的扑救工作，并负责列车保护、现场警戒、调查取证等工作。

(4) 列车员岗位消防责任制：①严格遵守列车消防规章制度，负责值乘车厢的火灾预防，发现设备故障或报警时，立即报告列车长或通知车辆乘务员；②掌握常见易燃易爆危险品的种类、性质和识别方法，做好“三品”查堵工作，对车厢内吸烟的旅客进行劝阻；③列车发生火灾时，按“应急预案”分工迅速参加扑救工作。

(5) 广播员岗位消防责任制：①熟悉广播设备性能，遵守操作规程，严禁无关人员进入广播室，离开广播室前要关机并切断电源，锁好门；②将消防安全宣传纳入广播计划，定时、定区段向旅客宣传列车防火安全常识及列车火灾后旅客应急自救办法；③列车发生火灾时，负责担当通信联络工作，立即向“119”报警，并按列车长的部署，及时广播并下达指令，安全快速疏散旅客。

(6) 行李员岗位消防责任制：①严格执行交接和监装监卸制度，防止行包夹带易燃易爆危险品上车；②向押运人员宣传防火注意事项，并做好登记；③发生列车火灾时，立即扑救，迅速报告，尽可能减少损失。

(7) 餐车人员岗位消防责任制：①在列车长领导下，餐车的消防工作由餐车长负责，认真落实防火制度；②及时消除炉灶、烟囱、排油烟罩内积灰和油垢，保持灶具清洁，定时检查炉灶安全状况，发现隐患及时处理；③向炉膛内加煤时，要注意检查有无爆炸物，清出的炉灰要用水浸灭，停炉时应按规定把火压好或熄灭，落实好值班制度。

(8) 茶水员岗位消防责任制：①焚火前要认真检查各阀门形状位置和水位计的状态，发现问题要及时处理；②给炉膛加煤时，要注意检查煤内有无爆炸物，严禁使用易燃液体引火助燃；③坚守岗位，严禁离岗、串岗，锅（茶）炉室不得放置杂物，离人前须采取安全措施（如炉内水位充足、关闭炉门防止炉火外泄、按时返回等），并将炉室门加锁锁闭。

3) 客运列车火灾应急处理

客运列车发生火灾事故时，所有乘务人员必须按照岗位职责要求，坚守岗位，不得混乱。在列车长的统一指挥下，按列车扑救火灾应急预案分工，并根据列车火灾现场的实际情况，当机立断，紧急处置，各小组要采取得力有效措施，最大限度地减少事故损失。

客运列车发生火灾时，基本的应急处理办法如下。

(1) 立即停车。客运列车运行中发生火灾时，往往严重威胁旅客生命安全和行车作业安全，起火车厢或相邻车厢乘务员应立即拉下车辆紧急制动阀，迫使列车停在安全地带（应注意避免停在长大隧道和大型桥梁上，否则既不利于快速疏散旅客，又不便于迅速组织扑救）。

(2) 疏散旅客。乘务人员应尽快组织起火车厢的旅客向邻近车厢或地面安全地带快速疏散。

(3) 迅速扑救。列车长应立即组织并指挥列车义务消防队和其他乘务员，以及主动参加消防灭火工作的旅客（如解放军战士、武警官兵、工人、干部、学生、农民等）迅速进行扑救。各小组应分工明确、组织有序、扑救有力。

(4) 切断火源。列车停车后，机车乘务员、车辆乘务员和运转车长应立刻将起火车辆与列车分离，有效切断火源，防止火势蔓延。

(5) 设置防护。一是要防止旅客盲目跳车，注意邻线列车运行，注重防范趁火打劫等意外事件发生，有效保护旅客生命财产的安全；二是根据作业要求，列车分离时应按有关规定采取防溜措施，同时运转车长和机车乘务员应在列车前、后端定地点迅速设置防护（未设运转车长的列车，由司机负责组织设置防护）。

(6) 报告救援。运转车长（未设时为司机）应立刻向两端值班员、列车调度员报告列车火灾事故情况（即时间、地车次及火势情况，报告内容应简明扼要、准确清楚），请求救援。同时，通信联络组的乘务员（如广播员）应迅速向地方“119”报告，请求赶往增援扑救。

(7) 抢救伤员。在紧急疏散旅客、迅速扑救火灾的同时，如有被火围困或烧伤的人员，应立即组织抢救和救护。必要时，立即电话地方“120”急救中心，请求救援。

(8) 保护现场。在扑救火灾的同时，有关疏散引导组的乘员应采取有效措施稳定旅客情绪；现场警戒组及有关乘警注意维护秩序，防止混乱，保护火灾现场。

(9) 协助查访。列车乘务人员及有关旅客应积极协助公安机关调查事故情况，提供线索，帮助调查。

(10) 认真取证。列车乘警应及时了解火灾事故有关情况，认真调查取证，为现场勘察、认定火灾原因创造有利条件。

(11) 确认火灭，方可续行。列车火灾扑救完毕后，列车长、乘警长、车辆乘务长要对起火部位进行全面、彻底的检查，确认火已完全熄灭，在确保安全的前提下，列车方可继续运行。

3. 列车运行中非常情况应急处理

客运列车运行中，常会遇到一些非正常的特殊情况。在进行各种情况的应急处理时，如方法得当、措施及时，往往能化险为夷或减小损失；而处理欠妥或延误时机，则常常会造成事故或导致重大损失。一些规章、制度、办法及现场实践都有着许多应急处理的经验和做法，这里仅汇集部分“常见”的处理办法及提示。

1) 旅客列车在长大隧道或大型桥梁临时停车

(1) 列车长、列车员、乘警及车辆乘务员等有关乘务人员，须坚守岗位并加强巡视。

(2) 各车厢均应立即关闭车窗、锁闭厕所。列车运行或停留在长大隧道时，白天应及时开灯；遇夏天非空调列车时，需打开电扇。

(3) 列车长和车辆乘务员，应及时与运转车长取得联系，了解列车停车原因。

(4) 列车上严禁吸烟；严禁向车外倒垃圾、污水或向窗外抛物；严禁倒煤渣及通炉灰。

(5) 列车广播员要及时做好广播安全宣传。

2) 旅客列车途中临时停车、运行晚点或滞留

(1) 旅客列车在中途站或区间临时停车时，列车乘务员应确认列车所在位置，注意车外动态，坚守岗位，加强巡视，严禁旅客从边（端）门或车窗下车，防止意外发生。

(2) 列车广播须及时宣传，并作出说明；同时，要劝阻旅客不买、不吃小商小贩围车叫卖的无证经营的食品和饮料。

(3) 遇列车运行晚点时，列车乘务员应耐心向旅客作出解释；因晚点给旅客带来的不便，列车长应在列车广播中向旅客表示歉意。

(4) 因线路中断而造成列车滞留时，列车长应立即报告上级有关部门，并迅速召集列车办公会议，分工负责，保证旅客安全，加强列车警务，做好广播宣传，稳定旅客情绪，并保证列车餐饮供应（遇餐料不足时，应及时与车站联系，以便组织采购，满足列车供应）。

(5) 列车乘务员须坚守岗位，确认车门锁闭，加强安全巡视，维护旅客及其财产的安全。

(6) 列车如在区间临时停车且无法立刻恢复运行时，司机和运转车长应按规定做好列车防护工作，确保列车安全。

3) 发现旅客列车上有人扒车或由列车上坠落

(1) 发现有人扒上已起动的列车，列车乘务员应视情况安全处置，动员并从门、窗处将其拉上车，列车长和乘警对扒乘者应了解情况，进行教育，并按章处理。

(2) 如遇旅客列车车顶上爬人或有人死亡时，应立即停车。

(3) 发生有人由列车上坠落时（除特快旅客列车并不危及列车运行安全外），应立即使用紧急制动阀停车。停车时，应注意避开长大隧道和大型桥梁。

(4) 列车乘务员应认真执行门岗制度，防止旅客扒车。电气化区段，要制止任何人攀登车顶。发现旅客有异常情况时，应立即向列车长、乘警报告，并及时处理。

4) 旅客列车遭遇石击且发生旅客意外伤害

(1) 旅客列车遭遇石击且构成破坏时，列车长、乘警及车辆乘务员等必须迅速赶到被石击的车厢，了解情况，现场取证。

(2) 如遇旅客遭遇石击受伤时，应立即进行救治。如伤势严重时，应以列车广播寻找医生迅速进行抢救。如该旅客不能继续旅行时，列车长应编制客运记录，将受伤旅客送交前方或较大车站，由车站负责转送铁路医院（或地方医院）急救。

(3) 列车长应按规定要求迅速拍发事故速报，向上级部门及有关单位通报。

(4) 乘警长亦须立即进行内部通报和报告。公安有关部门应加强对石击列车区段的案件侦破和治安整顿，维护列车运行安全。

(5) 车辆乘务员应迅速对破损玻璃的车窗进行紧急性安全处理，以防止再度伤害旅客。

5) 发现旅客摆弄列车安全设施或携带“三品”上车

(1) 旅客列车上发现有人摆弄消防器材、手制动机、紧急制阀等安全设施时，列车乘务员应立即予以制止和纠正，并立刻会同公安乘警视情节给予批评教育。如已造成设备损坏或导致严重后果，应对当事者予以经济赔偿及治安处罚。

(2) 列车上有关安全设施，应按规定固定并醒目标记“危险勿动”警示牌。电器间、锅炉室等重点场所离人必须加锁。列车广播及乘务员应加强宣传；有关乘务人员应勤于巡视，防止旅客误动造成不良后果。

(3)“三品”为易燃品、易爆品、毒害品及治安违禁物品（如枪支、弹药、管制刀具）等各类危险物品的统称或俗称。

列车上，严禁旅客携带“三品”乘车。铁路站、车、警等各方应加大各种宣传和查验工作力度，力求将“三品”堵在站外、车下。遇有列车上查出“三品”时，应立即予以没收并妥当处理，具体做法为：①查出的“三品”，均交由乘警严格保管，并填记列车“三品”检查登记簿；②对发令纸、鞭炮类危险品，应立即浸水处理；③发现车厢内有易燃液体溢出时，列车乘务员及乘警应立即动员旅客熄灭一切火种，迅速打开车窗通风，将溢出的易燃液体清除干净，并将其剩余或残留物予以妥善处理；④对查出携带“三品”的旅客，由公安部门依照规定予以治安处罚；⑤列车到达前方最近停车站时，由乘警按站车交接程序向站警（派出所）移交列车上查验出的“三品”（遇车站未设公安派出所时，应由列车长编制客运记录，移交车站处理）。

6）列车发生重大事故造成旅客伤亡

旅客列车发生冲突、脱轨、火灾、爆炸等特大、重大、大事故，同时造成旅客伤亡时，应做好以下工作。

（1）在车站发生时，列车长要立即组织乘务人员迅速进行抢救，尽快将受伤人员连同客运记录移交车站，转送当地铁路医院（或地方医院）积极抢救。

（2）在区间发生时，列车长应迅速组织人员拦截汽车或其他交通工具，立即由列车乘务人员陪同将受伤人员送往就近医院进行抢救。

（3）列车长应以列车广播、手持喇叭等播音器具组织全体列车乘务员抢救伤员；同时，要配合公安部门保护现场、调查取证、维持秩序，防止发生列车骚乱。对伤亡旅客的车票、财物等，列车长应指定乘务员会同公安人员编制记录，交处理站妥善保管。

（4）运转车长和机车乘务员应按有关规定迅速对列车做好安全防护。如在区间发生特大、重大、大事故而不能运行时，须以列车无线调度电话等通信手段立即请求救援。

（5）事故调查处理委员会到达现场时，列车有关方面负责人应及时并如实汇报事故现场有关情况。

7）旅客列车运行途中发生个别车辆非正常制动

旅客列车在运行途中，若发生个别车辆非正常制动时，有关列车员应立即通知车辆乘务员赶赴处理，并做好以下工作。

（1）车辆乘务员应首先检查手制动机所处状态，如被拧紧，则须立即松开，缓解手闸。

（2）如非手制动机的原因，车辆乘务员须立刻拉开缓解手闸使其缓解，待列车运行到前方停车站再作处理。

（3）通过上述措施仍不能使其缓解时，车辆乘务员应与运转车长联系，请求就近停车处理，以便检查轮对、制动缸活塞杆等安全状态。

（4）经检查确认三通阀或分配阀故障时，对故障车辆按“关门车”有关规定处理；如该车辆缓解阀拉起后，活塞杆仍不回缩时，则可撬动活塞杆，使之回缩，并将该车辆按“关门车”规定处理。

（5）经与运转车长共同进行列车制动机简略试验无误后，撤除防护标志，及时组织开车。如需列车限速运行时，开车前应通知司机。

（6）列车起动后，车辆乘务员仍应对该车重点监视，注意监听车辆走行部位运行情况。列车到达前方停车站时，必须对该车辆再度重点检查，危及安全时应果断采取甩车处理。

8）旅客列车中两车车钩差超限或发生弹簧压死

因超载、偏载或车辆设备问题等造成旅客列车两车车钩差超限或发生车辆弹簧压死时，须视情况不同而分别采取不同措施。

（1）确属旅客超员或行李车、邮政车超载、偏载而造成钩差过限时，由列车长会同车站及时疏导旅客或对行包、邮件进行倒装、卸载，直至钩差符合规定要求（小于 75 mm），并经车辆检车人员确认安全无误后，方可组织开车。

(2) 如属车钩钩高过限时（即车钩中心水平线至钢轨顶面高度低于 830 mm 或高于 890 mm），车辆乘务员应先检查线路情况，有异状时可与车站值班员联系，要求司机移动列车后重新测量；若仍超限时，则须设置妥当防护标志，摘开车钩视以下不同情况进行处理：①当车钩高度低于 830 mm 时，应使用镐头或撬杠将钩身抬起，在钩身下部加入备用磨耗板，使钩高达到 830 mm 上；②当车钩高度高于 890 mm 时，则抬起钩身，取出钩身下的磨耗板，直至符合客车车辆钩高范围。

(3) 若是机车与车辆的钩差超过 75 mm，而车辆钩高规定范围内，确属是机车缘故时，则应由机车乘务员立即进行处理。

(4) 因严重超载或偏载而造成客车弹簧压死或转向架抗磨时，车辆乘务员应立即通知列车长，组织动员疏导、疏散旅客或倒装、卸载行包、邮件，经车辆乘务员检查确认恢复正常状态，方可发车。

(5) 如因载重、偏载等原因致使客车弹簧折损时，在设有客（货）列检所作业的车站，车辆乘务员须立即通知其予以更换；在未设客（货）列检所作业的车站，车辆乘务员应对折损弹簧进行临时处理，待列车运行到前方设有客（货）列检所的车站予以更换。

对临时处理的折损弹簧的车辆（列车）需限速运行时，车辆乘务员应报告车站值班员。发车前，须通知司机。

9) 旅客列车运行途中发生锅炉、茶炉“干烧”

当列车采暖、蒸饭锅炉或开水茶炉的水位表显示接近无水，验水阀验不出水，炉体表面因受高温而油漆翘起、脱落，炉体外表呈现发红、过热等现象（俗称“干烧”时），切不可盲目处理，以防造成更严重的后果，并应注意以下事项。

(1) 列车乘务员应立即关闭锅（茶）炉的进风门，用炉灰（有条件时可用土）将火压死。

(2) 严禁向炉体泼水或向炉内补水，务必让炉体自然冷却。

(3) 待炉体彻底冷却，并经车辆乘务员检查确认无误后，方可继续使用。在重新注水、点火作业后，须随时监视炉体安全运作情况。

10) 空调客车电采暖装置、空调风道冒烟或散发异味

(1) 车辆乘务员须首先确认来烟或异味的位置和程度。若来自机组安装端时，应立即切断预热器电源，进一步确认；如仍有异状时，要彻底切断电源进行检查。

硬座车为两端装有空调机组时，可先关闭一端再来检查，如发现烟雾逐渐消失，则可判定为停机的一端；反之，则可能是另一端。

(2) 断电停机后，以万用表、兆欧表等全面检查各线间绝缘状况，通过测量判明主回路是否发生短路、断路、缺相等故障，彻底消除隐患。解除故障后，方可重新开启空气预热器和通风机。

若故障较大，暂时无法处理时，则须待列车终到后再作处理，禁止再开启空气预热器和通风机。

(3) 切断电源后，如烟雾仍继续扩散且越来越浓时，应视作列车火情，须立即使用紧急制动阀停车。列车长要立刻组织乘务人员进行扑救；车辆乘务员应进一步查明原因、排除隐患，确认火情得到有效控制、火险得以切实消除后，方可联系运转车长发车，并在途中加强监视。

同时，列车义务消防组织及有关乘务人员应按“应急预案”要求，快速做好安全疏导旅客、稳定旅客情绪等有关工作，防止列车发生骚乱。

7.2.8　动车组列车乘务工作管理

随着铁路的改革发展，动车组将在更大范围开行。为适应普速铁路开行动车组列车需要，不断满足旅客安全、快速、便利、优质的运输服务需求，要加强动车组列车的乘务管理。

1. 动车组列车的乘务工作

列车乘务组人员应当接受列车长统一领导，质量良好地完成本岗位工作。在特殊情况下，按规定服从司机统一指挥。

客运乘务组根据交路实际需要，一般采用轮乘制。运行时间在 3 h 以内的，客运乘务组由 1 名列车长和 1 名列车员组成；超过 3 h 的，增加 1 名列车员。动车组重联时，按 2 个乘务组安排。

客运乘务组主要承担服务旅客、查验车票、处理票务、列车运行中卫生清洁和检查保洁工作质量、检查餐饮工作质量等工作。发生影响旅客安全问题时，客运乘务组应当立即采取有效措施，保护旅客安全。

列车除在始发后 10 min 内和终到站前 10 min 向旅客致迎送词、必要的安全提示及播放背景音乐外，其他时间只播报站名，不做其他广播。列车旅客信息服务及影音播放系统播放的内容应由客运部门制作，并根据旅客需要及时进行调整。

动车组发车前，由列车长确认旅客乘降完毕后，通知司机关闭车门；动车组到站停稳后，司机开启车门。按钮不在司机操作台上的，由司机通知机械师开关车门。动车组重联运行时，由运行前方第一组的列车长负责确认旅客乘降情况并通知司机。

列车长出乘除携带电报、客运记录、票务处理等必要的设备、资料外，其他纸质资料台账一般不携带上车。列车乘务人员应当配备无线对讲机。

2. 动车组列车的餐饮、保洁工作

列车销售的食品、饮品应为全国名优产品，并实行统一采购、统一进价、统一销售价格。

列车供餐由餐饮公司向列车配送成品。餐饮公司加工食品的场地、设备、保管、运输等应符合国家卫生法律法规的规定。车站应当对餐饮公司车辆进站送餐提供便利。

列车保洁工作由保洁公司承担。保洁作业应当爱护车辆设备，铁路运输有关部门应当对保洁工作中涉及卫生环境质量和爱护车辆设备等内容进行检查指导。

动车组列车实行专业化保洁，保洁内容包括始发、途中和折返全过程。列车要对保洁质量按标准进行验收。动车组列车始发保洁要求保洁人员必须在列车放客前 10 min 完成，并按库内清洁质量标准完成保洁作业。保洁人员完成始发站保洁后，应由其他保洁人员随车负责运行期间保洁工作。动车组列车途中和折返保洁要求保洁人员提前到达站台，列队站台接车；保洁人员应当在旅客下车后，经乘务人员同意后方可进入列车；保洁人员按照动车组列车始发保洁标准，开展保洁工作，在规定的时间内完成保洁工作；列车长对保洁质量进行验收合格后签字。

根据动车组列车保洁服务特点，将动车组列车保洁工作分为库内保洁服务、始发（折返）保洁服务、随车保洁服务 3 种模式。

1）库内保洁服务

进库整备的动车组列车实行库内保洁，专业保洁人员在库内对列车进行保洁和整备，铁路保洁管理人员在库内进行验收。

2）始发（折返）保洁服务

到站后不进库整备而准备立折的动车组列车在始发站和折返站站内实行始发（折返）保洁服务。专业保洁人员提前到站台接车，待旅客下车完毕后 5 min 内完成车内保洁作业，擦抹车窗玻璃上沿以下车体外侧。保洁时，在开启的车门口设置“保洁中请勿登车”标记。保洁完毕后列车长进行验收。

3）随车保洁服务

保洁公司选定专业保洁人员随车办理列车运行途中的保洁工作，保洁人员负责列车保洁工作，在乘务过程中由列车长负责管理。客运乘务员与保洁工作彻底分离。

列车送餐和保洁人员上岗前应经过安全知识培训，持证上岗并着统一服装、佩戴工牌作业。培训及考核发证由铁路局集团公司负责，车站对进站的配餐、保洁人员和车辆进行安全管理。承担乘务工作的餐饮、保洁人员体貌标准应与客运乘务人员一致。

站车要利用各种渠道大力宣传高铁品牌，涉及动车组运营的站车经营服务环境需要发布广告的，必须经国铁集团客运部批准。

3. 动车组列车的安全工作

列车乘务人员在列车运行中应当注意对列车安全设备的管理，制止搬动、触碰安全设备等不安全行为。严禁任何人在列车运行中打开气密窗，禁止任何人进入司机室。

列车车门发生故障时，应立即采取临时安全防护措施并及时通知机械师处理，列车乘务人员应手动开关车门。

列车运行中发生影响列车正常运行超过 15 min 时，司机应当将原因及时通知列车长，列车长应当按照晚点处置有关规定向旅客说明情况，做好安全宣传，防止擅自开启车门。

列车运行中遇有旅客因伤、病必须临时停车抢救时，列车长通过司机向列车调度员报告情况请求临时停车。列车调度员接到报告后，应尽快确定临时停车站，并向司机和停车站下达调度命令。有关站、车接到命令后，应及时做好交接和救护等准备工作，列车乘务人员不下车参与处理。

列车运行中发生火灾爆炸时，列车乘务人员应当立即按下紧急停车按钮或扳下紧急手柄紧急制动列车，将旅客疏散到安全车厢；有防火隔断门的，应当关闭防火隔断门，并将情况通报司机及列车长。司机和列车长应当迅速启动应急预案。

7.3 旅客列车乘务计划编制

7.3.1 乘务运用计划的基本概念

乘务运用计划是动力车乘务员（组）的综合乘务计划，也就是根据给定的列车运行图、有关乘务员乘务规程、乘务基地条件等，对乘务员（组）在什么时间、什么地点出乘，在什么时刻、担当哪次列车，在什么时间、什么地点退乘等做出具体安排，以确保列车开行计划的实现。

乘务计划主要分为日计划及月度计划。日计划由全体乘务交路构成，表示完成一日的运行图任务需要的乘务员数量以及各乘务员担当的乘务交路。乘务交路及日计划如图 7－4 所示。乘务交路就是一个乘务员（组）一日的工作计划，每一行是一个乘务交路，每条线段上的字符表示车次。月度计划描述各乘务员（组）在指定月度中各日担当的乘务交路及休息计划。乘务员月度计划如表7-1所示。由于每天的运行图有可能存在一定差别，表7-1中具有相同交路号的交路，在具体的内容上有可能略有不同。

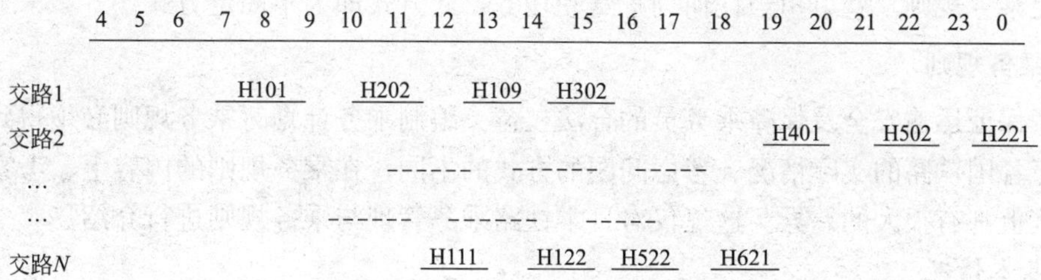

图7-4　乘务交路及日计划示意图

表7-1　乘务员月度计划

乘务员＼日期	1	2	3				N
1	交路1	交路2	交路3	休息	休息	…	交路N
2	交路2	交路3	休息	休息	…	交路N	交路1
3	交路3	休息	休息	…	交路N	交路1	交路2
	休息	休息	…	交路N	交路1	交路2	交路3
	休息	…	交路N	交路1	交路2	交路3	休息
	…	…	…	…	…	…	…
N	交路N	交路1	交路2	交路3	休息	休息	…

乘务计划编制时，乘务基地的设置方式、乘务员的乘务方式，以及乘务员的乘务规程等条件都必须明确，要完成的乘务任务（由运行图决定）也必须预先给定。

7.3.2　乘务运用计划的编制

1. 乘务方式

高速铁路主要采用动车组方式运行。动车组采用不固定区段使用的方式，与之相对乘务员运用方式也应与既有方式略有不同，称为不固定方式。其基本含义是：在其乘务基地的乘务范围内，只要满足乘务规则，乘务员可以担当任意列车的驾驶任务。由于乘务时间过长或出于其他乘务组织的考虑，一般以可换乘车站（relief point）为分界点将1条运行线分割成几个独立部分，称为乘务片段。如图7-5中乘务片段1、3、5是由同一列车运行线分割的；同样，乘务片段6、8、10是由另一列车运行线分割而成的。

图7-5　乘务员运用方式示意图

用图 7－5 解释不固定方式的具体含义。假设站 B 为乘务基地（与传统的机务段的概念不同），基地担当的任务范围是站 A～站 D。以乘务片段 3 开始的交路可以为 3→2→4→7→10→9，也可以为 3→5→6→8→10→9，还可以是 3→2→…其他形式。只要是在乘务范围内，只要满足乘务规则，就可担当任何列车驾驶任务，此方式即为不固定方式。

2. 乘务规则

为了保证运输安全及保障乘务员的合法权益，编制乘务计划时乘务规则必须得到严格遵守。由于各国铁路的实际情况、考虑问题的方式的不同，在乘务规则的内容上、考察项目的细致程度上都有很大的差异。这里仅对日本铁路乘务管理与乘务规则进行介绍。

1）基本情况

在日本，乘务员归乘务段或运转所管理。乘务员出勤的时候首先在运转所报到，报到时要领取、确认当天的值乘内容，并注意运行图有无变更等；乘务工作结束后要向所属的乘务段或运转所报告乘务任务的完成情况。

乘务段或运转所的管理者称为助役，主要完成以下工作。

(1) 出勤、退勤管理。记录各乘务员出勤、退勤及乘务工作的实际情况。

(2) 乘务交路的管理。公司利用中央计算机系统将编制好的交路表数据传给运转所，再由运转所的打印机打印出来作为乘务员用的交路。

(3) 点名表的编制。将各个乘务员担当的乘务交路、出勤时刻、退勤时刻等做成一览表，利于管理使用。目前许多公司也已经采用计算机进行点名表的编制。

(4) 劳动时间的计算、整理。当列车运行没有波动时不用计算（乘务交路中已经计算）；但列车运行有波动时，必须重新计算劳动时间等。

2）名词解释

对日本乘务管理和乘务计划编制中使用的专业名词进行总结，见表 7－2。图 7－6 给出了交路中各种时间的示意图。

表 7－2 日本的有关乘务员运用的名词解释

名词	说　明
乘务交路	从出勤到退勤所进行的作业顺序和作业内容。作业内容包括驾驶（或便乘）的列车、开始站、结束站及在开始站、结束站进行的转线、出入段、看守等内容
实乘务、转线、入段、出段	在本线上驾驶列车称为实乘务；在车站上把列车从某条站线上转往其他站线、牵出钱、存车线等称为转线；把站线上的列车开往车辆基地称为入段；将列车从车辆基地开到站线称为出段
实乘务时间、乘务时间	实乘务所需要的时间为实乘务时间；实乘务、转线、八段和出段乘务所需要的时间之和为乘务时间
看守	列车始发前或终到后，乘务员在驾驶室内等待的状态
便乘	由于乘务或退勤的需要，从一个车站到另一个车站乘车（不驾驶）移动的过程
在折返地的时间	一个实乘务完了之后到下一个实乘务开始之前的时间称为在折返地的时间
连续乘务	在折返地的时间不超过 20 min 时，将前后乘务一起称为连续乘务
准备时间、折返准备时间	出勤后第一次乘务之前的准备时间及退勤前的各种事项处理时间称为准备时间；在值乘当中在担当不同列车时的前准备和后处理时间称为折返准备时间
交路的劳动时间	一个交路中包含的乘务时间、便乘时间、准备时间、折返准备时间、看守时间、步行时间等的合计

续表

名词	说　明
交路的总时间	一个交路从出勤报到至退勤点名之间的所有时间
乘务率	交路中乘务时间占交路劳动时间的比例
深夜乘务	在深夜带（22:00—5:00）乘务 2 h 以上称为深夜乘务

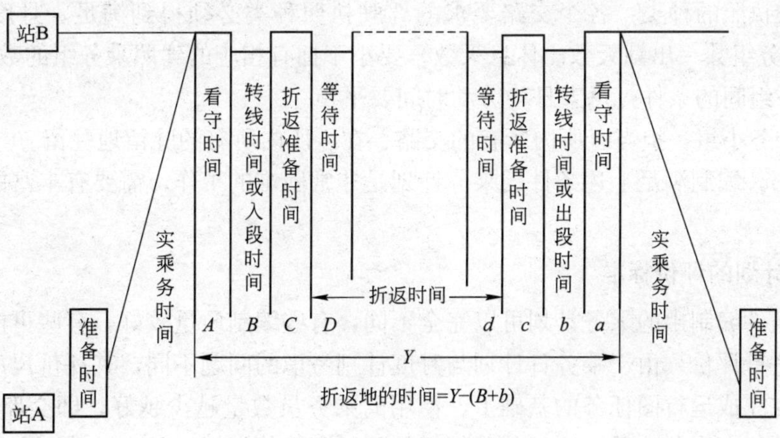

图 7-6　交路中各种时间示意图

3）乘务交路规则

日本铁路公司在编制日乘务交路时主要遵循下列规则。

(1) 交路的总时间：16 h（含有夜间驾驶时，当日和第二日交路时间之和）。

(2) 连续乘务时间：普速铁路 4 h 以内，都市圈内 2 h 50 min，新干线 4 h 以内。

(3) 连续乘务里程：一般线路 245 km，都市圈内 135 km，新干线 575 km 以内。

(4) 在折返地的时间：当往路（从运转所出发）的实际连续乘务里程达到连续乘务里程的 70%以上时，包括折返准备时间在内的在折返地的时间要保证达到往路乘务时间的 1/3 以上。

(5) 吃饭时间：日勤（白天）交路中保证午饭时间，有夜间驻留的交路要保证晚饭和早饭时间。具体各餐时间带和所用时间则与工会组织协调确定。

(6) 最大的交路数：以区所的乘务员数为基础，一天可能出勤的乘务员数作为交路数的上限。

(7) 住宿地：由住宿设备条件决定各站、各区所允许住宿的交路数的上限。

(8) 资格条件：拥有某车种、某级别的列车的驾驶执照的乘务员数决定该车种该级别列车的交路数的上限。某些车种限定驾驶员资格，在编制乘务月度计划时也要编制专门的计划。

4）乘务月度计划编制的规则

在编制月度乘务计划时要遵循下列规则。

(1) 公休日：4 周内保证有 4 天的公休日。

(2) 特别休息日：一年内特别休息日和公休日之和应尽量接近 104 天。

(3) 深夜乘务：含深夜乘务的交路最多连续两次，而且任意 30 天之间要保证 9 次以下。

(4) 平均劳动时间：月度人均日劳动时间以 7 h 10 min 为标准。

(5) 在家休息时间：值乘工作结束后在家中休息的时间要与刚刚完成的值乘任务的总劳动时间大致相同。如果连续 2 次值乘含有深夜时间带的交路，要在家休息 24 h 以上。如果在家休息时间含有公休日，则在公休日的前后给予 16 h 的修养时间。在公休日之前的退勤时刻应在 18:00 之前，公休日之后的出勤应在 8:30 之后。

(6) 驾驶执照的种类：各个交路要求的驾驶执照种类必须得到满足。月度计划的周期（即需要的乘务组数＝出勤天数＋休息天数）要小于拥有相应的驾照乘务组的数量。

(7) 乘务组间的条件：每人日均劳动时间要平衡。

(8) 各乘务小组：担当区所内所有的交路、在区所内所有的驻留地驻留。

可以看出，编制满足上述条件的乘务计划是非常困难的工作，需要有丰富的经验和高超的技巧。

3. 乘务计划的评价标准

相同的条件编制出的乘务计划可以完全不同，有些编制质量较好，有些可能较差，需要按一定标准进行评价。由于乘务日计划与月度计划考虑的问题不同，其评价尺度不同。日计划主要考虑在完成运行图任务的基础上，使用的乘务员数量越少越好，即交路数越少越好；对日计划中的每个乘务交路，它的各种指标越接近理想值越好。月度计划则主要考虑乘务组间劳动时间越均衡越好，各乘务组的平均劳动时间越接近给定值越好，编制的月度计划与前一个时期的月度计划差异性越小越好，等等。

4. 编制乘务计划的主要流程

由于乘务方式与既有的方式有所不同，乘务计划的手工编制过程也与既有方式存在一定的差异。不固定方式下手工编制乘务计划的过程主要分为以下几个阶段。

1）基础数据的准备

确定乘务员基地（乘务员所属部门，一般为有大量列车始发、终到作业的地区）、换乘的车站（或乘务折返地）及其服务范围、给定列车运行图和动车组周转图、给定乘务工作时间标准等乘务规则、确定各乘务员基地的任务（将运行图分解给各乘务基地）。

2）乘务片段的划分

以乘务员可能换乘的车站为分割点，将运行图中的所有运行线分割成乘务片段。例如，将图 7-7 中运行线 H102、H106、H201 分割成 $\{X_1, X_2, X_3\}$、$\{Y_1, Y_2\}$ 和 $\{Z_1, Z_2, Z_3\}$ 等几个片段。所谓的可能换乘站，是指一些规定的车站，在这些车站列车的停站时间大于乘务员换乘所需时间（例如，2 min，乘务员利用这一时间进行交接、换乘），并具有休息设备等其他条件。

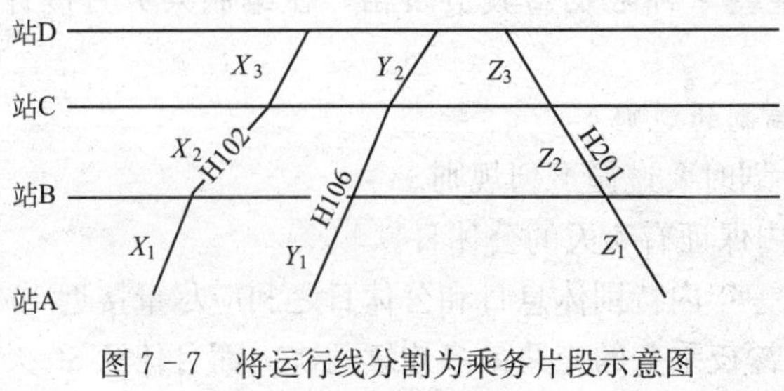

图 7-7　将运行线分割为乘务片段示意图

3）乘务交路的制定

按照乘务员一次乘务总时间、乘务折返接续时间、连续乘务时间等乘务规则，将各乘务片段组合成不同的可行乘务交路，作为最终乘务交路备选方案。例如，假设图7-8中站B为乘务员基地，乘务片段{1，3，5，7}、{2，4，6，8}、{9，10}分别构成了3个不同的可行乘务交路，而乘务片段{1，3，5，7，9，10}构成的则是不可行乘务交路（一次乘务时间超过了乘务规则规定的时间）。

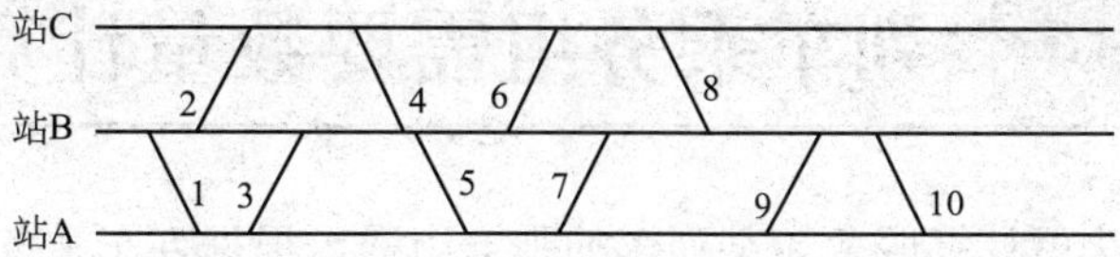

图7-8　乘务片段示意图

4）确定乘务交路选择的优化评价准则

根据总乘务时间、纯乘务时间、连续乘务时间、乘务时间间隔的理想值和实际值的偏差，建立乘务交路选择的优化评价准则。

5）比选确定优化的乘务交路

根据上述优化评价标准，选择比较优化的乘务交路，作为乘务组一次乘务工作内容。所有被选择的乘务交路集合，必须完全覆盖全部乘务片段，乘务交路的数量就是每天所需要的乘务组数。乘务组每一次工作就是完成一个乘务交路。

由于满足乘务规则的可能的乘务片段组合方案数量很多，即乘务交路方案数量很多，可以构成不同乘务交路计划方案。例如，表7-3为以图7-8为基础的4个不同方案。方案间存在优劣差别，并且这些差别有些可以直接比较，而有些又难以比较。例如，方案1明显优于方案4，但方案2和方案3之间的优劣则难以判断。

表7-3　乘务员运用计划案例

	乘务片段号 1　2　3　4　5　6　7　8　9　10	乘务员数量
方案1	1　2　1　2　1　2　1　2　3　3	3
方案2	1　2　3　2　3　4　1　4　3　3	4
方案3	1　2　1　2　3　1　3　1　4　4	4
方案4	1　2　1　2　3　4　3　4　5　5	5

注　表中数字为乘务交路编号，如方案1中1、3、5、7对应的段号为1，表明方案1中的交路1由这几个乘务片段构成。

6）确定可行的乘务交路方案集合

在乘务交路中不能中断或中途更换乘务组的约束下，乘务组与乘务交路的不同组合方式，构成各种可行的乘务交路计划方案。

7）确定月度乘务员运用计划

在乘务交路方案中，各个乘务组织之间的乘务时间、在外驻留待班的次数并不均衡（如

表 7-3 中方案 1，1、2 号乘务交路乘务时间多于 3 号交路的乘务时间)，需在较长时间内调整乘务组和乘务交路的组合关系，尽可能均衡各乘务组的劳动时间和外驻次数，并满足月度总乘务时间等乘务规定和有关劳动条例的规定。

一般来说，获得满意的编制结果要对 5、6、7 这 3 个过程进行多次迭代，通过比较分析和调整，最后形成月度乘务员运用计划。

7.4 列车乘务组需要数量计算

两种不同计算方法可计算服务于某列车的乘务组数，根据列车乘务组的编制定员数便可确定乘务员的需要数量。其计算方法主要有以下有分析法和图解法。

7.4.1 分析法

目前我国采用 8 小时工作双休日制度，全年 12 个月，全年日历日 365 天，全年周末休息日 104 天，一年中的节假日合计 11 天。

$$\text{乘务员每月工作小时}=\frac{365-104-11}{12}\times 8=166.6\ \text{(h)}$$

根据乘务员每月工作时间计算列车乘务组数。设每对列车（往返）乘务组的工作时间（不包括在折返站的休息时间）为 $T_{往返}$，则

$$T_{往返}=2\left(\frac{l}{v_{直}}+t_{接}+t_{交}\right)$$

式中：l——列车始发站至终到站间的距离，km；

$v_{直}$——列车直达速度（列车自始发站至终到站包括停站时分在内的平均速度），km/h；

$t_{接}$，$t_{交}$——接收、移交列车的时间，h。

因为一个列车乘务组一个月工作时间为 166.6 h，则一个列车乘务组每月担当的列车回数（往返）K 为

$$K=\frac{166.6}{T_{往返}}=\frac{166.6}{2\left(\frac{l}{v_{直}}+t_{接}+t_{交}\right)}$$

设一个月为 d 日，每天开行 $N_{对}$ 列车，则一个月共需 $dN_{对}$ 列车回数。所以需要的列车乘务组数 B 为

$$B=\frac{dN_{对}}{K}\quad\text{(组)}$$

根据列车编组及乘务组编制便可以计算乘务员的需要数。乘务人员的编制标准是根据劳动工资部门制定的计划岗位人员编制标准确定，旅客列车单程运行时间长短决定编制人员的需要数目。如单程运行 18 h 以上，旅客列车乘务人员编制如图 7-9 所示。

列车长（正、副）2 人
- 列车员（包括宿营车）：每辆 2 人
- 行李员：每列 2 人
- 广播员：每列 2 人
- 餐车人员：每日一餐者 7 人
  - 每日二餐者 8 人
  - 每日三餐者 9 人
  - 单程 22 h 以上者 10 人
- 供水人员：每辆茶炉车 1 人

图 7 - 9　旅客列车乘务人员编制

根据列车乘务组数乘以该乘务组人员编制定员数即为所需乘务员的数量。

目前各客运（列车）段乘务员人数的确定，以实际乘务工时作为计算标准。一次乘务工时，包括值乘旅客列车往返一次实际运行时间（当乘务组在列车单程运行 12 h 以上为双班时需除以 2），始发和折返站出退勤工时，途中交班、看车等。

例如，计算 A—B 站间特快列车所需乘务组数。

A 站—B 站里程 2 007 km，假定根据所用运行图，往返运行时间（包括停站时间）63 h 21 min，列车编组 16 辆，客运人员 44 人（包括餐饮 10 人），包乘制。

根据工时标准，计算一次往返乘务工时为

$$T_{往返}=值乘时间+出退勤时间+途中交接班时间+看车时间$$

假设值乘时间为 31 h 41 min，出退勤时间 4 h 10 min，途中交接班时间 4 h，看车时间为 1 h 48 min，则

$$T_{往返}=31\ \text{h}\ 43\ \text{min}+4\ \text{h}\ 10\ \text{min}+4\ \text{h}+1\ \text{h}\ 48\ \text{min}=41\ \text{h}\ 41\ \text{min}$$

每月值乘次数为

$$K=\frac{166.6\ \text{h}}{41\ \text{h}\ 41\ \text{min}}=\frac{166.6\ \text{h}}{41.7\ \text{h}}=4.0\ （次）$$

所需列车乘务组数为

$$B=\frac{30\times1}{4.0}=7.5\ （组）$$

每组乘务人员 44 人，该列车需客运乘务人员为

$$7.5\times44=330\ （人）$$

7.4.2　图解法

在旅客列车运行繁忙且适宜实行轮乘制的区段，可用图解法确定列车乘务组的需要数和安排乘务组的乘务工时。以某管内（市郊）列车乘务组工作图（如图 7 - 10 所示）为例。图 7 - 10中上、下走行时间第一地段为 1 h 15 min，第二地段为 45 min，列车的接收和移交为5 min。在本段和外段停留不足 1 h，算工作时间。为了承担图中所有列车，一昼夜必须有 7 个列车乘务组，根据列车编组就可算出乘务员总数。在确定乘务组数以后，可以编制乘务组工作日历时间表，明确每一乘务组出乘日期和乘务的车次。

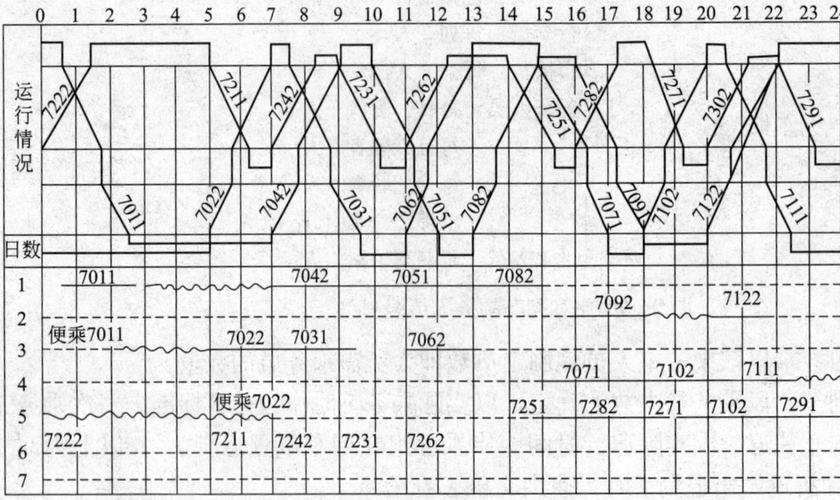

日数	工作	休息 本段	休息 折返段	共计
1	10.20	9.20	4.20	24.00
2	4.20	17.50	1.50	24.00
3	6.50	13.25	3.45	24.00
4	7.40	14.55	1.25	24.00
5	10.05	6.55	7.00	24.00
6	8.45	15.15	—	24.00
7	—	24.00	—	24.00
	48.00	101.40	18.20	168

图 7-10　某管内（市郊）列车乘务组工作图

图解法适用于管内短途和市郊列车使用。

7.5 旅客列车运输收入管理

铁路运输收入是指铁路运输企业在办理客货运输业务和辅助作业中，向旅客、托运人、收货人核收的票款、运费、杂费等运输费用的总称。

铁路运输收入管理工作是指对铁路客货运输票据、运输进款资金流动和运输收入实现的全过程进行监督与管理。

7.5.1 铁路运输收入管理和收入分类

1. 铁路运输收入管理的基本任务

（1）监督客、货营业单位正确核收各种运输费用。

（2）负责运输收入进款资金的管理，确保运输收入完整和资金的及时缴拨。

（3）对各项运输收入进行审核和会计核算，编制会计报表，提供准确的运输收入数据信息。

（4）为各经济主体之间的资金结算和运输收入清算提供准确的运输收入数据信息。

（5）负责铁路客货运输票据的印制、供应、使用和保管等管理工作，保证运输生产的需要。

（6）负责编制铁路运输收入预算，并组织落实。

（7）查处各种侵犯铁路运输收入的违章违纪行为。

2. 铁路运输收入分类

铁路运输收入分为客运收入、货运收入、铁路建设基金和代收款。

（1）客运收入是指铁路运输企业在办理旅客运输业务和辅助作业中，使用铁路运输票据，按规定向旅客、托运人、收货人核收的票款、运费、杂费。

（2）货运收入是指铁路运输企业在办理货物运输业务和辅助作业中，使用铁路运输票据，按规定向托运人、收货人核收的运费、杂费。

（3）铁路建设基金是指铁路运输企业在办理货物运输业务过程中，使用铁路运输票据，按规定向托运人、收货人核收的经国家批准征收的铁路建设基金。

（4）代收款是指铁路运输企业在办理旅客、货物运输业务和辅助作业中，使用铁路运输票据或其他专用票据，按规定向旅客、托运人、收货人核收的下列费用：①国际联运应清算给外国铁路的旅客票价收入及行李、包裹、货物运杂费，内地与香港直通运输中应清算给有关铁路方的旅客票价收入，行李、包裹、货物运杂费；②装卸费及其他作业费；③旅客、托运人、收货人预付款；④经国铁集团批准的其他代收款。

7.5.2　铁路运输收入进款管理

铁路运输企业在办理客货运输业务时，必须使用国铁集团规定的铁路客货运输票据核收运输费用。使用计算机制票的，必须使用国铁集团统一制票、售票软件计算运输费用；不得收取国铁集团规定以外的任何费用。

1. 铁路运输费用核收与结算

铁路运输费用具体核收方式分为现付、到付、后付、预付 4 种。铁路运输费用结算方式分为现金结算和非现金结算两种。

发售车票、承运行李和个人托运的包裹、货物发生的运输费用可核收现金。但对企业、事业单位、机关团体和签有协议的单位购买车票及托运包裹、货物发生的票款和运杂费，也可按非现金结算方式办理。中国人民银行规定结算起点以下的票款和运杂费按现金结算方式办理。

站、段必须建立健全铁路客货运输票据及报表的“三检”（自检、互检、总检）复核制度，防止发生差错。收入管理部门审核、对账，发现车站、列车应缴款和实缴款不符时，按多、少缴款处理，填发“多、少缴款订正通知书”，并按权责发生制列账。少缴款处理期限不得超过 30 天；对超过期限未处理的少缴款，转同级运营财务部门先予垫付，由其向责任站、段扣款，在责任人工资内归还。

收入管理部门审核铁路客货运输票据发现的多、少收款超过客货运规章规定的补退费用限额时，应填发“票价订正通知书”“补款通知书”“退款通知书”，按权责发生制列账，通知原收款站、段办理补退。因特殊情况原收款站、段办理补退款有困难时，可委托有关站、段办理，凭有关函电证明报收入管理部门销账。

2. 运输收入进款管理

运输收入进款管理的基本要求：客、货营业单位必须建立严格的运输收入进款管理制度，指定专人负责运输收入进款的保管、存汇及账表编报工作，并实行账款分管制度；专职负责运输收入进款的人员不得直接对外办理客货运输及收付款业务；运输收入进款存放地点必须有安全设备和防范措施；旅客列车应配备保险柜存放票据和资金，并由列车长或指定专人负责管理，保证票据和现金的绝对安全；列车乘务工作终了交款时，必须由乘警护送至交款处所。

7.5.3 铁路运输收入稽查

铁路运输收入稽查工作的基本任务是：对管辖区域内从事铁路客货运输单位及相关单位的运输收入工作，依据国铁集团有关规章、规定，以及铁路运输企业依据国铁集团规章、规定制定的补充规定，进行监督、检查、指导，查处各种违反铁路运输收入纪律的违章违纪行为，维护铁路运输合同各方当事人的合法权益，保证铁路运输收入的正确核收和按规定解缴。

复习思考题

1. 旅客列车乘务组由哪些成员组成？其领导关系如何？
2. 什么是包乘制和轮乘制？各有什么优缺点？
3. 如何计算服务于某列车的乘务组数？如何确定需要的乘务员数量？
4. 乘务计划有哪些类别？乘务计划的主要编制流程是什么？
5. 如何看待旅客列车乘务工作在铁路客运工作中的地位和作用？
6. 动车组乘务工作有哪些特点？
7. 铁路运输收入如何分类？

第8章 铁路旅客运输商务管理

【本章内容概要】

本章简要介绍铁路旅客运输商务及商务管理的概念、铁路旅客运输商务管理的研究对象、内容及意义，重点阐明铁路旅客运输商务管理中的运输合同和运输价格管理。

【本章学习重点与难点】

1. 了解铁路旅客运输合同的概念。
2. 了解铁路旅客人身事故处理方法。
3. 了解旅客运输价格管理概念和特点。
4. 掌握票价管理办法。

8.1 概　　述

8.1.1 铁路旅客运输商务与旅客运输商务管理

狭义而言，铁路旅客运输商务是指铁路在经营客运业务的过程中，面向旅客运输市场而开展的各种经济行为的总称。这些活动一般从交易双方的谈判开始，到签订合同、费用结算、运输实施、保险理赔等过程。

广义而言，铁路旅客运输商务不仅包括上述活动，而且还包括为实现上述过程的前期准备工作。例如，铁路客运市场调研等。

铁路旅客运输商务管理就是为安全、快速、准确、及时、高效地完成客运生产活动，以达到低成本、高效益的目的，与之有关的客运法规与政策的管理、客运营业管理、运输价格管理、客运质量管理、客运商务信息管理等活动的总称。

铁路旅客运输商务管理涉及承运人及旅客在旅行过程中承担的义务与享受的权利及其相互关系。其主要内容包括客运市场调查、旅客运输法规与政策、旅客运输合同、票价标准与计收办法、旅客运输理赔等。

8.1.2 铁路旅客运输商务管理的意义

1. 旅客运输商务管理工作是客运生产的前提和基础

运输生产是一种“来料加工”式的生产活动，旅客运输生产过程中的客流是通过运输商务活动获得的。通过旅客运输商务管理，保证铁路客运生产的顺利进行。

2. 铁路旅客运输商务管理工作是提高客运服务质量、扩大市场份额的基础

旅客运输服务质量包括安全、迅速、准确、舒适、经济、便利、文明服务等方面。上述各方面都与旅客运输商务活动直接有关。运输商务工作作为运输企业直接面向市场的“窗口”性工作，直接影响到运输企业的服务质量。通过旅客运输商务管理活动，不断提高旅客运输商务工作质量，以保证铁路客运服务质量，扩大市场份额。

3. 铁路旅客运输商务管理工作是铁路运输企业提高运输效率、增加客运效益的基础

铁路旅客运输商务管理工作推动旅客运输商务工作质量的提高，进而促使客运服务质量的不断提高，有利于树立良好的市场形象，使铁路客运吸引更多的客流，为铁路客运增加运输收入、提高运输效率、降低运输成本、提高经营效益奠定基础。

8.2 铁路旅客运输合同

8.2.1 铁路旅客运输合同概述

1. 铁路旅客运输合同的概念

铁路旅客运输合同是明确铁路运输企业与旅客之间权利义务关系的协议。它是由承运人采用铁路运输方式，将旅客运送至指定的目的地，由旅客向承运人支付规定的运输费用的协议。

铁路旅客运输合同的主体就是运输合同的当事人，包括承运人、旅客。在铁路旅客运输合同关系中承运人就是铁路运输企业，主要是指国家铁路运输企业和地方铁路运输企业；旅客是指持有铁路有效乘车凭证的人和同行的免费乘车儿童。铁路旅客运输合同的客体是指铁路旅客运输的劳务行为。铁路旅客运输的对象是旅客、行李、包裹和邮件，但这些对象不是法律意义上的客体，而是客体所指向的对象。

2. 铁路旅客运输合同的特征

1）铁路旅客运输合同格式的标准性

承运人和旅客不得就合同的条款进行协商，而应按国家统一的客运规定订立合同，合同的唯一体现就是旅客所持有的客票。旅客先乘运后补票的，旅客运输合同自旅客乘上车时即告成立。因为此时双方的行为表明双方已就承运达成合意，只是双方之间的合同为非书面形式，其后旅客补票则是将合同变为书面形式。

2）铁路旅客运输合同标的的特殊性

一般而言，客体是权利义务的对象。运输合同的标的是运输劳务的行为（位移），而不是旅客和货物。运输合同的客体是运输劳务作用的对象，即旅客或货物。

3）铁路旅客运输合同包括行李的运送

行李运送是指旅客按承运人公告规定的种类、数量，随同旅客免费运送，超过公告规定的数量部分应凭票办理托运手续，并支付一定的费用。行李票是托运行李的货物运输合同的书面形式，是另一个运输合同。

4）铁路旅客运输合同当事人权利义务的法定性

铁路旅客运输合同当事人的权利义务大多数是由法律、法规、规章规定的，可以依法进行修改。对于法律规定的强制性条款，当事人不能协商。

5）铁路旅客运输合同为有偿、双务合同

铁路旅客运输合同一经成立，当事人双方均有义务：承运人须将旅客或者货物实现“位移”，旅客须向承运人支付运费。双方的权利义务是相互对应、相互依赖的。因此，铁路旅客运输合同是有偿合同，也是双务合同。

旅客运输合同作为民事合同的一种，其订立和成立与其他民事合同的订立和成立有相同的地方，但是旅客运输合同的订立和成立时间上也有其特殊的地方。《中华人民共和国合同法》规定，旅客运输合同自承运人售出车票时成立，但当事人另有约定或者另有交易习惯的除外。

3. 铁路旅客运输合同的形式

旅客车票是铁路旅客运输合同的基本凭证。

铁路旅客车票是由铁路运输企业或委托销售代理人发售的、证明承运人铁路运输企业与旅客之间存在合同关系的法律文件。铁路旅客车票性质主要包括以下两个方面。

（1）旅客运输合同性质。旅客购票，是向承运人提出要约的行为。承运人售出客票的行为，是一种承诺。旅客付款取得客票，在旅客和承运人之间便形成了运输合同关系。因此，车票是承运人与旅客之间运输合同关系的基本凭证。

（2）有价证券性质。客票不仅表明旅客乘运车次、时间，而且还表明了旅客旅行费用。

铁路旅客车票票面（特殊票种除外）主要内容有发到站名称、售票站席别、席位、径路、票价、车次、乘车日期有效期、开车时间、旅客姓名和身份证号、票号、票种等信息。

4. 铁路旅客运输合同主体的权利和义务

1）旅客的权利和义务

旅客权利就是承运人义务，主要内容有：依据车票票面记载的内容乘车；要求承运人提供与车票等级相适应的服务并保障其旅行安全；对运送期间发生的身体损害有权要求承运人赔偿；对运送期间因承运人过错造成的随身携带物品损失有权要求承运人赔偿。

旅客义务主要有：支付运输费用；当场核对票、款，妥善保管车票；保持票面信息完整可识别；遵守国家法令和铁路运输规章制度，听从铁路车站、列车工作人员的引导，按照车站的引导标志进、出站；爱护铁路设备、设施，维护公共秩序和运输安全；对所造成铁路或者其他旅客的损失予以赔偿。

2）承运人的基本权利和义务

承运人的基本权利主要有：依照规定收取运输费用；要求旅客遵守国家法令和铁路规章制度，保证安全；对损害他人利益和铁路设备、设施的行为有权制止、消除危险和要求赔偿。

承运人的基本义务主要有：确保旅客运输安全正点；为旅客提供良好的旅行环境和服务设施，不断提高服务质量，文明礼貌地为旅客服务；对运送期间发生的旅客身体损害予以赔偿；对运送期间因承运人过错造成的旅客随身携带物品损失予以赔偿。

8.2.2　铁路旅客运输合同的订立、履行、变更与解除

铁路旅客运输合同的商务活动包括合同订立、履行、变更、解除等环节。

1. 铁路旅客运输合同的订立

1）铁路旅客运输合同的签订

铁路旅客运输合同订立经过要约与承诺两个阶段。要约就是一方当事人以缔结合同为目的向对方当事人所做出的意思表示。在铁路旅客运输合同中，要约人一般是购票人，要约在购票人要求购票并报乘车日期和发到站的时候即可成立。承诺是指受要约人向要约人做出的完全同意要约内容的意思表示。在铁路客运中，承诺的形式为客票的交付。铁路旅客运输合同的签订主要是通过旅客的购票行为和铁路承运人的售票行为完成的，以铁路承运人售出车票为标志。

2）售票与购票的有关规定

（1）车票应在承运人或销售代理人的售票处购买。在有运输能力的情况下，承运人或销售代理人应按购票人的要求发售车票。

承运人可以开办往返票、联程票（指在购票地能够买到换乘地或返回地的车票），以及定期、不定期、储值、定额等多种售票业务，以便于购票人购票和使用。

（2）铁路实行实名制购票，一张有效身份证件同一乘车日期、同一车次只能购买一张实名制车票。

（3）发售软座客票时最远至本次列车终点站。旅客在乘车区间中，要求一段乘坐硬座车、一段乘坐软座车时，全程发售硬座客票。乘坐软座时，另收软座区间的软、硬座票价差额。

动车组列车车票最远只发售至本次列车终点站。

（4）旅客购买加快票必须有软座或硬座客票。发售加快票的到站，必须是所乘快车或特别快车的停车站。发售需要中转换车的加快票的中转站还必须是有同等级快车始发的车站。

（5）旅客购买卧铺票时，卧铺票的到站、座别必须与客票的到站、座别相同，但对持通票的旅客，卧铺票只发售到中转站。

（6）旅客乘坐提供空调的列车时，应购买相应等级的车票或空调票。旅客在全部旅途中分别乘坐空调车和普通车时，可发售全程普通硬座车票，对乘坐空调车区段另行核收空调车与普通车的票价差额。

（7）承运人一般不接受儿童单独旅行（乘火车通学的学生和承运人同意在旅途中监护的除外）。随同成人旅行身高1.2～1.5 m的儿童，享受半价客票、加快票和空调票（以下简称儿童票）；超过1.5 m时应买全价票。每一成人旅客可免费携带一名身高不足1.2 m的儿童；超过一名时，超过的人数应买儿童票。

儿童票的座别应与成人车票相同，其到站不得远于成人车票的到站。免费乘车的儿童单独使用卧铺时，应购买全价卧铺票，有空调时还应购买半价空调票。

（8）在普通大专院校（含国家教育主管部门批准有学历教育资格的民办大学），军事院校，中小学和中等专业学校、技工学校就读，没有工资收入的学生、研究生，家庭居住地和学校不在同一城市时，凭附有加盖院校公章的减价优待证的学生证（小学生凭书面证明），每年可享受家庭至院校（实习地点）之间4次单程半价硬座客票、加快票和空调票（以下简称学生票）。动车组列车只发售二等座车学生票，学生票为全价票的75%。新生凭录取通知书、毕业生凭学校书面证明可买一次学生票。华侨学生和港澳台学生按照上述规定同样办理。发售学生票时应以近径路或换乘次数少的列车发售。不能发售学生票情况包括：学校所在地有学生父或母其中一方时；学生因休学、复学、转学、退学时；学生往返于学校与实习地点时；学生证未按时办理学校注册的；学生证优惠乘车区间更改但未加盖学校公章的；没有“学生火车票优惠卡”“学生火车票优惠卡”不能识别或者与学生证记载不一致的。

(9) 中国人民解放军和中国人民武装警察部队因伤致残的军人（以下简称伤残军人）凭“中华人民共和国残疾军人证”，因公致残的人民警察凭“中华人民共和国伤残人民警察证”享受半价的软座、硬座客票和附加票。

“中华人民共和国残疾军人证”和“中华人民共和国伤残人民警察证”由国家有关部门颁发，铁路运输企业有权进行核对。

(10) 20 人以上乘车日期、车次、到站、座别相同的旅客可作为团体旅客，承运人应优先安排；但在春运期间一般不予优惠。

(11) 在无人售票的乘降所上车的人员，可在列车上购票，不收手续费。

2. 铁路旅客运输合同的履行

铁路旅客运输合同的履行是指合同当事人各自履行自己的义务，保证对方权利的实现。铁路旅客运输合同从售出车票时起成立，至按票面规定运输结束旅客出站时止，为合同履行完毕。旅客运输的运送期间自检票进站起至到站出站时止计算。

1) 检票、验票

检票、验票是履行合同的重要阶段。车站对进出站的旅客和人员应检票，列车对乘车旅客应验票；对必须持证购买的减价票和各种乘车证的旅客应当核对相应的证件。验票应打查验标记。

车站应当在开车前提前停止检票，但应当在本站营业场所通告提前停止检票的时间。

2) 误售、误购、误乘的处理

发生车票误售、误购时，在发站应换发新票。在中途站、原票到站或列车内应补收票价，换发代用票，补收票价差额。应退还票价时，站、车应编制客运记录交旅客，作为旅客至正当到站要求退还票价差额的凭证，并应以最方便的列车将旅客运送至正当到站，均不收取手续费或退票费。

因误售、误购或误乘需送回时，承运人应免费将旅客送回。在免费送回区间，旅客不得中途下车。如中途下车，对往返乘车区间补收票价，核收手续费。

由于误售、误购、误乘或坐过了站在原通票有效期不能到达到站时，应根据折返站至正当到站间的里程，重新计算通票有效期。

3) 丢失车票的处理

旅客在乘车前丢失车票可以进行实名制挂失补票，旅客可以凭身份证原件在任意联网车站窗口办理“挂失补”手续，但是不晚于票面发站停止检票时间前 20 min；办理挂失补手续时，旅客须重新购买一张标有“挂失补”新票，然后凭新票乘车，列车工作人员为“挂失补”旅客开具客运记录，最后旅客到站后 24 h 内在到站办理“挂失补”车票的退票手续。若列车上丢失，挂失补办不用再购新票，旅客主动说明，经过查验乘车人相关购票证件，列车为其补办挂失手续；出站检票前丢失，则不用再购新票。旅客主动声明，并经过车站人员查验并确认相关乘车信息（如乘车区间、人证相符等），可办理挂失补办手续。不同情况下，铁路部门均收 2 元手续费。

4) 拒绝运送

对无票乘车而又拒绝补票的人，列车长可责令其下车并应编制客运记录交县、市所在地车站、三等以上车站（或到站）处理。车站对列车移交或本站发现的上述人员应追补应收和加收的票款，核收手续费。

对违反国家法律、法规，在站内、列车内寻衅滋事、扰乱公共秩序的人员，站、车均可拒绝其上车或责令其下车，情节严重的送交公安部门处理；对未使用至到站的票价不予退还，并在票背面做相应的记载，运输合同即行终止。

5）中断运输的处理

线路中断，列车不能继续运行时，应妥善安排被阻旅客。车站应将停办营业和恢复营业的信息及时向旅客公告。旅客可以要求在原地等候通车、返回发站、中途站退票或按照承运人的安排绕道旅行。

旅客持票等候通车后继续旅行时，可凭原票在通车 10 日内恢复旅行。车站应予办理签证手续，通票还应根据旅客候车日数延长车票有效期。卧铺票应办理退票。

铁路组织原列车绕道运输时，旅客原票不补不退，但中途下车即行失效。旅客自行绕道按变径办理。线路中断后，旅客买票绕道乘车时，按实际径路计算票价。

3. 铁路旅客运输合同的变更和解除

1）铁路旅客运输合同的变更

旅客不能按票面指定的日期、车次乘车时，应当在票面指定的日期、车次开车前办理一次提前或推迟乘车签证手续，办理变更到站手续时，必须在原车票开车前 48 h 以上；办理改签手续时，可以在票面日期当日 24:00 前办理，团体旅客不应晚于开车前 48 h。

在车站售票预售期内且有运输能力的前提下，车站应予办理，收回原车票，换发新车票，并在新车票票面注明“变更到站”或“始发改签”字样（特殊情况在开车后改签的注明“开车后改签不予退票”字样）；原车票已托运行李的，在新车票背面注明“原票已托运行李”字样并加盖站名戳。必要时，铁路运输企业可以临时调整改签办法。

旅客在发站办理改签时，改签后的车次票价高于原票价时，核收票价差额；改签后的车次票价低于原票价时，退还票价差额。旅客办理中转签证或在列车上办理补签、变更席（铺）位时，签证或变更后的车次、席（铺）位票价高于原票价时，核收票价差额；签证或变更后的车次、席（铺）位票价低于原票价时，票价差额部分不予退还。

因承运人责任使旅客不能按票面记载的日期、车次、座别、铺别乘车时，站、车应重新妥善安排。重新安排的列车、座席、铺位高于原票等级时，超过部分票价不予补收；低于原票等级时，应退还票价差额，不收退票费。

持通票的旅客在中转站和列车上要求变更径路时，必须在通票有效期能够到达到站时方可办理。办理时，原票价低于变径后的票价时，应补收新旧径路里程票价差额，核收手续费；原票价高于或相等于变更后的径路票价时，持原票乘车有效，差额部分（包括列车等级不符的差额）不予退还。

旅客在车票到站前要求越过到站继续乘车时，在有运输能力的情况下列车应予以办理，核收越站区间的票价和手续费。两名以上旅客共持一张代用票要求办理分票手续时，站、车应予以办理，办理时按分票的张数核收手续费。

2）铁路旅客运输合同的解除

解除铁路旅客运输合同应当在旅客乘车之前。解除合同的标志是铁路承运人退还票款。

（1）旅客要求退票时，核收退票费并注意以下事项。

① 旅客退票在互联网或车站窗口办理。

② 在发站开车前，特殊情况也可在开车后 2 h 内，退还全部票价。团体旅客必须在开车 48 h 以前办理。

③ 旅客开始旅行后不能退票。但如因伤、病不能继续旅行时，经站、车证实，可退还已收票价与已乘区间票价差额。已乘区间不足起码里程时，按起码里程计算；同行人同样办理。

④ 退还带有“㊐”字戳迹的车票时，应先办理行李变更手续。

⑤ 因特殊情况经站长同意在开车后 2 h 内改签的车票不退。

⑥ 站台票售出不退。

市郊票、定期票、定额票的退票办法由铁路运输企业自定。必要时，铁路运输企业可以临时调整退票办法。

(2) 因承运人责任致使旅客退票，不收退票费，并注意以下事项。

① 在发站，退还全部票价。

② 在中途站，退还已收票价与已乘区间票价差额。已乘区间不足起码里程时，退还全部票价。

③ 在到站，退还已收票价与已使用部分票价差额。未使用部分不足起码里程按起码里程计算。

④ 空调列车因空调设备故障在运行过程中不能修复时，应退还未使用区间的空调票价。

(3) 发生线路中断，旅客要求退票时，在发站（包括中断运输站返回发站的）退还全部票价，在中途站退还已收票价与已乘区间票价差额，不收退票费，但因违章加收的部分和已使用至到站的车票不退。如线路中断系承运人责任时，按因承运人责任致使旅客退票的情况处理。

8.2.3　铁路旅客人身伤害事故处理

1. 铁路旅客人身伤害事故的种类和等级

持有效客票的旅客，在旅行中遭受外来、剧烈及明显的意外伤害事故，包括战争所致者在内，受到伤害以致死亡、残废或丧失身体机能者均属旅客伤亡事故。

1) 铁路旅客人身伤害事故的种类

旅客人身伤害事故根据伤害程度，可分成死亡、重伤、轻伤 3 种。其中，重伤是指肢体残废，容貌毁损，视觉、听觉丧失及其器官功能丧失，具体参照司法部等部门颁发的《人体重伤鉴定标准》；轻伤是指伤害程度不及重伤者。

2) 铁路旅客人身伤害事故的等级

旅客人身伤害事故根据事故伤害程度分为轻伤事故、重伤事故、一般伤亡事故、重大伤亡事故、特大伤亡事故、特别重大伤亡事故共 6 类。其中，轻伤事故是指只有轻伤、没有重伤和死亡的事故；重伤事故是指有重伤没有死亡的事故；一般伤亡事故是指一次造成死亡 1～2人的事故；重大伤亡事故是指一次死亡 3～9 人的事故；特大伤亡事故是指一次死亡 10～29 人的事故。特别重大伤亡事故是指一次死亡 30 人以上的事故。

2. 铁路旅客人身伤害事故的现场处理

在站内或旅客列车上发生旅客人身伤害时，列车长或车站客运主任（三等以下车站为站长，以下同)、客运值班员应当会同铁路公安人员查看旅客受伤程度，及时采取抢救措施。列车上受伤旅客需交车站处理时，应提前通知车站做好救护准备工作。发生旅客人身伤害人数较多时，应当封锁事故现场，禁止与救援、调查无关的人员进入；发生旅客伤亡人数较多的事故，车站、列车认为必要时，应请求地方政府协助组织抢救。

发现旅客在区间坠车时应当立即停车处理（特快列车不危及本列车运行安全时除外)。在不具备停车条件或迟延发现时，列车长应当通过运转车长通知就近车站派人寻找；同时，列车长应在前方停车站拍发电报，向事故发生地所属铁路局集团公司和列车担当铁路局集团公司主管部门报告。

发生旅客人身伤害事故时，列车长、车站客运主任应当会同铁路公安部门及时勘验事故现场，检查旅客所持车票的票种、票号、发到站、车次、有效期及加剪情况等；收集不少于两份同行人或见证人的证言和有关证据并保护好证据材料。收集证人证言时，应当记录证人姓名、性别、年龄、地址、联系方式、身份证号码等内容。证言、证据应当准确、真实，并能够证明事故发生的过程和原因。

列车上发生旅客人身伤害事故，应当将受伤旅客移交前方县、市所在地车站或当地具备公共医疗条件的停车站处理，车站不得拒绝受理。列车向车站办理移交手续时，编制客运记录一式两份（一份存查，一份办理站、车交接)，连同车票、旅客随身携带品清单、证据材料一起移交。旅客人身伤害事故系因斗殴等治安或刑事案件所致，列车乘警应在客运记录上签字。因特殊情况来不及编写记录的，列车长必须指派专人下车与车站办理交接，并必须在3日以内向事故处理站补交有关材料。当次列车因故未能将受伤旅客及有关材料及时移交，旅客在法定时限内向铁路运输企业索赔且能够证明伤害是在运输过程中发生的，事故发生列车应本着方便旅客的原则，移交旅客就医所在地车站或旅客发、到站处理，被移交站应当受理。

车站对本站发生、发现或列车移交的受伤旅客应当及时送附近或有救治条件的医院抢救。送医院须先缴纳押金时，可用站进款垫付；动用站进款时，填写或补填“运输进款动支凭证”(财收-29)，5日内由核算站或车务段财务拨款归还。

受伤旅客在现场抢救无效死亡或在站内、区间发现的旅客尸体，经公安机关或医疗部门确认死亡后，车站应当暂时派人看守并尽快转送殡仪馆存放。对死者的车票、衣物等应当妥善保管并通知其家属来站处理。如死者身份、地址不清或家属不来时，或死亡原因系伤害致死需立案侦查时，可根据公安机关的意见处理旅客尸体，必要时应对尸体做法医鉴定。尸体存放原则上不超过10天。

3. 铁路旅客人身伤害事故责任划分

铁路旅客人身伤害事故责任分为旅客自身责任、第三人责任、铁路运输企业责任及其他责任。

旅客违反铁路安全规定，不听从铁路工作人员引导、劝阻等违法违章行为或其他自身原因造成的伤害，属于旅客自身责任。

由于铁路运输企业人员的职务行为和设施设备的原因给旅客造成的伤害，属于铁路运输企业责任。铁路运输企业责任分为客运部门责任和行车等其他部门责任。

客运部门责任分为车站责任和列车责任。

属于车站责任范围，包括下列情形之一的：①旅客持票进站或下车后在检票口以内因组织不当造成伤害的；②缺乏引导标志或有关引导标志不准确而误导旅客发生伤害的；③车站设备、设施不良造成旅客伤害的；④在规定停止检票后继续检票放行或检票放行时间不足，致使旅客抢上列车造成伤害的；⑤因车站组织不当造成旅客上车时发生人身伤害的；⑥因车站客运工作人员违章作业、过失造成旅客人身伤害的；⑦有理由认为属于车站责任的。

属于列车责任范围，包括下列情形之一的：①由于车门未锁造成旅客跳车、坠车或站内背门下车造成旅客伤害的；②因列车工作人员的过失，致使旅客在不办理乘降的车站（包括区间停车）下车造成人身伤害的；③由于列车组织不当或列车工作人员违反作业标准，致旅客乘降时造成人身伤害的；④因列车客运工作人员对列车设备管理不善造成旅客人身伤害的；⑤因列车客运工作人员违章作业、过失造成旅客人身伤害的；⑥有理由认为属于列车责任的。

事故处理工作组认为两个以上单位都负有责任时，可列两个以上的责任单位。铁路运输企业的其他部门责任造成旅客伤害的为其他部门责任。

由于旅客和铁路运输企业合同双方以外的人给旅客造成的伤害，属第三人责任。非上述三种责任造成的伤害，属于其他责任。

4. 铁路旅客人身伤害事故的善后处理

发生旅客伤害事故时，旅客可向事故发生站或处理站请求赔偿。依据《中华人民共和国合同法》《中华人民共和国侵权责任法》等有关法律规定，赔偿项目包括死亡赔偿金（伤残赔偿金）、误工费、护理费、营养费、后续治疗费、被扶养人生活费、残疾辅助器具费等项目。赔偿标准也依据民事法律相关规定。发生旅客轻伤且经旅客或第三人同意现场调解、责任明确的，可由车站会同铁路公安派出所、发生单位、旅客、第三人等共同进行现场处理。

8.3 铁路旅客运输价格管理

8.3.1 运价的含义与特点

1. 运输价值与价格

运输业是特殊的物质生产部门。运输业的生产活动是从事货物和旅客的运输。运输业有自己的产品，也创造价值。运输产品的社会劳动消耗量或社会生产费用构成了运输产品的价值，简称运输价值。运价就是运输价值的货币体现，表现为运输单位产品的价格。

2. 运输业性质对运价的影响

运价制定必须遵循价值规律的客观要求，以运输价值为基础，反映运输市场的供求关系；同时运输业是国民经济的基础设施，运价的制定要体现一定的公益性，这也是我国长期以来实行低运价的根源。低运价政策给铁路发展带来很大影响，导致供求矛盾突出，服务质量低下，影响客户利益。“政企合一”体制对铁路运价的影响明显，运价形成机制行政化过浓，调节机制僵化，缺乏能适应市场变化和铁路运输特点的机制。

3. 铁路运价的特点

1）按距离计算价格

由于运输成本随着运输距离的变化而存在边际成本递增递减的规律，即距离增大后，单位人公里所“分摊”的固定费用就要少一些，因此人公里区段票价率是递远递减的。

2）只有销售价格一种形式

普通商品在不同的流通环节有批发价格与零售价格。在铁路运输生产过程中，不存在收购、调拨、批发等销售环节。旅客与铁路运输部门的经济联系仅仅发生在购票环节，铁路客运的最初价格就是最终价格，运价只有销售价格一种，没有其他价格形式。运价的这一特点，是由运输的生产过程同时又是销售过程这一特点决定的。

3）复杂的运价体系

铁路客运服务产品有座位的等级、旅行速度、旅行时间、距离、方向、所需运输条件和运输工具等具体差别，先规定一个基本价格——普通硬座价格，再按各种差别条件确定与普通硬座票价的比例，这就形成了复杂的运价体系。

4）铁路运价受到国家严格控制

铁路运输是交通运输体系中的骨干，在运输市场中占有较大的份额，运价的变动对整个社会经济的影响很大。长期以来，我国铁路客运价格一直是国家掌握的基本物价之一，运价的变动必须经过国务院批准。

4. 运输产品价值形成的特点

运输价格的制定一般要受国家宏观运价政策的指导和监控。随着我国经济体制改革的不断深化，运输市场竞争机制已经基本形成。制定运价是一项复杂的工作，运输成本、盈利水平、市场供求关系、运价政策等因素都将影响到运输价格的制定。运输产品价值形成的主要特点如下。

(1) 货物和旅客并不是运输产品的实体，所以货物和旅客本身价值不加入运输价值。

(2) 运输产品价值要考虑到固定资产损耗的价值补偿（即基本折旧和大修折旧）。

(3) 客货流构成和时空不均衡，运输路径、运送方式、条件等因素对运输劳动消耗量有不同程度的影响。

(4) 运输产品是复合计算的，单位为人公里、吨公里；单位运输产品的价值量存在递远递减的规律性。

(5) 运输产品的使用价值具有时空上的不可替代性；相同价值的运输产品在使用价值上是不可替换的。

(6) 运输产品的价值是以它的使用价值为承担者。如运输产品用于生活消费，它的价值就会随运输过程的终止而消失；如用于生产消费，它的价值就会追加到所运输的商品价值中去。

5. 运价的定价理论分析

运价的制定，必须在价格理论的基础上，根据运输成本、运输市场的供需状况和竞争状况、主客观条件，因地制宜，灵活决策。通常采用的定价方法为以下三大类。

1）成本导向定价法

(1) 平均成本定价。为了保证企业能够回收投资和运营成本，并能获得正常的利润，往往采用平均成本定价法。成本由固定成本和可变成本构成。按照平均成本定价时，单位可变成本加上单位固定成本，再加平均利润等于运输价格。在短期内，单位可变成本认为是不变的，总可变成本随运量成比例增加，总固定成本在一定运量范围内可保持不变，运量越大，

单位固定成本就越小。运价 P 用公式表示为

$$P=\frac{\mathrm{TFC}}{Q}+\mathrm{VC}+r$$

式中：TFC——总固定成本；

Q——运输周转量；

r——单位人公里的利润；

VC——单位周转量可变成本。

在一定条件下，运距越长、运输批量越大，单位运价就越低。

平均成本定价适于竞争不太激烈、运输市场不活跃、资源比较稳定的运输线路或运输方式。平均成本在不同地区、不同方式、不同线路上存在很大的差异，这些差异并非完全由企业经营差异造成的。以平均成本定价，一方面，违背公平原则；另一方面，运量向低成本线路集中，高成本的线路运输趋向萎缩，限制了该地区经济发展。在竞争比较激烈、货源比较紧张的运输市场内，始终按平均成本定价是不可能的，因此有人认为平均成本定价不适于交通运输业。

(2) 边际成本定价。边际成本是指增加单位运量而引起的总成本的增加量，是总成本对运量的导数。边际成本定价是为了提高经济效益而采用的一种定价方法，用公式表示为

$$P_m=\frac{\mathrm{d}T_c}{\mathrm{d}Q}$$

式中：P_m——用边际成本确定的单位运价；

T_c——运输总成本。

在生产规模不变（即固定成本不变）时，边际成本实际上就是所增加的可变成本。边际成本随运量的变化而变化，它和平均成本的关系如图 8-1 所示。

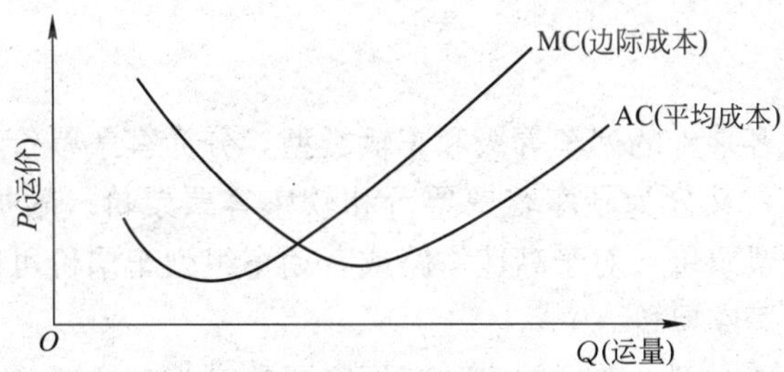

图 8-1　边际成本和平均成本的关系

边际成本定价具有很大的现实性和适用性。对运力过剩的线路，平均成本很高，边际成本却很低，利用边际成本定价可以刺激运输需求，提高运输设备的利用率，为社会节约运费，帮助企业摆脱亏损；对运能不足的线路，固定设备制约生产规模，当运量超过一定水平时，边际成本就会迅速增加，超过平均成本，按边际成本定价，可以限制运量增长，使运输布局趋于合理。但是按边际成本定价，不是对所有运输消耗的补偿，只是对增加单位运量而多支付费用的补偿，长期按此定价，就会造成运输企业的亏损。

(3) 完全成本定价。按照平均成本或边际成本定价存在缺陷：一是只反映运输企业财务账户上的成本状况，而设备改造及科研技术实验等费用却未能在运价上反映出来；二是根据

现有设施和设备的成本统计资料制定的，是一种历史成本，未能反映将来的成本支出状况。因此有些经济学家提出了完全成本定价理论。按该理论定价，固定成本、可变成本都要考虑；既考虑直接成本，又考虑间接成本；既考虑目前支付的成本，又考虑可能要支付的成本，有利于资金在各种运输方式间的合理配置。但这种方法仍处于理论探讨阶段，还没有实际的运用。

2）动态定价法

动态定价是指企业根据市场需求和自身供应能力，以不同的价格将同一种产品适时地销售给不同顾客或不同细分市场，实现收益最大化的策略。动态定价是一种面向市场而不是面向成本的定价方法，面向的是细分的微观市场，这种动态性主要体现在产品的价格一般会随时间的变化而变化。

采用动态定价策略的前提条件：一是需求随时间和价格波动；二是产品市场可以细分；三是细分后的市场在一定时期内相对独立，互不干扰；四是价格差异适度，不会引起消费者的反感。

3）竞争导向定价法

基于运输市场竞争的激烈性，通过研究竞争对手的生产条件、服务状况、运价水平等因素，依据自身的竞争实力，针对市场竞争的形势来制定运输价格。

由于运输市场竞争的激烈性，在定价决策时，不能只从企业利益、货主的承受力考虑，还要考虑市场供求状态和竞争对手的运价水平。在运用竞争定向定价法时，可以根据企业的内部条件与外部环境、企业与货主的关系、企业的长期目标与短期目标等具体情况，决定选择运价与竞争对手的运价水平完全一致、比竞争对手的运价水平略高、低于竞争对手的运价水平等不同的策略。

8.3.2 铁路旅客票价体系

1. 旅客票价分类

铁路旅客票价按旅客乘坐的列车等级和车辆类型，分为客票票价和附加票票价。客票票价适用于普通旅客列车，又分为硬座客票票价和软座客票票价。附加票票价分为加快票票价、卧铺票票价、空调票票价。对于高速铁路或者动车组列车票价可以分为商务（特等）座票价、一等座票价、二等座票价。

国家铁路客票以普通车型、普通旅客列车硬座票价率为基准票价率。在此基础上，针对不同席别、列车速度等级、车型，并考虑递远递减的因素，制定具体票价。对于速度在110～140 km/h的新型空调车，可以在原新型空调车票价的基础上最高再上浮30%。

我国动车组列车票价与普速铁路列车票价有所不同，按《国家计委关于高等级软座快速列车票价问题的复函》（计价管〔1997〕1068号）的规定执行，同时每条高速铁路的旅客基本票价率有一定差异。

2. 普速列车票价的计算

1）旅客票价组成

旅客票价由基本票价和保险费两部分组成。基本票价以每人每公里的票价率为基础，硬座客票票价率是旅客票价的基础，其他各种票价率均以此为基础加成或减成计算。目前，硬座客票票价率是0.058 61元/(人·km)。

2) 旅客票价构成要素

(1) 基本票价率与票价比例关系。硬座客票票价率是旅客票价的基础，是决定全部旅客票价水平最重要的因素。当硬座客票基本票价率确定后，其他各种票价率就按其加成或减成比例计算。现行旅客票价率和比价关系如表8-1所示。

表8-1　现行旅客票价率和比价关系

票种			票价率/[元/(人·km)]	占硬座百分比/%
硬座客票			0.058 61（基础）	100
软座客票			0.117 22	200
加快票	普快		0.011 72	20
	特快		按普快票价2倍计算	
硬卧票	开放式	上铺	0.064 47	110
		中铺	0.070 33	120
		下铺	0.076 19	130
	包房式	上铺	按开放式硬卧中铺票价另加30%计算	
		下铺	按开放式硬卧下铺票价另加30%计算	
软卧票	上铺		0.102 57	175
	下铺		0.114 29	195
高级软卧票	上铺		0.123 08	210
	下铺		0.134 8	230
空调票			0.014 65	25

(2) 旅客票价里程区段。计算票价时，并不是完全按运输里程计算的，而是将运输里程分为若干区段，对同一里程区段核收同一票价；各区段的票价按区段的中间里程计算，区段间距划分较小，并且随里程的增长而逐渐加大。现行旅客票价里程区段划分如表8-2所示。

表8-2　现行旅客票价里程区段划分

里程区段/km	每区段里程/km	区段数	里程区段/km	每区段里程/km	区段数
1～200	10	20	1 601～2 200	60	10
201～400	20	10	2 201～2 900	70	10
401～700	30	10	2 901～3 700	80	10
701～1 100	40	10	3 701～4 600	90	10
1 101～1 600	50	10	4 601以上	100	

旅客票价的运价里程按旅客实际径路计算的。考虑运输成本及分流问题，对各种票价规定了起码的限度及计算票价起码里程，如客票、空调票为20 km，加快票为100 km，卧铺

票为 400 km。

(3) 递远递减率。运输成本随运距增加而相应降低，因此旅客票价实行按运输距离递远递减的办法计算。考虑运输成本的递远递减程度，同时还考虑了减轻长途旅客的经济负担，照顾边远地区，促进地区间往来的因素，采用了较大幅度的递远递减率。

递远递减率要以起码里程的基本票价作为基数，据此可以确定各里程区段的递减票价率。现以普通硬座票价为例，现行旅客票价递远递减率和各区段基本票价率如表 8-3 所示。

表 8-3 现行旅客票价递远递减率和各区段基本票价率

区段/km	递减率/%	票价率/[元/(人·km)]	各区段全程票价/元	区段累计票价/元
1～200	0	0.058 61	11.722	
201～500	10	0.052 749	15.824 7	27.546 7
501～1 000	20	0.046 888	23.444	50.990 7
1 001～1 500	30	0.041 027	20.513 5	71.504 2
1 501～2 500	40	0.035 166	35.166	106.670 2
2 501 以上	50	0.029 305		

3) 旅客票价计算

具备旅客票价构成的三要素——票价率与票价比例关系、旅客票价里程区段、递远递减率以后，即可计算旅客票价。

基本票价的计算，除初始区段不足起码里程和最后一个区段按中间里程计算外，其余各区段分别按其区段里程计算。根据各区段的递减票价率求出各区段的全程票价和最后一个区段按中间里程求出的票价加总，即为旅客硬座票价。客票票价以角为单位，不足 5 角的尾数，按照 2.5 角以下舍去，2.5 角以上进为 5 角处理。附加票票价以元为单位，不足 1 元的尾数按四舍五入处理。半价票价、折扣票价以 5 角为单位处理。

基本票价的计算公式为

$$R = r_0 l_0 + r_1 l_1 + r_2 l_2 + \cdots + r_n l_n$$

式中： R——基本票价；

r_0，…，r_n——各里程区段的票价率；

l_0，…，l_n——各里程区段的票价里程。

附加票票价计算公式为

$$R_{附加} = R \cdot i$$

式中：$R_{附加}$——附加票价（加快票、卧铺票、空调票）；

i——相应票种与基本票价的比例关系，%。

需要说明的是：①快速加快票票价按普通加快票票价的两倍计算；②卧铺票票价另加 10 元订票费；③新型空调车票价最高可以上浮 50%，具体分别在普通车客票、加快票、卧铺票、空调票基础上向上浮动计算，并分别按票种处理尾数。

例如，北京—上海客运运价里程 1 463 km，T109 次，新空调硬座特快卧（下铺），1 463 km位于 1 101～1 600 km 区段内，该区段间距为 50 km，北京—上海的票价里程为 1 451～1 500 km 的中间里程，即 1 475 km。

① 基本票价：

考虑递远递减，查表可得

$$R=11.722+15.8247+23.444+0.04103\times475=70.47995\ (元)$$

硬座客票：70.479 95≈70.5（元）

软座票价：70. 479 95×200%=140. 959 9≈141（元）

加快票：快速票价=硬座客票×40%，即 70.479 95×40%=28.191 98≈28（元），

空调票：硬座客票×25%，即 70.479 95×25%=17.619 99≈18（元）

卧铺票（下）：硬座客票×130%，即 70.479 95×130%=91.623 935≈92（元）

② T109 次旅客列车票价：

因 T109 次旅客列车为新型空调车，如按新型空调车票件上浮 50%计算，则

硬座客票：

70.5×150%=105. 75=106（元）

加快票：28×150%=42（元）

空调票：18×150%=27（元）

卧铺票：92×150%=138（元）

附加费：客票发展金 1 元，候车室空调费 1 元，卧铺订票费 10 元。

综上，T109 次旅客列车票价：

硬座票价：106+42+27+2=177（元）

硬卧下铺票价：106+42+27+138+12=325（元）

4）动车组票价计算

(1) 定价依据。按《国家计委关于高等级软座快速列车票价问题的复函》（计价管〔1997〕1068 号）的规定，旅行速度达到每小时 110 km 以上的动车组列车软座票价基准价：每人公里一等座车为 0.336 6 元，二等座车为 0.280 5 元，可上下浮动 10%。

按《国家计委关于广深铁路运价的复函》（计价管〔1996〕261 号）的规定，广深线开行的动车组列车票价可在国铁统一运价为中准价上下浮动 50%的基础上再上下浮动 50%，由企业自主定价。

(2) 动车组公布票价计算如下。

一等座车公布票价=0.336 6×(1+10%)×运价里程

二等座车公布票价=0.280 5×(1+10%)×运价里程

软卧车票公布票价：

上铺票价=0.336 6×(1+10%)×1.6×运价里程

下铺票价=0.336 6×(1+10%)×1.8×运价里程

高级软卧车票公布票价：

上铺票价=0.336 6×(1+10%)×3.2×运价里程

下铺票价=0.336 6×(1+10%)×3.6×运价里程

(3) 动车组票价打折条件。

① 根据不同区域、不同季节、不同时段的市场需求，实行不同形式的票价打折。

② 二等座车公布票价打折后，不得低于相同运价里程的新空调软座票价，在短途公布票价低于新空调软座票价时，按公布票价实行。

③ 经过相同径路、相同站间、相同时段，不同车次应执行同一票价。

④ 同一车次，各经停站的票价在里程上不能倒挂。

例如，北京西—石家庄客运运价里程 277 km，D4565 次的票价浮动为 5%。

一等票价： 0.336 6×(1+5%)×277+0.058 61×277×0.02

=97.900 11+0.324 699 4=98.224 809 4≈98（元）

二等票价： 0.280 5×(1+5%)×277+0.058 61×277×0.02

=81.583 425+0.324 699 4=81.908 124 4≈82（元）

短途区间票价最低可按公布票价的 9 折确定执行票价，执行票价可以实行时段价，但平均票价不得低于公布票价的 9 折；中长途区间二等座车可按新空调硬卧下铺票价执行，一等座车按 1.25 的比价计算执行。

8.3.3 铁路票价管理

我国铁路具有自然垄断的经营特征，其运价实行较严格的政府直接管制。国家铁路的基本运价由国务院管理，特殊运价由国务院铁路主管部门和物价主管部门共管，运杂费由国务院铁路主管部门管理，地方铁路、专业铁路、铁路专用线和其他铁路运价由地方省级人民政府管理。

为适应铁路市场营销和参与市场竞争的需要，国家放松对铁路价格的直接管制。1998 年 4 月 1 日国家计委、铁道部发布《关于调整铁路货运价格规范铁路收费秩序的通知》(计电〔1998〕31 号）文件，允许铁路客运价格应市场竞争需要实行价格下浮。2002 年 1 月，允许铁路运输企业可以按照市场情况实行浮动票价；同时特殊铁路、地方铁路等，也可实行浮动运价。《铁路旅客意外伤害强制保险条例》（1951 年 4 月 24 日政务院财政经济委员会发布）已自 2013 年 1 月 1 日起废止。

高铁票价是由依法组建的高铁项目公司依据价格法的规定，综合考虑运营成本、社会承受能力和其他交通运输方式价格水平等因素制定的。

复习思考题

1. 简述铁路旅客运输合同的概念、特征、形式。
2. 铁路旅客运输合同主体的权利与义务包括哪些？
3. 简述铁路旅客人身伤害事故的现场处理程序。
4. 铁路运价的定价方法包括哪几种？各有何特点？
5. 简述旅客票价构成要素。

第 9 章

铁路旅客联合运输

【本章内容概要】

本章主要介绍旅客联合运输，既包括铁路的国际旅客联合运输，也包括铁路与其他运输方式的联合运输。在国际铁路联运中，重点介绍国际联运的条件、费用、工作组织方法，以及铁路如何与其他交通方式联合运输。

【本章学习重点和难点】

1. 掌握联合运输的概念和类型。
2. 了解铁路旅客联运体系。
3. 掌握铁路国际联运中相关运送条件、费用管理、责任等内容。
4. 了解铁路与其他几种运输方式联合的方法和特点。

联合运输是当今运输业发展的新方向，它是将两种或两种以上的运输方式，遵照统一的运输规章或协议，使用规定的运输凭证，通过代办或相互代理等形式，实现旅客或货物的全过程的接力运输。本章阐述联合运输的概念、类型及意义，介绍国际联合运输、铁路与其他运输方式间联合运输两方面的内容。

9.1 概　述

随着经济和技术的发展，当代交通运输业呈现出两大发展趋势：一是交通运输业广泛采用新技术，实现了运输工具和设备的现代化；二是各种运输方式越来越朝着分工协作、互相配合、建立联合运输体系的方向发展。在世界范围内，这两种趋势结合起来，成为当前运输业发展的新方向——联合运输。联合运输在我国旅客运输中尚属一个比较新的领域，目前国内对旅客联合运输理念的思考和实践形式的探讨还没有形成完整的理论体系。

本章主要介绍铁路国际旅客联合运输、铁路与其他运输方式间联合运输两方面的内容。

9.1.1 联合运输的概念及类型

联合运输是运输行业的一个分支，是综合运输的重要组成部分。它利用两种及两种以上运输方式或隶属关系不同的一种运输方式，遵照统一的运输规章或协议，使用规定的运输凭证，通过代办或相互代理等形式，实现旅客或货物的全过程的接力运输。它与单一的运输方式有所不同，不仅要考虑每一种运输方式的特点，而且要考虑多种运输方式的整体功能和独特优势的充分利用。目前，我国专家与学者对于货物的联合运输研究较多，也提出了一系列的运输模式与实施方案；而旅客的联合运输尚属一个比较新的领域，国内对旅客联合运输理念的思考和实践形式的探讨还没有形成完整的理论体系。在本章中，铁路旅客联合运输的理解包括3个层次的内容。

(1) 在铁路内部运输方案上实现各区段运输过程的联合，强调旅客运输全过程的“接续”和手续上的简化等。例如，高速铁路与普速铁路协调配合，减少旅客在站等待时间，提高旅客的直达率；服务上提供联程票、返程票，方便旅客出行等。

(2) 铁路与其他运输方式间的联合，甚至包括与相关服务环节和领域的联合。例如，铁路与公路、航空、水路及与城市交通等各种运输方式的联合，主要表现在铁路与其他交通方式的站场共用、运输组织及服务的协调配合等。

(3) 铁路国际旅客联合运输。其主要依据国际公约和双边或多边协定，本着互惠互利的原则，在不同国家间组织联合运输，加强国与国之间的交流与合作。

9.1.2 联合运输的意义

铁路运输是网络化组织模式，其技术经济优势是运能大、能耗小、成本低、占地少、全天候、安全性及环境效益高、有广泛的适应性等。大力发展以铁路为骨干的综合运输体系符合我国的基本国情。铁路积极发展联合运输具有社会和企业意义，具体可以从3个层面理解。

(1) 从为社会提供客运服务上讲，客观上铁路既不可能单独完成旅客“门到门”运输任务，也难以满足旅客旅行中的所有需求。特别是在旅客的换乘节点上，如果不充分考虑与其他交通工具的换乘衔接和客运服务的连接性，则必然降低铁路对出行者的吸引力，因此加强铁路同其他运输方式间的联合与协作，共同为旅客提供服务是必然的。

(2) 从运输企业的角度来看，通过铁路运输企业与其他运输方式的协调配合，在扩大铁路的服务范围、增强铁路运输企业竞争力的同时，也避免其他运输方式进行其自身不具备技术经济优势的中长途运输，从而减少其运输成本，提高旅客运输的效率和效益。

(3) 从旅客的角度来看，铁路旅客联合运输能使旅客的出行更加方便，换乘更加迅速，乘车手续更加简化，客运服务质量进一步提高。

9.1.3 铁路旅客运输联合体系

传统的旅客联合运输一般是指“一票到底”的在不同运输形式下由不同运输企业完成的多区段旅客全程连续运输。随着计算机网络、通信技术的发展，许多客运企业已经建立了全国甚至全球的订票系统，但是这种狭义的旅客联运的简便性、全程性的优势正在逐渐淡化；更广义的旅客联合运输体系，通过不同交通工具之间，以及同一交通工具内部的充分协调与合作，实现旅客全程旅行在空间、时间上及客票支付方式上的连续性、顺畅性，发挥网络系统的综合运输能力，提高旅客旅行的质量和效率。

高速铁路旅客联合运输体系的服务水平，大致可分为连续性和顺畅性。连续性主要用定量指标——连接环节数来评价，顺畅性可以从交通设施和运营管理、信息系统等方面来评价。交通设施、通信系统的连接性是进行联合运输的重要物质、技术条件，联合运输系统的运营则必须具备同步且连续的功能。因此，通常采取以下措施来提高联合运输的服务水平：

①对旅客需求进行科学分析；②优化运输组织措施，使旅客运输在时间上连接得更加紧密；③综合换乘枢纽的建设及改进，促使旅客运输在空间上实现无缝运输；④建立现代化的票务系统，提高在票务服务上的质量；⑤建立现代化的信息系统。

9.2 铁路国际旅客联合运输

我国自 1954 年起开办国际旅客联运，至今已 60 多年。半个多世纪以来，我国铁路的国际旅客联运经历了从无到有、从少到多的过程，如今已经形成了一个完整的体系。国际旅客联运的发展为促进我国同世界各国人民的交往做出了巨大的贡献。

9.2.1 铁路国际旅客联合运输概述

铁路国际旅客联运是指两个或者两个以上国家铁路之间按国际联运票据办理的旅客、行李和包裹的运送。参加旅客、行李和包裹联运的铁路，负有相应的连带责任。为了做好铁路国际旅客、行李和包裹的直通联运，明确各国铁路的利益和责任，参加国际联运的各国缔结了《国际旅客联运协定》(简称《国际客协》)。

1. 参加铁路国际旅客联运的国家

根据《国际客协》中的协约规定，参加国及其承运人代号如表 9－1 所示。

表 9－1 参加国及其承运人代号

国家名称	承运人代号	国家名称	承运人代号
阿塞拜疆共和国	AZ	摩尔多瓦共和国	CFM
阿尔巴尼亚共和国	HSH	蒙古国	MTZ
白俄罗斯共和国	BC	波兰共和国	PKP
保加利亚共和国	BDZ	俄罗斯联邦	RZD
越南社会主义共和国	VZD	斯洛伐克共和国	ZSR
格鲁吉亚	GR	土库曼斯坦	TRK
哈萨克斯坦共和国	KZH	塔吉克斯坦共和国	TDZ
中华人民共和国	KZD	爱沙尼亚共和国	EVR
朝鲜民主主义人民共和国	ZC	捷克共和国	CD
吉尔吉斯共和国	KRG	乌兹别克斯坦共和国	UTI
拉脱维亚共和国	LDZ	乌克兰	UZ
立陶宛共和国	LG		

2. 我国铁路的国际旅客联运站

《国际客协》中规定的办理国际旅客联运的车站称之为联运站。

国际旅客联运规章规定，国际旅客联运仅限在适用的运价规程中列载的各车站间办理，而且只能经由各国铁路在适用的运价规程中公布的国境站。目前，我国铁路 29 个旅客联运站为：北京、北京西、大同、天津、衡阳、长沙、汉口、郑州、呼和浩特、集宁、二连、沈阳、长春、丹东、哈尔滨、牡丹江、满洲里、绥芬河、桂林、南宁、凭祥、乌鲁木齐、阿拉山口、昆明北、河口、山海关、开远、宜良、昂昂溪。

我国铁路国际旅客联运站位置分布如图 9-1 所示。

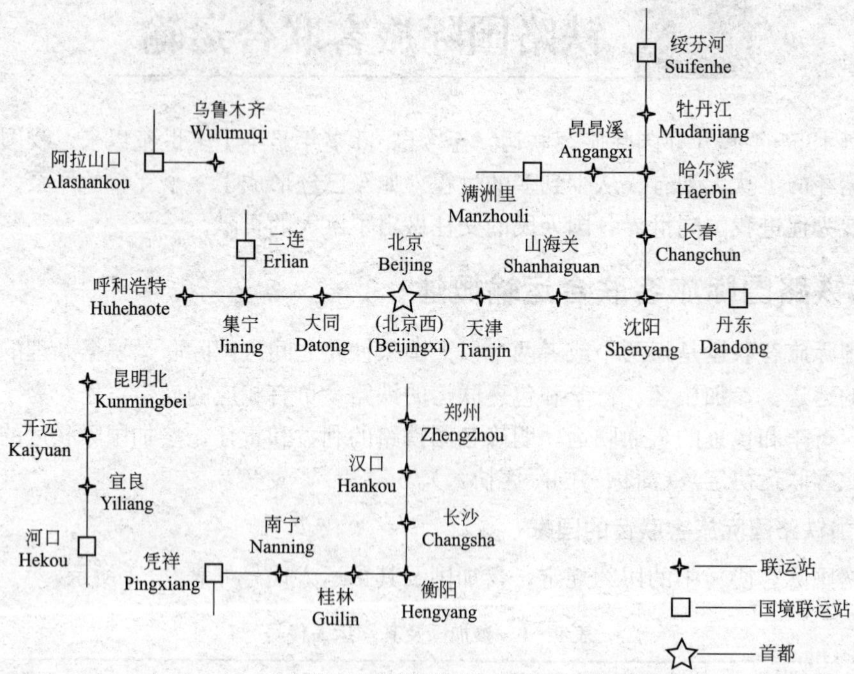

图 9-1　我国铁路国际旅客联运站位置分布示意图

3. 国境站及国际旅客列车

国与国之间邻接的车站称为国境站，我国及邻国现有的国境站如表 9-2 所示。

表 9-2　我国及邻国现有的国境站

路别	中文	拉丁字母
中铁	丹东	DANDONG
	凭祥	PINGXIANG
	河口	HEKOU
	二连	ERLIAN
	满洲里	MANZHOULI/MANTCJURIJA
	绥芬河	SUIFENHE
	阿拉山口	ALASHANKOU
朝铁	新义州	SINYDJU
越铁	同登	DONGDANG
	老街	LAOKAI
蒙铁	扎门乌德	DZAMYN-UDE

续表

路别	中文	拉丁字母
俄铁	后贝加尔	ZABAIKALSK
	格罗迭科沃	GRODEKOWO
哈铁	多斯特克	DOSOYK

9.2.2 国际旅客联运运送条件

国际旅客联运中旅客、行李和包裹的发送满足一定条件时，承运人方可办理运送手续。

1. 旅客乘车票据

《国际客协》中规定的旅客车票，是国际旅客联运中凭以乘车的票据，包括客票、卧铺票和补加费收据。

目前《国际客协》范围内采用两种样式的乘车票据：一种是传统的人工票（也可称为用非自动方法填写的乘车票据），主要应用于未实现计算机联网的国家铁路，票据用圆珠笔或打字机填写；另一种是由计算机印制的电子票（可称为用自动方法办理的乘车票据），主要在独联体成员和波罗的海三国铁路发售。两种乘车票据的根本区别在于对席位的分配和确认、票价和费用的计算等方面。前者完全由人工完成，后者由计算机网络系统自动完成。我国已经实现计算机网络售票；但在国际联运方面，目前只发售人工票，同时承认其他国家铁路发售的电子票。

国际旅客联运中使用的册页票本是旅客乘车的凭据。按顺序将客票、卧铺票和补加费收据订入票皮（册页票本的封面，其样式见附录 A.1）后，即组成了册页票本。册页票本中可以没有卧铺票和补加费收据，但必须包括票皮和客票。缺少票皮或客票的册页票本即视为无效的乘车票据，旅客无权凭以乘车。个别国家铁路间如有协议，也可凭卡片客票和无票皮的册页票本乘车。册页票本限于按客票上记载的经路，从客票上所记载的一国铁路发站乘车到另一国铁路到站时有效。当册页客票中所有事项全部填好订入票皮后，将每张客票、卧铺票和补加费收据上的款额数相加，以阿拉伯数字形式把总数填至票皮上的“票价总额”栏条状线内。往程票将票皮上的“有效期”栏内“4”字划销，返程票或者往返票将“2”字划销，在“售票处日期戳”方格内加盖乘车票据发售部门的日期戳；最后在票皮右上角填写旅客本人护照号。

1）客票

客票是证明铁路同旅客间缔结运输合同的基本依据。铁路国际旅客联运客票上载入的信息有：发站和到站名称；运输合同规定的运行经路及接续承运人代号；车厢等级；乘车人数；乘车票价；客票有效期；客票、补加费、收据办理日期和地点；合同承运人的代号等。

《国际客协》中规定的客票为册页客票，包括固定册页客票和补充册页客票两种形式。其中，固定册页客票是发站、到站、等级、经路均已印刷完成的册页客票（其样式见附录 A.2），主要用于客流量较大的联运站间发售；补充册页客票（其样式见附录 A.3 和A.4）是相对固定册页客票而言的，其旅客人数、发站、到站、经由、票价等栏均为空白，售票时由发售部门复写填发。两种册页客票均为国际旅客联运站间旅客乘车时使用。

铁路客票发售部门在发售固定册页客票时，根据旅客的需要，可分别按单程或往返发售。当旅客办理单程的固定册页客票时，应在票皮内订入一份固定册页客票，并将不使用的方向用斜线划销；当旅客办理往返的固定册页客票时，应在票皮内订入两份固定册页客票，在用于往程乘车的固定册页客票上划掉“返”字，在用于返程乘车的固定册页客票上相应划掉“往”字。如果旅客享受减成，在“减成率”栏填写减成的百分比，并在“理由”栏按照《国际旅客联运协定办事细则》附件第 3 号的相应内容用俄文或拉丁字母填写理由。客票的左下部为票价栏，在条状线内分别用阿拉伯数字填写相应的瑞士法郎和人民币款额数。最后，在“售票处日期戳”方格内加盖本售票处日期戳，并在客票背面加盖出发日期和车次戳记。固定册页客票由一联或两联（当有存根时）组成；有存根时，固定册页客票的存根与客票的号码的编号应一致。

补充册页客票分为单程补充册页客票（其样式见附录 A.3）和往返补充册页客票（其样式见附录 A.4）两种。

单程和往返乘车用的补充册页客票均由两联组成。第一联为存根，留在客票发售部门，以便随同客票报告提出；第二联订入册页票本票皮内交给旅客。发售往返乘车用的补充册页客票只供单程乘车使用时，不使用的相反方向各栏用斜线划销。目前我国铁路只发售单程补充册页客票。

填写补充册页客票时，应遵循的规则如下。

(1) 旅客人数以阿拉伯数字和大写填写。

(2) 到站名称填入应乘车厢等级栏内，不乘用的车厢等级栏用叉线划销。

(3) 票价栏填写以运价货币和发售国货币表示的一名旅客的全程客票票价和票价总额。

(4) 如果旅客享受减成，则在“减成率”栏填写减成百分比，并在“理由”栏内用俄文或拉丁字母填写减成原因。如：“REBENOK（儿童）”、证明（学生证）的号码或“GRUPPA（团体）”等。如果是 6 人及以上的团体，还应在左下角“团体旅客证”栏内填写团体旅客证号码。

(5) 发售盲人陪同（人或狗）补充册页客票时，在“减成率”栏注明减成数额，在“理由”栏内填写“（PROVODNIK）陪同”字样。

(6) 发售散客（人数少于 6 人）往返补充册页客票时，在“减成率”栏内注明减成数额，在“理由”栏内填写“TUDA I OBRATNO”字样。

(7) 铁路在办理团体和散客往返客票时，每一方向均使用单独的补充册页客票，在返程客票的上部注明往程册页客票的号码。

2) 卧铺票

国际旅客联运中的卧铺票（其样式见附录 A.5）是旅客乘坐卧车或座卧车的乘车票据，在卧铺票上应载有下列主要事项：承运人代号；发站和到站名称；运行经路；发车日期和时分、车次、车厢号和铺位号；车厢等级和铺位种类；旅客人数；卧铺票票价；卧铺票发售日期和地点；客车经营人代号等。

铁路客票发售部门可发售两种形式的卧铺票。一种为已经将所有空栏填写完毕的卧铺票；另一种为没有注明车次、车厢号、铺位号、发车日期和时间的卧铺票（“OPEN 卧铺票”）。

卧铺票由 3 联组成，即：卧铺票存根、用带浅绿色底纹特种水印白纸印制的卧铺票、用带浅绿色底纹而不带水印白纸印制的卧铺票收据。目前，我国铁路部门发售的卧铺票不包含卧铺票收据。其中，卧铺票存根留在发售部门，随当月报表报送清算部门；卧铺票填好后订入票皮交给旅客，当旅客凭此乘车时，由乘务员收回并提交本国清算部门。

卧铺票的客票号、乘车人数（数字和大写）、发到站、经路、车次、车厢号、车厢等级和种类、铺位号、一名旅客卧铺费、卧铺费总额、列车发车时间、卧车所属路名称等项均临时填写。卧铺票上加盖发售部门的戳记并注明日期。其中，卧铺票上的车厢等级和铺位种类代号按表 9-3 中代号填写。

表 9-3　车厢等级及铺位种类代号

车厢等级和铺位种类代号	车厢等级和铺位种类	车厢等级和铺位种类代号	车厢等级和铺位种类
2/0	不带包房的开放式车厢	BC6	二等座卧车，6 人包房
2/4	二等卧车，4 人包房	1/4	一等卧车，4 人包房
2/3	二等卧车，3 人包房	1/2	一等卧车，2 人包房
2/2	二等卧车，2 人包房	1/1	一等卧车，1 人包房
BC4	二等座卧车，4 人包房		

旅客乘坐卧铺车和座卧车时，旅客凭卧铺票，全天均有权使用卧铺；但乘坐座卧车的旅客仅限在 21:00 至次日 7:00 期间使用卧铺。全部卧具使用费包含在卧铺票价中，每套卧具的使用时间为 5 天，超过时铁路应免费更换。

3）补加费收据

补加费收据（其样式见附录 A.6）是指当变更运行经路、车厢等级及同一经路上分乘不同等级车厢等情况时开具的乘车票据，是运输合同条件发生变更的证明。补加费收据由两联组成。其中，第一联为白纸印制的补加费收据的存根，留在发售部门，随当月报表报送清算部门；第二联是用带浅蓝色防伪底纹特种水印白纸印制的补加费收据，待填好后订入票皮交给乘客。补加费收据填写时复写填发。

在支付客票票价差额、其他运送费用及支付卧铺费差额时，应填发补加费收据。其中，补收卧铺费差额时，应单独开具一张补加费收据。如旅客希望在各区段乘坐不同等级的车厢，客票发售部门按照旅客全程乘坐的最低等级车厢向其填发补充客票，而较高等级车厢的票价差额，用补加费收据进行核收。往返乘车须补加收费时，往程和返程分别开具补加费收据。

此外，在办理专列中挂运行李车、餐车运送手续时，应在补加费收据的空栏内填写车辆数和轴数；办理卧车空车走行费用时，应在补加费收据的空栏内填写车/公里数；补收运送费用时，在右侧最上一个空格内相应地填写“SOBAKA”。

没有使用到的各栏，沿对角线方向打叉划销，并在“售票处日期戳”方格内加盖本售票处日期戳。

4）团体旅客证

团体旅客证（其样式见附录 A.7）是证明旅客属于持团体票的凭证，连同团体票一同使用时有效。团体旅客证发给 6 人及以上的团体乘车的每一位旅客（领队除外）。领队乘车使用团体旅客乘车用的册页客票。

客票发售部门在填好册页客票号码和车厢等级之后，将团体旅客证发给旅客。对于团体旅客往返乘车时，应在团体旅客证背面加盖“往返”戳记。

除上述乘车票据外，乘车的凭证还包括国际铁路通用的免费乘车证（分公用及私用两种）及国际旅客列车（直通客车）国内段免费乘车证。

2. 旅客运送条件

1）乘车票据的有效期

旅客持册页票本或卡片客票在有效期内乘车。其中，往程票的有效期为2个月，返程票和往返票的有效期为4个月。

有效期的起算日期为：当册页票本中没有卧铺票或客票上有针孔（戳记）时，此时应以旅客向售票处提出并在客票上注明之日为起算日期，但办理客票日期与起算日期之间的间隔天数不得超过乘车票据的预售期；当册页票本中订有卧铺票或客票上有针孔（戳记）时，则以发送旅客的当日算起。

另外，旅客因病或其他不得已的原因，可以在客票有效期内提供相应文件（如医院诊断证明书等），向铁路部门申请延长客票有效期。铁路部门经过确认后应予以延长客票的有效期。1张客票延长有效期不得超过2次，并且每次延长的期限不得超过2个月。因铁路部门的原因导致运送发生延误，客票的有效期则延长相应的时间。

2）改签和退票

旅客在规定的时间内均有权向售票处提出变更乘车日期或同一经路上的车次。此时，如有空闲席位，售票处应为旅客办理改签手续。具体条件和办法如下。

在客票的有效期内，旅客在卧铺票所载列车开车前6小时向售票处提出改签乘车票据时，可以将已经办理的卧铺票更换成同一经路的新卧铺票；团体旅客需在卧铺票所载列车开车前5天（立陶宛共和国与爱沙尼亚共和国时为1天）向售票点提出改签团体乘车票据时，售票处方可为其办理。卧铺票只能更换1次，但承运人未履行运输合同条件的情况除外。

此外，因承运人的过失致使列车停运或晚点，客票被注明在另一经路有效时，原卧铺票将免费更换为新的卧铺票。因运送过程参加者的过失，旅客未能乘坐乘车票据所载列车，以及列车全程或部分区段停运，而旅客希望继续乘车时，则在有空闲席位时，承运人应将旅客及其行李随同最近一次列车发送至到站，不核收补加费。

旅客需要退票时，铁路应该给予办理。

当运输合同条件的变更是由承运人的过失所致，则退还按适用运价规程计算的费用如下。

(1) 旅客没有开始乘车即可退还其客票票价和卧铺费、手续费及其他费用。

(2) 若团体旅客出发时部分旅客没有开始乘车，退还未乘车旅客的团体客票票价和卧铺费、手续费和其他费用。

(3) 如果旅客在中途站不再继续乘车时，退还未乘车里程的客票（单人或团体）票价和卧铺费。

(4) 旅客乘坐了比乘车票据所载等级和种类低的车厢，退还乘坐里程两种等级客票（单人或团体）票价和卧铺费间的差额。

(5) 未运送里程的行李和包裹运费。

当运输合同条件的变更是由旅客或发送人个人原因造成的，则退还按适用运价规程计算的费用。

(1) 如果旅客没有开始乘车并在列车出发6小时前（团体票为5天前，立陶宛共和国与爱沙尼亚共和国时为1天前）提出乘车票据，退还客票（单人或团体）票价和卧铺费，当超过上述时限时，卧铺费不予退还。

(2) 如旅客在中途站不再继续乘车，并在其所乘列车到达后3小时内提出自己的客票以便加以记载，退还未乘车里程的客票票价。

(3) 如发送人在行李和包裹装车前领回，可退还行李和包裹运费。

(4) 如退还了未乘车里程的客票票价，则退还该里程的行李运费。

3) 变更席别和经路

(1) 变更席别。由于铁路责任（如售重号等）不能为旅客提供与其乘车票据相符等级列车和席别时，可将旅客安排在较高等级车厢，不再补收客票和卧铺票差额；如列车中不能为旅客提供席位，则应将旅客安置到按同一经路或其他经路开往同一到站的其他列车。持较低等级车厢乘车票据的旅客要求改乘较高等级车厢时，若列车有空余席位，可满足其要求，并向其补收相应的票价差额。其中，客票差额只能在售票处补收，卧铺票差额可在售票处或在列车上补收，收费时应向旅客开具补加费收据。

(2) 变更经路。旅客在乘车开始前要求变更乘车经路时，需按照退票、重新购票流程办理。

若旅客在运行途中某一站要求变更经路，分以下不同情形办理。

① 当新经路票价低于原经路票价时，车站在客票背面记载实际乘车经路。如变更经路后经由的国家也随之发生变化，则需给旅客开具一张补加费收据，并注明新的经路和经由的国家铁路名称。

② 当新经路票价高于原经路票价时，向旅客核收票价差额并开具补加费收据。

③ 当变更经路只涉及接受变更申请的国家时，此时按照该国铁路规章办理。

4) 儿童乘车条件和减成

(1) 儿童乘车条件。当儿童乘车时，儿童的乘车票据的办理条件如下。

① 未满4周岁的儿童在不单独占用席位的情况下，每名成人旅客可免费携带1名；超过1名时，超出数目的儿童应购买儿童客票。单独占用席位时，每名儿童均应购买儿童客票；单独占用卧铺时，还应购买卧铺票。

② 年满4周岁但不超过12周岁的儿童，不论是否单独占用席位，每名儿童均应购买儿童客票；单独占用卧铺时，还应购买卧铺票。

③ 12周岁以上儿童乘车条件与成人相同。

在确定儿童乘车运费时，以乘车开始之日护照所载的儿童年龄为准。

(2) 减成。为照顾儿童、学生和残疾人乘车，同时为了吸引客源，提高铁路运输竞争力，国际旅客联运中对儿童、学生、盲人陪同、旅行团体和往返乘车旅客，在购买客票时给予一定的优惠（卧铺票不在减成范围）。减成率由《国际客运运价规程》(以下简称《国际客价》) 及各国铁路的规定来确定。在上述的减成中，旅客只能享受其中最高的一种。

5) 中途下车

在不违反所在国法律及护照行政规定的前提下，旅客可以在中途下车，不限次数和停留时间，但中途下车不延长客票的有效期；旅客在下车后，应在列车到达时起3小时内，向车站提供乘车票据，以便车站做关于中途下车的记载。旅客在客票有效期内，在中途下车的车站或客票所载乘车经路上前方的其他车站，均可继续乘车。乘车前，旅客应到售票处办理签票手续。

旅客在中途下车后，从发站至到站的卧铺票由原列车的乘务员留下。乘客若想继续乘坐卧车时，应重新购买卧铺票。如果旅客从未列入适用运价规程（《国际客价》）的车站继续乘坐卧车，则应支付自列入运价规程的前一个联运站至目标车站的卧铺费用。

6）携带品

在不违反国境联检部门及其他规定的前提下，旅客可以携带物品乘坐国际旅客列车和直通客车。免费携带品的总重量，成人旅客每人不得超过 36 kg，未满 12 周岁的儿童每人不得超过 15 kg。有儿童或残疾人乘车时，属于儿童的一辆折叠式儿童手推车或属于残疾人的轮椅可以携带上车，且不计算在重量标准内。在外交信使单独占用的包房，允许携带 200 kg 以内的外交邮件和行李。这种情况下，超过免费携带品标准的外交邮件和行李应按手提行李办理，并按照适用的《国际客价》中规定的行李费率核收运费。

国际联运客车车厢内，旅客可以随身携带宠物（狗、猫、禽鸟等），但这些宠物只能带入二等车厢，且必须将其安置在单独的包房内，每个包房不得超过 2 只。旅客需支付包房内全部铺位的客票票价和卧铺费。若客车没有单独的包房，则禁止旅客携带宠物。旅客在乘车过程中需照管好随身携带品和宠物。携带宠物时，旅客应随时清扫车厢，并对因所携带宠物造成的破坏和污染承担全部责任。

为了确保旅客的乘车安全，下列物品禁止携带上车：①可能损坏车厢或其他旅客携带品、污染车厢的物品；②易燃、易爆物品，具有放射性、腐蚀性及毒害性的物品；③装有弹药的武器；④可能引起感染或具有强烈刺激性异味的物品；⑤长、宽、高相加超过 200 cm 的物品；⑥海关和其他规定禁止运送的物品。此外，若铁路部门怀疑旅客携带了前 5 条中所述的物品，可以在旅客在场的情况下对旅客的携带品进行检查。

7）乘车票据的查验及收回

列车长或有关检查机构代表查验车票时，应注意日期、车次、到站、座别和乘车票据的完整。只有册页票本的票皮而没有册页客票或只有册页客票而没有册页票本的票皮（个别铁路间，另有协议者除外），均属于无效票据，旅客无权凭以乘车。若旅客不能交验有效车票，则应根据发现无票乘车所在铁路国家的规章核收罚款、票款和补加费。旅客如继续乘车应购买乘车票据。

在国际联运卧车和座卧车内，旅客的所有乘车票据在乘车期间都交由列车员保管，列车员在乘车结束前 30 分钟内将除卧铺之外的所有票乘车票据发还给旅客。

若旅客中途下车，剩余旅程已经失效的卧铺票、过期的册页客票、卧铺票均应收回。

3. 行李及包裹运送条件

1）行李运送条件

国际联运行李是旅客凭客票向铁路托运的个人物品，其发、到站必须是国际旅客联运站，并且必须位于客票所载乘车经路内。行李可以一次托运至客票所载的到站，也可以分几次从途中向到站方向托运。

一张客票托运的行李的总重量不能超过 100 kg；多名旅客凭一张客票乘车时，总重量的标准按人数相应提高。外交行李没有重量的限制。每件行李的重量不得少于 5 kg 且不超过 75 kg，并且能够迅速且毫无困难地装入旅客列车的行李车内。

为了行李运输的安全，禁止按行李运送的物品为：①一切易燃品、易发火品、自燃品、爆炸品、放射性物品、腐蚀性和毒害性物品、枪炮、弹药和能使其他旅客的行李或运送过程参加者受到损害的物品；②能引起感染或具有恶臭气味的物品；③动物，但是符合检疫规章和卫生规定的装在笼子或其他相应容器里的家养动物（狗、猫和鸟）除外，托运动物的喂食和饮水由旅客负责；④属于参加运送铁路的任何一国邮政专运的物品；⑤易腐产品。

国际旅客联运行李的运到期限，根据时刻表规定的列车运行情况，并考虑到办理行李交付手续所必需的时间，按运送全程来确定。在下列情况下，行李承运人可以延长行李的运到期限：①运行途中每换装一次行李，延长一昼夜；②为履行海关和其他规定手续发生意外滞留时，延长相应的滞留时间；③非因运送过程参加者过失致使不能开始或继续运送时，延长停运时间；④如检查行李时发现禁止按行李运送的物品时，延长同此项检查有关的时间；⑤如因承运人的过失，行李未在规定的运到期限内运至到站，而旅客提出转运时，延长转发送行李所必需的时间，该时间从提出转发送申请的次日算起。

2）包裹运送条件

国际联运包裹是发送人要求随国际联运客车运送的物品，其发、到站必须是国际旅客联运站。在行李车中有空闲的地方且对行李和包裹的运送不会产生危害的情况下，能迅速容易地装入并放置在行李车中的物品可以按照包裹来承运。禁止按行李运送的物品，均不能按包裹运送。包裹的单位重量不得少于 5 kg，同时不能超过 165 kg，体积与形状不能影响装卸。除此之外，国际联运包裹必须附有包裹出口许可证。

国际旅客联运包裹的运到期限是按发站至到站的运价里程和其他附加的时间来计算的。其中 300 运价公里计 1 昼夜，发送按照 1 昼夜来计算，此外，在出现上述行李运到期限延长时的情况或由于领收人和发送人的过失造成滞留时，包裹的运到期限应相应延长。

9.2.3　国际旅客联运运送费用

在国际旅客联运中，运送费用包括运费和杂费两个部分。运费指的是客票费、卧铺费、行李及包裹运费，此类费用按适用的运价规程规定的费率（购买乘车票据当日的费率）计算；杂费包括售票手续费、签票费、行包声明价格费等，此类费用按照运送人所在国规章规定收取。

在计算运费的优惠乘车票价时，对每一国家，均按四舍五入规则精确到小数点后一位。例如，当票价为 0.05 以下时进整为 0.0；而在 0.05 以上时，进整为 0.1。

1. 客票费

由于客票费要按照国际联运车厢经过的每一国家铁路里程分段计算，因此在计算客票费时，先根据旅客要求的乘车经路查出经由的每一国家铁路里程（以《国际客价》公布的里程为准），按照旅客提出的车厢等级计算出各段的票价；然后将各国铁路段客票价加总；最后乘以旅客的人数即可计算出总的客票费用。若旅客享受减成时，扣除减成数额。对于在非国际旅客联运站下车的旅客，计算票价时需计算至前方最近的一个联运站。

2. 卧铺费

卧铺费按照提供车厢并担当乘务的国家铁路公布的票价表，对每一不换乘区段分别计算，然后全程加总后核收，不需按各国铁路里程分段。卧铺费全部归提供车厢并担当乘务的铁路所有。

旅客乘坐卧车或座卧车时，需购买卧铺票。在计算卧铺费时，先要确定旅客所乘的车次和经路、途中是否需要或必须进行换乘以及换乘地点、每一不换乘区段担当车厢的铁路，以及车厢的等级等，然后在里程表中查出每一不换乘区段的里程，进而计算出相应的卧铺票票价，最后将各不换乘区段卧铺费相加。多名旅客乘车时，乘以旅客人数。

3. 行李、包裹运费

行李及包裹运费的计算方法与客票费的计算方法类似。在计算国际联运行包运费时，按照发送人提出的经路和到站，根据适用的运价规程（《国际客价》）的行包运费表，分别计算出所有参加运送的国家铁路的每 10 kg 行李及包裹的运价率；然后将按照上述方法得到的每一个参加运送的国家铁路的运价率，乘以 10 kg 的倍数（相乘前先将行李或包裹总重量的尾数进整，使之能被 10 整除）；再把参加运送的国家铁路的运费相加，即可得到行李与包裹的全程运费。

4. 杂费

杂费主要包括售票手续费、签票费和声明价格费等。

1）售票手续费

售票手续费包括两个部分：客票中统一包含的部分和各国铁路各自规定的部分。《国际旅客联运和国际铁路货物联运清算规则协约和清算规则》统一规定，将客票的 5%作为售票处的收入。这部分钱不计入售票处向上级机关缴款，以及各国铁路中央机关相互清算款项中。

除此之外，各国铁路还可以在规定的票价之外加收一定的手续费。

2）签票费

售票处在办理中转、返程票和往返票签证手续时，可以收取签票费。签票费标准由各国铁路分别确定。

3）声明价格费

国际旅客联运中，旅客托运行李及包裹（简称行包）时，不能办理保价运输。为确保其利益不受损失，可以声明价格。声明价格时，应按照行包发送国的货币提出，可以声明单件的价格，也可以声明全部件数的总价格。承运的车站以运价货币计算声明价格的费用，然后再按照本国主管部门公布的折算率，将声明价格费折算为发送国货币向发送人核收，同时应在行李票或包裹票内用发送国货币和运价货币来注明。

9.2.4 联运站工作组织及国际旅客联运乘务

1. 联运站工作组织

联运站是综合型的客运站。它既办理国内旅客运输业务，同时也办理国际旅客运输业务。由于其客运业务的特殊性，与普通客运站相比，联运站的工作组织有许多不同之处。联运站的国际旅客联运工作主要有以下内容。

1）国际联运票据的发售

国际旅客联运的票据也属于铁路客货运输票据的范畴内。铁路客票发售部门确定旅客符合国际旅客联运的规定时，可以为国际联运旅客办理乘车票据。目前，我国的国际联运票据发售工作大部分交由国际旅行社代为办理，旅客在购票时需出示有效护照（包括签证）。

2）旅客乘降及出入境办理

正确地引导国际旅客在联运站乘降及办理出入境手续是承运人（或铁路运输企业）顺利完成旅客运输任务的关键环节。

当旅客的票据和护照符合乘车条件时，联运站应允许旅客乘车，并允许旅客在途中或终点下车。当旅客在中途下车时，联运站应为旅客提供改签、退票等服务。

此外，由于国际旅客需办理通关验证手续，因此国境站应组织旅客完成检验检疫、海关和边检等手续。

3）行包在国境站的交接、商务记录、误运与补送

保证行包快速、安全、迅速、准确、便利地运送到目的地是联运站工作的一项重要任务，同时也是高质量完成国际旅客运输任务的重要环节。行包的国际运输与国内运输存在一定的差异性，这种差异性主要体现在行包在国境站需要进行办理交接或换装，而国际行包的承运和交付作业与国内行包的作业流程大体类似。

(1) 行包在国境站的交接。参加运送的铁路应经由行包运送票据所记载的国境站组织运送行李和包裹。各国铁路行李员只在本国境内押送行包，相邻国家铁路行李员在《国境铁路协定》规定的国境站办理交接。交接时，由交付方填写行包交接单，并将运送票据按交接单内填写的顺序附在交接单上。行包交接单一式六份：交付方和接收方的车站、两国的铁路上级机关和海关部门各存一份。如交接单内没有记载任何保留条件或附有其他记录，则认为行包已经完整交付。

当双方的交接员查点的行包符合交接单的记载，此时接收方的国境站工作人员应编制商务记录一式七份。在行李和包裹的交接单和运送票据上，应记明交付和接收日期，并加盖交付方和接收方国境站戳记。

如接收方国境站拒绝接收行李和包裹，应编制普通记录并注明拒收原因。记录一式三份，其中交付方和接收方各存一份，另一份附在随附文件上。被拒收的行包凭新交接单返还交付方。拒绝接收行包的情况有：①行李或包裹的内容、状态和包装不容许继续运送；②行李或包裹到达时无运送票据，或其票据中存在不容许继续运送的缺陷；③单件行李或包裹的重量超过规定的标准时。

交付方国境站如不能将发现的问题就地消除，应收回被拒收的行李和包裹。

(2) 商务记录。在下列情况时，铁路需要编写商务记录：①行包有部分灭失、损坏或腐坏、包装不合格或损坏；②运送票据记载的内容与行包实际名称、重量、件数以及到站或领收人不符；③行包或运送票据两者之一缺失；④承运人不能将已到达的行包交付给领收人；⑤行包被海关或其他部门扣留；⑥发现禁止按行包运送的物品。

编制商务记录的车站应在行包运行报单的背面做出相应记载，并由车站工作人员签字，同时加盖车站日期戳。行李或包裹票的背面做同样的记载。

(3) 误运与补送。误运是指行包未经由运送票据内所指定的国境站发送；补送是指将无票行包或误运行包补运至到站。

铁路车站在发现行包误运时，应立即将行包按照最短路径，通过行包运行报单上所记载的国境站，补送至到站。与此同时，还应通过国境站或上级机关及时通知到站。若误运的行包是在国际联运站内发现时，则联运站直接按行李或者包裹运行报单，补送至到站，并注明行包归属于哪一批；若误运的行包是在非国际联运站中发现时，则该站应将行包用国内行包运送票据将其运至本国相应的出境国境站，然后再由国境站补送至到站。

此外，无票行包在确定属于哪一批后，也要按照上述办法补送至到站。

办理补送的车站在发送行包时需编制商务记录，其中一份附于补送运行报单内，且在报单上注明记录号码和编制日期。

4）国际旅客列车的技术作业

铁路国际旅客联运涉及不同的国家，而各个国家之间的轨距不尽相同（如苏联加盟共和国基本采用 1 520 mm 轨距，越南采用 1 000 mm 轨距，而我国与朝鲜采用 1 435 mm 轨距），因此，在国境站需要进行更换轮对与转向架的作业。

此外，我国国际旅客联运列车的餐车及国内段车辆不过境，因此，在国境站还需要进行车辆的解编作业。

2. 国际旅客联运乘务

国际联运列车由提供车厢的铁路人员担当乘务。各国乘务人员在业务上应具备以下能力：①熟悉国际旅客联运规章，具备承担国际旅客联运乘务工作的能力；②通晓本职务范围内的中文、德文或俄文之一；③了解并能够遵守旅客列车经由国家的法律、法规和铁路规章与细则。

乘务员在执行公务时，应携带车辆经营人发给的乘务书和贴有本人照片的身份证件。乘务书用两种文字印刷：本国文字和中文、俄文、德文中的一种。如乘务人员在执行公务期间，由于某种原因需要便乘，运送过程参加者授权代表在发站应在乘务书中注明乘务人员便乘原因。在这种情况下，车厢乘务人员有权在车辆运行的铁路上免费乘车，如车厢有空闲铺位时，也有权占用单独铺位。上述乘务书即作为免费乘车的依据。车厢乘务人员关于同车辆整备、医疗救护等有关的所有问题，应向运送过程参加者授权代表提出。

除发站预报给沿途站预留的铺位外，发车 30 min 后未被占用的卧铺即可视为空闲铺位，这些卧铺可由列车员在列车上发售。同时，列车员可以出售发车前分发的供车内旅客购买的食品、饮料和其他个人用品。在列车途中实行自动化售票的区段，承运人可制定卧铺票的其他发售办法。列车员应根据出具的卧铺票向旅客提供乘车用卧具，每套使用 5 天。列车员留存的卧铺票为列车员报告旅客使用卧具数量时的凭证。

如发生席位重售，无法向旅客提供卧铺票票面所在种类的卧车车厢席位，则可向旅客提供较低种类的席位；在无较低种类的席位时，也可向旅客提供较高种类的席位。

此外，国际旅客联运列车内应挂有用车厢配属国文字及中文、德文或俄文之一的两种文字编写的乘车守则及列车时刻表等有关信息资料。

9.2.5 铁路的责任、赔偿和诉讼

旅客与铁路运输企业存在运输合同关系，自旅客购票或者办理行包托运手续之时起，运输合同关系随之产生；旅客自剪票进站开始至到达目的地验票出站，这一段是旅客运输合同的履行过程；旅客出站或铁路向领收人交付行包，铁路部门与旅客或托运人的运输合同关系

将在这一刻终止。未完成运输前，铁路对旅客和行包负责。

1. 责任范围

在铁路部门组织旅客上下车或运送旅客的过程中，因发生不幸事故导致旅客死亡、受伤或其身体与心理状况受到损害时，铁路部门应对旅客的生命或健康造成的与此相关的损害承担责任。但由下列原因造成的损害，铁路可以免除责任：①运送过程参加者不能预防也无力消除的情况；②旅客的过失；③尽管运送过程参加者采取了各种预防措施，但仍不能避免或防止其结果的第三者行为。

对于行包运输而言，铁路的责任范围包括：行李和包裹运到逾期；运送期间内发生的行包灭失或损毁；添附文件的丢失和未及时提出等。

当铁路部门未遵守行包运送条件中运到期限的规定时，应承担相应的责任。但自铁路部门通知包裹到达后 1 日内，逾期运到的包裹未搬运出车站，则可免除铁路的运到逾期责任。行包运到逾期的赔偿只在未遵守总运到期限的情况下支付。

当行包全部或部分灭失、损毁时，在下列情况下，可以免除铁路的责任：①出现运送过程参加者不能预防也无力消除的情况；②由于行包的特殊自然性质，导致行包损坏、生锈、内部腐坏及类似的后果；③由于行包的容器或包装存在缺陷，而这些缺陷在承运时无法从外表发现；④由于包裹发送人用不正确、不确切或不完全的品名托运违禁品。

其中，第①、② 项原因造成行包灭失、腐坏或损毁的证据由铁路提供；第③、④项原因造成的，而包裹发送人或领收人不能提出证据前，即认为损失由这些原因造成，铁路部门不需承担责任。

此外，在运送过程中，有些包裹因其自身的自然特性会有一定的减量，如未超过标准(液体或潮湿状态下不超过 2%，干燥状态下不超过 1%）或发送人和领收人不能证明减量非包裹的自然特性所致，铁路部门也不需负责。

2. 责任划分

由于铁路国际旅客联合运输涉及多个国家的承运人，因此，需要制定相应的规则，以明确在联运中出现问题时各个承运人的责任。各承运人的责任按照如下规则划分。

(1) 由某一承运人的过失造成的损失，只由该承运人对此负责。

(2) 由多个承运人的过失造成的损失，每一承运人各自对自己造成的损失负责。

(3) 如不能确定损失是由哪个或哪几个承运人造成，则责任由参与运送的各个承运人按照所运物件的实际运价里程的比例分担。

(4) 包裹运到逾期时，发送期间全部分配给发送国承运人，运送期间按包裹在每一国运送的运价里程比例进行分配，而当由行包运送条件中所述的延长运到期限的条件引起的运到逾期，全部分配给发生滞留所在的国家的承运人。

受理理赔的承运人在支付赔款或罚款后，除自己应负责的部分外，其余部分的费用可要求其他有责任的承运人偿付费用。这一要求需在支付赔款或罚款之日起 75 日内提出；当根据法院判决决定的赔偿或返还要求，应在法院判决生效之日起 75 日内提出。超过上述期限则无权再提出这一要求。

当各承运人就赔偿和罚款问题产生争议时，要求付款的承运人可向其他承运人提起诉讼。诉讼只能在被告所在国家的法院提起和审理。当判决生效后，按照《国际旅客和铁路货物联运清算规则协约和清算规划》的规定，进行费用清算。

3. 赔偿请求和诉讼的时效

旅客、包裹发送人和领收人有权根据运输合同提出赔偿请求。当满足赔偿受理条件时，铁路部门必须受理。赔偿请求的受理条件有：①请求赔偿对旅客生命或健康造成的损害时，要出具乘车票据和不幸事故记录；②请求赔偿乘车费用或卧铺费时，要出具乘车票据；③请求赔偿行包运费时，要提出行李票或包裹票；④行包全部或部分灭失、损毁时，要出具行李票或包裹票及商务记录；⑤行包运到逾期时，要出具行李票或包裹票；⑥确定运送费用时运价使用不当、确定重量出错或计算有误造成多收款额时，需出具乘车票据。如果一张乘车票据或一批行包的赔偿请求款额少于与1.5瑞士法郎等值的款额，则旅客不应提出赔偿请求。

铁路部门在赔偿请求书提出之日（该日以邮戳或赔偿请求书的签收日期为凭）起180天期限内审查赔偿请求、答复赔偿申请人，并在全部或部分承认赔偿的情况下向其支付赔偿金。若铁路部门拒绝申请人的要求时，应告知拒绝赔偿请求的理由，同时应退还赔偿请求书所附的文件。

赔偿请求与诉讼都有一定的时效。一般来讲，赔偿请求由铁路部门在9个月的期限内受理，但行包运到逾期的赔偿请求需在30日之内提出。此外，受理造成旅客生命或健康损害情况的赔偿请求没有时效期限限制。上述期限的起算日期规定如下：①退还运送费用或多收款额的请求，自乘车票据发售、行李票或包裹票填发之日起计算；②行包损毁或部分灭失及运到逾期的赔偿，自行李或包裹交付之日起计算；③行李或包裹全部灭失的赔偿，按照行李和包裹运到期限后10日或20日起计算；④变卖行李或包裹后剩余款额的支付，自其变卖之日起计算。

时效开始日不计入时效期限。

4. 赔偿

旅客、包裹发送人和领收人可以根据运输合同的规定，以书面形式向承运人提出赔偿自己在运输过程中遭受的损失。承运人在接到赔偿请求后，应立即送交主管部门审查，待符合要求时，对其进行赔偿。

赔偿额按照下列规定来确定。

(1) 声明价格的行包全部灭失时，承运人应按照声明价格全额赔偿；当部分灭失时，承运人应按照短少部分的重量赔偿相应部分的声明价格。

(2) 当未声明价格的行李全部或部分灭失时，承运人应向发送人支付灭失部分的实际价值，但赔偿额不超过按每千克2瑞士法郎算出的款额。

(3) 声明价格的行包损毁时，承运人应按照因损毁所降低的价值的比例，赔偿相同比例的声明价格款额。

(4) 未声明价格的行李发生损毁时，承运人应赔偿相当于行李价值减少部分的款额，不赔偿其他损失。

(5) 行包全部或部分损毁时的赔款，不超过行包全部或部分灭失的款额。

(6) 发生行包运到逾期时，按照标准（行李为运费的5%/天，但不超过总额的50%；包裹为运费的1.5%/天，不超过总额的30%）进行支付，且总额不超过行包全部灭失的赔款额。

（7）如果行包全部灭失且铁路已给予赔偿，则不再支付；如果部分灭失，同时又运到逾期，则只支付未灭失部分的逾期罚款；如果行包损毁，同时又运到逾期，则应支付全部逾期罚款。

若自铁路通知包裹到达之时起一昼夜内，包裹领收人未将包裹取走，则逾期费用不再支付。

9.3 铁路与其他运输方式的联合运输

9.3.1 铁路与其他运输方式联合运输的内容与特点

1. 内容

铁路与其他运输方式开展联合运输是社会发展和运输服务质量提高的必然趋势。一方面方便了旅客，另一方面也能节省社会交通成本。实现铁路与其他运输方式的联合运输所涉及的内容可以从两个方面理解。一是从涉及运输方式上来讲，包括铁路与公路间的联合、铁路与航空间的联合、铁路与水运间的联合，以及铁路内部普速铁路与高速铁路之间的联合。其中，铁路与其他运输方式之间的联合运输涉及相互间技术、组织、经营理念和管理规范等方面的问题，与其运输网络、地域特征等有关；普速铁路和高速铁路间的联合运输更多体现在普速铁路与高速铁路之间的分工与协作问题，体现在本线运输组织与跨线运输组织的问题等。二是从联合运输实现所涉及的业务领域上包括 3 个层面，即硬件联合、软件联合与服务联合。硬件联合是铁路与其他运输方式在物理空间布局上的“无缝”衔接；软件联合是从运输组织方案上实现旅客在铁路与其他运输方式的“无缝”接续；服务联合是铁路与其他运输方式企业之间相互提供“代办”性服务，简化旅客手续等。例如，票务服务中对票种、售票方式的联合拓展等。总之，各种运输方式之间的联合不仅扩大了运输企业的服务范围，增强了各个客运市场的吸引力，而且它们也为旅客提供了更多的出行选择及更好的服务。

2. 特点

如上所述，铁路与其他运输方式间的联合运输会涉及硬件、软件和服务各层面的问题，借鉴国内外铁路与其他运输方式间的联合运输表现出以下几个方面的特点。

1）铁路与其他运输方式硬件衔接原则

基于铁路网的铁路与其他运输方式联合与衔接的节点是铁路综合换乘枢纽，它既是联合运输系统的结合部，又具备运输生产组织、信息流通和辅助服务等多种功能，其效率的高低直接影响联合运输体系的总效率。综合换乘枢纽的具体定义为：多种运输方式交通干线的交汇与衔接处，共同为办理旅客的发送、中转、到达所需的多种运输设施及辅助服务功能的有机综合体。通过优化整合各类交通资源，使铁路与其他交通方式实现无缝换乘，保障高速铁路联合运输系统的高效运转，为广大出行者提供便捷、安全、舒适的换乘条件，在顺畅通达、高效运行的联合运输体系中发挥积极的支持作用。

综合换乘枢纽站中各种交通方式的组配应该考虑的问题如下。首先，应该根据自身所处城市的城市规模、城市人口密度、交通流量、经济发展水平、人均消费水平，道路条件、地质条件、客运枢纽位置等一些因素确定该客运综合交通枢纽站的类型。其次，为客流疏解换乘的需要，考虑地铁、公交、出租车、自行车等次要交通方式的引入。归纳起来，铁路综合换乘枢纽设计及各种交通方式的组配原则为：①根据区域内的自然地理条件配置；②适应地区经济发展和客运需求的要求；③同地区内生产、生活布局相适应；④考虑各种交通方式能力的配合协调；⑤各种交通方式之间换乘方便，流线之间没有交叉干扰；⑥充分利用空间资源，向立体化方向发展。

2）铁路与其他运输方式联合运输组织特点

合理的运输组织措施使铁路运输产品能更好地满足旅客的需求，即旅行途中在各种交通方式之间换乘时，可以实现时间上的“无缝衔接”，主要通过制定合理的旅客列车开行方案和运用周期性运行图来达到这种预期的效果。普速铁路条件下，旅客列车开行的车次有限，旅客手中的客票只能对应固定的车次和座位。如果误点，改乘的选择少，而改乘的时间长，旅客在其他交通工具及换乘枢纽内花费的时间无法保证，造成旅客在联合运输过程中的顺畅性大大下降，不利于铁路与其他运输方式间联合运输的实现。

随着高速铁路的开通运营，铁路的服务能力大大提升，为开展联合运输创造了更好的条件。其原因是高速客运列车的运行密度较高且时间固定，对于由其他运输方式换乘高速铁路的旅客，如果发生晚点，高速铁路上的高行车密度及固定的开行班次，可以让旅客迅速、方便地换乘；同时由于高速客运列车较高的可靠性，晚点的可能性相当小，其他运输方式可根据列车到达时间开行相应的运班。对于高速铁路换乘其他运输方式的旅客也能够保证换乘的顺利，促进了联合运输体系的顺畅性。

3）铁路与其他运输方式联合运输的票务服务特点

从票务服务上体现铁路与其他运输方式的联合运输是国内外通常采用的方法。不同的运输经营者之间采用相互结算的方式以减少旅客在换乘过程中购票的次数，简化相关手续等，对旅客和运输企业来讲实现双赢。国外成功经验表明，铁路与其他运输方式在票务服务上的联合运输主要体现在以下几个方面。

(1) 丰富的客票类型。欧洲铁路客票种类繁多，有直通票、点对点联程票、地区通票等，特别是针对不同的情况设计了各种优惠票，如德国铁路的优惠票包括往返票、学生票、敬老票、家庭票及各种不同形式的观光票，家庭票、节假日票等，打折高达30%～50%；2人购买往返票，其中1人就可享受半价优惠；不满4岁的小孩免费，4～11岁儿童优惠50%；经常乘火车出行者可购买乘车卡，凭卡购票一年内可享受半价优惠。为了吸引广大游客使用铁路，欧洲各国铁路针对外籍旅客设计了联营火车通票和单国通票，车票的计价方式以天数计算，一天内可不限次数及里程。这种通票一般分为连续票与弹性票两种。根据旅客的需要，目前又分为欧洲17国通票、欧洲5国通票、欧洲3国自选通票，以及欧洲各国/地区通票。火车通票持有人可免费享用EC、IC、ICE、TGV等铁路系统，但须提前预订座位。火车通票不得转让，并只有在与护照及由指定国家签发的签证、身份证或军方旅游特许证件一起使用时才有效。除了通票外，旅客还可以购买点到点的车票，其使用时限从购买车票之日起有效期6个月。

(2) 实惠的延伸服务。瑞士国铁火车票除了国营火车之外，境内大部分游湖轮船、市内巴士、电车及长途巴士可无限制搭乘。德国国铁火车票也可适用于境内大部分的巴士。这种服务，给旅客在各种交通方式之间的换乘提供了技术上的支持，给各种交通方式直通高速铁路站台提供了政策上的保证，促进了高速铁路旅客联合运输体系的形成。

火车通票持有人不仅可在有效国家与时间内无限次搭乘国铁火车，欧洲火车票其实还是一张“旅游优惠证明”。欧洲著名的景观列车、游览巴士、登山缆车、游湖（河）轮船、跨海渡轮等，都针对持有欧洲火车票的旅客，提供免费或折扣的优惠。额外优惠项目会因旅客所持欧洲火车票的票种而有所不同。这种合作方式起到了吸引客流的作用，形成了利润增加与客流增长的良性循环。

(3) 灵活方便的购票方式。欧洲各国铁路较早就实现了联网售票，目前在国内也可以购买欧洲 27 个国家的铁路产品。火车站、众多的客票代理处均可以非常方便地买到火车票。一般火车站设有很多自动售票机，也有人工售票台。由于客票种类繁多、国际化程度高，自动售票机提供多国语言的查询功能，旅客只要输入起讫站和希望乘车的时间段，自动售票机很快就会显示可以选择的车次、换乘地点及票价等信息。旅客在一个车站可以买到单程票、往返票、联程票，不受起点站、终点站的限制。旅客还可以通过网络、电话、传真等方式订票。各次列车提供部分固定座位用于旅客网上购票，车票可以通过邮寄、送票上门等多种方式获得，甚至旅客还可以在家中用普通纸打印出设有专门防伪代码的客票，客票中心会把这张票的信息传到火车上的无线终端上，供乘务员验票；但不是所有的票都能在家预订。如果旅客事先来不及购票，也可上车后补票，每趟旅客列车上的乘务员都随身带有便携式补票机。

4) 铁路与其他运输方式联合运输的信息系统特点

信息互换性是联合运输系统运营的重要条件。对于旅客来讲，特别重视在旅行前、旅行中铁路部门提供的交通信息，如换乘信息、适应个人需要的多样性公共交通服务信息等。除了在综合换乘枢纽公布客运信息外，更重要的是建立现代化的通信系统，以确保运输经营者之间数据交换的准确性、可靠性、适时性，以及向旅客提供数据的准确性、可靠性、适时性。整个交通信息系统的改善，将大大改变我国交通旅行的方式，促进高速铁路旅客联合运输体系的发展。

为提高高速铁路运输企业的竞争力，以日本、德国、法国等为代表的发达国家铁路非常重视运用先进技术改造旅客运输服务设施，提供各种人性化的旅客服务信息，通过客运信息共享，实现面向旅客的信息增值服务。例如，一些国家将铁路旅客服务信息系统接入互联网，以网站（页）方式提供更为丰富、人性化和互动的旅客信息服务，让旅客可以随时随地了解和查询铁路客运及沿线周边旅游资源、天气、交通、食宿、购物、娱乐等信息，充分体现了发达国家铁路运输部门以旅客为本、提供高品质服务的经营理念。

目前，我国的旅客运输信息服务水平总体而言比较落后，距离联合运输体系所需的信息系统还有很大差距，主要体现在以下方面。

(1) 信息服务大多是单向式的，旅客只是被动地接受，缺乏铁路业务部门与旅客的相互沟通。旅客遇到的问题不能及时解决，联合运输体系的顺畅性下降。

(2) 列车、车站、站外信息服务自成体系，不够完善，没有形成网络；不能指引旅客进行顺利地进站、出站、换乘信息；资源不能共享，旅客不能及时了解到旅客列车运行实时信息，信息缺乏实效性。

(3) 各种交通方式的管理部门不能实现信息资源的共享，不能实现票务、资金等方面的网上结算，给联合运输体系的实现造成了障碍。

(4) 对旅客监督及反馈处理没有信息化、系统化；无法及时了解自身工作中的疏漏，不能迅速解决问题，阻碍联合运输体系的完善。

另外，铁路与其他运输方式间联合运输还涉及许多资金结算问题。随着票务延伸服务和形式的增加，持铁路客票的旅客会享受更多打折或延伸服务，由此带来铁路与其他运输方式或行业之间的资金清算问题，需要进行大量政策、规范和经济型的分析与计算，实现利润的合理分配。

9.3.2 铁路与公路联合运输

铁路运输诞生之日起，公路与铁路两种运输方式间的联合运输就已经出现。但长期以来，由于条件所限，铁路与公路之间的联合运输只是形式上的联合，并没有做到软件与服务层面的联合。随着经济的不断发展，人们出行的数量和质量的提升，要求铁路与公路之间加强联合运输，充分发挥综合交通运输体系的作用，为社会提供更高质量和更高效率的运输服务。

1. 公路客运的特点

公路交通是大众最为熟悉的出行方式，也是众多旅客出行的第一选择。与其他几种客运交通方式相比，公路客运具有以下几个特点。

(1) 机动灵活、运输方便。我国公路网的密度要比铁路网、水路网高，分布面也比铁路与水路广。全国所有县城和95%以上的村、乡、镇都有客车通勤，城市市区道路网密度更大。

公路客运在运输时间上的机动性也较大，车辆可以实现随时调度，而且对客流有较强的适应性，既可以组织单个车辆独立应对小规模的客流，又可以组织若干车辆应对大规模的客流。

(2) 可实现"门到门"的直达运输。公路客运可以将旅客从居住地门口直接运送到目的地门口。除沿密度大、分布面广的路网运行外，还可以离开路网深入到工厂、农村、城市街道及机关单位和居民住宅门口。这一点是其他交通运输工具（如火车、轮船和飞机）无法实现的。

(3) 运送速度快。正是由于公路客运可以实现"门到门"的直达运输，不需要中途换乘，旅客在途时间短，因而在中短途运输中较其他运输方式具有明显的速度优势。

基于以上特点，公路客运一般从事中、短途旅客运输，是一种地区性"面"上的运输方式，能为铁路、水路、航空客运集散客流，同时也是城市客运的主要运输方式。

2. 铁路与公路的联合运输组织

(1) 硬件方面的联合，即铁路与公路站场设施的联合。在中小城市，铁路车站的广场旁设置了简单的短途与长途汽车站场，以方便旅客在公路与铁路运输间方便换乘；大城市与特大城市一般设有专门的长途汽车客运站，汽车客运站与铁路客运站的衔接主要通过城市内部公共交通实现，也有将二者"无缝"衔接的情况。

(2) 软件层面的联合，即运输组织及管理方面的联合。汽车的网络效应好，承担为铁路集散客流的任务。因此，合理安排汽车与铁路旅客列车到发班次和时间的衔接配合，对于提高旅客服务的质量具有重要意义。在铁路旅客列车与汽车的到发时间的衔接上，应考虑旅客出发地与铁路车站之间的旅途时间，以及旅客进站检票、候车、剪票上车的时间和旅客下车、出站及步行（或乘车）至汽车客运站的时间等因素。另外，公路运输管理部门在安排汽车的到、开班次和到、开时间时，应该考虑汽车的定员、旅客在城市内的交通换乘时间，以及旅客在铁路站内走行时间，以保证旅客能够通过两种交通方式的有效衔接顺利抵达目的地。当然，这种运营管理方面的联合是双向的，铁路方面也要考虑汽车营运的时间限制（汽车站一般不设置中、短途的夜间客运业务），无论如何，双方运营组织协调的基本原则是最大限度地满足旅客的出行需要。

(3) 服务的联合。铁路与公路服务的联合可以体现在相互之间的代办服务上。这与双方的经营策略和互惠有关，也是未来铁路与公路联合运输很重要的发展领域。服务旅客、提高客运市场的吸引力是铁路和公路运输追求的目标，票务、客运服务的联合是达到这一目的的有效途径。服务的联合主要是通过联网订票等措施来实现。

9.3.3 铁路与航空联合运输

航空运输方式定位于能够以较短的时间将旅客运送至目的地，以及实现旅客国内和国际中转。航空由于其运输速度快，因此在中长途旅客运输中占有较大的优势。与美国等发达国家的高度发达的航空网络相比，我国航空的发展还显得很不成熟。因此，航空与其他运输方式的联合是解决当前这一现状的有效途径。其中，铁路与航空的联合运输显得尤为重要。

1. 航空运输的特点

航空运输的快速发展与其自身的特点密切相关，表现在以下几个方面。

(1) 速度快。航空运输在各种运输方式中最大特点和优势就是运输速度最快。客运飞机的速度一般为 1 000 km/h 左右，运行的距离越长，乘坐航空所能节省的时间越多，速度的优势也就越明显。因此，航空运输比较适合中长距离的旅客运输、邮件运输和精密、贵重或鲜活易腐物品的运输。

(2) 直达性。飞机在空中飞行，受航线条件限制的程度比汽车、火车、轮船小得多，它可跨越地理障碍将任何两地连接起来，且可定期或不定期飞行。

(3) 舒适、安全。现代民航客机的巡航高度一般在 10 000 m 左右，飞行不受低空气流的影响，平稳舒适，且客舱宽敞、噪声小，客舱内有供膳、视听等设施，旅客乘坐的舒适程度较高。

随着科学技术的进步，在不断对飞机进行技术革新的同时，维修技术也得到了提高，这些都加强了航空运输的安全性。尽管飞机事故严重性最大，但航空运输的事故率和死亡率最低。

(4) 基础建设周期短、投资少。与修建铁路与公路相比，航空建设周期短、占地少、投资省、收效快。据计算，在相距 1 000 km 的两个城市间建立交通线，若载客能力相同，修筑铁路的投资是开辟航线的 1.6 倍；铁路的修筑周期为 5～7 年，而开辟航线只需 2 年。

(5) 地域性强。航空运输具有明显的地域范围。经济较为发达的地区，客运需求相对旺盛，如北京和上海这类枢纽航空港是客流的重要集散地。

(6) 成本高。一方面，飞机机舱的容积和载重量都比较小，运载成本和运价均比地面运输方式高；另一方面，飞机的科技含量、硬件设备质量都很高，因此相应的购置成本及日常养护费用都比较高。

(7) 旅行附加时间长。由于大多数机场都设置在城市的近郊或远郊，城市内部距机场较远，且城市交通状况不一，旅客需要提前很长时间出行，再加上购票、办理登机手续、安检、候机等环节，旅行的附加时间较长。

2. 铁路与航空的联合运输组织

(1) 铁路与航空的联合运输在硬件层面的联合。这是实现两者联合运输最重要的表现形式。以上海虹桥车站为代表的新型站场，铁路车站和航站楼紧紧相邻，它们之间的空间距离实现了最小化，旅客可沿地下通道的导向标志实现两者之间的快速转换。铁路车站和航站楼之间的这种布局基本实现了"无缝换乘"，在某种程度上，增加了两者在客运市场中的竞争力和吸引力。

(2) 软件层面的联合。主要是指铁路旅客列车与航空班次在发、到站时间上的有效衔接和线路设计上的有效配合。通过这种时间和空间上的组合，最大限度地提高双方旅客运输的服务质量和服务范围。

(3) 服务的联合。目前国内铁路与航空已经实现了全国甚至全球联网的售票系统，旅客可以根据自己的出行需求在任意一个联网售票点购买火车票和飞机票（包括往返票），这为旅客的出行提供了更加贴心的服务。

上海虹桥车站与上海虹桥机场的联合运输模式是我国联合运输组织、运营及管理的重要探索。目前，国外铁路与航空在联合运输组织上有较多的经验，如法国戴高乐机场车站，在扩建的机场 3 号航空港修建了 TGV 列车车站后，布鲁塞尔至戴高乐机场的高速铁路与民航的换乘衔接模式发展为：旅客可以在布鲁塞尔办理登机的各项手续，然后乘坐高速铁路列车直接到达机场的换乘枢纽，并通过自动扶梯等连接设备进入登机通道。整个过程不会因为中途办理手续，影响旅行的顺畅性。通过这种联合服务方式，旅客可以在飞机与高速铁路间实现快速的换乘。

9.3.4 铁路与水路联合运输

水路运输是我国起源最早的运输方式之一。然而随着经济的发展，人们对出行时间要求的提高、公路和铁路网的完善，以及航空运输的发展，中长途水路客运逐渐萎缩。

1. 水路运输的特点

水路运输是利用船舶或其他浮运工具，在江河、湖泊、水库、人工水道、海洋等水域运送旅客及其行李的一种运输方式。在旅客运输方面，水运应该发挥海运、内河航运的优势，以旅游为主，与其他交通方式协调发展。按航行区域，水运一般可分为远洋旅客运输、沿海旅客运输和内河旅客运输 3 种类型。与其他运输方式相比较，水路运输具有的技术经济特点如下。

(1) 运输成本低。水路运输主要利用江河、湖泊和海洋等"天然的航道"，不需要建设道路，不占农田，因此投资较少，见效快，成本低。与铁路相比，我国沿海运输的成本只有铁路的 40%，这为水运事业的发展提供了良好的条件。

(2) 水上航道四通八达，通航能力强。水路旅客运输能力主要取决于客船运输能力及港口客运站通过能力。

(3) 水路客运舒适。旅客在船上的活动空间比其他交通工具都要大。

(4) 水路运输受自然气象条件影响较大。由于季节、气候、水位等的影响，水运受限的程度大，一年中中断运输的时间较长，安全性、准时性较差，运营风险也较大。

(5) 水路旅客运输航行速度较慢，一般航速为 12～20 kn (1 kn=1.852 km/h)。

水路旅客运输在人类社会发展的历史进程中，曾发挥了巨大的作用；只是由于水路运输的低速性，在注重高速度和快节奏的现代社会，传统水运受到了自然条件的限制。与铁路、公路和航空运输相比劣势非常明显，水路旅客运量和旅客周转量呈下降趋势；但在陆岛间、岛屿间及海峡间的中短途客运航线，以及内河、湖泊等某些客运航线始终没有间断，并随着对外开放、贸易往来、旅游业的兴起和船舶技术的不断进步而逐步发展。高速客船的出现为水路旅客运输的恢复与发展，带来了光明与希望。高速化、旅游化是水路旅客运输发展的新方向。此外，在铁路、公路和航空不发达的地区，水路运输仍起着不可替代的作用。

2. 铁路与水路运输的联合运输组织

与公路与铁路、航空与铁路之间的联合运输组织类似，铁路与水路的联合运输组织也体现在硬件、软件及服务 3 个层面。下面以跨海铁路轮渡为例，讲述铁水之间的旅客联合运输。

跨海铁路轮渡的构成包括铁路栈桥、桥墩、上船人行桥、渡船。铁路栈桥的功能是将在待渡场分段解体后的列车运送至渡船上或将渡船上的列车运送至待渡场恢复成整列。早在 1850 年，英国就开始在苏格兰的福恩湾使用铁路轮渡运输。我国于 1933 年首次出现铁路轮渡运输。目前，我国正在运营的有琼州海峡铁路轮渡和烟大铁路轮渡。

旅客列车在行驶至待渡场后，分解为规定的长度，然后通过铁路栈桥送到船上，当运送至目的地时再重新编组成整列。整个过程旅客不需离开列车车厢。烟大铁路轮渡的投入运营，使烟台至大连的旅客列车运送距离缩短了 1 500 km 以上。通过铁路轮渡，将北以哈大铁路为主轴的东北铁路网、南以京沪和京九铁路为干线的中南部铁路网衔接起来，形成一条连接辽东半岛和山东半岛的海上钢铁大道。而琼州海峡铁路轮渡则将海南岛与内陆的铁路连接起来。

通过水路客运航线和铁路线路的合理分工与协调，在空间和时间层面上有了很好的衔接，为旅客提供了最方便的运输服务。除此之外，在有水运引入的综合交通枢纽站中，水路和铁路一同承担运输旅客的任务。这类枢纽站中，主要是轮船与铁路的换乘，其内容与航铁联运内容类似，在此不再赘述。

9.3.5　铁路与城市交通联合运输

城市交通分为旅客运输与货物运输两部分，本书主要讲述旅客运输。它能够为城市内部交通和城际之间的交通提供强劲有力的支持，且能为旅客提供所需的交通服务。在这里，主要就城市交通与铁路的联合运输作简要介绍。

1. 城市交通的分类

城市交通是城市内部及城市与外部之间的人员实现空间位移的载体，它包括城市内部交通和对外交通，涉及城市中地面、地下和空中交通等各种运输方式。

多种运输方式共同组成了城市综合客运交通系统。这些交通方式可以概括地划分为公共交通和私人交通两类。如图 9-2 所示。

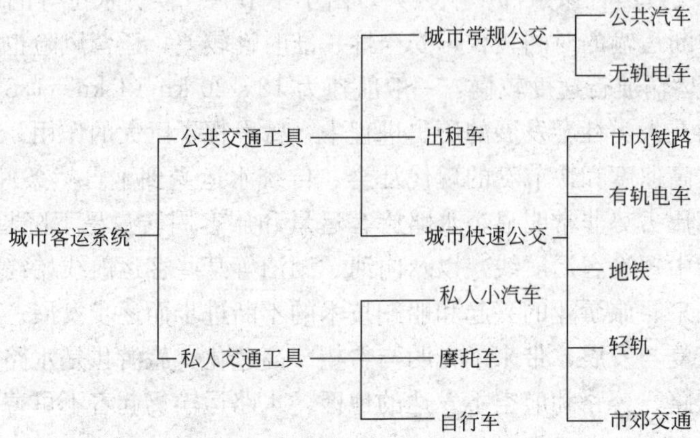

图 9-2 城市客运系统结构图

城市公共交通系统包括 3 个大类的交通工具：城市常规交通工具，如公共汽车、无轨电车，其特点是灵活机动，成本较低，是应用最为广泛的公共交通系统，一般是城市公共交通的主体；城市快速公交系统又称为轨道交通系统，主要包括地铁、轻轨和有轨电车等，它运量大，速度快，可靠性高，但造价很高，一般是城市公共交通的骨架；城市辅助公交工具主要是出租车，它是对上述两个公共交通系统的必要补充。

私人交通工具主要包括私人小汽车、摩托车和自行车。自行车使用方便，成本低，并且出行的时间和地点可以由出行者自己掌控。与自行车相比，摩托车速度快，活动半径大；而相比其他机动车，摩托车的价格低、能源耗费低、容易操作。私人小汽车随着人们生活水平的提高，越来越多地体现出舒适、方便和快速等优势。

2. 城市公共交通的特征

（1）城市公共交通为公众提供大众化的、共享性的出行方式。城市公共交通建设与发展的首要和最根本的目的就是为公众的出行提供方便的、快速的交通方式。

（2）城市公共交通是受多种因素影响的动态复杂系统。城市的人口数量、人口密度、工作岗位的数量和分布、城市用地性质和形态，以及社会经济状况和发展速度都对城市公共交通产生直接或间接的影响。由多种交通载体及社会经济手段等构成的城市交通承载输送能力，其总量和一定总量条件下形成的交通结构，都要适应随机发生的最大交通负载的要求，如城市道路网的最大通行能力、公共交通的高峰小时输送能力、停车场的最大容纳能力等，否则就难以保证城市交通的正常运行。交通流的发生量和对交通资源的占用量，不仅与城市的经济发展水平和社会开放程度存在正相关的关系，而且还与城市的主要交通发生源和交通吸引点的空间布局、交通需求者对交通方式及交通线路的随机选择有直接的关系，同时对交通需求总量不能实行简单的限量或计量控制。

（3）城市公共交通具有社会化、半福利性的经济属性。在大中型城市优先发展公共客运交通的目的，是利用社会化、半福利性的公共客运交通方式来调控、代替非社会化的个体客运方式和企事业单位自备通勤车辆的盲目发展和扩张，从而在车辆购置、交通资源利用、节约能源和减少环境污染等方面获得可观的经济效益和明显的社会效益。

目前，国内外的城市客运交通发展模式各具特色，每个国家或地区的城市客运交通发展都有不同的侧重点，并且在实践中不断完善和发展。表 9-4 给出国内外部分国家或地区的城市公共交通发展模式。

表 9-4　国内外部分国家或地区的城市公共交通发展模式

国家或地区	城市综合交通特点
中国香港	以公共交通为主导，并限制个体交通的发展
日本	重点发展快速轨道系统
美国	多元化的政策体系调节城市交通发展
俄罗斯	以公交为主体、地铁为骨干发展城市交通

3. 铁路与城市交通的联合运输组织

城市交通系统在不同规模的城市中有不同的表现形式。在中小型城市中，一般表现为各种交通方式在城市内部的均衡发展；而在大城市及特大城市，综合交通枢纽在城市交通中起到旅客运输节点的作用。综合交通枢纽是旅客完成全程运输的重要基础设施和衔接场所，为旅客提供“零距离换乘”和“无缝连接”的运输服务是对综合交通枢纽发展的要求。

铁路与城市交通在联合运输组织从以下 3 个层面来阐述。

(1) 近年来，硬件方面的联合成为发展热点。围绕高速铁路的建设，铁路客运站将地铁、城轨、公交、出租车的站点和停泊场直接引入车站，形成立体化、功能齐全的综合交通枢纽站。以北京南站为代表的新一代大型综合交通枢纽则体现了硬件方面的联合。它集铁路、地铁、公交、出租、私人交通于一体。上下共 5 层，其中，地上部分两层，地下部分三层。地上部分为高架层和地面层，高架层主要通行的是出租车和社会车辆，地面层主要通行公交车及旅客进站。地下一层是换乘大厅、停车场，以及旅客出站系统，并且预留了与城市铁路连接的车站；地下二层是地铁 4 号线；地下三层是地铁 14 号线。从其立体结构来看，站内各种交通方式间采用垂直换乘，各种换乘设施的规划合理有序，旅客基本可实现“零距离换乘”。北京南站的立体结构布置如图 9-3 所示。

目前，国外也不乏这方面的例子，如华盛顿特区与纽约的联合车站。该换乘枢纽将高速铁路与市内轨道交通、市郊铁路、公交、私人交通等交通方式集中起来，各种交通方式之间为垂直换乘。高速铁路位于最上方，市内、市郊轨道交通在下面，多层停车库在旁边，公交在地面，各个层面均有自动扶梯连接，具有很高的换乘效率、换乘舒适度与安全性。

(2) 软件层面的联合。综合交通枢纽内部设有多种换乘方式。如铁路与城市轨道交通、市郊铁路、公交、出租、私人交通，它们之间的换乘为旅客提供了不同线路与不同组合方式的出行选择。铁路与城市交通的联合运输带来了运行时间和换乘空间上的紧密衔接、组织措施的进一步优化及手续上的简化，从而进一步扩大了铁路旅客运输的竞争力。

(3) 服务层面的联合。很多综合交通枢纽往往被单纯看成客流集散、中转、换乘的处所，满足旅客交通的需求。但是，随着旅客出行需求的多元化，旅客到站后除换乘、候车外还要进行就餐、购物、娱乐、休闲等活动。这就要求枢纽内各种不同交通工具之间，以及同种交通工具内部加强协调与合作，实现旅客旅途中各种服务的连续性与方便性，从而提高旅客出行的质量。

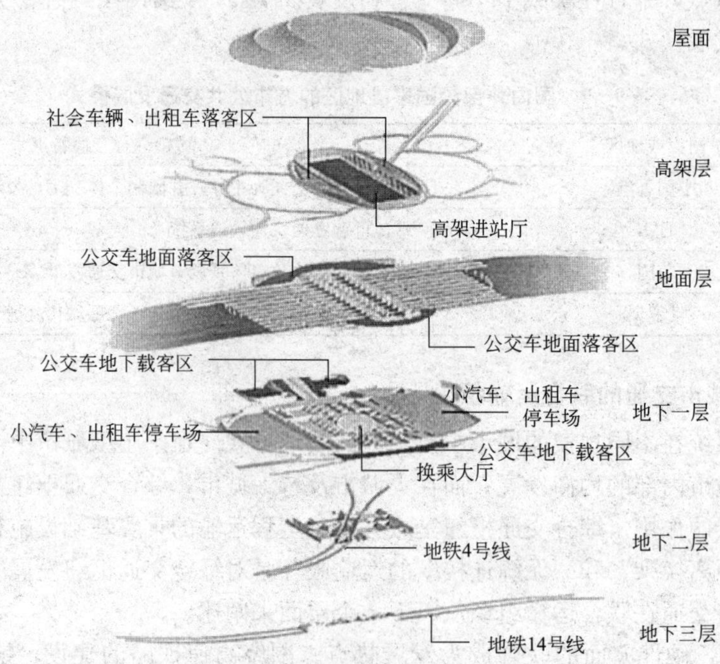

图 9-3 北京南站的立体结构布置

复习思考题

1. 叙述联合运输的概念及你对联合运输的理解。
2. 简述铁路国际联运的概念及类型。
3. 请叙述铁路国际旅客联运与国内铁路旅客运输的不同点。
4. 谈谈你对铁路与公路、航空、水路和城市交通联合运输的理解。
5. 思考铁路与不同运输方式间联合运输的异同。

第 10 章
铁路旅客运输服务质量管理

【本章内容概要】

在铁路运输服务过程中，质量管理是一项重要内容。进行有效的质量管理有利于铁路运输业的发展，吸引更多旅客选择铁路出行，增大铁路运营收入。本章主要内容是铁路客运服务质量管理的内容、质量测评的方法，以及客运服务的标准化。

【本章学习重点和难点】

1. 了解旅客运输服务质量管理的概念。
2. 掌握服务质量分析与测评的方法。
3. 理解铁路客运服务标准化。

铁路旅客运输服务质量管理是提高旅客服务质量的重要措施。加强旅客服务质量管理有利于了解旅客的服务需求，提高旅客服务质量。

10.1 概　述

10.1.1 铁路旅客运输服务及分类

1. 铁路客运服务及特性

铁路旅客运输服务（简称铁路客运服务）是指为了实现旅客位移而由一系列或多或少具有无形性的活动所构成的一种过程。该过程是在旅客与服务人员、硬件和软件的互动过程中进行的。其实质是最大限度地满足旅客的需求并为其创造价值。客运服务是站在消费者角度强调旅客在获得和消费客运服务时的一种实际体验和体验的满足程度，侧重于服务的“过程性”和旅客的“满足感”。

服务与制造业产品最本质的区别就是服务的过程性，并伴随产生了服务的无形性、同步性、参与性、易逝性、异质性和不可转移性等特性。

(1) 无形性。铁路客运服务在本质上是无形的，它不能被触摸和品尝，不能被嗅到和看到。

从服务供给的角度看，服务产品很难具有专利，易被模仿；从购买者角度看，无形性也给消费者带来了更大的购买风险；从社会管理的角度看，政府通过立法行政干预手段来规范企业的经营，如铁路旅客列车服务应该制定相应的服务标准和规范。

(2) 同步性。铁路客运服务生产和消费的同步性决定了其不能像制造业那样，依靠存货来缓冲或适应需求变化。对铁路客运服务来说，生产与消费的“分离”是通过旅客的等候来实现的。可见，服务能力的选择、设施利用率及空余时间的利用等都与旅客等候时间和服务质量感受有关。

(3) 参与性。铁路旅客参与服务过程具有以下两个含义。

① 旅客作为参与者出现在铁路客运服务过程中。对于旅客来说，客运服务是发生在服务设施环境（前台作业区）中的体验。如果服务设施的设计符合旅客的需要，就可以提高相应的服务质量感受。例如，对内部装饰、陈设、布局、噪声及颜色的关注能够影响旅客对服务的感知。

② 旅客在服务过程中可以发挥积极的作用。旅客的知识、经验、动机乃至诚实都会直接影响服务系统的效果。旅客参与服务过程的直接好处是旅客扮演了临时员工的角色，一些原本由服务人员完成的工作可以转换成由旅客完成，既可以减少不必要的服务人员，又可以扩展客运服务能力。

(4) 易逝性。与工业制成品不同，服务产品一旦未被出售或消费，其价值就永远地失去了，无法储藏。例如，铁路列车上的空座位。因此，服务产品具有很强的时间性和易逝性。这样就给运输企业的经营带来更大风险，因此对服务设备和能力的配置提出了更高的要求。

(5) 异质性。服务产品作为一种无形的“行为”或者“体验”，决定了服务质量会由于服务提供者和消费者双方的个人因素发生变化波动。铁路客运服务的波动有 3 种来源。

① 服务人员。服务变化性的第一个来源就在于服务传递系统中的服务人员。

例如，铁路部门可以要求列车工作人员行动一致，步调一致，强调标准化服务，但不同员工提供的服务在质量上可能存在天壤之别。

② 旅客。每个旅客感受到的服务质量因自身的思想状况、个人素质、偏好等不同而有较大差异。另外，某个特定的旅客还受其他旅客的行为和表现的影响。

③ 环境。一些外部因素也可以影响旅客对服务的评价。例如，旅客买票时是否有长队的人在等待；运行中列车是否经常出现颠簸等。这些外部因素不仅会对旅客造成很大的影响，而且很难被服务提供者控制。

铁路客运服务异质性增加了服务质量控制的难度。为了减小服务异质性造成的影响，一方面，应提高服务的标准化、规范化程度，设立合理、量化程度高的服务标准，建立严格的服务监督机制和奖惩制度，强化员工培训等；另一方面，授权一线员工，建立激励机制，提高其工作满意度。

(6) 不可转移性。服务不可转移性是指服务产品的所有权不可转移。生产与消费的同步性，使客运服务的所有权转移消失，即旅客付出的服务费用直接转化为自身的效用，旅客到达目的地后，手里只有作废的车票。

此外，铁路客运服务区别于其他服务业的特征，主要表现在以下方面。

(1) 运输生产过程的流动性。旅客位移是通过运载工具来完成的，通过的空间是各种情况复杂的地理环境。来自四面八方的旅客组成一个临时性的流动小社会，在运输过程中如何确保旅客的人身安全是第一位的；一旦发生旅客伤亡事故，就会造成难以挽回的损失。

(2) 时间、空间特定性。人们的出行目的不同，所需客运企业提供的旅行服务内容也不同。因此，只有在特定的时间内和方向上运输服务才是被需要的。不同时间和不同方向上的供应和需求不能相互得到弥补，只能以满足当时、当地发生的旅行需求为限度。客运企业提供的运能多了、早了或迟了都是无效的。因此，准点和及时是旅行服务有吸引力的重要因素。

(3) 旅行消费过程中销售具有超前性。旅行消费过程是与生产过程相结合的统一过程。这就决定了客运企业的销售方式一般是先销售（售客票）再生产，只有少数是销售与生产同时进行的，不管销售状况如何，预订的运载工具如列车、航班、车船都必须准点开行。

(4) 不同旅行服务方式具有生产连续性。绝大多数旅客在一次旅行过程中都要经过若干种交通方式才能到达目的地。不同运输方式只有协调配合、紧密衔接才能高效优质地为旅客服务，让旅客感到便捷。

(5) 旅行服务质量控制具有动态性。工业企业的产品质量既可对最终产品进行检验控制，也可对生产过程进行控制，而旅行服务质量控制主要是在运输生产过程中进行动态控制，人们对旅行服务产品质量的判断和检验也很困难。长期以来，虽然对旅客运输服务生产过程的管理形成了许多规范化管理的标准，但由于服务人员的思想、业务素质水平，以及服务环境的干扰等，接受服务者的个性特点差异，使得服务质量仍然较难以控制。

2. 铁路客运服务的分类

铁路客运服务的分类可以从不同角度进行。

(1) 按照服务时间和销售时间划分。按照服务时间和销售时间可将服务分为售前服务、售中服务和售后服务 3 类。售前服务是服务时间早于销售时间的服务；售中服务是服务时间与销售时间同步的服务；售后服务是服务时间晚于销售时间的服务。

对于客运服务来说，既有售前服务又有售中服务和售后服务。其中，售后服务占很大比例，旅客通常先买票才能上车享受服务。

(2) 按照与顾客接触程度划分。按照服务提供过程中与顾客接触程度可将服务划分为高度接触服务、中度接触服务、低度接触服务三类。高度接触服务是指顾客亲自到服务场所，并且在服务传递过程中积极配合和参与服务工作；中度接触服务是指顾客到服务提供者的场所，但是在整个服务传递的过程中顾客不必一直在场，只是参与服务活动的部分内容，如取送需要服务的实物，或者仅仅为了付款；低度接触服务是指在服务中不涉及顾客和服务提供者之间任何直接的接触，顾客不必到服务场所。如图 10 - 1 所示，从铁路客运服务流程来看，各个环节旅客接触程度不同。

对铁路客运服务来说，即使是同一种服务，提供服务的方式不同，旅客的接触程度也不同。如“售票”服务，列车补票及柜台、窗口售票属于高度接触服务，电话订票、网上订票后取票属于中度接触服务，自动售票属于低度接触服务。

(3) 按照服务的生产过程特点划分。按照服务的生产过程特点可将服务分为专业服务、批量服务、服务店铺和批量定制服务 4 种。专业服务是指批量小而产品类型较多的服务，其服务个性化程度高，服务系统的组织以人员为主，如心理咨询、律师等；批量服务是指产品类型少而生产批量大的服务，其服务个性化程度低，服务的标准化和程序化程度都很高，设施设备在服务系统中占有主要地位，如大型超市、机场服务等；服务店铺是指生产批量和产品类型介于专业服务和批量服务之间，服务的提供需要人员与设施设备的组合，如银行、餐馆、宾馆等；批量定制服务属于批量和产品类型都处于较高水平的服务。

铁路客运服务基本属于批量服务，服务类型少，批量大。随着高速铁路的修建，运输能力不再是限制因素，铁路运输企业可以不断增加服务类型，提供批量定制服务。

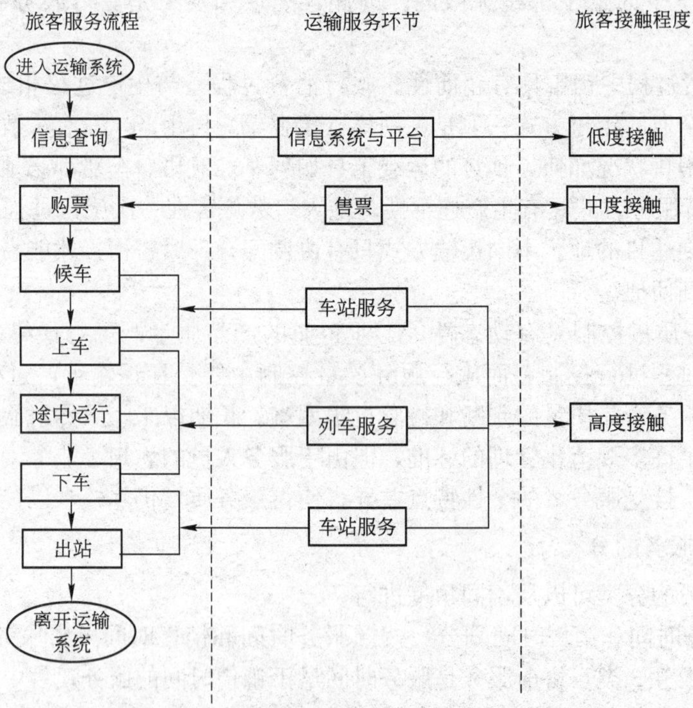

图 10－1 旅客接受服务流程及接触程度图

(4) 按照提供服务的“主体”划分。按照提供服务的“主体”划分，服务可分为以设备为主和以人工为主两种。以设备为主的服务是指主要靠设施设备来向顾客提供服务，如铁路自动售票机提供的售票服务。以人工为主的服务是指主要靠人力向顾客提供服务，属于劳动密集型服务，这类服务对服务人员的素质要求很高。例如，铁路窗口售票、车上补票等业务属于人工为主服务，要求服务人员热情、周到。

(5) 按照与企业的关系划分。按照顾客与服务组织的关系可将服务划分为“会员”关系服务、“无正式”关系服务两类。“会员”关系是指服务企业对“会员”顾客提供的比较固定的服务；“无正式”关系是指服务企业对偶然性顾客提供的服务。偶然性顾客一般能享受到正常的铁路服务，不能享受“会员”顾客享受的优惠等。

10.1.2 铁路客运服务质量管理

1. 铁路客运服务质量

铁路客运服务质量是指运输企业提供的服务满足旅客规定需要和潜在需要的程度。规定需要是指已经在技术规范或服务规范中作出规定的旅客要求，如在列车到站前应及时通告(乘务员或电子显示屏)站名、到开时刻、停站时间，并提前组织重点旅客到车门口等候下车等。潜在需要是指虽然没有在技术规范或服务规范中作出规定，但旅客在接受客运服务时实际存在的需要，即旅客意会而难以明确表达或不言自明的需要，以及某些特殊旅客的特殊需要，如盲人旅客旅行需要语言导向和无障碍通行服务等。

服务质量是所感知的质量，即旅客感知质量（perceived service quality），旅客通过 5 个方面的因素感知服务质量，包括可靠性、响应性、保证性、移情性和有形性。

① 可靠性：企业执行所承诺服务的能力。可靠性重点要求站车避免出现服务差错。例如，降低售票差错、行李差错、运输服务差错（旅客上错列车）、提高列车正点率等。

② 响应性：帮助旅客及提供便捷服务的自发性。包括满足旅客要求的能力、迅速解决服务失误的能力等。例如，在晚点的列车上向旅客提供一定的补偿性服务，可以将旅客潜在的不良感受转化为美好的回忆。

③ 保证性：员工的知识和谦恭态度，以及使旅客信任的能力。对铁路来说，重点是安全性，包括良好的安全记录、能胜任的一线服务人员、与旅客有效的沟通等。

④ 移情性：给予旅客的关心和个性化的服务。移情性包括理解特殊的个人需要、接近旅客的能力，如服务人员为误车的旅客提供改签服务等。

⑤ 有形性：指有形的设施、设备、人员和沟通材料的外表。例如，客运站的服务设施、各类柜台、人员着装等。

从旅客的角度来说，旅客购买了运输服务并进行消费，对铁路客运服务质量的认识可以归纳为两个方面：一方面是旅客通过消费服务究竟得到了什么，即服务的结果，通常称之为服务的技术质量；另一方面是旅客如何在运输过程中进行消费服务的，即服务的过程，通常称之为服务的功能质量。铁路客运服务的技术质量主要体现在“快速”“安全”“正点”“经济”4 个方面；客运服务功能质量主要体现在“舒适”“方便”“文明”3 个方面。技术质量是客观存在的；而功能质量则是主观的，是旅客对整个乘坐列车旅行所受到的服务的主观感觉和认识。

2. 铁路客运服务质量管理

铁路客运服务质量管理是通过建立铁路客运服务质量管理体系，实现对客运服务的各环节、各资源的管理，是对铁路客运服务进行的全面质量管理。其具有以下特点。

1）服务全过程的质量管理

服务全过程的质量管理是指决定服务质量的不仅是服务终端的检验把关，更重要的是服务形成的全过程。广义上讲，铁路客运服务全过程的质量管理包括对旅客市场调查、服务项目设计开发、服务营销、服务提供过程，以及服务信息反馈等环节的质量管理；狭义上讲，就是对客运服务提供过程的各个环节的质量管理。铁路客运服务质量全过程的质量管理是广义的质量管理。

2）服务全面的质量管理

服务全面的质量管理还包含对客运服务的过程质量、工作质量的管理。服务质量的形成必须经历一个过程，而过程的每一个阶段又可以被认为全过程的子过程。

客运服务中的每一项工作，无论其整体性地位和岗位分工如何，都必须认真对待，保证工作的质量。要保证每一件工作的质量，其前提是正确制定企业经营方针和质量目标，合理组织服务过程，科学设置每个工作岗位。在此基础上，为每件工作规定操作程序和质量规范，并通过有效的控制，确保工作质量的提高和改进。

3）客运服务全员参与的质量管理

服务质量是企业各方面、各部门、各环节全部工作的综合反映。企业中任何一个环节、任何一个人的工作质量都会不同程度直接或间接地影响服务质量，因此，服务质量人人有责，必须把企业所有人员的积极性和创造性充分调动起来，不断提高员工的素质；同时，加强企业内部各职能和业务部门之间的横向合作，发挥质量管理的最大效用。

4）客运服务综合运用管理技术的质量管理

全面质量管理是现代市场经济的产物，它所体现的经营哲理可概括为质量第一和顾客第一。在当今竞争日益激烈的客运市场环境中，全面质量管理所体现的经营思想是企业求生存、求发展的制胜武器。铁路客运服务质量管理要求用数据和事实说话，通过采用统计技术和现代管理技术，采集数据和事实对服务质量现象进行分析和反映，并依据分析的结果解决质量问题，掌握质量运动规律，实现质量管理科学化。

10.2 铁路旅客服务质量分析与测评

工业企业的产品质量既可对最后产品进行检验控制，也可对生产过程进行控制；而铁路客运服务质量主要是过程控制，实际上质量控制的前提是服务质量的测评。根据服务测评目的的不同，目前铁路客运服务测评分为以下三大类。①企业测评，包括内部管理性测评，如来自国铁集团、铁路局集团公司的测评。②外部管理性测评，如来自旅客的测评。③社会测评，如来自社会监督部门、社会媒体等的测评。其中，旅客对服务的满意度测评越来越得到重视。

铁路客运服务质量内部管理性测评属于行业或企业内部管理性测评，依据制定的标准，对服务进行定期或不定期的检查。由于服务标准本身的偏差性，企业内部管理性测评更适用于对服务标准执行环节的测评，即服务提供过程的评价，它可实现对服务标准执行的控制。

铁路客运服务质量外部管理性测评属于行业或企业外部管理性评价，是企业组织旅客对服务质量的评价，旅客对服务质量的评价来自对服务感知与期望的比较，源于服务质量形成各环节差距的累积。

社会测评属于行业或企业外部测评。其通常依据企业自己推出的服务标准、同行业的社会标准及同行业其他企业的相同服务，通过对旅客投诉、表扬信及媒体曝光作出判断，对企业服务某一方面或某一项服务作出评价。

10.2.1 旅客的服务期望

服务质量不仅取决于企业实际提供的功能质量和技术质量，还取决于感知与旅客的期望之间的差异。如果顾客感知到的服务（P）符合其期望的服务（E），即 $P \approx E$，会感到满意，这就是良好的服务质量；如果顾客感知到的服务高于期望的服务，即 $P > E$，会感到欣喜，这就是卓越的服务；如果顾客感知到的服务低于期望的服务，即 $P < E$，就会不满，这就是不良的服务质量。也就是说，服务产品的质量和顾客的期望与感知之间的差距密切相关，差距越大，顾客感知的质量越差；差距越小，顾客感知的质量越好。

服务期望是顾客评价服务质量的前提，影响服务期望因素包括以下几项。

（1）消费者的消费经验。消费者通过以往的消费经验所建立起来的个人消费经验，是对即将消费服务的一种“想当然”看法，即“某某服务应当是怎样的”。

（2）消费者的个人需要。消费者个人生理或心理上的需要是影响旅客满意的最重要因素之一。

（3）消费者角色的感知程度。消费者个人在消费之前对自己即将扮演的角色的认识程度，如有人认为自己是“上帝”，有人则认为自己只是“普通购买者”，这与其服务感受直接相关。

(4) 消费者个人当时所处的一种状态。如消费者有非常重要的活动要参加，就不能容忍有片刻的耽搁；如果消费者心情很好的时候，则可能对一些服务漏洞持宽容的姿态。

(5) 其他人力所不能控制的环境因素。例如，台风、洪水等自然灾害、意外事故等，此时顾客的服务期望会大大降低。

(6) 服务组织的口碑。消费者从他人口中或者某个媒体的宣传报道等渠道，了解到服务组织的有关情况。

10.2.2　影响客运服务质量的因素

服务营销理论指出影响服务质量的三大要素是硬件、软件和人员。这三者相辅相成，缺一不可，共同构成如图 10-2 所示的三角关系，即“服务金三角”。这三大要素中，硬件和软件的因素是比较确定和稳定的，人员的因素就比较易变和复杂，也是关键因素。

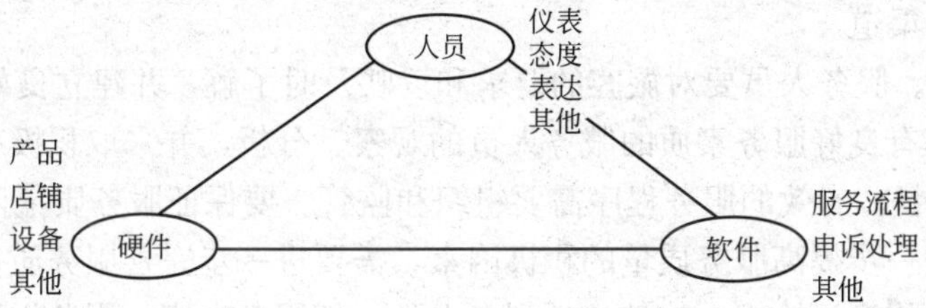

图 10-2　服务金三角

1. 硬件

硬件指服务发生的物理环境的各个方面，服务提供者与顾客的相互活动都在其内部进行。硬件很像有形商品的包装，可以方便或者阻碍服务的进行，也履行对外传递信息的重要职能，硬件为顾客的整个服务体验设定了基调。硬件包括服务地点、服务设施、视觉空间和服务环境特征 4 个关键领域。

(1) 服务地点。服务地点是服务组织提供服务产品和顾客进行服务体验的地点，如车站、列车车底、售票点等。

(2) 服务设施。服务设施包括设施的质量和数量两个方面。设施的质量直接决定给顾客提供服务的好坏，设施的数量则决定提供服务能力的大小。

(3) 视觉空间。视觉空间是指服务场所的视觉效果。它带给顾客“第一印象”，因此非常重要。视觉空间包括颜色、服务场所的通道设计、服务场所的座位安排、服务场所的设备定位、服务场所的光线。

(4) 服务环境。服务环境是指服务场所的环境，包括环境的色彩与照明、音响的音量与音高、气味、空气清新度、温度与湿度、环境的清洁度等。

在铁路旅客运输中，硬件包括旅客列车车体及相关设备条件、站场条件等。旅客在开始旅行前，对铁路运输的第一印象就来自车站、列车的硬件和站场条件等，可以说它们为旅客的整个服务体验设定了基调。

2. 软件

软件指服务发生的程序性和系统性。它涉及服务的递送系统，涵盖了工作涉及的所有程序，提供了满足客户需要的各种机制和途径。服务的软件包括以下7个关键要素。

(1) 时间。向旅客提供服务时，其服务的及时性和迅速性应该适度。即在规定为旅客提供服务时，应按实际情况从旅客的角度出发规定具体时间标准。

(2) 流畅性。即为旅客提供服务时应保证各环节、各部门的相互配合与合作，形成紧密的服务链，保证为旅客提供服务流程的顺利实施，避免服务流程中的阻塞和停滞现象的发生。

(3) 弹性。即服务系统的适应程度和灵活程度。服务规范和服务规章在实际执行时应有一定的"弹性"，应根据不同旅客的需求及时调整。

(4) 预见性。从规范化服务向人性化服务发展，不断体现对旅客的人文关怀。旅客提出的要做到；旅客想到的，在旅客尚未提醒之前抢先一步，向其提供所需的服务。这与列车服务员的综合素质和服务经验、服务技巧有关。

(5) 沟通渠道。要使服务系统内部的旅客与服务员之间能进行有效的信息沟通，应想方设法提供各种沟通渠道。

(6) 旅客反映。服务人员要对旅客的要求和反映及时了解，并建立良好的旅客信息反馈系统。这取决于具有良好服务素质的服务人员的观察、分析，并采取积极有效的解决办法。

(7) 组织和监督。有效的服务程序需要组织和监管。要保证服务质量监督监管机制的有效性，并且成为进一步提高服务质量的积极因素，需要进一步完善服务质量的监督制度。

总之，在铁路旅客运输中，软件包括列车上的一切服务内容、服务方法和服务规程。由于运输产品的特殊性还包括旅客可以感受到的、与运输组织有关的运输指标的要求等，如旅客列车的到开时间、平均停站距离等。

3. 人员

人员指完成服务项目者。它涵盖了在服务过程中每一次人员所表现出的态度、行为和语言技巧。关于人员也有以下7个关键因素。

(1) 仪表。仪表整洁、大方的服务人员会营造赏心悦目的旅行氛围，改善顾客的心情和服务感受。

(2) 态度、身体语言和语调。我们不能直接看到服务人员的态度，所以需要通过他们的身体语言和语调来推测。从这个意义上说，态度是随处可见的、展露无遗的，人们的身体语言和语调传递了沟通中的"真实"信息。

(3) 关注。关注是指满足客户独特的需要和需求。这种关注或关心是敏感的。它认同客户个性，从而以一种特殊、独特的方式对待每一个客户。备受关注的顾客，其心目中的服务会大大升值。

(4) 得体。得体不仅包括如何发出信息，还包括语言的选择与运用。例如，怎样称呼顾客及称呼顾客名字的频率等。

(5) 指导。服务人员如何帮助客户了解服务环境、条件，为客户提出适当的劝告和建议。

(6) 销售技巧。无论是销售产品或销售服务，销售都是服务不可分割的一部分。服务的功能是培育、推进和积累销售，因此，服务人员的销售技巧直接影响顾客的接受程度。

(7) 礼貌地解决问题。如何处理客户不满，使客户转怒为喜，如何对待粗鲁、难以应付的客户等，既要维护服务人员的尊严又要礼貌地解决问题。

因此，在铁路旅客运输产品质量管理的过程中，对服务人员的着装、姿态、语言方面制定标准化要求，以及在运输企业内部建立良好的招聘、培训、考核、激励机制等对提高客运服务产品质量起着至关重要的作用。

10.2.3　铁路客运服务质量测评

1. 铁路客运服务质量测评的概念

服务质量测评是指用定性或定量的方法，了解顾客对服务的期望，并将其与已提供的服务水平进行比较，找出其中的差距，为进一步提高服务质量奠定基础。服务质量测评的目的包括以下 3 个方面。①体现顾客价值，追求顾客满意和顾客忠诚；②降低资源成本，减少差错和缺陷；③降低和抵御风险。

旅客进入服务系统的过程分为 3 个阶段：旅行前服务（包括订票、售票、查询、送票等)、旅行中服务（包括候车、问询、进站、购物、信息、餐饮、车上服务等)、旅行后服务（包括优惠折扣、索赔、相关服务等)。根据旅客在 3 个阶段的不同需求，确定服务质量的评价指标，由旅客给出中肯的评价，据此来衡量客运服务质量，找出服务质量中的薄弱环节，有针对性地进行改进。

我国铁路通过几十年的努力，在服务质量管理中积累了一定的经验，取得了一定的成绩。如先后制定并发布了《铁路旅客运输规程》《铁路客运运价规则》《铁路旅客运输办理细则》《铁路旅客运输管理规则》《铁路旅客运输服务质量监督监察办法》《铁路旅客运输服务质量标准》等文件，都相应地从某一侧面对服务质量管理进行了标准化。

2. 铁路服务质量测评一般方法

客运服务质量测量方法本质上可以分为两大类别：基于事件（incident-based）和基于属性（attribute-based）的测量方法。前者利用旅客在服务接触过程中经历的事件对服务质量进行测量，属于定性研究方法；后者利用各种属性变量对服务质量进行测量，属于定量研究方法。

1) 基于事件的测量方法——关键事件技术

关键事件技术（critical incident technique，CIT）是北欧学派经常使用的评价服务质量的方法之一，其理论基础是交互质量模型。CIT 是通过记录服务过程中成功或失败的事件和行为，来发现质量问题或质量优势，从而对服务质量现状作出评价，并采取措施，提高旅客感知质量和满意的一种分析方法。CIT 的基本程序如下。

(1) 设计开放式表格，收集员工或旅客在近期内所经历的具体服务事件。包括事件发生的原因、造成这种局面的特定环境等，并要求旅客做出满意或不满意的结论，提出质量改进建议。

(2) 对调查表进行分类。分类的依据可以依照比特纳等人创建的分类系统进行。

(3) 对分类后的调查表进行分析，从而得出分类现状的结论和改进策略。

2) 基于属性的测量方法

(1) SERVQUAL 方法。SERVQUAL 是 service quality 的缩写。SERVQUAL 评价方

法完全建立在旅客感知的基础之上，即以旅客的主观认识来衡量服务质量。首先度量旅客对服务的期望，然后度量旅客对服务的感知，根据旅客对服务的感知与期望的差异比较，得出企业的服务质量，将其作为判断服务质量水平的依据，即：服务质量（SQ）＝服务感知（P）－服务期望（E）。当 $P>E$ 时，旅客对服务的感知超过了对服务的期望，旅客能够感受到高质量的服务；当 $P=E$ 时，旅客对服务的感知等于对服务的期望，旅客感到服务质量尚可；当 $P<E$ 时，旅客对服务的感知低于对服务的期望，旅客感到服务质量低下。

SERVQUAL 将服务质量分为 5 个层面：有形性（tangibles）、可靠性（reliability）、响应性（responsiveness）、保障性（assurance）、移情性（empathy），每一层面又被细分为若干个问题，通过调查问卷的方式，让用户对每个问题的期望值、实际感受值及最低可接受值进行评分，并由其确立相关的 22 个具体因素来说明它；然后通过问卷调查、旅客打分和综合计算得出服务质量的分数。SERVQUAL 量表如表10－1所示。

表 10－1　SERVQUAL 量表

要素	组成项目
有形性	1. 有现代化的服务设施 2. 服务设施具有吸引力 3. 员工有整洁的服装和外表 4. 公司的设施与他们所提供的服务相匹配
可靠性	5. 公司向旅客承诺的事情都能及时地完成 6. 旅客遇到困难时，能表现出关心并提供帮助 7. 公司是可靠的 8. 能准时地提供所承诺的服务 9. 正确记录相关的服务
响应性	10. 不能指望他们告诉旅客提供服务的准确时间※ 11. 期望他们提供及时的服务是不现实的※ 12. 员工并不总是愿意帮助旅客※ 13. 员工因为太忙以至于无法立即提供服务，满足旅客的需求※
保障性	14. 员工是值得信赖的 15. 在从事交易时旅客会感到放心 16. 员工是有礼貌的 17. 员工可从公司得到适当的支持，以提供更好的服务
移情性	18. 公司不会针对不同的旅客提供个别的服务※ 19. 员工不会给予旅客个别的关怀※ 20. 不能期望员工了解旅客的需求※ 21. 公司没有优先考虑旅客的利益※ 22. 公司提供的服务时间不能符合所有旅客的需求※

注　1. 问卷采用 7 分制：7 表示完全同意，1 表示完全不同意，中间分数表示不同的程度。问卷中的问题随机排列。

2. ※表示对这些问题的评分是反向的，在数据分析前应转为正向得分。

利用 SERVQUAL 方法进行计算时，首先要根据针对具体情况设计的 SERVQUAL 量表，发放调查问卷，旅客打分和综合计算得出服务质量的分数，具体计算公式为

$$SQ=\sum_{i=1}^{n}(P_i-E_i)$$

式中：SQ——感知服务质量；

P_i——第 i 个因素在旅客感受方面的分数；

E_i——第 i 个因素在旅客期望方面的分数。

由上式获得的 SQ 是在五大属性同等重要条件下的单个旅客的总感知质量。但是，在现实生活中旅客对决定服务质量的每个属性的重要性的看法是不同的。因此，通过旅客调查后，应确定每个服务质量属性的权重，然后加权平均就得出更为合理的 SQ 分数。计算公式为

$$SQ=\sum_{j=1}^{5}w_j\sum_{i=1}^{5}(P_i-E_i)$$

w_j 为第 j 个属性的权重。将此时的 SQ 分数再除以因素数 n，就得到单个旅客平均的 SQ 分数。

$$SQ=\frac{1}{n}\sum_{j=1}^{5}w_j\sum_{i=1}^{5}(P_i-E_i)$$

最后，将调查中所有旅客的 SQ 分数加总，再除以旅客数目 m，就得到某企业该项服务产品平均的 SQ 分数，即

$$SQ=\frac{1}{m}\sum_{i=1}^{m}SQ_i$$

其中，SQ——感知服务质量；

m——被调查旅客的人数。

(2) 价值曲线评价模型。价值曲线评价模型是通过评价选定企业相对于整个行业旅客感知服务质量关键性要素的业绩表现，来评价旅客总体感知服务质量的方法。对于铁路客运服务来讲，运用价值曲线评价模型就是选定铁路客运服务企业相对于整个客运服务行业旅客感知服务质量关键性要素的业绩表现来评价旅客总体感知服务质量。这种方法不仅要求旅客做出评价，还要求企业内部一线服务人员和管理人员做出评价，最终目标是找出能促使旅客感知服务质量产生质的飞跃的关键要素。

应用价值曲线评价模型测评服务质量一般需要经历以下几个步骤（以铁路客运服务企业来说明）：①确定铁路客运行业旅客感知服务质量的关键要素；②设计调查问卷进行市场调研，让旅客给各个要素打分；③各项目的分数进行加总，画出价值曲线，如图 10－3 所示；④评价价值曲线，提高旅客感知的服务质量；⑤对价值曲线的监控。

3. 铁路旅客满意度测评

旅客满意度是指旅客通过对客运服务的全面感知结果与其期望或需求相比较后，形成的愉悦或者失望的感觉状态。铁路客运服务满意度可以从客运服务的整体内容上评价，也可以

从某些具体服务内容或环节上评价。例如，站、车服务的旅客满意度，餐饮服务满意度等，其中站、车服务满意度是铁路客运服务质量管理中最主要的内容。

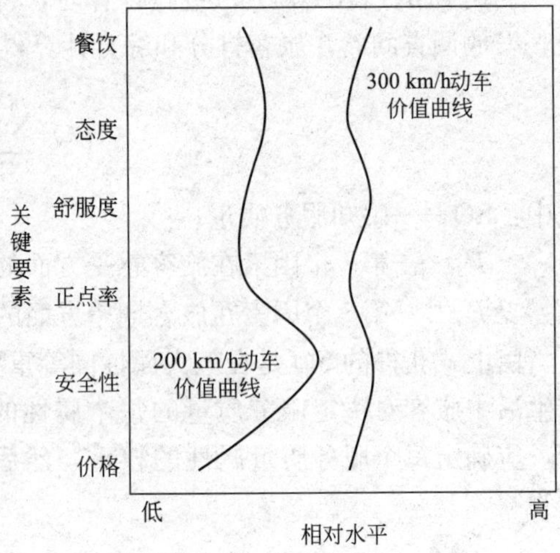

图 10-3 价值曲线示意图

铁路客运站、车服务的用户满意度测评的意义在于，通过收集到的最直接的用户评价信息，了解、掌握和分析铁路用户对铁路旅客运输站、车服务质量的满意程度，分析铁路旅客运输站、车服务和管理中存在的主要问题，明确在铁路旅客运输站、车服务中，旅客满意的方面和旅客不满意的方面，进而有针对性地改进设备设施配备，改善服务环境和秩序，强化服务标准，提高服务和管理水平。不断增强铁路的服务意识、服务水平和服务能力，全面提升服务质量，促进铁路适应市场和满足旅客需要。

铁路旅客满意度测评程序包括以下几个步骤。

(1) 确定旅客满意度测评结构模型。根据旅客在购买及消费客运服务过程中满意度形成的因果关系，确定客运服务满意度测评结构模型。

(2) 建立旅客满意度测评指标体系。建立旅客满意度测评指标体系是用户满意度测评的核心部分，在很大程度上决定了测评结果的有效性、可靠性。影响旅客满意度的因素很多，其中很多因素又无法直接测量，所以需要进行逐级展开，直到形成一系列可以直接测评的指标，这些逐级展开的测评指标就构成了旅客满意度测评指标体系。

(3) 确定旅客满意度测评指标权重。由于每一测评指标的变化对用户满意指数变化的影响程度是有所不同的，所以需要给各项指标分别赋予不同的权重。权重的确定与分配是测评指标体系设计中非常关键的一个步骤，对于能否客观、真实地反映用户满意度起着至关重要的作用。

(4) 旅客满意度测评指标量化。指标体系中可以直接查得的数据，可以采用直接赋值法；对一些相对测度指标，可利用已有公式或建立新公式先计算后赋值的间接赋值法。

(5) 确定被测评对象。确定要调查的旅客群体，以便有针对性地设计问卷。

(6) 问卷设计及调查。按照已经建立的旅客满意度测评指标体系，把最后一级指标展开，成为问卷上的问题。问卷设计是整个测评工作中关键的环节，测评结果是否准确、有效，很大程度上取决于此。问卷设计结束之后，就按照抽样方法进行问卷调查。

(7) 生成调查结果。收集问卷后，应统计每个问题的每项回答结果，汇总出最后一级指标的评分值，并计算出旅客满意度。例如，旅客对列车服务评价可以反映在对列车实物质量和服务质量等多个方面的综合感受，旅客列车实物质量和服务质量的影响要素可以用图 10-4表示。

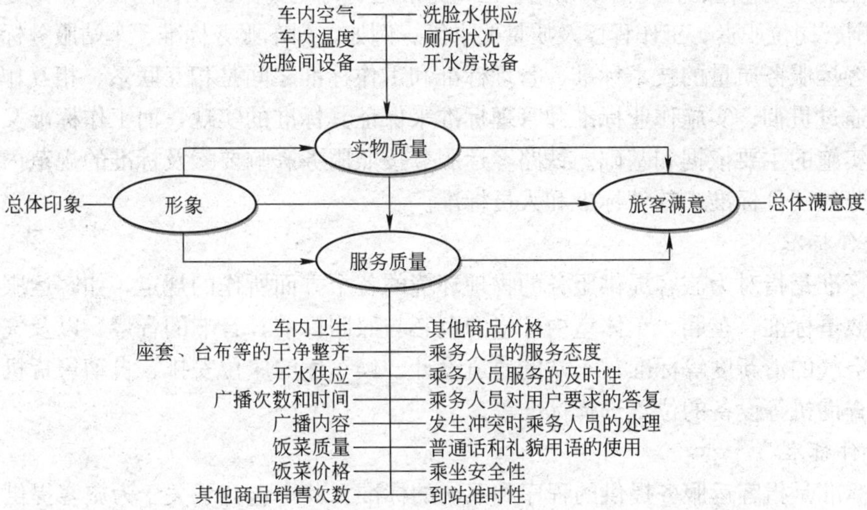

图 10-4　旅客列车实物质量和服务质量的影响要素

10.3　铁路客运服务标准化

客运服务是以满足旅客需要为基础的。由于铁路运输自身的经济技术特征、客运服务生产和消费特点，使得其从内容到形式等很难充分考虑到每个旅客个体的需求特点；同时，客运站、车各项服务业务中，大量重复出现的作业内容、程序、方法、语言等都有着统一的要求。因此，有必要把它们从技术组织上联系起来，形成系统的统一整体；也有必要对带有大量重复性的服务行为实行标准化管理，以保证客运服务质量和作业效率。换句话说，铁路客运服务质量的管理与控制实质上就是对其过程的标准化管理。

10.3.1　铁路客运服务质量标准及类型

铁路客运服务质量标准，是在为旅客提供客运服务的范围内，对服务的质量明确提出应该达到的，并能够运用一定方法进行检验的、重复使用的规则、指导性文件或特殊性文件。铁路客运服务质量标准是客运服务相关部门在为旅客提供服务时的准则和依据。

按照标准的性质，铁路客运服务质量标准可分为技术标准、管理标准和工作标准。

技术标准是对在为旅客提供服务过程中所重复性的技术事项，在一定范围内所作的统一规定。它是根据生产技术活动的经验和总结，作为技术上共同遵守的规则而制定的各项标准。例如，外购商品的质量标准、列车服务设施设备质量标准、列车餐饮质量标准等。

管理标准是管理机构为行使其管理职能而制定的具有特定管理功能的标准。它是关于铁路客运服务管理工作的业务内容、职责范围、程序和方法的统一规定。例如，客运各部门管理范围、后勤管理、服务投诉处理等。

工作标准是指为实现整个客运服务过程，提高工作效率和工作质量，对提供客运服务的各个岗位的工作制定的标准。工作标准就其属性来说是管理标准的一种类型。与管理标准协调和统一整个客运服务过程的管理活动相比，工作标准是对每项具体的工作岗位作出规定，主要包括工作范围、岗位职责、工作程序及质量要求等。例如，列车服务标准、车站服务标准等。

铁路客运服务质量的技术标准、管理标准和工作标准之间是相互联系、相互作用的。工作标准是通过贯彻、实施作业标准和管理标准来保证其标准的实现，而工作标准又是管理标准制定、实施的主要依据和基础。铁路客运服务按照服务影响要素及标准的规范内容可将服务标准划分为硬件标准、软件标准和人员标准。

1）硬件标准

硬件标准是指对为旅客提供服务的物理环境的各个方面所作的规定。如客运服务设施设备质量和数量标准，车厢、车体室内环境的色彩与照明标准，音响的音量，以及气味、温度与湿度、空气的清新度等标准；车站的通道设计、候车厅的座位安排、自动售货机、行李推车、自助查询机等设备的位置选择标准等。

2）软件标准

软件标准是指客运服务提供的程序和系统的标准。其中包含了关于为旅客提供的一切服务内容、服务流程和服务方法等所作的规定；如服务内容提供的时效、各服务环节流畅以及不同服务内容提供的灵活程度等。例如，《中国铁路高速旅客运输管理办法》对动车组站车服务流程与服务标准、列车的餐饮供应流程与服务标准、列车保洁服务流程与服务标准等制定了明确的内容与要求。

3）人员标准

人员标准是指对提供服务的工作人员提出的标准。其中包含了对服务人员自身文化及业务素质的要求，以及在与旅客接触时态度、行为和语言技巧的规定和要求等。由于一线服务人员与旅客直接接触，所以对其服务标准的规定更严格。高速铁路运输企业对客运人员的综合素质、专业形象、言谈举止都有很明确的标准规范。例如，《中国铁路高速旅客运输管理办法》中关于服务人员标准要求如下。

人员要求——站、车客运人员应当具备高中及以上文化程度，品行端正并具有良好的职业素养。

自然条件——站、车客运人员应当选择身材匀称、五官端正、身体健康的人员。女性身高 158～170 cm，男性身高 170～178 cm，同一地区采用相对一致的标准。

技能要求——站、车客运人员能够熟练使用计算机和站、车相关设备设施，掌握常用英语会话，具有良好的语言和文字表达能力，具有一定的服务技巧和应变能力。

对符合以上条件的录用人员，应该进行严格的岗前培训。考试合格，持证上岗。

10.3.2 铁路客运服务质量标准化

铁路客运服务质量标准化也称客运服务质量标准化管理，是指为在一定范围内使客运服务获得最佳秩序，质量达到最佳效果，对实际的或潜在的问题制定共同的和重复使用的规定的活动。铁路客运服务质量标准化对外可以起到明确客运服务产品的质量特性、质量标准，以及无形质量有形化的作用；对内可以成为客运设施设备的配置标准、客运服务工作标准、管理和控制标准。从定义中可以了解到，铁路客运服务质量标准化有以下几方面的内容。

(1) 标准化的对象——铁路客运服务质量。针对客运服务过程中的各个环节和过程、内容、质量的标准。例如，站车保洁服务过程、餐饮服务过程等方面都是可以进行标准化的实体。标准化的对象也可以是针对影响铁路客运服务质量的软、硬件和人员因素为对象的标准。

(2) 标准化的领域——铁路客运服务及其相关领域。铁路客运服务标准化涉及一线员工的服务工作标准、服务管理、技术支持，以及服务技术支持的后台工作目标和前期规划设计等领域。

(3) 标准化的内容——包括制定、发布和实施标准。这是一个不断循环、螺旋式上升的运动过程。每完成一个循环，标准的水平就提高一步，铁路客运服务质量也完成一次质的飞跃。

(4) 标准化的本质——统一。铁路客运服务质量标准化就是用确定的标准将铁路所提供的各种客运服务统一起来。

(5) 标准化的目的——服务秩序及质量获得最佳。有序化和最佳的社会、企业的综合效益是铁路客运服务质量标准化的出发点，也是衡量标准化活动的根本依据。

铁路客运服务质量标准化不是一个孤立的事物，而是一个活动过程。也就是说，客运服务质量标准化管理是客运服务质量标准化目的的具体阶段性的、可实现的一系列活动过程，主要包括市场分析、标准的制定和修改、标准的认证，以及标准的贯彻与实施等过程。

市场分析是铁路客运服务质量标准的源泉，是将一定消费群体的需求特征作为运输企业服务产品的质量特征，反映到运输服务的各项内容和工作中去。

标准的制定和修改是将客运服务设计中的理念、不同层次核心服务产品内容进行具有可操作性和衡量性的展现。

标准的认证是将铁路客运服务标准体系纳入国际、国家或行业标准的过程，这样可以进一步规范和明确铁路客运服务标准，利用国家、社会对铁路运输企业执行标准的监督，同时也有利于宣传铁路客运服务质量标准，让铁路客运服务质量和优势具体化、形象化，有利于经营者的选择和鉴别，塑造铁路良好的服务形象。

标准的贯彻与实施是铁路客运服务标准化管理的最关键环节，也是最困难的环节。一方面需要依据服务标准的实施细则，另一方面要注重对“接触时刻”的管理和“服务补救”的重视。

复习思考题

1. 什么是铁路客运服务？铁路客运服务的特点和分类有哪些？
2. 什么是铁路客运服务质量？其影响因素和测评方法有哪些？
3. 简述铁路旅客满意度测评的特点和方法步骤。
4. 简述铁路客运服务质量标准化的特点。
5. 简述铁路旅客运营工作主要指标及特点。

第 11 章 铁路旅客运输应急管理

【本章内容概要】

本章介绍铁路客运的风险因素、突发事件，铁路应急体系和内容；介绍铁路旅客运输的应急预案的类型和处理，并附有实例。

【本章学习重点与难点】

1. 了解旅客运输的风险因素。
2. 理解旅客运输应急体系。
3. 了解旅客运输应急预案概念和编制方法。
4. 了解应急预案的类型。

铁路旅客运输应急是指运输企业为避免或减轻由于自然灾害或人为等因素引起的非正常运输秩序所发生的后果影响而需要立即采取的某些超出正常工作程序的行动。进行应急管理应准确掌握铁路旅客运输过程中存在的风险因素，建立良好的应急体系，以达到遇有突发状况时，能够有条不紊地处理好旅客服务问题。

11.1 概　　述

11.1.1 铁路旅客运输风险因素

铁路系统是一个在时间、空间分布很广的开放的动态系统，铁路旅客运输风险因素错综复杂，涉及面大。从系统的观点出发，与其有关的因素可分为人、设备、环境及管理共 4 类。各种设备既是影响安全的因素，又是保障安全的物质基础；环境可能是影响安全的灾害因素，又可能是应予保护的社会财富。因此，必须对各种因素进行合理的组织管理才能充分发挥各自效能，最大限度地保障行车安全。

1. 人员因素

人员因素是铁路交通运输系统中最活跃的因素，既是影响安全的一种因素，又是防护对象，是导致铁路旅客运输事故的主要因素。可能引起轨道交通风险的人员包括提供服务的工作人员和旅客。例如，法国电力公司在 1990 年提出的安全分析最终研究报告中指出，在 70%～80%的事故中人的因素起着决定性的作用；美国交通设备事故中，由人的因素引起的事故占 89%。通常，一般性事件和事故的发生主要是由于旅客未遵守安全乘车规则或旅客自身服务期望和感知错位而引起的，而险性事故和重大事故则多是由于工作人员职责疏忽、业务素质不高、经验欠缺、处置不当、职责疏忽等引发的。

2. 设备因素

铁路旅客运输系统是由多个相互独立、相互关联的子系统组成的庞大而复杂的系统。各子系统的设备和子系统之间的协调性都会造成交通风险。造成铁路旅客伤亡安全隐患的风险因素主要有工务系统风险、车辆系统风险、信号系统风险、通信系统风险、供电系统风险等。

3. 环境因素

影响旅客运输安全的环境因素包括自然环境和社会环境两类。洪水、暴雨、风沙、泥石流，以及地震等自然灾害是影响铁路旅客运输安全的重要自然环境，为了降低其危害需建立灾害环境的预警、预报系统及灾后救援和修复系统。这类因素引起的灾害是非企业责任所造成的，一旦发生需要运输组织和服务相关管理人员及时、正确的引导，并进行安抚、补救等服务，尽快恢复交通秩序。社会环境主要是指通过组织管理所营造的系统内的协调关系和通过法律、行政法规构筑的系统外部环境，如社会治安及恐怖防范等外部环境。

4. 管理因素

在铁路旅客运输过程中，每个环节都有相应人员进行精细管理，客运管理人员在工作中出现的各种失误或不负责任都会成为安全隐患。铁路运输企业为保障运营安全，就要加强人员管理，减少事故发生的可能性；还要制定完备的应急处理预案，降低事故的影响程度和危害程度。

11.1.2　铁路旅客运输突发事件

突发事件，是指突然发生的造成或者可能造成人员伤亡、财产损失、环境破坏和重大社会影响的、危及安全的事件。突发事件与突发事故既有区别又有联系：突发事件强调的是事件的不可完全预测性；突发事故比突发事件性质更为严重，通常会有人员伤亡或者财产损失，突发事故属于突发事件范畴。

我国铁路旅客运输突发事件主要包括突发公共卫生事件、突发铁路治安事件、自然灾害及火灾事故、铁路交通事故、其他影响铁路运输安全和畅通的突发性事件等。下面，对其中几种事件依次介绍。

突发公共卫生事件，是指突然发生，造成或可能造成社会公众健康严重损害的重大传染病疫情、群体性不明原因疾病、重大失误和职业中毒，以及其他严重影响公众健康的事件。为了及时有效地处理铁路运输领域内的突发公共卫生事件，《铁路运输安全保护条例》根据国务院《突发公共卫生事件应急条例》的精神，要求铁路运输企业建立突发公共卫生事件应急预案。

突发铁路治安事件，主要是指在铁路上发生的爆炸、涉枪、杀人、抢劫、重大盗窃等危害铁路安全的重大治安事件和冲击铁路、拦截列车、聚众哄抢铁路运输物资等群体性治安事件。这类事件危害性大、影响恶劣，往往对人民群众的生命财产造成直接威胁，必须事先做好应急准备，及时发现，果断处置。

自然灾害是以自然变异为主因产生的，表现为自然形态的灾害。例如，地震、风暴、海啸、洪水、泥石流等。重大自然灾害事故是指造成一定人员伤亡和财产损失的灾害性事故。

铁路网分布全国，铁路运输点多线长，受各种地质条件和气候条件的影响比较大，因自然灾害对运输安全造成危害，必须及时采取有效的抢险救援措施，确保运输大动脉安全畅通；同时，由于自然灾害给人民群众生产生活带来困难，铁路还承担着抢运救灾物资、运送抢险人员的任务。铁路建立重大自然灾害事故应急救援预案，既是确保铁路运输安全的需要，也是完成国家要求的抢险救灾任务的需要。

铁路交通事故，是指铁路在运营过程中发生的各种事故，包括铁路行车事故、路外伤亡事故以及其他运营事故。对铁路交通事故的应急救援和调查处理，2007 年铁道部颁布了《铁路交通事故调查处理规则》（铁道部令第 30 号）、《铁路交通事故应急救援规则》（铁道部令第 32 号）。

11.1.3 铁路旅客运输应急体系及内容

铁路旅客运输系统中存在多种潜在的事故风险，如火灾、特殊气象、大客流、列车故障等。为了降低和控制事故风险，为旅客提供满意的服务就必须建立铁路旅客运输应急救援体系。应急救援体系的建立既要做到突出重点，准确反映铁路旅客运输各类事故风险特点，又要合理地编制各类应急服务及处理预案，避免各类预案间相互孤立、交叉和矛盾，从而使任何可能发生的事故局部化，尽可能地消除、减少事故造成的人员伤亡和财产损失，保持良好的运输秩序和服务质量。

1. 应急救援体系的建设与运行

一个完整的应急救援体系主要由硬件和软件两部分构成。硬件部分主要指组织机构和应急资源，其中组织机构包括领导决策、现场执行、咨询、支持保障等机构及相关人员；应急资源包括应急设备、设施和指挥信息系统等物力配置。软件部分是指应急相关的政策法规、应急预案、宣传教育等内容。硬件部分是应急救援体系日常操作的基础平台，软件部分是应急救援体系健康运行的可靠保障。

应急救援体系的建设是一个复杂的系统工程，应遵循以下基本原则。

(1) 信息充分共享集成原则。如何在最短的时间内最大限度地获取事故相关的有效信息是应急管理高效响应的一个关键因素。因此，应建立起一个快速、高效、全面的信息收集、传输、共享、集成和综合应用的信息联动网络。

(2) 集中统一原则。应急响应的执行效率需要在不同等级上尽可能地实现集中统一指挥。通过集中统一指挥，可快速支配协调突发事件响应所需的各种资源，为领导者集中掌握决策信息提供支持，便于形成程序化、规范化的参与配合机制。

(3) 平战结合原则。应急救援体系既需要在发生紧急事件时起到组织、处理作用，又应该在平时事故分析、完善预案、宣传教育、演练培训等方面发挥重要作用。

(4) 整体优化原则。目前我国各类应急资源分散，单独响应较多，综合协调较少。为了充分利用已有应急资源，增强整体响应能力，可采用优化整合的措施，建立起符合我国国情的应急救援体系。

基于以上原则，应急救援体系建设的主要内容如下。

(1) 完善应急事件相关法规建设。

(2) 编制应急预案，准备应急资源。

(3) 建立应急管理组织机构，整合现有应急资源。

（4）建设基于信息系统的应急管理日常操作平台。硬件建设方面应以构建应急救援管理系统为核心，软件建设方面应以制定各级应急预案为核心。

铁路运输企业必须建立由企业主要负责人，分管安全生产的负责人、运输、客运、安全监察、机务、工务、电务、车辆、公安等部门及相关站段负责人组成的铁路旅客运输事故灾难应急机构。

2. 应急救援体系的主要内容

美国将应急救援分为缩减、预备、响应和恢复阶段，并据此建立了应急管理的 4R 模型。

应急管理的每个阶段都有其单独的目标，同时成为下个阶段内容的一个有机部分。

（1）缩减又称预防工作。主要目标是从应急管理的角度，防止或预防突发事件的发生，避免应急行动。例如，制定安全法律、法规，强化安全管理措施、技术标准和规范，控制危险源、消除安全隐患，进行应急宣传与教育等。

（2）预备又称准备。主要目标是在应急事件发生前进行充分的预备性工作，培养应急管理能力。例如，制定统一的应急预案，建立完善的监视预警与应急救援系统，开展宣传教育、演练和培训等。

（3）响应又称反应。主要目标是在事故期间和事故后立即采取应急行动，使人员伤亡及财产损失减少到最小。例如，实施应急预案，启动应急救援行动，发出警报，指挥、调配资源，进行工程抢险、疏散、搜寻和营救，实行交通管制，以及提供避难所和医疗救护，提供社会援助等紧急功能。

（4）恢复又称修复、常态化工作。主要目标是将事故影响的区域或范围恢复到正常功能或状态。例如，恢复正常工作、事故调查和损失评估、清理现场、保险理赔、修改和完善整改措施、健全安全减灾计划等。

3. 应急救援工作的基本原则

应急救援工作应遵循“以人为本，逐级负责，应急有备，处置高效”的原则，在处理铁路交通事故过程中应做到以下几点。

（1）救援响应。接到事故报告和出动命令，救援人员应迅速出动，启动应急预案，并立即向列车调度员和现场负责人报告。

（2）应急通信。到达事故现场后，应立即开通应急通信系统和图像传输设备，保证事故现场与救援指挥中心的通信联络。

（3）统一指挥。现场救援工作实行总指挥负责制，各单位和部门人员要密切配合，各尽其职。

（4）确保安全。救援人员应认真执行各项安全作业规则，正确操作救援设备机具，按程序作业。

（5）恢复畅通。必须全力开通正线，恢复运输秩序，最大限度地减少事故的损失和影响。

11.2 铁路旅客运输应急预案

铁路应急预案在铁路应急管理体系中起着关键作用，它明确了在突发事件发生前、发生过程中，以及应急管理结束后，谁负责做什么、何时做，以及相应的策略和资源准备等，是针对可能发生的重大突发事件，开展及时、有序和有效的事故应急救援工作的行动指南。

11.2.1 铁路旅客运输应急预案的制定

1. 铁路旅客运输应急预案的作用

应急预案在应急管理中的重要作用主要体现在以下几方面。

(1) 明确应急救援的范围和体系，使应急准备和应急管理，尤其是培训和演习工作的开展有据可依、有章可循。

(2) 有利于及时做出应急响应，降低事故危害程度。

(3) 成为各类突发事故的应急基础。所谓应急基础，是指应急预案本身的特点，即针对各类事故的应急预案内容都是一些基本的条款。通过编制基本应急预案，可保证应急预案具有足够的灵活性，对那些事先无法预料到的突发事件或事故，可以起到基本的应急指导作用。

(4) 当发生超过应急能力的重大事故时，便于与上级应急部门求助与协调。

(5) 有利于控制风险的扩大和事态的进一步恶化，尽快恢复正常的运输秩序，维护旅客服务质量和企业良好形象。

(6) 有利于提高各级应急和服务人员的风险防范意识。

总之，铁路旅客运输应急服务对于铁路运输企业处理突发事件、提高服务意识和服务质量、降低服务成本、维护形象都起到积极的作用。

2. 应急预案的层次结构和文件体系

为了更好地理解应急预案内容，可从层次结构和文件体系角度来分析。

1) 应急预案的层次结构

铁路旅客运输系统中可能发生的事故是多种多样的，对应急预案合理地划分层次，是将各种类型应急预案有机结合在一起的有效方法。

我国铁路制定的应急预案，主要针对突发公共卫生事件、突发铁路治安事件、自然灾害及火灾事故、铁路交通事故、其他影响铁路运输安全和畅通的突发性事件 5 类事件来制定的。

针对每一类灾害的具体措施可能千差万别，但其导致的后果和产生的影响却是大同小异的。这就意味着可以通过制定一个基本的应急模式，通过一个综合的标准化应急体系有效地应对不同类型事件所造成的共性影响。

铁路旅客运输系统应急救援体系的总目标是控制事态发展、保障旅客生命财产安全、恢复正常运营。可以针对不同事件的特点，如爆发速度、持续时间、范围和强度等，制定具有针对性的专项应急预案。为了保证各种类型预案之间的整体协调，实现共性与个性、通用性与专业性的结合，宜采用分层次的综合应急预案。从保证预案文件体系的层次清晰及开放性角度考虑，目前铁路部门已建立起国铁集团、铁路局集团公司、站段三级突发公共事件应急预案体系。预案文件体系的层次如图 11-1 所示。

(1) 总体预案（综合预案）。总体预案是铁路应急预案体系的总纲。总体上阐述预案的应急方针、政策、应急组织结构及相应的职责、应急行动的总体思路等。通过总体预案，可

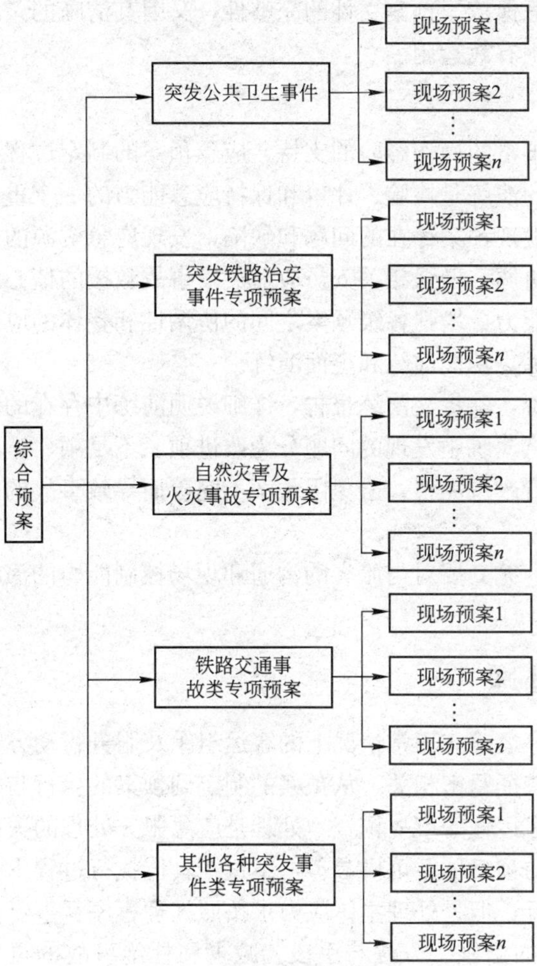

图 11-1　预案文件体系的层次

以清晰地了解应急的组织体系、运行机制及预案的文件体系；同时，综合预案可以作为应急救援工作的基础和“底线”，对那些没有预料到的紧急情况也能起到一般的指导作用。

(2) 专项预案。专项预案是在综合预案的基础上，针对某种具体的、特定类型的紧急情况，如危险物资泄漏、火灾、某一自然灾害等的应急而制定的。它对应急的形势、组织机构、应急活动等进行更具体的阐述，具有较强的针对性。

(3) 站段预案（现场预案）。站段预案是在专项预案的基础上，根据具体情况而编制的，是针对特定的具体场所（即以现场为目标）所制定的预案。具体场所通常是该类型事故风险较大的场所、装置或重要防护区域等。它的特点是针对某类特殊危险及周边环境情况，在详细分析的基础上，对应急救援中的各个方面作出具体、周密而细致的安排，因而现场预案具有更强的针对性和对现场具体救援活动的指导性。

2) 应急预案的文件体系

从广义上来说，应急预案是一个由各级预案构成的文件体系。它不仅是应急预案本身，也包括针对某个特定的应急任务或功能所制定的工作程序等。一个完整应急预案的文件体系应包括预案、程序、说明书和记录，是一个 4 级文件体系。

(1) 一级文件——预案。它包含了对紧急情况的管理政策、预案的目标、应急组织和责任等内容。

(2) 二级文件——程序。它说明某个行动的目的和范围。程序内容十分具体，如该做什么、由谁去做、什么时间和什么地点等。它的目的是为应急行动提供指南，但同时要求程序和格式简洁明了，以确保应急队员在执行应急步骤时不会产生误解。格式可以是文字叙述、流程图（表）或两者的组合等，根据每个应急组织的具体情况选用最适合本组织的程序格式。

(3) 三级文件——说明书。对程序中的特定任务及某些行动细节进行说明，供应急组织内部人员或其他个人使用，如应急队员职责说明书、应急监测设备使用说明书等。

(4) 四级文件——记录。包括在应急行动期间所做的通讯记录、每一步应急行动的记录等。

从预案到记录，层层递进，组成了一个完善的预案文件体系。从管理角度而言，可以根据这四类预案文件等级分别进行归类管理，既保持了预案文件的完整性，又因其清晰的条理性便于查阅和调用，从而保证应急预案能得到有效运用。

3. 应急预案的演练与评价

有效可行的应急预案需要科学的分析与丰富的操作经验的支持，应急预案的制定过程必须有一个不断完善的过程。因此，应急预案的演练是检验、评价和保持应急能力的一个重要手段。其作用体现在：可在事故真正发生前发现预案存在的问题和缺陷，发现应急资源的不足，从而改善应急部门、机构和人员之间的协调，增强相关人员应对突发事故救援的信心和应急意识，提高应急人员的熟练程度和应急能力，增强各级预案之间的协调性和整体的应急反应能力。应急预案演练一般可分为桌面演练、功能演练和全面演练。

应急演练结束后应对演练的效果给出评价，并提交演练报告，详细说明演练中存在的问题。按照对应急救援工作的影响程度，可以将演练中发现的问题分为改进项、不足项、整改项。其目的是通过演练及时发现问题，并进行改进完善，避免因预案不完善而导致事故的扩大化，从而确保预案的高效性。

另外，在应急预案的演练与评价过程中，尤其要对与旅客的沟通和现场控制能力的演练与评估加以重视。

11.2.2 铁路旅客运输应急预案处理

铁路旅客运输应急预案处理是指铁路旅客运输非正常情况下的客运组织及服务行动方案过程，所涉及内容和实施流程与“事故”的特征紧密相关，从预案的制定到预案的执行与处理都是以“事故”为中心的。因此，铁路旅客运输的事故调查、处理是应急服务处理的关键所在。在处理铁路旅客运输事故时有一整套的预案体系可供参考，不过在具体执行过程中可能会有许多其他因素导致预案不能被严格执行，但是处理主体应力求按照处理程序行事，找出事故发生的原因和形成机制，并制定相应的措施、方法与手段，减少和杜绝事故的再次发生。

1. 事故的分类

根据发生事故的隶属关系和事故的等级分类，其应急处理过程方案所需人力、物力、财力资源都有差别，所涉及部门和人员也不相同。行车事故可以从几个方面分类，如依据事故性质的严重程度、依据事故损失的大小、依据事故对行车造成的影响大小。

按事故性质、损失和对行车所造成的影响，客运方面的行车事故分为特别重大事故、重大事故、较大事故和一般事故。

特别重大事故定义为有下列情形之一的：①造成 30 人以上死亡；②造成 100 人以上重伤（包括急性工业中毒，下同）；③造成 1 亿元以上直接经济损失；④繁忙干线客运列车脱轨 18 辆以上并中断铁路行车 48 h 以上。

重大事故的定义为有下列情形之一的：①造成 10 人以上 30 人以下死亡；②造成 50 人以上 100 人以下重伤；③造成 5 000 万元以上 1 亿元以下直接经济损失；④客运列车脱轨 18 辆以上；⑤客运列车脱轨 2 辆以上 18 辆以下，并中断繁忙干线铁路行车 24 h 以上或中断其他线路铁路行车 48 h 以上。

较大事故的定义为有下列情形之一的：①造成 3 人以上 10 人以下死亡；②造成 10 人以

上 50 人以下重伤；③造成 1 000 万元以上 5 000 万元以下直接经济损失；④客运列车脱轨 2 辆以上 18 辆以下；⑤中断繁忙干线铁路行车 6 h 以上；⑥中断其他线路铁路行车 10 h 以上。

一般事故分为一般 A 类事故、一般 B 类事故、一般 C 类事故、一般 D 类事故。国铁集团可对影响行车安全的其他情形，列入一般事故。

因事故死亡、重伤人数 7 天内发生变化，导致事故等级变化的，相应改变事故等级。重伤人数中包括急性工业中毒。

2. 事故的报告

事故发生后，事故现场的铁路运输企业工作人员或者其他人员应当立即向邻近铁路车站、列车调度员、公安机关或者相关单位负责人报告。有关单位和人员接到报告后，应立即将事故情况向企业负责人和事故发生地安全监管办安全监察值班人员报告，安全监察值班人员按规定向安全监管办负责人报告。

铁路运输企业列车调度员要认真填写《铁路交通事故概况表》（安监报 1），分别向事故发生地安全监管办安全监察值班人员、国铁集团列车调度员报告。

事故发生地安全监管办安全监察值班人员接到安监报 1 或现场事故报告后，要立即填写《铁路交通事故基本情况表》（安监报 3），并向国铁集团安全监察司值班人员报告。报告后要进一步了解事故情况，及时补报安监报 3。

涉及其他安全监管办辖区的事故，发生地安全监管办安全监察值班人员应及时将安监报 3 传送至相关安全监管办的安全监察部门。

国铁集团列车调度员接到事故报告后，应及时收取或填写安监报 1，并立即向值班处长和安全监察司值班人员报告；值班处长、安全监察司值班人员按规定分别向本部门负责人、国铁集团办公厅报告，由部门负责人向部领导报告。事故涉及其他部门时，由办公厅通知相关部门负责人。

发生特别重大事故、重大事故，由国铁集团办公厅负责向国务院办公厅报告，并通报中华人民共和国应急管理部等有关部门。

发生特别重大事故、重大事故、较大事故或者有关人员伤亡的一般事故，安全监管办应向事故发生地县级以上地方人民政府及其安全生产监督管理部门通报。

事故报告的主要内容应该包括以下事项：①事故发生的时间、地点、区间（线名、公里、米）、线路条件、事故相关单位和人员；②发生事故的列车种类、车次、机车型号、部位、牵引辆数、吨数、计长及运行速度；③旅客人数，伤亡人数、性别、年龄及救助情况，是否涉及境外人员伤亡；④货物品名、装载情况，易燃、易爆等危险货物情况；⑤机车车辆脱轨辆数、线路设备损坏程度等情况；⑥对铁路行车的影响情况；⑦事故原因的初步判断，事故发生后采取的措施及事故控制情况；⑧应当立即报告的其他情况。

事故报告后，人员伤亡、脱轨辆数、设备损坏等情况发生变化时，应及时补报。

事故现场通话按“117”立接制应急通话级别办理。

3. 事故的调查处理

特别重大事故按《铁路运输安全保护条例》规定由国务院授权的部门组织事故调查组进行调查。

重大事故由国铁集团组织事故调查组进行调查。调查组组长由国铁集团负责人或指定人员担任，安全监察司、运输局、公安局等部门和国铁集团派出机构、相关安全监察办等部门（单位）派人员参加。

较大事故和一般事故由事故发生地安全监察办组织事故调查组进行调查。调查组组长由安全监察办负责人或指定人员担任，安全监察办、有关业务处室、公安机关等部门派员参加。

国铁集团认为必要时，可以参与或直接组织对较大事故和一般事故进行调查。

根据事故的具体情况，事故调查组还可由工会、监察机关有关人员，以及有关地方人民政府、公安机关、安全监察办等单位派人组成，并应当邀请人民检察院派人参加。事故调查组认为必要时，可以聘请有关专家参与事故调查。

发生一般B类事故以上、重大事故以下事故（不含相撞的事故），涉及其他安全监察办辖区时，事故发生地安全监察办应当在事故发生后12 h内发出电报通知相关安全监察办。相关安全监察办接到电报后，应当立即派员参加事故调查组。

自事故发生之日起7天内，因事故伤亡人数变化导致事故等级发生变化，依照《铁路运输安全保护条例》规定由上级机关调查的，原事故调查组应当及时报告上级机关。

11.3 铁路旅客运输应急预案类型

铁路旅客运输应急预案类型按内容可划分为突发公共卫生事件、突发铁路治安事件、自然灾害及火灾事故、铁路交通事故、其他影响铁路运输安全和畅通的突发性事件等应急预案。按突发事件发生空间可划分为旅客列车突发事件、客运站内突发事件、综合及其他突发事件等应急预案。本节按突发事件发生空间的应急预案类型来叙述。

11.3.1 铁路旅客列车突发事件应急预案

1. 对重号旅客的应急处理

因售票系统或售票组织等原因，可能会引起重号车票。当遇有重号车票的旅客时，列车乘务人员应积极妥善处理。其应急处理预案如下。

(1) 遇有重号的旅客，列车长或乘务员应认真核对两位旅客的车票。如果确认是重复的座位号码，应先向旅客致歉，听取两名旅客的意见，观察哪一名旅客有想调换其他座位的意向。

(2) 列车长或乘务员根据旅客人数判断同等级车厢是否有空座，尽量安排旅客尽快就座。不要让旅客自行在车厢内找空位就座，以免造成旅客座位号码再次重复而引起不满甚至导致投诉等。

(3) 如果客满情况，列车长或乘务员可以帮助重号旅客（或后到的重号旅客）提拿行李，到适当位置稍加等候，等全部旅客上齐后，让重号旅客在相同车厢等级的基础上，协助旅客选择空余座位入座。

(4) 确定旅客人数不是很多的情况下可征求旅客的意见，喜欢靠过道还是靠窗户的座位，尽量满足旅客要求。

(5) 如在开车后发现车站售票系统故障导致售票错误（重号、超票额售票）时，应对误售旅客利用剩余座位进行妥善安置（可不受车厢、席别限制），主动向旅客做好解释工作，并向铁路局集团公司客调汇报。

(6) 属于售票系统较大故障不能正常按票额发售有座位票，导致旅客乘车秩序混乱（车票无座号、无票人员较多时），列车长要以大局为重，积极与车站联系，组织列车工作人员（必要时可请乘警等协助）对旅客进行疏导，安排座位，要首先保证重点旅客的安置。车内出现严重问题或局面不好控制时要及时向铁路局集团公司汇报。

2. 旅客急病或因病死亡应急处理

遇有旅客急病或因病死亡时，列车乘务人员必须本着以人为本的服务理念，全力以赴予以救治。其应急处理预案如下。

(1) 列车运行途中遇有旅客突发急病时，列车乘务人员应立即报告列车长，广播寻医，列车长立即赶到现场，会同医生实施急救，详细记载旅客基本情况及病情、急救过程；留下医务工作者姓名、详细地址和联系方式备查。

(2) 因伤、病必须临时停车抢救时，列车长通过司机向所在铁路局集团公司列车调度报告情况，请求临时停车。停车前列车长做好编制客运记录等相关工作。列车临时停车后，列车长将急病旅客及同行人、携带行李按规定交站处理。

(3) 如发生有同行人的旅客因突发急病死亡时，列车长应及时向同行人了解与死者的关系、死者的死亡原因，形成书面记录，检查旅客遗物，收集不少于两份以上的旅客有效旁证材料。旁证材料上需有旁证人的姓名、工作单位、实际居住地址、联系方式、身份证号码。通过车载电话联系司机逐级汇报，由列车长开具客运记录，将遗体、遗物及同行人交列车前方停车站处理，并按规定拍发电报，通知有关部门上车进行简易消毒。

(4) 发生无同行人的旅客因突发急病死亡时，列车长应向实施抢救的医生了解初步诊断的病情、死亡原因等有关情况，形成书面材料，留下医务工作者的诊断书、姓名、地址和联系方式等有关情况，形成书面记录；及时收集不少于两份以上的旅客有效旁证材料，详细记录死者在旅途的有关情况，收集死亡旅客的车票和携带品，清点并认真保管。列车长通过车载电话向司机通告，由司机通报到站和有关防疫部门。到站停车后，由列车长开具客运记录，将有关材料、遗体、遗物交列车前方停车站处理；并按规定拍发电报，通知有关部门上车进行简易消毒。

3. 旅客人身伤害应急处理

遇有旅客发生人身伤害时，列车乘务人员必须本着“以人为本”的服务理念，全力以赴予以处理。其应急处理预案如下。

(1) 列车长、列车乘务员必须带好红十字急救药箱，立即赶至现场，了解旅客伤情，必要时通过车载广播寻找医务工作者，组织救治。

(2) 列车长应详细了解旅客受伤的经过，收集不少于两份以上的有效旁证材料，旁证材料上需有旁证人的姓名、工作单位、实际居住地址、联系方式、身份证号码。如有医务工作者参与救治的，要有抢救经过的书面材料，留下医务工作者姓名、单位、联系方式、身份证号码备查。

(3) 如伤情严重，需联系站点停车时，列车长应通过司机逐级上报，请求在三等以上车站停车，编制客运记录，收集不少于两份以上的有效旁证材料，到站连同受伤旅客、同行人一并交站。

(4) 因列车紧急制动、遭外来石击、第三者责任等造成旅客伤害时，列车长、列车乘务员应检查旅客伤情，通过车载电话广播寻找医生，组织救治，采取临时安全防护措施。收集不少于两份以上的有效旁证材料，并向随车机械师了解紧急制动、遭外来石击发生区间、担当司机的机车号、司机编号，按规定拍发电报。属于第三者责任，应留下责任者姓名、单位、地址、联系电话和身份证号码。如旅客需下车治疗，列车长应编制客运记录连同旁证材料一并交站处理。

4. 铁路食物中毒事件应急处理

遇有旅客发生食物中毒事件时，列车乘务人员必须全力以赴予以救治。其应急处理预案如下。

(1) 列车发生旅客食物中毒事件，列车长应立即联系司机向调度报告。报告内容包括日期、车次、运行区段、发病时间、地点、病人主要症状、发病人数，包括危重人数和死亡人数，可能引起中毒的食物，要求车站采取的措施等。

(2) 同时编制客运记录，将食物中毒旅客交最近停车站抢救。

(3) 保护现场。稳定旅客情绪，封存可疑食物、呕吐物样品（如旅客食用过列车出售的食品、饭菜，应立即停止出售可疑食物），等待卫生监督人员到场检验。

(4) 调查取证。应向发病人（同行人）周围旅客及有关工作人员调查发病原因，以及食（饮）用的食物，被调查者应写出书面证明材料。

5. 铁路旅客列车发现危险品的应急处理

在执行公务时，列车乘务人员发现旅客携带危险品，应立即妥善处理。其应急处理预案如下。

(1) 乘务员日常乘务中要严格落实“宣、看、听、闻、查”5字防范措施，尽量把危险品堵在车下。

(2) 巡视中发现危险品时，乘务员首先要判明情况并立即通知列车长和乘警，本人不得擅自处理。

(3) 列车长、乘警到场后，首先要判明物品性质，禁止脚踢、手捏，对于烟花、爆竹类的危险品要立即浸水处理。

(4) 对于性质不明或数量较大、危险性较大的危险品，应立即进行隔离，到站后由乘警移交车站公安派出所处理。

(5) 处理同时，列车长应立即向动车组联合办公室及派班室汇报，并按照上级的指示精神妥善做好处理。

6. 列车发生行车中断的紧急处理

遇有列车发生行车中断时，列车乘务人员必须本着“以人为本”的服务理念，全力以赴予以处理。其应急处理预案如下。

(1) 列车长应与司机或列车停留地车站、铁路局集团公司调度联系，掌握情况，做到心中有数；并及时向旅客做出解释，通过广播向旅客表示歉意。

发生线路中断、列车不能继续运行时，列车长应及时与司机或列车停留地车站、调度联系，随时掌握晚点情况，需要时用专用数字通信设备与铁路局集团公司客调联系，掌握晚点时间、原因、预计到达时间等情况，做到心中有数。根据掌握的情况，及时部署下一步应做好的重点工作。

列车乘务人员应及时向旅客做出解释，如实说明晚点的时间和原因；并通过广播向旅客表示歉意。

(2) 线路中断，列车不能继续运行时列车乘务员要安抚旅客，加强车厢巡视，保证车内治安秩序良好。

在列车长的统一指挥下，列车乘务人员各负其责，做好安全、服务等各项工作。列车乘务人员必须清楚旅客列车晚点情况，及时向旅客通报预计晚点时间和调整列车运行方案等信息。遇旅客问讯时，应耐心细致回答，不得使用“不知道”“没点”等不负责任的语言或有不耐烦表现，以免引起旅客不满而激化矛盾。

列车乘务员要加强车厢巡视，随时向旅客做好解释和服务工作的同时，稳定车内秩序，保证车内治安秩序良好。

(3) 如停留时间长时，列车长应组织好对旅客的服务、饮食供应等工作，尽最大的努力为旅客提供方便，保证旅客生活需要。

列车停留给旅客生活带来不便或引起旅客不安时，应主动了解、走访旅客，在保证旅客安全的前提下，尽最大努力为旅客提供方便，尤其是要加强对重点旅客的服务，设法减少因晚点给旅客带来的诸多生活等方面的不便，维护铁路运输企业信誉。

由于列车长时间停留，会给旅客带来生活等方面的诸多不便或引起旅客不安，列车乘务人员应树立“以旅客为本”的思想，加强服务工作，满足旅客的饮水、饮食供应的生活需求。如饮用水不足时，及时与车站联系上水或补充饮用水；食品不足时，应及时与车站或所在地地方政府联系，组织采购。车站应帮助列车解决食品、餐料、饮用水等问题，保证旅客需要或与上级联系组织供应配餐。

(4) 列车停在有车站的地方时间过长时，车站站长应组织力量协助列车长安抚旅客；旅客下车活动时，应将旅客组织到安全地带，并告知旅客安全注意事项，确保旅客安全。

停留期间必须坚持旅客安全第一的原则。如在区间停留，要用最短的时间将列车调离危险区段。列车必须在中途停留时，应当尽量将旅客列车停留在办理客运较大车站或城镇所在地车站，以方便解决旅客的饮食和急病救治。列车要采取各种措施，保证列车所滞留旅客的生命财产安全。

(5) 列车长应积极与铁路局集团公司客调联系，汇报车内情况，尽早恢复运行。线路中断列车不能继续运行时，对中途下车、退票、绕道运输的旅客，按章办理相关业务。

列车长应积极与铁路局集团公司调度联系，了解掌握继续停留的时间，随时向调度和单位应急领导小组汇报车内旅客、秩序、供应、安全等情况及请求协助解决的问题，让调度随时掌握车内情况，列车长应根据情况积极提出列车迂回、折返运行等建议。

动车组列车晚点，列车调度和客运调度应予以重点掌握，列车调度员对列车长汇报的情况应高度重视，必要时向上级领导汇报，以便统筹安排，及时解决影响列车运行的问题，采取有效措施减少晚点时间，尽早恢复运行。预计短时间不能开通时，应当及时安排受阻列车迂回、折返运行；必要时，应提出相关列车停运的方案报国铁集团批准。采取有效措施减少晚点时间。

线路中断列车不能继续运行时，对中途下车要求退票、换乘、延长有效期的旅客，以及铁路组织绕道运输、返回的旅客，依据《铁路旅客运输规程》有关规定，及时为旅客办理退票、改签手续，并做好耐心细致的解释工作。

11.3.2 铁路客运站突发事件应急预案

1. 突发大客流车站应急处理

由于自然气候或自然灾害、节假日高峰或客运组织等因素影响，引起大量的客流突然拥堵车站，其称为车站突发大客流。突发大客流车站应急处理包括售票应急组织、秩序应急服务。

1）售票应急组织

为保证春运、暑运、新老兵、黄金周等客流高峰时期的购票旅客人身安全，维持正常售票秩序，方便旅客购票，车站应做好以下几方面工作。

(1) 当购票客流上升时，售票车间应积极采取开足售票窗口、延长售票时间、合理调整窗口分工等方式方便旅客购票。但在购票客流猛增，售票厅无法满足旅客购票需求时，由售票车间主任提出，主管站长批准后启动售票应急组织预案。

(2) 售票车间应首先开放剩余票厅所有窗口（含退票、签证窗口），分流购票旅客，减轻售票压力。开放时，售票车间应大力进行内部挖潜，合理安排人员开足售票窗口。人员不足时，提前报请车站协调解决，必要时安排机关人员进行补岗（因售票工种特殊性，车站应在客流淡季安排部分人员学习售票业务，取得上岗资格，满足售票补岗需求）。

(3) 当购票客流猛增时，主管站长应及时安排，增派车站科室人员补岗，协助维持购票旅客秩序，科室协助维持秩序人员必须在指定时间前到售票车间签到，并服从售票主任安排，主要负责售票厅外购票旅客排队秩序维持、解答旅客问事、售票厅分工宣传等。

(4) 当购票客流猛增、售票大厅旅客已满时，售票车间与当班公安加强联系，立即关闭售票厅大门，同时在售票厅门外安置“旅客购票排队处”的引导牌，引导后续旅客在售票厅门外有序排队，并配合公安人员维持好排队旅客秩序。在售票厅大门处安排人员把守，预售前售票大厅购票旅客只出不进。开始售票后，车站机关维持秩序工作人员协同公安人员根据售票大厅客流情况陆续放行旅客进入售票大厅，有效控制售票大厅客流密度，确保购票旅客人身安全。

(5) 由主管站长协调车站公安所加派警力维持售票秩序、清理售票厅闲杂人员，必要时召开协调会，做好与公安的协调配合工作。

(6) 为保证售票窗口功能最大化，售票车间应根据购票客流组成合理调整售票窗口分工，在客流猛增期间，主管站长应根据情况随时召开由售票车间、客运路风科相关人员参加的售票情况碰头会，针对当日窗口分工、存在问题、客流变化等情况进行专题分析，以便进一步优化窗口分工，方便旅客购票。

(7) 加强公告宣传，应做好以下工作。

① 售票车间每日 18 点前将次日售票大厅、售票窗口功能情况公示在售票厅门侧的“当日售票窗口设置情况”公示栏内，方便旅客查询。

② 在夜间 23 点至次日 8 点间，售票值班员利用大厅高音喇叭加强售票大厅、售票窗口设置情况的宣传，避免因排错队影响旅客购票。为保证宣传口径的规范统一，售票车间应提

前拟定公告广播用语，方便值班员广播宣传。

③ 利用计划室的信息平台在网上进行公告信息发布。

④ 党群办利用报纸、电台等媒体加强宣传，提高旅客告知率。

(8) 在售票厅全部开放仍远远不能满足旅客购票需求时，还可采取“时间差售票”的方式分散购票客流。所谓“时间差售票”，就是将学生旅客与普通旅客的售票时间分开，具体发售时间由售票车间根据客流情况、售票情况决定后报请车站、铁路局集团公司客运处、客票管理所批准。

2) 秩序应急服务

(1) 采取分区候车措施，必要时将站前广场作为旅客候车区域，想尽一切办法解决旅客候车问题。

(2) 客运车间保证候车旅客开水供应，耐心做好对旅客的安全宣传和安抚工作，解答旅客问讯，稳定旅客情绪，防止激化矛盾。

(3) 客运车间采取分区截留、横向切块、纵向成行、提前预剪、专人带队、分批乘车的办法，组织旅客有序乘车。售票车间严格控制列车超员率和站台票发售。

(4) 车站公安所加强对候车室、售票厅、检票口、地道、天桥等处所的安全防护和引导，增加警力，维护候车、售票、进站秩序，防止发生混乱和挤伤、踩伤事故。

2. 铁路客运站恶劣天气行车应急处理

遇有暴风、暴雨、雷电、沙尘暴天气或发生自然灾害等，危及铁路正常行车或旅客生命财产安全时，车站须高度重视恶劣天气条件下行车组织工作。其应急处理预案如下。

(1) 发生水害、冻害或造成山体滑坡、泥石流等灾害，危及铁路正常行车或人民群众生命、财产安全时，应采取以下措施。

① 车站接到机车、列车乘务员或工务人员危及行车安全的报告后，不得盲目放行列车，应立即报告列车调度员，封锁区间，并通知工务车间主任或工长迅速赶赴现场检查处理，经确认符合列车放行条件后方可开通区间。

② 车站值班员在向列车调度员汇报的同时，必须将列车拦停在站内或区间，待险情排除、确认符合放行条件、由设备管理单位销记后，方准放行列车。禁止放行续行列车，遇有续行列车时车站值班员（助理值班员）使用列车无线调度通信设备呼叫司机，拦停列车。

③ 运转车间要根据现场需要加强抢险物资的运输组织，确保抢险救灾列车开行及抢险救灾人员、物资及时运输到位。

(2) 遇有暴风、沙尘暴天气运转车间应根据有关规定限速放行列车或停车避风，严格按调度命令组织行车，同时对站内的停留车防溜措施认真检查巡视，确保行车及防溜的绝对安全。

(3) 遇有暴雨天气，车站必须严把接发列车、调车作业和车辆防溜关，并采取以下措施。

① 严格落实“宁可错停，不可错放”的原则，车站值班员在接到司机、工务人员或其他人员水害通报后的处理办法：车站值班员在向列车调度员汇报的同时，必须将列车拦停在站内或区间，待险情排除、确认符合放行条件、由设备管理单位销记后，方准放行列车；禁止放行续行列车，遇有续行列车时车站值班员（助理值班员）使用列车无线调度通信设备呼叫司机，拦停列车；车站值班员要立即向工务线路工区、车站指挥中心、车间值班干部、供

电部门、公安所汇报；车间值班干部接到水害的报告后，要在 5 min 内赶到行车室并向车站指挥中心汇报，指挥中心必须在第一时间向值班站领导汇报。

② 坚持有雨就有令的原则。车站在接到雨情通报时，必须对上级的防洪要求、指示不折不扣地落实，加强干部值班，对重点部位进行全面检查。

③ 行车值班人员接到水害险情报告后，必须立即启动防洪应急预案，及时向列车调度员、车站指挥中心汇报水害情况，决定是否出动轨道车、防洪车、抢险车，同时汇报损失情况和预计开通时间。

④ 车站值班员接到水害，请求放行轨道车等防洪备品车辆时，车站值班员要积极和列车调度员加强联系，及时放行防洪检查列车。

⑤ 遇暴雨等天气情况下调车作业时，必须坚持先检查线路后再进行调车作业，车间值班干部必须全过程跟踪调车作业，确保作业人员人身安全、停留车辆防溜措施牢靠，必要时应停止调车作业，待雨量能确保作业和人身安全后，再进行调车作业。

⑥ 遇有雷电天气时，车站要加强与电务、供电部门联系，要求电务、供电部门加强检查，确保电务、供电设备及接触网设备状态良好。

(4) 遇降雾天气，及时启动相关预案，采取应急措施，确保主要客运站和繁忙干线畅通。

① 现场作业人员遇降雾天气时应及时将当地降雾的具体情况向车站指挥中心报告，车站领导接报后应及时向铁路局集团公司相关业务处（室）进行通报，同时车站值班员须立即向列车调度员报告，并随时关注天气变化情况，加强对列车运行的掌握。

② 车站领导接到降大雾的报告后，要立即安排干部到岗、到位，加强作业中安全卡控和作业组织，及时处理发生的问题。

③ 遇降雾造成信号机显示距离不足 200 m 时，车站值班员应及时向列车调度员申请发布调度命令，改按“天气恶劣难以辨认信号的办法”行车。天气转好报告时，车站值班员及时向列车调度员申请发布调度命令，恢复正常行车。

(5) 遇有降雪天气，必须做到“以雪为令”，按照预先确定的包保区域，积极开展除雪工作，保持行车设备的状态良好，确保降雪天气车站和繁忙干线畅通。

① 各车间必须组织建立除雪应急队伍，并配齐扫帚、铁锹等除雪必需工具及防寒设备。要做好随时出动准备，安排人员昼夜值班。

② 站区除雪工作由车站负责统一指挥，车务、工务、电务等相关单位对线路、道岔或其他区域实行“人不离岗，岗不留雪”包保，并做到“边降边扫，边扫边清”。除雪人员应留有机动，以备临时应急和降雪持续时间较长时的人员轮换。

③ 车站值班员接到机车乘务员或巡道工发现因雪害造成线路被掩埋影响行车报告后，要立即报告列车调度员，并在车站《行车设备检查登记簿》上登记。

④ 遇区间受到雪害，一般工具抢修有困难时，线路养护维修单位可开行抢修列车。

11.3.3 铁路旅客站车突发事件综合应急预案

铁路旅客站车突发事件综合应急预案是指铁路旅客站车发生突发事件，需要站车客运人员相互协调配合、共同完成的联动应急方案。其主要包括铁路旅客列车晚点应急预案、铁路旅客列车发生火灾及爆炸事故的应急预案。

1. 铁路旅客列车晚点应急预案

铁路旅客列车晚点应急处理包括旅客列车应急处理、车站应急处理两部分，需要站车客运人员相互协调配合、共同完成。其应急处理预案如下。

1）旅客列车应急处理

（1）广播致歉。列车晚点时，列车长要及时通过车载电话（对讲机）与司机联系，了解晚点原因和列车运行情况，晚点 15 min 以上，及时通过广播向旅客致歉，通报晚点原因时严格按照国铁集团、铁路局集团公司规定的通报用语解释，每次广播致歉词间隔时间为 30 min。

广播的内容应该包括列车当前晚点时间、晚点原因。发生线路中断时，还应通报预计恢复通车（继续晚点）时间和列车退行、绕行、停运等调整列车运行方案信息。

（2）加强巡视。列车广播致歉后，列车长不得以任何理由回避旅客，要加强对车厢的巡视，做好宣传解释工作，掌握旅客动态，平息旅客不满。

（3）耐心解释。列车乘务员加强车厢巡视，做好宣传解释工作，不发牢骚，不讲不利于铁路的话，不得使用服务忌语。

（4）主动服务。列车长要组织列车乘务员做好旅客的服务工作，通过服务弥补旅客的不满，取得旅客的谅解。

（5）报告情况。列车发生晚点，列车长要在第一时间向领导汇报。晚点超过 30 min 的，列车长要及时与所在铁路局集团公司客调和停留站联系，报告车内情况和请求协助解决。

（6）了解需求。列车长要及时了解旅客的需求，对需中转换乘其他列车、民航航班及有紧急公务、商务的旅客，要认真详细、准确登记，并按规定与车站办理交接手续。

（7）反馈信息。列车长要将车内旅客动态和现场处理情况，随时与段领导保持联系；遇有新闻记者时，处理要谨慎。

（8）交站处理。当旅客提出赔偿和提出退票时，依照铁路规章做好解释工作，列车不给旅客出具任何证明，必要时列车长可编制客运记录交站处理。

（9）对旅客的安排。针对不同的旅客，具体安排如下。

① 对提出质疑的旅客：列车长要会同乘警耐心、做好旅客的解释工作，说明原因，拉近感情，取得旅客的谅解。

② 对提出索赔的旅客：旅客提出因列车晚点，签订经济合同的时间被延误，导致合同流产或航班延误，要求赔偿损失时，列车长要进行耐心解释，列车无权给予旅客经济赔偿。

③ 对要求退票的旅客：列车不办理退票。对已到达目的站的旅客，会同车站耐心做好解释工作。如遇较大事故，长时间晚点，开车时间不能确定，中途提出终止旅行时，及时协调车站对滞留旅客安排情况，按当地车站确定的方案，组织旅客办理退票手续，列车协助做好宣传工作。

④ 特殊情况的处理：专运任务造成列车晚点，要严格保密，执行专运纪律，任何人不得向旅客透漏情况，对旅客的解释统一口径为“因前方线路故障晚点，请您谅解”，列车广播致歉。旅客要求列车出具晚点证明时，原则上不出具证明。如旅客反复提出，强烈要求，列车长可做简单文字说明，但内容仅限“×年×月×日，××次列车晚点×小时×分”，加盖列车长名章，出具文字说明所用纸张不得使用客运记录和电报纸 。

2）车站应急处理

根据旅客列车晚点情况，车站各科室和车间各负其责，相互配合，共同完成应急处理。

（1）信号楼值班员加强与列车调度员、邻站值班员联系，提高调度指挥水平，准确掌握列车运行、晚点信息，并及时通知广播室。根据列车晚点实际情况，组织晚点旅客列车赶点或恢复正点，确保车站范围内旅客列车运输平稳有序。如站内有滞留旅客列车时，车站值班员向列车长通报，同时保持与滞留旅客列车的联系，了解列车情况，及时报告和协助列车处理突发问题。

（2）运转车间做好车站股道运用，客运车间加强广播宣传，并在公安的协助下强化对候车室、售票厅、进出站口、地道、站台等关键部位的防控，维护车站秩序，防止发生意外安全问题。

（3）售票车间迅速筹集退票资金，加强退票、改签组织，必要时增加退票、改签窗口，实行 24 小时办理。

（4）客运车间加强站台旅客组织，根据实际需要，做好给水送水、食品供应，运转车间配合机车、车辆做好补油组织工作。

（5）客运技术科室联系上级有关部门，指导车间、协调做好晚点旅客列车应急处置工作，分析并查找原因、制定对策。

3）旅客因晚点集体拒绝下车处理

（1）车站在接到因列车晚点旅客集体拒绝下车的信息时，车站站长（副站长）及有关车间干部要立即赶到现场，了解情况，亲自指挥；立即组织部署客运、公安，增加人员接车。

（2）公安段（派出所）在接到车站通知后，要立即组织足够力量到现场维持秩序。

（3）列车晚点到达后，车站应组织有关人员向旅客做耐心的解释工作，尽快组织旅客下车出站；对拒绝下车的旅客，全力做劝说工作，请旅客下车到专门地点进行处理。

（4）列车工作人员应协助车站工作人员做好说服解释工作。

（5）因晚点造成旅客没有赶上所乘列车时，车站应安排人员及时为旅客按章办理改签、退票手续。

（6）旅客因晚点集体拒绝下车事件处理情况，车站应及时向客调汇报，处理完毕向客运处汇报。

2. 铁路旅客列车发生火灾及爆炸事故的应急预案

遇有铁路旅客列车发生火灾及爆炸事故时，站车工作人员必须相互协调配合，全力以赴予以处理。其应急处理预案如下。

1）运行途中的处置

（1）最先发现、到达现场的乘务员应立即采取有效措施灭火，通告全体乘务员参加扑救，机车司机坚守岗位，协同处理。

（2）接到通知后的全体人员，在列车长的统一指挥下，应本着先人员后财产的原则，根据火情有序组织乘务人员集中车内所有人员、灭火器材和可以灭火的其他物品，按预案分工采取相应措施，有效地疏散旅客，全力扑救、抢救伤员。

（3）列车长要迅速了解起火原因，正确判断火势情况，根据火灾、爆炸威胁行车和旅客人身安全情况决定是否停车处置、请求救援，及时汇报。

2）停车后的处置

（1）向临近车厢、地面安全疏散旅客，同时采取措施，减少火灾危害程度。

（2）采取有效防护措施，保证旅客生命、财产安全。

（3）列车乘务人员要采取措施，维护现场秩序，防止发生混乱，并注意保护好火灾现场，协助救援部门灭火。

（4）救援部门到达后，列车长要详细介绍火灾爆炸原因、火势、人员伤亡、疏散情况，协助救援部门灭火。

3）车站的处置

（1）启动应急预案，按照上级要求和列车长的通报，做好旅客救助和火灾扑救准备，及时向上级部门反馈现场情况。

（2）协助扑救，疏散旅客，抢救伤员。列车到达后，协助列车乘务员打开车门，将疏散下来的旅客安置到候车室和安全地带避险。救援部门没有到达时，协助列车灭火扑救，抢救伤员。

（3）根据列车长的要求和现场需要，请求救援，联系扑救，保护现场，妥善处置善后事宜。

4）善后处置

（1）列车长要掌握旅客伤亡、财产损失情况，并作成详细记录，为车站处置善后事宜提供依据，做好准备。

（2）列车乘务人员要积极帮助公安人员搜集证据，提供线索。

（3）协助车站处置善后事宜。列车长要将掌握的伤亡人员情况和旅客财产损失情况及相关记录，及时移交车站，以便车站尽快处理善后事宜。

11.4 案 例

案例 1 车站组织不当造成旅客伤害

1. 事件

2003 年 6 月 1 日，K125 次列车进保定站一站台，由于组织不当，造成旅客拥挤，将旅客挤下站台被列车挂伤。受伤旅客杨某，女，67 岁，家住石家庄市某干休所×栋×号，持 2003 年 6 月 1 日保定至石家庄全价客快票 1 张，票号 w005896，身份证号码为×××…×，无同行人，无携带品。6 月 27 日旅客伤愈出院，医药费 9 795 元。

2. 处理程序

（1）保定站客运主任应会同公安人员检查旅客伤害程度，及时采取抢救措施。

（2）检查旅客所持车票的票种、票号、发站、到站、车次、有效期及是否加剪和随身携带品，并详细记录。

（3）对受伤旅客简单包扎之后，开具客运记录，并派工作人员及时将受伤旅客护送至当地保定铁路医院抢救。

(4) 妥善保管旅客的财务并收集不少于两份的受害人、同行人、见证人的证明材料。

(5) 填写的旅客伤亡事故记录一式三份，车站留存一份，上报站（段）和分局各一份。

(6) 旅客伤害事故发生后，应立即向上级主管部门拍发事故速报（条件允许时，应先电话汇报事故概况）。

(7) 车站负责组成由车站、车站公安派出所和受害旅客代表参加的事故处理委员会。事故处理委员会主任委员负责收集事故有关资料，建立档案。

(8) 查实受害人身份，通知受害人家属。

(9) 召开事故分析会，分析事故发生的原因，确定事故单位及责任者，提出处理意见和防止措施。

(10) 旅客伤愈出院，由受害旅客或法定继承人、代理人提出“旅客伤害事故赔偿要求书”，并出具治疗医院的“诊断证明”，作为事故处理站办理赔偿、确定给付赔偿金额的依据。

(11) 事故处理站接到赔偿要求书后，应尽快召集事故处理委员开会，拿出处理意见，经分局同意后编制“旅客伤害事故最终处理协议书”一式五份。参加会议各方对协议书所载内容无异议后签字生效。

(12) 事故处理站将“旅客伤害事故赔偿要求书”“旅客伤害事故最终处理协议书”一式五份，“旅客伤害事故报告表”一式三份和医院结账清单、处理事故有关费用单据，一并报客运主管部门。

(13) 运输企业客运主管部门对呈报的上述材料审查后签署意见，加盖“事故处理专用章”转分局财务部门一份，返回处理站三份，作为赔偿依据。

(14) 事故处理站接到批复后，开具“旅客伤害赔付通知书”于10日内将赔偿金支付旅客或其继承人、代理人。

3. 注意事项

(1) 由车站凭加盖车站或客运公章的客运记录送当地铁路医院抢救。当地无铁路医院或铁路医院离站较远时，可送至地方医院进行急救（送地方医院为介绍信）。

(2) 收集证明材料证据时，掌握提供证言人姓名、地址、联系方式等情况的真实性，以及证据与事故的直接因果关系。一般情况下，直接提取看到或经过事故过程的受害人、直接负责人、旁证人的证明。为提高依据的法律效力，可由公安部门向有关人员采集询问笔录。

(3) 编制旅客伤亡事故记录时，记录内容所表述的事故原因、后果必须与旅客的证明材料内容相符。

(4) 拍发事故速报主送责任单位，抄送相关客运及相关单位主管部门、公安处。发生重大、大事故时，应报相关客运主管部门、公安局和铁路总公司客运主管部门。

(5) 事故速报内容如下。①事故种类；②发生日期、时间、车次；③发生地点、车站、区间、里程；④伤亡旅客姓名、性别、国籍、民族、年龄、职业、单位、地址；⑤车票种类、发站、到站、票号、身份证号码；⑥事故及伤亡简况。

(6) 事故分析会应在不晚于事故发生后10日内召开。

(7) 旅客继承人、代理人等要有有关的身份证明。

(8) 对受害旅客的赔偿一般应于治疗结束或死者尸体处理完毕后进行。

(9) 事故案卷一卷一案，案卷保存期为5年。

案例 2　列车电气设备发生险情

1. 事件

2003 年 6 月 5 日，石家庄开往大同的 K708 次列车自石家庄开车 26 min，2 号车厢配电室冒烟，列车员发现后迅速通知车辆乘务员断电，并采取补救措施。

2. 相关规定

电气设备引起火灾的原因有短路、过负荷、接触电阻热、电火花和电弧，以及照明灯具或电热工具的表面热、过电压、涡流热。

3. 处理程序

(1) 发现电器火情时，能够切断电源的应立即断电，并采取扑救措施；千万不能用水扑救，断电后除外。

(2) 不能控制电源时，迅速通知车辆乘务员到场处理。如发现火情严重，必须立即停车，彻底查明原因，排除隐患后方可开车。

4. 注意事项

在电源管理上做到以下几点：①客车的各种电器设备上严禁设置、悬挂任何物品；②配电间内禁止堆放物品；③客车内严禁乱接、乱拉临时电线；④运营客车电器绝缘应符合部颁标准。

案例 3　旅客列车发生食物中毒事件

2006 年 1 月 1 日，由上海铁路局集团有限公司担当的 K79 次列车（上海—昆明）上有 10 余旅客因腹痛、腹泻在上饶站中途下车，疑似食物中毒。

1. 事件经过

2005 年 12 月 31 日，由上海列车段沪昆七组担当的 K79 次列车，19：15 由上海站晚开 3 小时 45 分始发。经查，2005 年 12 月 31 日，K79 次晚点于 2006 年元月 1 日 0：41（正点为 2005 年 12 月 31 日 20：35）到达金华西站，并于 0：57 离开金华西站。K79 次列车从金华西站开出约半小时后，车上有 2 名提超市用绿色篮子的小贩，开始在 13、14 号车厢内叫卖鸡腿，价钱 3 元 1 只。1 小时后进食鸡腿的旅客有的出现了呕吐、腹泻症状。4：50列车抵达上饶站，9 名持票旅客（包括 3 名小孩随同）随上饶站下车旅客一起匆忙下车，后经上饶医院诊断为细菌性感染腹泻。列车在接上饶站通报后，列车长、乘警在向塘站返回上饶处理。铁路局立即指派上海列车段副段长带领有关人员迅速赶赴上饶站了解情况，处理善后。

从 1 月 1 日 2 时左右出现首例旅客病人起至 5 时左右止，9 名旅客出现不同程度的呕吐、腹泻等症状，其中 1 人症状较重。K79 次列车上饶站开出后，列车再未出现新的旅客发病报告。9 名上饶下车病人经抗菌治疗，当日症状即好转。1 月 4 日，其中 3 名旅客出院恢复旅行，另外 6 名旅客于 1 月 5 日出院恢复旅行。

2. 原因分析

事件发生后，上海铁路公安局立即组织力量侦破，于 1 月 3 日在南昌开往上海的

2136次列车上将两名嫌疑人抓获。经公安部门审查，该小贩在金华西站随同拥挤的旅客一起上了K79次列车，平时一直在此区段旅客列车上来回活动，并在列车上兜售炸鸡腿。

导致此次事件的直接原因是：列车员车门验票制度不严，致使小贩混上列车，在列车上兜售不洁食品引起的。这也暴露出在管理上的漏洞，基本制度不落实，制止小贩不力、工作不细致等方面的问题，教训是深刻的。

3. 责任追究

为严肃纪律，教育职工，吸取教训，上海列车段对有关责任人处理如下：13、14号车厢责任列车员未严格执行车门验票制度，致使商贩混同上车，免去当月一切奖金并待岗3个月；责任列车长管理不严，处置不力，免去列车长职务；给予车队队长、书记在全段通报批评，免去当月一切奖金并给予车队安全黄牌警告。

4. 整改措施

虽然引起此次事件的直接原因与站车自主食品供应无关，但再一次暴露出了旅客列车在管理上的薄弱环节，进一步敲响了食品安全管理的警钟，并采取如下措施。

(1) 举一反三、吸取教训，防止类似事件的发生；对K79次列车进行为期一个月的整顿，车队干部必须每天对K79次列车添乘，重点检查小贩上车兜售和列车员车门看票不严的问题；加强源头卡控的力度；加强途中检查，落实责任。

(2) 加强广播宣传，劝阻旅客不要购买随车和围车叫卖的小贩的食品。加强列车饮食供应，尽力为旅客提供新鲜、卫生、价廉味美的食物。同时，坚决制止小贩上车叫卖，严格执行看票制度，防止小贩混上列车；遇有爬进车内的小贩，列车员应及时制止，并立即汇报列车长；对小贩的商品要立即全部没收并交乘警处理，杜绝因旅客在列车兜售食品引发食物中毒事件的再次发生。

(3) 要求各列车段集中对餐车和食品库所有的餐料和食品进行一次全面的清查。要严格把关，杜绝过期餐料和食品上车。各趟列车要对沿途上商贩围车、上车叫卖的情况进行全面认真的分析摸排，列出重点车站和区段，采取果断措施，确保类似事件不再发生。

复习思考题

1. 铁路旅客运输风险因素有哪些？
2. 铁路旅客运输应急预案有何作用？
3. 铁路旅客列车、铁路客运站突发事件应急预案各分为哪几类？
4. 简述铁路旅客列车晚点应急预案主要内容。
5. 简述突发大客流车站应急预案主要内容。

第 12 章 铁路旅客运输信息化

【本章内容概要】

铁路旅客运输信息化是指在运输的经营、管理、组织和服务过程中的信息化。本章主要从铁路的售检票系统、高速铁路的客运服务系统介绍铁路旅客运输的信息化，介绍票务系统、旅客服务系统和市场营销策划系统。

【本章学习重点与难点】

1. 了解铁路旅客售检票系统。

2. 了解高速铁路票务系统、旅客服务系统、市场营销策划系统。

铁路旅客运输信息化系统可以分为普速铁路客运服务管理信息系统、高速铁路客运服务系统。本章主要对铁路旅客运输信息化概述，介绍铁路旅客售检票系统、高速铁路客运服务系统。

12.1 概　　述

铁路旅客运输现代化过程就是旅客运输经营、管理、组织和服务信息化的过程，也是当今世界经济社会发展的必然趋势。大力推进信息化，是促进生产力快速发展、增强综合国力和国际竞争力、维护国家安全的关键环节，是覆盖现代化建设全局的战略举措。20 世纪中期以来，在世界范围内信息技术带动了铁路行业整体技术的迅猛发展，行车指挥自动化、客货快运网络化、市场营销信息化、安全装备系统化，使铁路行业的面貌焕然一新。实践证明，铁路信息化是铁路行业发展的战略制高点和现代化的主要标志。

实现铁路快速发展，为全面建设小康社会提供可靠的运力支持，是我国铁路肩负的重要历史使命。信息化在铁路发展中处于十分重要的地位，无论是扩充运输能力还是提升技术装备水平，无论是深化改革还是加强管理，都离不开信息化的支撑。

经过多年的努力，我国铁路客运信息化建设取得了较好的成绩：信息化基础设施初具规模，客票发售与预订、自动售检票、旅客服务等系统全面投入使用，铁路运输管理信息系统基本建成，运输调度指挥管理信息系统逐步投入使用，办公管理信息系统联网运行，这些都在运输组织、客运营销和经营管理中发挥了重要作用。

我国的铁路信息系统是一个非常庞大、非常复杂的系统。铁路内部有着跨越全国各地区的广域网：从国铁集团到各铁路局集团公司、基层站段，都由铁路内部网层层相连，并运行着各种各样的信息系统。这些信息系统的建设和运用为铁路全面实现客运信息化、现代化提供了良好的网络及运用基础。

铁路客运管理信息化的内容可以分为普速铁路客运服务管理信息系统、高速铁路客运服务系统。普速铁路客运服务管理信息系统主要包括铁路旅客运输管理信息系统、铁路客票发售和预订系统、铁路客运营销辅助决策系统、铁路旅客列车管理信息系统、铁路旅客综合服务系统和铁路客运行包管理信息系统等；高速铁路客运服务系统主要包括票务系统、旅客服务系统和市场营销策划系统。下面主要对铁路客票发售和预订系统、高速铁路客运服务系统内容进行介绍。

12.2 铁路旅客售检票系统

12.2.1 铁路客票发售和预订系统

1. 国外铁路客票系统的发展概况

随着计算机及通信技术的发展，在许多发达国家和一些发展中国家大量采用先进的计算机联网售票预订系统、自动售票系统和客运信息共用系统，并实现了跨国家、跨地区、跨行业的旅行服务，技术水平高，实用性强，为旅客提供了方便、快捷、舒适的旅行条件。目前，日本和欧美国家在这方面的应用，已取得显著的经济效益和社会效益。

日本 1960 年 2 月开始使用的客票预订系统，对东海道普速铁路的 4 列特快列车实现预约，13 台终端日预约客票 4 000 张。1964 年开始对全国办理预订，其后不断进行系统更新，增加系统功能。目前的客票预订系统（MARS—305）采用了 2 台日立 880/290 超大型机作为中央处理机，同时运转互为备份。主机通过 JR—NET 专用网连接终端 6 169 台，日发售客票 170 多万张。该系统不仅是铁路客票预订，而且可通过计算机联网提供其他交通或旅馆的预订服务。

欧洲铁路客票预订系统的发展可分为 3 个阶段。20 世纪 70 年代为各国开发独立客票系统阶段，80 年代为欧洲各国联网阶段，90 年代至今为更新换代延伸服务阶段。在 20 世纪 70 年代，欧洲一些国家的客票预订系统经过较长时间的研制和试用之后，由于政治、经济和旅游等方面的需要，于 20 世纪 80 年代组成了泛欧铁路客票预订联网系统，主要由德国、西班牙、丹麦、荷兰、法国、瑞士、意大利、比利时、卢森堡等国家的铁路客票预订系统组成，通过 HERMERS 计算机数据通信网与德国法兰克福的客票预订中心 EPA80 系统连接。该系统可在欧洲各地办理各国国内的旅客列车，以及各国间运行的国际列车的客票预订业务，预约手续在几秒钟内即可办妥。日本、澳大利亚的旅客也可通过卫星信道，预订欧洲铁路的客票。20 世纪 90 年代，欧洲铁路客票预订系统在技术上又有了新的发展。葡萄牙铁路部门于 1989 年开发了 TRANS 系统，采用了计算机硬软件新技术和系统方法，在系统容量、数据库技术、网络技术、操作系统、软件工程、软件工具和开发技术上均有一定特色。除葡萄牙外，TRANS 系统在欧洲的一些国家得到了推广应用。此外，美洲、大洋洲的一些国家以及印度也都陆续开发使用了铁路客票预售系统。

国外客运售票系统的共同特点首先是为旅客服务的功能十分强大。在欧洲的每一国家中心均对全欧洲开放，因此可以很方便地预订欧洲各地的车票。在任一售票终端，都可了解欧洲所有列车的开行情况，可满足旅客提出的种种购票要求，如是否吸烟、集体订票是否要求在一个车厢，等等，并可换票、退整票或退部分票。此外，由于国外开行旅客列车数量多，车厢编成少，能力充裕，客座利用率不高，与中国相比，其客票发售量要小得多。除了在预约客票或少数能力趋于饱和的干线上考虑座席外，大量的售票业务都不考虑座席的确认问题，也不存在票额的分配问题。因此，这些系统的服务应用软件的复杂程度相对较简单。

国外客运售票系统在结构上大多采用主机/终端的集中方式，从欧洲整体来看是分散集中相结合的结构；它们都有一个非常好的网络系统，既有铁路客票系统的专用线路，又利用 INTERNET 公用线路。在泛欧系统的设计中不依赖于硬件环境，各国所用的主机是不同的，但接口是十分标准的，有统一的信息交换格式，传送内容大部分采用代码形式。

国外旅客运输售票系统由独家的行业性向多家的社会性转换，由一国预订中心向跨国预订中心发展，由单一的客票预订功能向代订旅店、娱乐票等的综合服务发展，由单纯的客票预订向旅客引导、通告等的多媒体技术应用和智能化方向发展，系统结构由集中型处理向客户机/服务器的分布式处理方式转化，组网方式由专用的网络向公用数据网和局域网相结合的方式过渡。

2. 国内铁路客票系统的发展概况

在我国，铁路客运管理自动化起步较晚，但是发展很快。计算机用于我国铁路售票管理系统的发展大体可分为两大类：一类是采用常备客票的计算机售票结账管理系统；另一类是采用计算机发售软票，由窗口机制票的售票管理系统。计算机售票结账管理系统是采用多点采集、集中处理方式，将独立的窗口计算机售票结账机联结成网络系统，由网络服务器进行集中管理，服务器可实时采集各窗口售票的实际情况，进行统计和分析。计算机售票管理系统是由售票窗口采用计算机制出软票的售票系统。该系统只是在上海部分售票窗口和广深线各站的售票窗口进行使用。

随着我国国民经济的发展和人民生活水平的提高，我国旅客对铁路运输提出了更高的要求，希望购票过程更加简便、快捷。铁路内部的旅客运输管理，也迫切需要由计算机进行管理的售票系统。为此，1991 年铁道部有关部门就开始组织专家开展研究论证工作，先后组织开展了全路计算机联网售票的可行性研究、总体规划的研究、车站级计算机售票系统应用软件技术规范的研究，出台了一些技术规定和文件，并经过较长时间的反复讨论，形成了全路计算机售票系统的总体设想，在指导前期车站系统开发中发挥了重要作用。

1996 年 5 月铁道部做出了建设全路客票发售和预订系统（TRS）的决策，确定了统一计算机应用软件的方针，对系统的统一建设做出了具体部署，使系统建设沿着快速、高效、优质的轨道不断发展。首先，在借鉴国外先进经验的基础上，依靠自己的力量，成功地研制和开发了适应我国铁路路情的总体设计和统一应用软件。在总体设计中，对系统的网络结构、数据结构、系统规模、通信需求等进行了大量调查研究，充分考虑了系统采用技术的先进性、安全可靠性和运行维护的要求，取得了客票发售和预订系统总体设计的重大成果，为系统开发与建设奠定了坚实基础。该系统自 1996 年启动以来，经过系统统一软件 1.0、2.0、3.0、4.0、5.0 版的研制和中央、地区、新一代客票系统的车站三级系统的建设，建成了包括全路票务中心、18 个地区票务中心、计算机联网售票车站达 2 300 多个、实现了自动售检票、互联网售票。

3. 铁路客票系统的总体结构

铁路客票发售和预订系统的体系以交易管理系统和客票数据总线为基础，通过客票业务系统和客票管理系统提供核心客票功能，通过支付系统、客户关系管理系统等广义扩展的延伸业务系统构成客票延伸系统。客票数据总线完成客票内部信息交换和服务共享，如图 12－1所示。

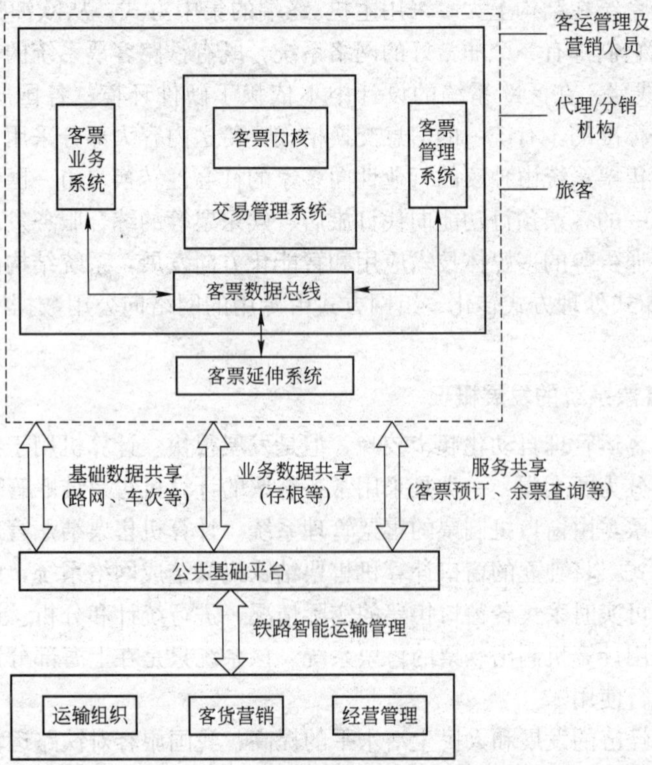

图 12－1　铁路客票发售和预订系统体系

公共基础平台是铁路信息化和客票系统的基础，主要包括通信网络基础平台、信息共享平台、信息安全保障平台、公用基础信息平台。客票系统通过公共基础平台与运输组织、客货营销以及经营管理三大应用领域的信息系统完成数据和服务的交换与共享。系统的体系结构由两部分组成：一部分是由交易管理系统、客票数据总线、客票业务系统、客票管理系统和客票延伸系统组成的业务层；另一部分是由公共基础平台的各个子层组成的支持层，如图 12－2 所示。

铁路客票发售和预订系统的总体结构主要取决于系统所需实现的功能。而功能的设计与系统所要管理的业务、数据的流程、网络传输及处理能力等因素有关。在决定总体结构的诸多因素中，如何规划座席管理数据库的配置是该问题的核心。根据我国地域辽阔、铁路点多线长的特点，考虑到我国铁路客运管理体制和通信基础设施的实际情况，同时参考和吸收国外经验，特别是欧洲各国铁路联网售票的模式，经过充分讨论和多次反复论证，我国铁路客票发售和预订系统采用了集中与分布相结合的方案。此方案设立一个中央数据库和适当数量的地区数据库。它实际上是集中式和分布式两种方式的折中方案，如图 12－3 所示。该方案既便于异地售票、座席复用、信息共享，又相对减少了网络的开销；设备投资合理，升级更新容易；兼顾了技术先进和现实可能；既可适应体制改革，又能适应现状，具有较大的弹性和适应能力。

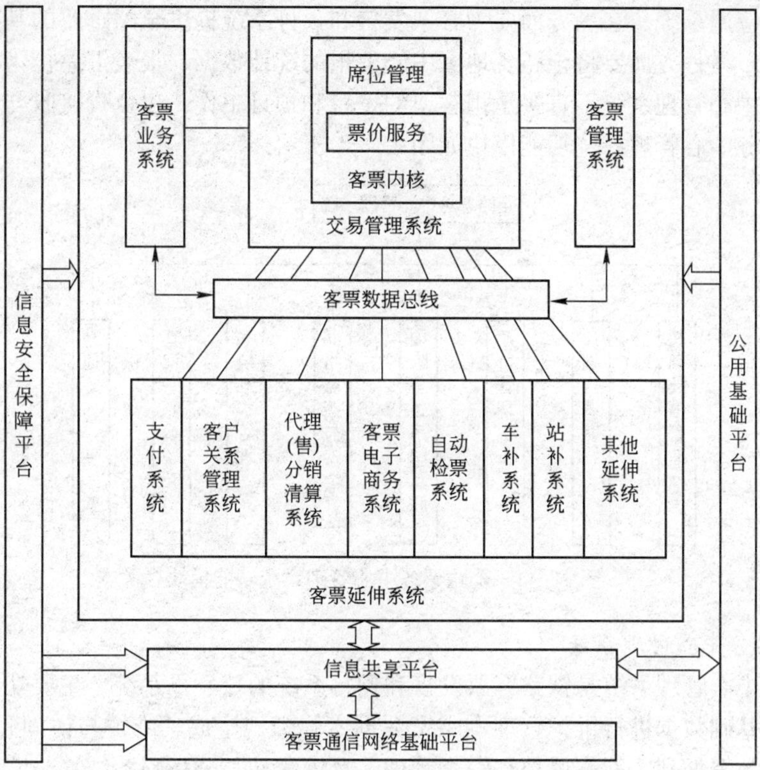

图 12-2 铁路客票发售和预订系统体系结构

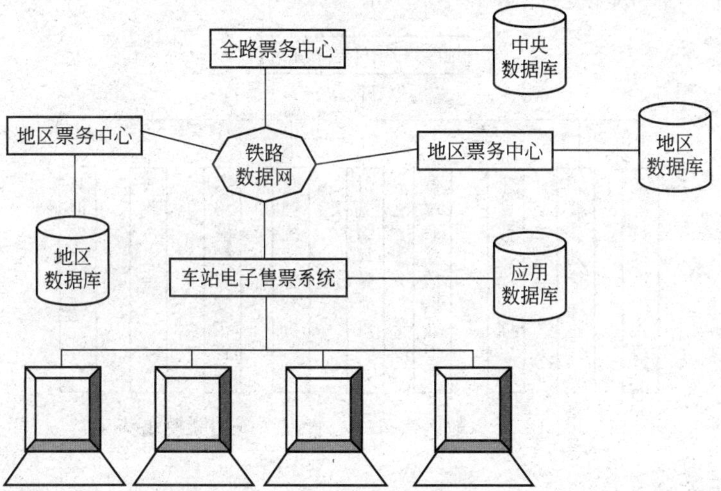

图 12-3 集中与分布相结合的方案

4. 铁路客票发售和预订系统功能

铁路客票发售和预订系统的功能划分是以各种功能的逻辑关系为依据，并不代表行政隶属关系，其服务对象、处理数据流程和客票交易处理等基本上不随铁路管理体制、结构和人员职责的变化而变化。

1）全路票务中心管理系统

全路票务中心管理系统是为铁路总公司客运管理部门及相关业务部门提供管理与决策方

面技术支撑的应用系统。它一方面要为客票发售和预订系统提供全路重要的基础数据及全局性的长期计划，另一方面要将全路各地区中心上报的统计数据、报表汇总作为客运决策的依据。全路票务中心管理系统不直接承担客票的发售和预订工作，仅负责接收与转达跨国购票信息。全路票务中心管理系统功能模块如图 12 - 4 所示。

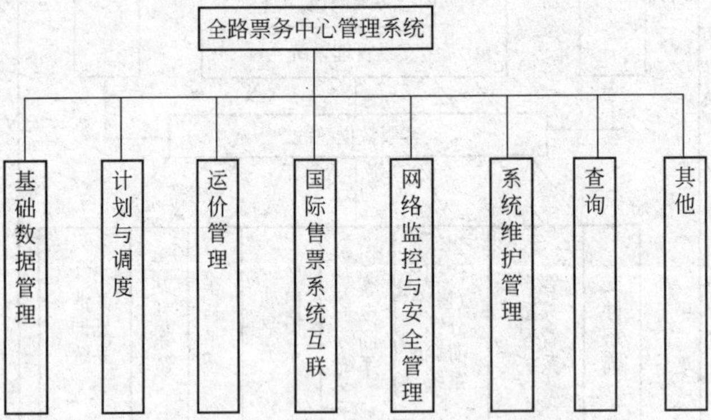

图 12 - 4　全路票务中心管理系统功能模块

2）地区票务中心管理系统

地区票务中心管理系统是铁路客票发售和预订系统的核心子系统。主要功能包括对中央数据库下载的基础数据进行维护管理，座席数据库管理（生成、维护与访问），票额计划管理，调度命令数据处理，网络监控与安全管理，营销统计与分析财务结算与清算等功能，地区票务中心管理系统功能模块如图 12 - 5 所示。

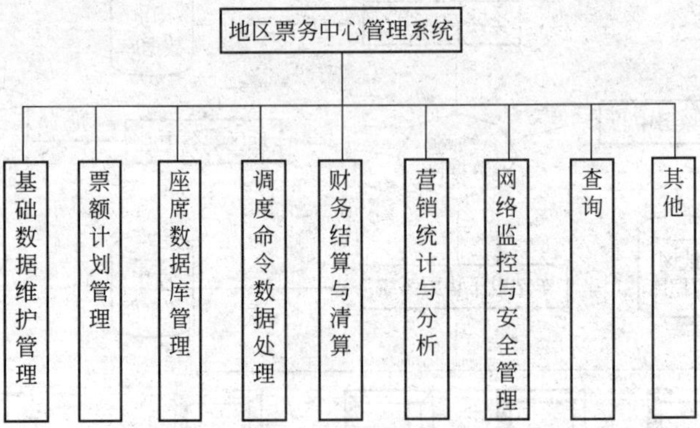

图 12 - 5　地区票务中心管理系统功能模块

3）车站电子售票系统

车站电子售票系统主要完成本站所辖范围内的售票业务、客运统计、财务结算及票额管理等功能。车站电子售票系统功能模块如图 12 - 6 所示。

4）国铁集团业务管理系统

国铁集团业务管理系统主要包括客运量和财务的统计分析、业务查询、客运调度命令的制定与下达、收入审核、客流预测等功能，完成对全路客运数据及国铁集团直接管辖的重点客运站的统计分析工作，进行全路客流预测分析，为调度人员提供查询手段，以及实施客调日常调度命令的下达。

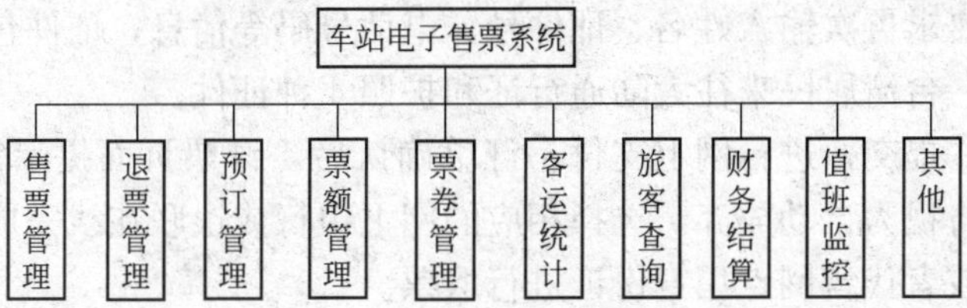

图 12-6　车站电子售票系统功能模块

5）铁路局集团公司业务管理系统

铁路局集团公司业务管理系统功能与国铁集团业务管理系统相似，但范围只限于一个铁路局集团公司。

12.2.2　自动检票系统

自动检票系统是铁路客票发售和预订系统的延伸服务系统，是对电子客票标志信息进行自动识别、判定、检查、分类统计，对旅客进（出）站检票作业实施动态管理的系统，由检票管理机（服务器），客运站、区域各类维护管理终端，自动检票机和网络接口设备组成。其主要功能如下。

（1）票面信息自动识别，车票合法性自动判定，自动剪切，伪错票告警及分类统计、打印乘车人数通知单，每个检票口（机）可满足同时进行两个车次平行作业的要求。

（2）按预排程序自动控制检票系统运行、自动统计、打印报表，以及数据建档维护、系统监控。

（3）各级管理机构（终端）具有按其管辖范围、权限，实施检票作业分级管理、程序修改维护、指令调整检票机工作状态以及监控、防伪核查。

（4）具有对客运站通告显示综合信息网的接口，以实现按列车运行及候车厅安排的实时信息，自动修正检票时序，调整作业安排。

（5）具有对售票系统的接口，以实现防伪核查和检票信息的综合汇总统计。

12.2.3　铁路互联网售票系统

铁路互联网售票系统是通过 12306 网站面向旅客服务，是中国铁路客运客户服务的窗口，是伴随着铁路客运现代化以及信息技术发展而产生的网络客运服务系统。

铁路互联网售票系统主要功能包括车票预订、余票查询、出行向导、信息服务、候补购票服务。

1. 车票预订

其订票流程如下。

（1）用户注册。首次进行网上购票的旅客需要按照页面的提示逐一填写用户名、密码、语音查询密码、姓名、身份证件类型、身份证号、电话号码、电子邮箱地址等基础信息。提交信息表后，系统提示旅客登录邮箱完成注册激活。

（2）登录购票。账户激活之后进入登录界面，输入账号和密码进入预订界面。页面中立即出现订票信息，要求旅客选择单程与往返、始发站、终到站、发车日期等，选择所要购买的车票后，会看到所需车次的所有信息以及余票以及票的种类，然后根据自己的需要进行选择，选择之后系统要求再次输入姓名、证件号、电话号码等信息，证件包括身份证、港澳居民来往内地通行证、台湾居民来往大陆通行证和护照 4 种证件。

（3）确认订单并提交，进行网上支付。订单确认后，订票页面提示需要在 45 min 内进行网上支付，否则将视为自动放弃。选择相应的网上银行或银联在线完成支付。旅客网上支付后，可以在车站或者代售网点用身份证进行取票。

2. 余票查询

单击计划查询车票信息日期之后，会显示出所需要的列车的具体信息；出发站到达站的所有车次及出发时间、到达时间、历时，以及列车上所有车座余票信息包括（商务座、特等座、一等座、二等座、高级软卧、软卧、硬卧、硬座、无座）。

3. 出行向导

出行向导包括车站查询、中转查询、票价查询、正晚点查询、客票代售点查询，全方位满足旅客对于出行信息的查询；对于正晚点查询只提供未来 3 h 之内的信息。

4. 信息服务

信息服务主要是对网站使用及旅行问题进行解答，包括车票、实名制购票、改签、退票、特殊旅客服务、携带品和行李、进站乘车、客运服务和互联网售票等相关规程。

5. 候补购票服务

候补购票服务是指在通过 12306 网站或 App 购票时，如遇所需车次、席别无票，可自愿按日期、车次、席别、购票需求，提交预付款，售票系统自动排队候补，当对应的车次、席别有退票时，系统自动兑现车票，并将购票结果通知购票人。候补购票功能为旅客提供更加安全、方便、快捷的购票服务。

12.3 高速铁路客运服务系统

高速铁路客运服务系统（PDSS 简称客服系统）是在现代高速铁路管理思想、服务理念和当今最新信息技术基础上，在铁路总公司、区域中心及车站按照统一的服务标准、经营策略、管理机制、技术架构建立起的信息高度共享、资源高效利用、运行安全可靠的综合完整的服务系统。根据《铁路客运专线客运服务系统总体技术方案》，客服系统由票务系统、旅客服务系统、市场营销策划系统，以及客服系统综合服务平台、数据平台和安全保障平台构成。本节主要对票务系统、旅客服务系统、市场营销策划系统进行介绍。

客服系统体系架构如图 12－7 所示。票务系统采用集中式结构，担负全路高速铁路客票销售任务。旅客服务系统总体上采用两级架构，部署在区域中心和车站，国铁集团设置小型集成管理平台。市场营销策划系统由国铁集团和区域中心两级构成，数据处理中心设置在国铁集团。系统设置综合服务平台，为旅客提供互联网、手机、电话、短信、邮件等铁路客票销售和信息服务渠道。系统设置数据平台，实现客服系统各系统间及客服系统与外部系统的信息交换和应用服务。系统设置安全保障平台，采用多种安全保障技术，以技术与管理相结合实现对系统的综合安全防护。设置异地灾备中心，实现关键业务系统及数据的备份和故障恢复。客服系统网络系统是承载客服系统各类业务正常运行的基础，是连接车站、区域中心和国铁集团的核心单元；主要由国铁集团、区域中心、车站的三级局域网通过广域网互联构成，并利用 Internet、公共电话交换网、无线通信网等，共同构成覆盖国铁集团及全路高速铁路的客运服务通信网络平台。客服系统广域网覆盖国铁集团、区域中心和车站，由票务专网和客专数据通信网构成。

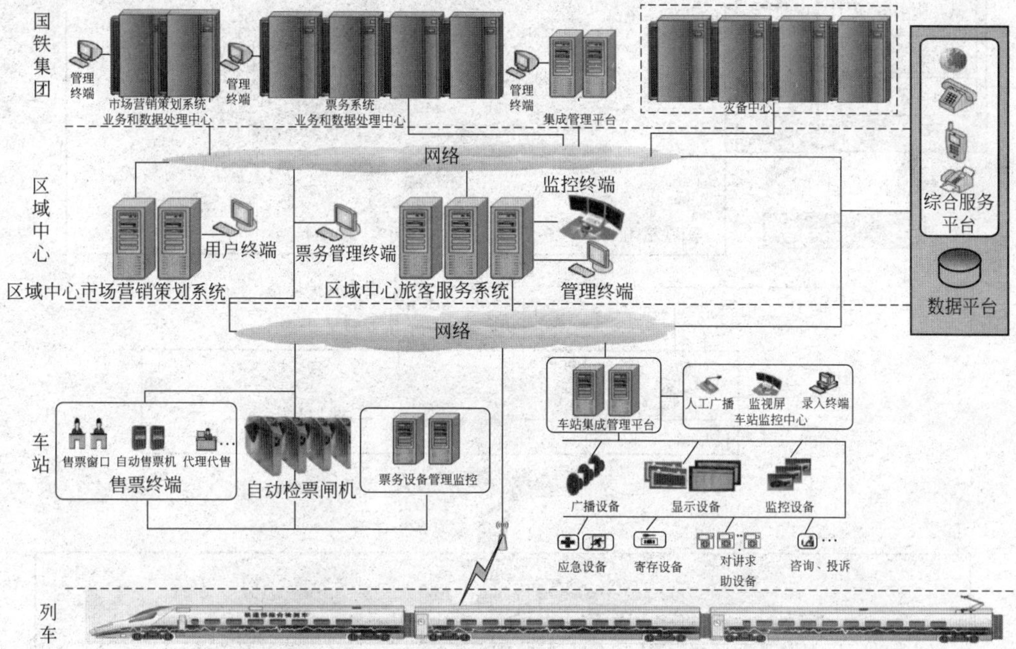

图 12－7　客服系统体系架构

12.3.1　票务系统

1. 概述

票务系统是以席位管理和交易处理为核心，建立广泛的销售渠道，适应多种售检票方式、多种支付形式和灵活的营销策略，售票以人工与自助式售票相结合、检票以自动检票为主的实时交易系统。

2. 总体架构

高速铁路集中设置一个票务中心系统，通过票务专网与售票终端相连接，完成席位集中管理、交易实时处理、基础数据维护、销售策略实施、统计、收入管理等票务系统核心功能，通过强有力的安全保障措施，确保其安全稳定不间断运行。在车站及相关机构设置业务管理监控终端，完成日常业务管理。车站检票以自动检票为主。

票务系统体系架构如图 12－8 所示。

在全路票务中心，高速铁路票务系统与普速铁路客票系统进行应用层面与数据层面交互，实现普速铁路和高速铁路车票的互售、收入处理等功能；同时，通过数据平台与市场营销策划和旅客服务等内部系统，以及运营调度、银行等外部系统进行信息交互。

3. 系统功能

票务系统完成席位集中管理、交易实时处理、票价计算、销售策略实施、自动检票、统

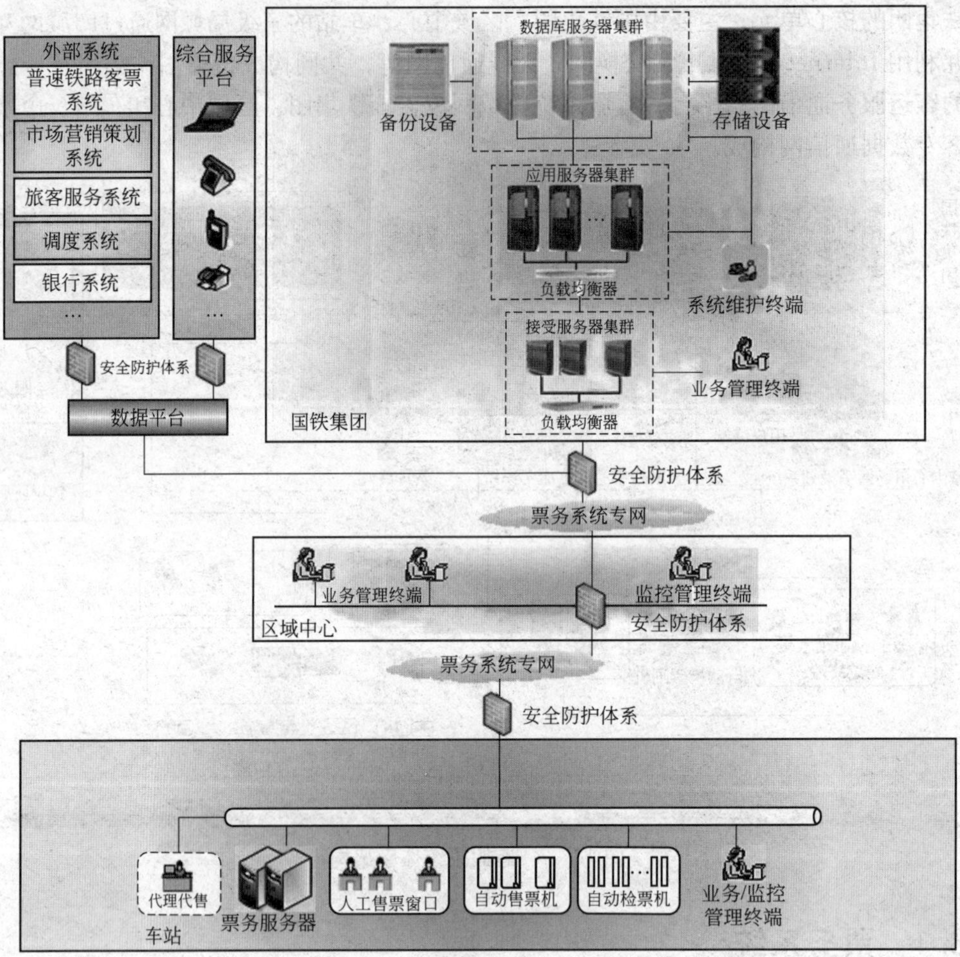

图 12-8　票务系统体系架构

计、收入管理等功能，是由以下 13 个子系统构成。

1）运营管理子系统

运营管理子系统主要实现高速铁路运营管理策略、营销策略、运价政策等在票务系统的体现。主要功能包括：席位属性描述、席位用途分类管理；根据列车运行信息调整或调度命令，对席位调整和管理；对基本票价、区段票价、一口价、票价季节浮动、票种优惠等进行管理。

2）常客管理子系统

常客管理子系统对常客户以实名制的方式进行管理。根据客户持卡类别、积分信息等不同进行分类，灵活设置不同类别常客户享受的优惠规则。主要功能包括：对常客信息收集和整理，常客分类管理，常客优惠规则配置，常客车票使用情况统计。

3）交易处理子系统

交易处理子系统实现票务系统中有关售票、订票、退票、补票的交易处理功能，接收并处理来自窗口、自动售票机、互联网、呼叫中心等各类终端的交易请求，完成客票发售、预订及相关交易业务。

4）自动检票子系统

自动检票系统主要部署在客运车站，完成旅客在进站口、出站口自动检票作业，以及相应的管理和监控作业。

5）数据管理子系统

数据管理主要完成高速铁路票务系统路网数据、列车运行图数据、交易数据及历史数据的维护、管理功能，为整个高速铁路票务系统的正常运转提供数据保障。

6）业务管理子系统

业务管理子系统实现对票务系统操作人员和操作终端的身份管理、票据管理、代理代售管理，以及系统提供的各类接口的管理功能。

7）储值卡管理子系统

储值卡是铁路或铁路与银行联合发放的具有储值功能的消费卡，用于旅客购票时支付的一种方式。通过储值卡管理功能实现储值卡的发放、充值、消费、清算等业务的管理。

8）席位管理子系统

席位管理子系统是高速铁路票务系统的核心服务系统，为各个系统提供席位的生成、搜索、占用、修改、删除等关键处理服务，利用先进、成熟的数据处理技术，以高效、可靠的处理策略对席位进行管理，保障席位查询占用的高效性、席位修改与存根记录的一致性、席位利用的可追溯性。

9）票价计算子系统

票价计算子系统完成高速铁路车票票价计算的功能。票价计算依据中国铁路关于高速铁路制定的票价业务规则，实现普通票、签证票、优惠票等票价计算功能，提供详细的票价计算结果。高速铁路票务系统与普速铁路票务系统的票价计算提供接口服务，为两个系统的互售票提供保障，也为其他业务信息系统提供票价服务。

10）径路计算子系统

径路计算子系统根据旅客的旅行需求，在列车运行图信息、线路信息，以及其他相关的交通线路信息的基础上，能够实现任意两站之间的乘车经路的计算；能够为旅客按旅行时间、票价、里程等目标要求提供多种乘车路线的比选方案，为旅客的出行提供旅行线路的选择服务。

11）收入管理子系统

收入管理子系统完成高速铁路客运进款统计及相关收入统计、审核管理功能，具备当班结账状态查询、窗口日结账、后台废票、退票日处理、退票统计、日售票收入统计汇总、窗口收入统计、售票员工作量统计、分销售渠道（代理代售、自助、站售等）收入统计、车站收入统计、分车次收入统计、收入报表生成与查询等功能。

12）统计子系统

统计子系统为用户提供方便、灵活的报表统计功能，使各级工作人员对于票务系统的业务情况、营业状况有较为全面的了解。统计报表按照车站、区域中心、国铁集团三级权限分级管理，各级按照业务需求，进行不同的统计和查询，主要包括售票情况统计、席位利用情况统计、客运统计、收入情况统计、设备布局及运行情况统计。

13）系统管理监控子系统

系统管理监控子系统辅助系统管理人员管理、监控系统相关软硬件基础平台、专用硬件设备、业务系统的运行状态、资源使用情况等，保证系统能够安全、稳定、高效的运行。

12.3.2 旅客服务系统

1. 概述

旅客服务系统的设置旨在体现“以人为本”的服务理念，在旅客出行前、进站、候车、乘车、换乘、出站等各环节上提供全方位的信息服务。通过对引导、揭示、广播、监控、查询、求助、应急、投诉、寄存、站台票发售、残障旅客服务和延伸服务等服务资源进行有机整合，形成统一的旅客服务平台。

2. 总体架构

旅客服务系统总体采用两级架构，分别部署在区域中心和车站，国铁集团设置旅客服务小型集成管理平台。区域中心旅客服务系统以集成管理平台为核心，原则上实现对所辖区域大型车站旅客服务系统的监视，对中小型车站旅客服务系统的集中管控；在紧急情况下，可以代管大型车站旅客服务系统；完成区域内公共音视频数据的制作、发布和转发，以及系统间信息共享和功能联动。大型车站旅客服务系统以集成管理平台为核心，集成导向揭示、广播、监控、时钟、投诉、查询、求助、站台票发售、无线、呼叫中心座席、寄存子系统，连接火灾报警和楼宇自控等外部系统，实现对本站旅客服务系统的集中监视和控制，完成系统间信息共享和功能联动，紧急情况下接受区域中心代管。根据线路情况，可对邻近中小车站进行代管。以科学合理的布局配置服务终端设备，为旅客提供导向、广播、时钟、投诉、查询、求助、呼叫、站台票发售、寄存、无线上网、人工服务等多样服务。中小型车站旅客服务系统根据线路情况可由区域中心集中管控或者由邻近大站代管，以科学合理的布局配置服务终端设备，为旅客提供导向、广播、时钟、投诉、查询、求助、呼叫、站台票发售、寄存、人工服务等多样服务。国铁集团中心旅客服务小型集成管理平台对旅客服务系统提供信息上的支撑，进行宏观上的管理，实现对全路旅客服务的监督、管理和统计分析，并完成公共数据管理和音视频基础信息库的制作以及视频监控的功能。

旅客服务系统体系架构如图 12-9 所示。

3. 系统功能

旅客服务系统以信息的自动采集为基础，以为旅客提供全方位信息服务为目标，实现客运车站信息广播、导向揭示、监控、查询、求助、投诉、寄存等功能，并提供互联网、呼叫中心、无线局域通信等多种途径的信息服务，运用多样化的服务手段为旅客提供优质的服务，实现旅客服务的信息化。旅客服务系统由集成管理平台、导向揭示、广播、监控、时钟、查询、求助、站台票发售、无线、寄存、绿色 11 个子系统构成。

12.3.3 市场营销策划系统

1. 概述

市场营销策划系统以现代营销理念为指导，以科学的数据分析方法为支撑，以先进的信息技术为手段，构建反应敏捷、实时决策、优化方案、综合评价、适应竞争要求的高效系统，为各类管理人员提供信息服务和决策支持。

2. 总体架构

市场营销策划系统由国铁集团中心和区域中心构成，并设置灾备中心进行铁路总公司中

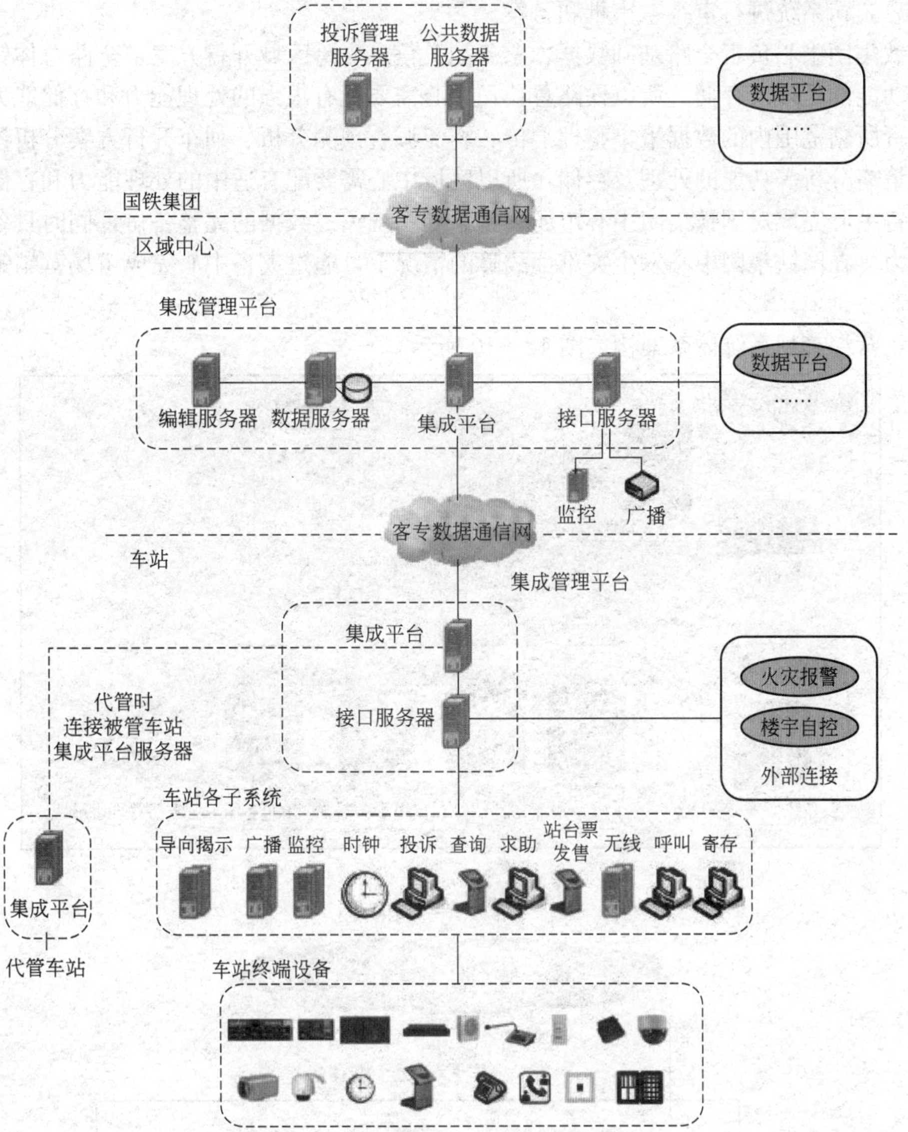

图 12 - 9　旅客服务系统体系架构

心系统备份。

在国铁集团完成客票数据、客服数据、路网数据、地理信息、列车信息、市场信息的采集，数据质量检查，数据的清洗、转换和加载，整合并加载到市场营销策划数据仓库中，同时在数据仓库上开发市场调查与分析、列车开行方案设计、销售策略制定、票价策略制定、分析评价、客户关系管理等应用，为铁路客运营销分析提供强有力的信息和技术支持。

区域中心系统主要完成市场调查数据的采集、与相关系统交互数据的采集，根据采集的数据进行分拣、整理后上传到国铁集团市场营销策划系统；区域中心系统进行所辖范围内市场营销分析工作，其中包括区域内客流调查预测分析、区域内列车开行方案分析评价、区域特色销售策略分析、票价分析评价、客户分析统计、统计报表等功能，为区域中心市场管理人员改进市场营销计划、执行和管理工作提供依据；同时，区域中心系统把处理结果统一提交铁路总公司系统进行审查、审批和备案。

国铁集团中心负责全路基础数据、票务相关信息、跨区域开行方案、全路总体销售策略制定等功能的处理及存储，所以铁路总公司中心需要配有很强的处理能力和存储能力。区域中心负责所辖范围内的数据采集整理上传、客流调查预测分析、列车开行方案分析评价、特色销售策略分析等功能的处理及存储，所以区域中心需要配有适中的处理能力和存储能力。

灾备中心完成对国铁集团中心市场营销策划系统关键数据的完整备份，同时具备应用接管的能力，在国铁集团中心发生灾难性故障的情况下，通过灾备中心完成市场营销策划系统的主要业务。

市场营销策划系统体系架构如图 12－10 所示。

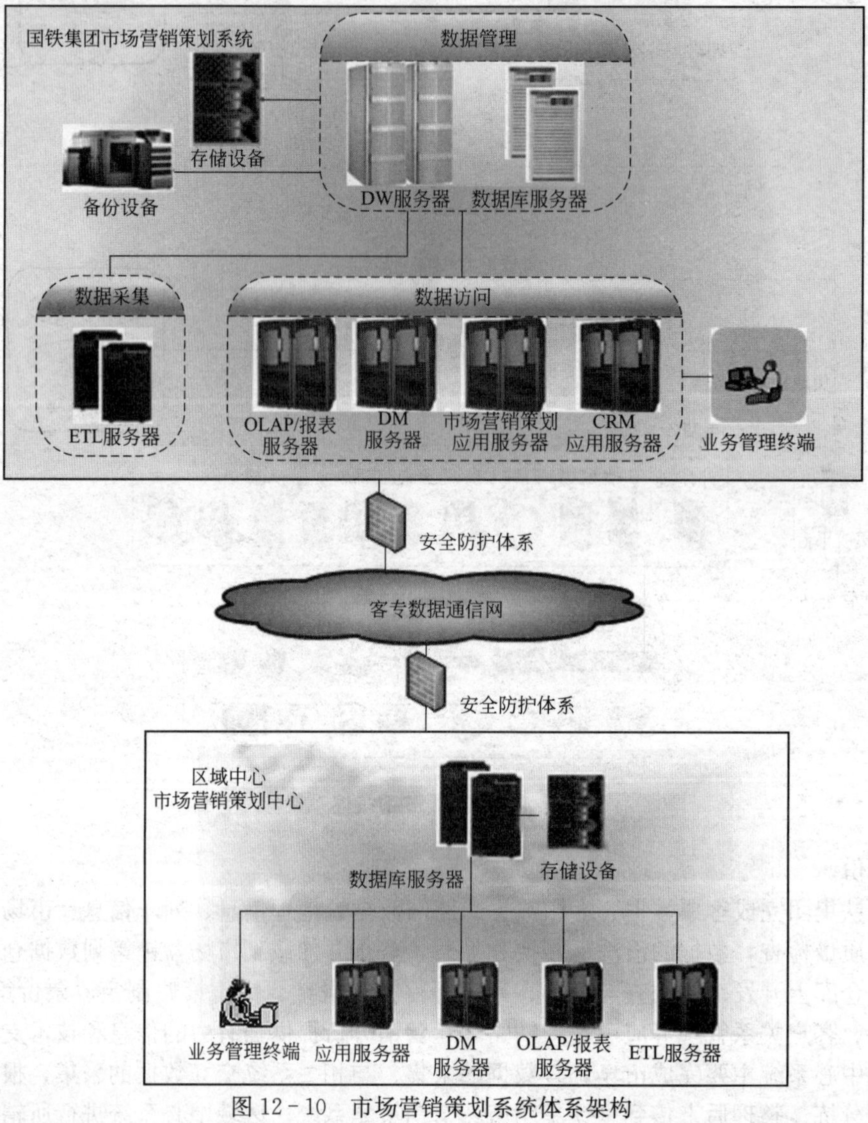

图 12－10　市场营销策划系统体系架构

3. 系统功能

市场营销策划系统实现市场调查分析与客流预测、销售策略制定、票价策略制定、开行方案设计、相关方案策略及经营结果的分析评价、客户关系管理、分析结果灵活多样的展现、系统及数据的管理等功能，为科学、全面、高效的决策提供辅助支持。市场营销策划系统由以下6个子系统构成。

1）市场调查与分析预测子系统

市场调查与分析预测子系统通过完备的市场调查手段与分析方法，完成长、短期的常规和专项客流调查与分析预测，帮助业务管理人员及时准确地掌握客运市场动态，为业务决策提供信息支持。市场调查与分析预测子系统主要包括市场调查、数据的编辑修正和审核、市场分析、市场预测（含市场预测的方法与模型）等功能。

2）辅助决策子系统

辅助决策子系统功能包括旅客运输计划编制、开行方案设计与临时调整、销售策略制定、票价策略制定等。

3）分析评价子系统

分析评价子系统依据铁路客运经营效果分析评价参照的指标体系，实现客运指标统计查询展现、旅客列车效益分析、列车开行方案评价、客运资源运用评价的功能，并在实践中检验客运指标体系的有效性、合理性，提出客运指标体系改进的建议方案。

4）客户关系管理子系统

客户关系管理子系统是客服系统与客户之间交互信息的平台，也是整个客服系统实现客户信息有效整合的必要手段。客户关系管理子系统主要包括客户档案管理、客户等级管理、客户信息查询与维护、客户服务管理、客户交易信息管理、客户培育管理、客户分析、客户资源计划制定等功能。

5）系统管理子系统

系统管理子系统是保证市场营销策划系统运行秩序而提供的系统级管理、维护与监控手段。系统管理子系统主要包括时钟同步、用户管理、软件版本管理、数据接口管理、网络管理与监控、应用系统管理与监控等功能。

6）数据管理子系统

数据管理子系统是对业务范围内进入和存储在系统中的数据进行有效管理，确保数据随时间、空间的持续可用性；在出现硬件问题、人为错误或发生灾难情况下保证业务运行的稳定性；同时对数据实施保护和加密策略，防止非授权访问和违规修改。数据管理子系统包括数据组织、数据载入管理、数据规则管理、数据清理、数据同步、数据审核、数据加密、数据备份与恢复、数据展现等功能。

复习思考题

1. 试述铁路客票发售和预订系统的软硬件平台和总体结构方案。
2. 简述高速铁路票务系统总体架构。
3. 简述高速铁路旅客服务系统主要功能。
4. 试述高速铁路市场营销策划系统的构成及其主要模块功能。

附录A 有关票据

A.1 手工方法办理的册页票本票皮（封面）

中华人民共和国铁路

ЖЕЛЕЗНЫЕ ДОРОГИ КНР

EISENBAHNEN DER VRC

MC

中 铁

КЖД /KZD

册 页 票 本

КУПОННАЯ КНИЖКА

BUCHFAHRKARTE

样张

有效期

Срок годности

Geltungsdauer

2	个 月
4	Месяца Monate

自发售之日起

Со дня выдачи

Vom Datum der Ausgabe an

票价总额

Общая стоимость

Gesamtbetrag

人民币 RMB ______ 元 yuan

以发售国货币表示

В валюте страны выдачи

In der Währung des Ausgabelandes

售票处日期戳

Штемпель места выдачи с датой

Datumstempel der Ausgabestelle

旅 客 须 知

1. 凭本乘车票据有权在国际联运中按客票上注明的发、到站和经路乘车。

2. 每名旅客乘坐卧车和座卧车时，除客票外，还应持有占用相应铺位的卧铺票。持有卧铺票的旅客免费使用卧具。

3. 凭没有册页客票的票皮或没有票皮的册页客票均无权乘车，且对这类乘车票据不退还乘车费用。

旅客涂改过的乘车票据视为无效。

4. 有册页客票的册页票本的有效期，自发售之日起往程为两个月，返程为四个月，往返为四个月。未注明发车日期的卧铺票有效期与其客票的有效期相同。

5. 在客票有效期内，如不违反护照行政法规，旅客有权在沿途车站下车，不限制次数和时间。

在继续乘坐卧车时，旅客应购买新的卧铺票。运行途中的停留不延长客票有效期。

在中途下车或不再继续乘行的情况下，旅客应在列车到达后 3 小时内向铁路提出乘车票据，以便做相应记载。

6. 如不再乘车或乘车改期，旅客应在卧铺票上所载列车发车 6 小时前向铁路提出乘车票据，以便做相应记载。在遵守该条件的情况下，更改乘车日期的旅客有权对客票重新轧针孔并更换卧铺票，但不多于一次。

如果未赶上列车，为继续乘车，旅客应在列车出发后 3 小时内向铁路提出乘车票据。这时，要继续乘坐卧车，旅客需购买新的卧铺票。

7. 全部或部分退还乘车费用由发售乘车票据的铁路办理。如乘车票据上没有铁路的相应记载，则乘车费用不予退还。

8. 免费运送的手提行李总重（成年旅客）不得超过 36 公斤，12 周岁以下的儿童不得超过 15 公斤。

A. 2　固定册页客票

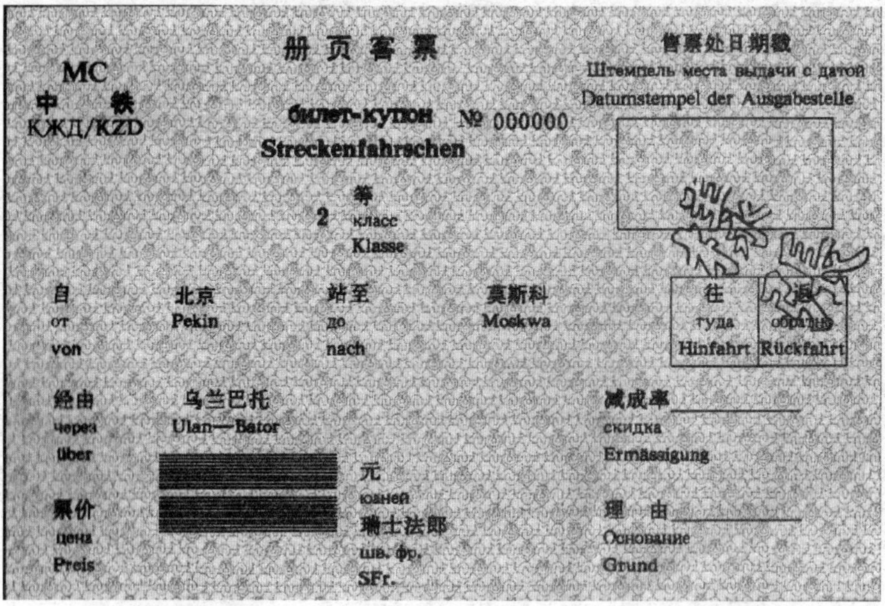

册 页 客 票

MC
中 铁
КЖД/KZD

билет-купон　№ 000000
Streckenfahrschen

2 等 класс Klasse

售票处日期戳
Штемпель места выдачи с датой
Datumstempel der Ausgabestelle

往 туда Hinfahrt　返 обратно Rückfahrt

自 от von　北京 Pekin　站至 до nach　莫斯科 Moskwa

经由 через über　乌兰巴托 Ulan—Bator

减成率 скидка Ermässigung

票价 цена Preis　元 юаней　瑞士法郎 шв. фр. SFr.

理　由 Основание Grund

A. 3　补充册页客票（单程）

第一联

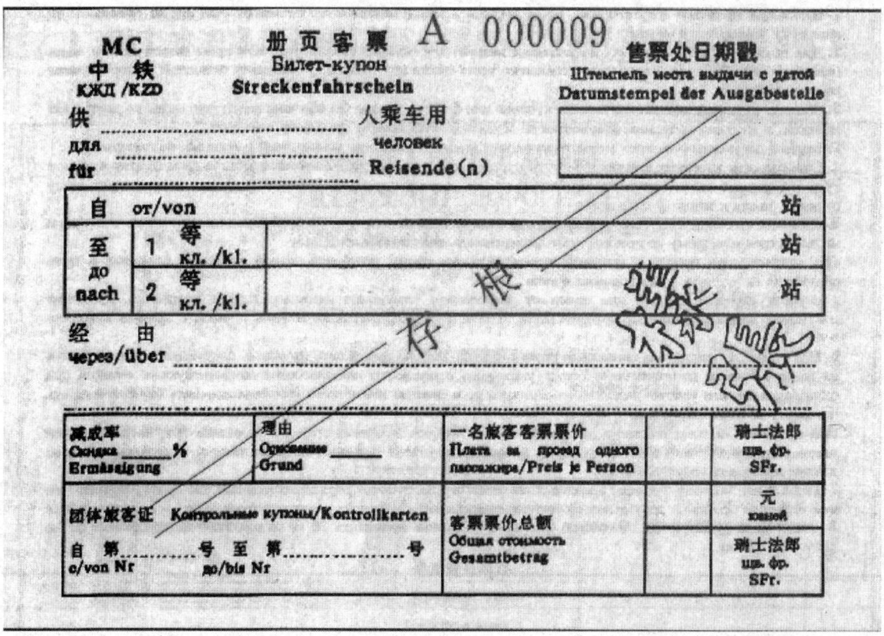

MC
中 铁
КЖД /KZD

册 页 客 票　A　000009
Билет-купон
Streckenfahrschein

售票处日期戳
Штемпель места выдачи с датой
Datumstempel der Ausgabestelle

供 для für .... 人乘车用 человек Reisende(n)

自	от/von		站
至 до nach	1 等 кл. /kl.		站
	2 等 кл. /kl.		站

经　由 через/über ....

减成率 Скидка ____% Ermässigung	理由 Основание ____ Grund	一名旅客客票票价 Плата за проезд одного пассажира/Preis je Person		瑞士法郎 шв. фр. SFr.
团体旅客证 Контрольные купоны/Kontrollkarten 自 第 .... 号 至 第 .... 号 с/von Nr до/bis Nr		客票票价总额 Общая стоимость Gesamtbetrag		元 юаней
				瑞士法郎 шв. фр. SFr.

存根

第二联

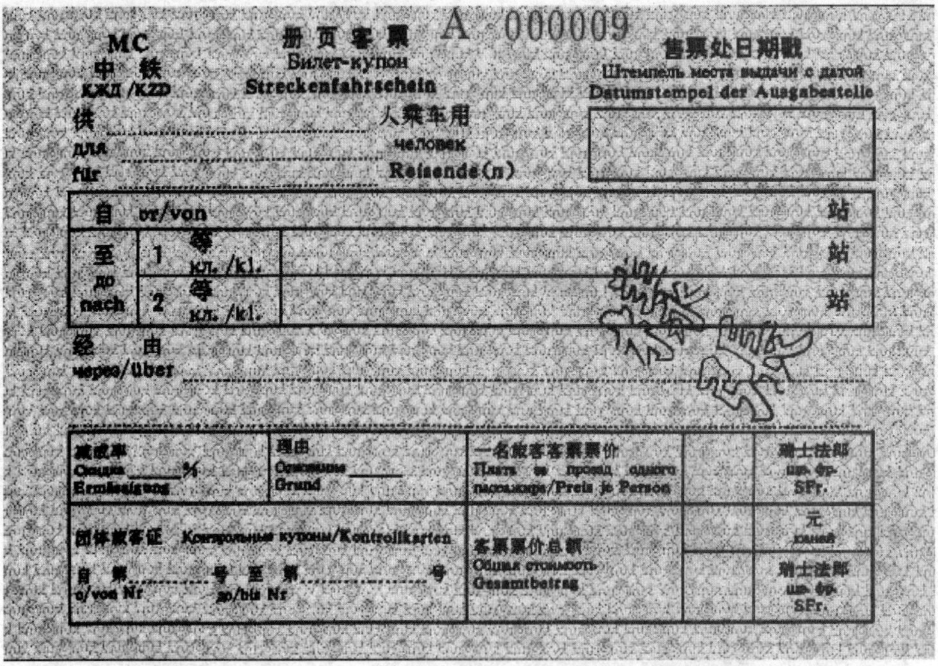

MC 中铁 КЖД/KZD

册页客票 Билет-купон Streckenfahrschein

A 000009

售票处日期戳 Штемпель места выдачи с датой Datumstempel der Ausgabestelle

供……人乘车用
для …… человек
für …… Reisende(n)

自 от/von		站
至 до nach	1 等 кл./kl.	站
	2 等 кл./kl.	站

经由 через/über ……

减成率 Скидка___% Ermäßigung	理由 Основание___ Grund	一名旅客客票票价 Плата за проезд одного пассажира/Preis je Person		瑞士法郎 шв. фр. SFr.
团体旅客证 Контрольные купоны/Kontrollkarten 自第……号至第……号 с/von Nr до/bis Nr		客票票价总额 Общая стоимость Gesamtbetrag		元 юаней
				瑞士法郎 шв. фр. SFr.

A.4 补充册页客票（往返）

第一联

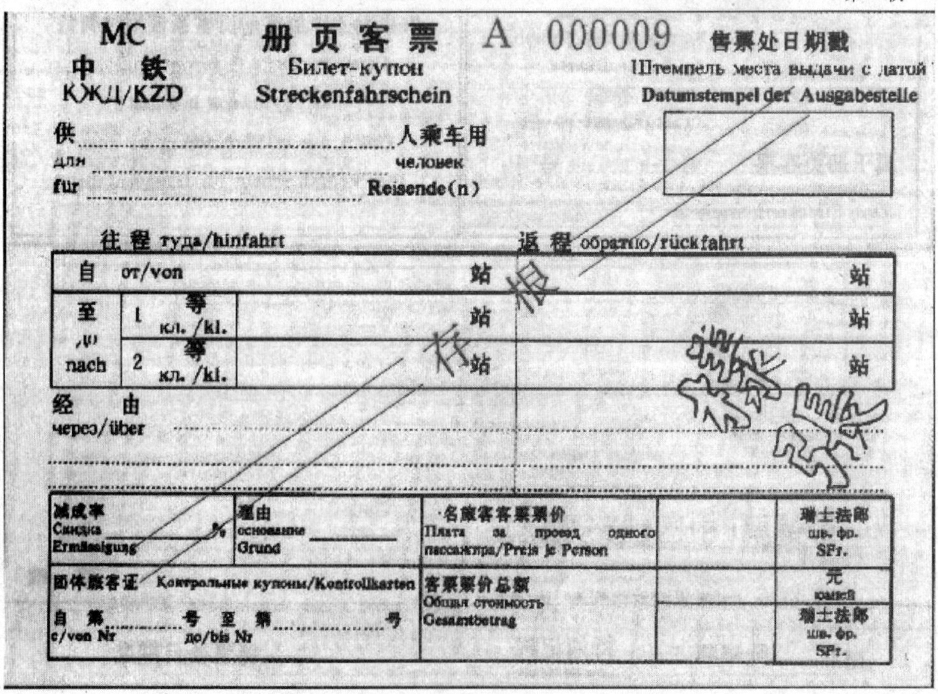

MC 中铁 КЖД/KZD

册页客票 Билет-купон Streckenfahrschein

A 000009

售票处日期戳 Штемпель места выдачи с датой Datumstempel der Ausgabestelle

供……人乘车用
для …… человек
für …… Reisende(n)

往程 туда/hinfahrt　　返程 обратно/rückfahrt

自 от/von		站	站
至 до nach	1 等 кл./kl.	站	站
	2 等 кл./kl.	站	站

经由 через/über ……

减成率 Скидка___% Ermäßigung	理由 основание___ Grund	一名旅客客票票价 Плата за проезд одного пассажира/Preis je Person		瑞士法郎 шв. фр. SFr.
团体旅客证 Контрольные купоны/Kontrollkarten 自第……号至第……号 с/von Nr до/bis Nr		客票票价总额 Общая стоимость Gesamtbetrag		元 юаней
				瑞士法郎 шв. фр. SFr.

第二联

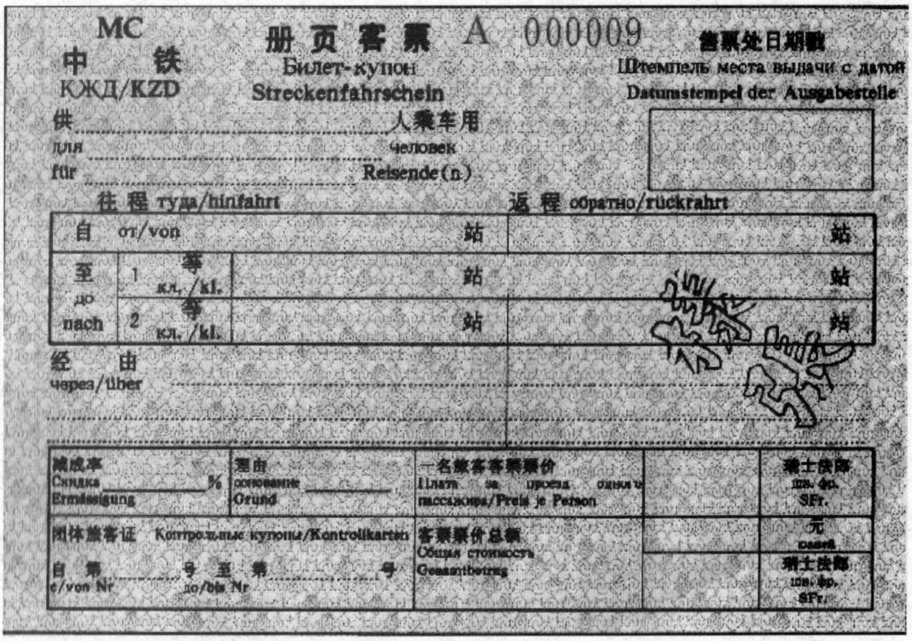

MC 中铁 КЖД/KZD

册页客票 Билет-купон Streckenfahrschein

A 000009

售票处日期戳 Штемпель места выдачи с датой Datumstempel der Ausgabestelle

供……人乘车用 для……человек für……Reisende(n)

往程 туда/hinfahrt 返程 обратно/rückrahrt

自 от/von 站 站

至 до nach 1 等 кл./kl. 站 站

2 等 кл./kl. 站 站

经由 через/über

减成率 Скидка % Ermässigung

理由 основание Grund

一名旅客客票票价 Плата за проезд одного пассажира/Preis je Person

瑞士法郎 шв. фр. SFr.

团体旅客证 Контрольные купоны/Kontrollkarten

自第……号至第……号 с/von Nr до/bis Nr

客票票价总额 Общая стоимость Gesamtbetrag

元 юаней

瑞士法郎 шв. фр. SFr.

注 中国铁路未使用。

A.5 卧铺票

第一联

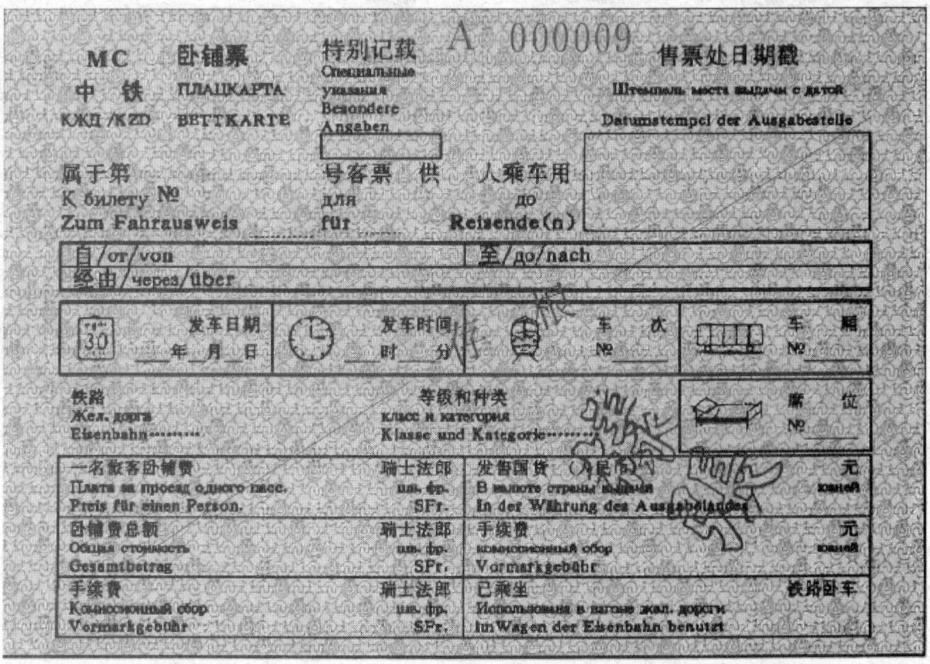

MC 中铁 КЖД/KZD

卧铺票 ПЛАЦКАРТА BETTKARTE

特别记载 Специальные указания Besondere Angaben

A 000009

售票处日期戳 Штемпель места выдачи с датой Datumstempel der Ausgabestelle

属于第……号客票 К билету № Zum Fahrausweis

供……人乘车用 для……до für……Reisende(n)

自/от/von 至/до/nach

经由/через/über

发车日期 年 月 日

发车时间 时 分

车次 №

车厢 №

铁路 Жел. дорга Eisenbahn

等级和种类 класс и категория Klasse und Kategorie

席位 №

一名旅客卧铺费 Плата за проезд одного пасс. Preis für einen Person. 瑞士法郎 шв. фр. SFr.

发售国货币（人民币） В валюте страны выдачи In der Währung des Ausgabelandes 元 юаней

卧铺费总额 Общая стоимость Gesamtbetrag 瑞士法郎 шв. фр. SFr.

手续费 комиссионный сбор Vormarkgebühr 元 юаней

手续费 Комиссионный сбор Vormarkgebühr 瑞士法郎 шв. фр. SFr.

已乘坐……铁路卧车 Использована в вагоне жел. дороги Im Wagen der Eisenbahn benutzt

第二联

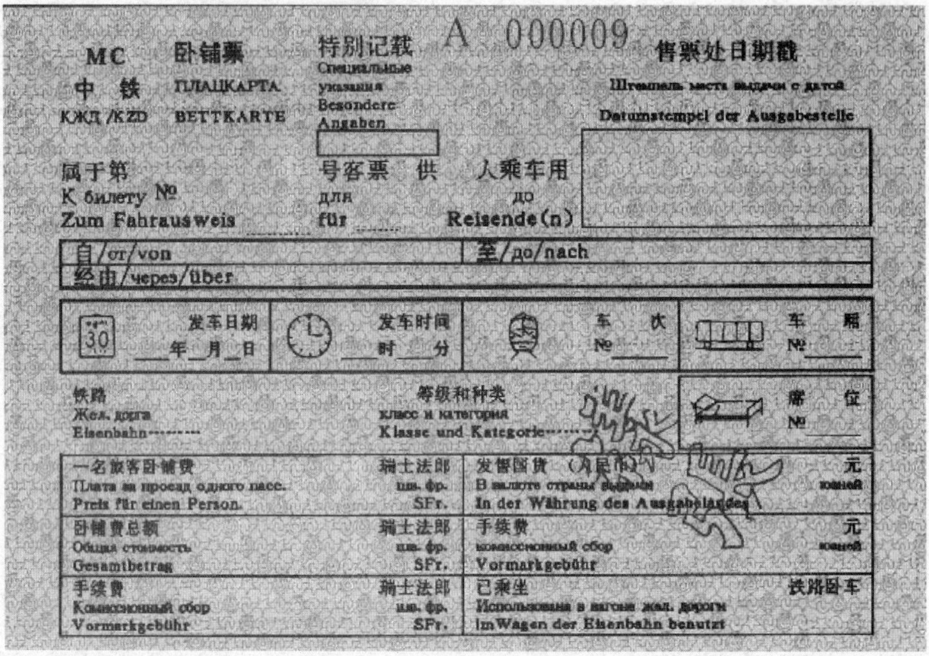

MC 卧铺票 特别记载 A 000009 售票处日期戳

中 铁 ПЛАЦКАРТА Специальные указания Штемпель места выдачи с датой

КЖД /KZD BETTKARTE Besondere Angaben Datumstempel der Ausgabestelle

属于第 号客票 供 人乘车用

К билету № для до

Zum Fahrausweis für Reisende(n)

自/от/von	至/до/nach
经由/через/über	

发车日期 ___年__月__日	发车时间 ___时___分	车 次 №	车 厢 №

铁路 Жел. дорга Eisenbahn……… 等级和种类 класс и категория Klasse und Kategorie……… 席 位 №

一名旅客卧铺费 Плата за проезд одного пасс. Preis für einen Person.	瑞士法郎 шв. фр. SFr.	发售国货 (人民币) В валюте страны выдачи In der Währung des Ausgabelandes	元 юаней
卧铺费总额 Общая стоимость Gesamtbetrag	瑞士法郎 шв. фр. SFr.	手续费 комиссионный сбор Vormarkgebühr	元 юаней
手续费 Комиссионный сбор Vormarkgebühr	瑞士法郎 шв. фр. SFr.	已乘坐 Использована в вагоне жел. дороги Im Wagen der Eisenbahn benutzt	铁路卧车

第三联

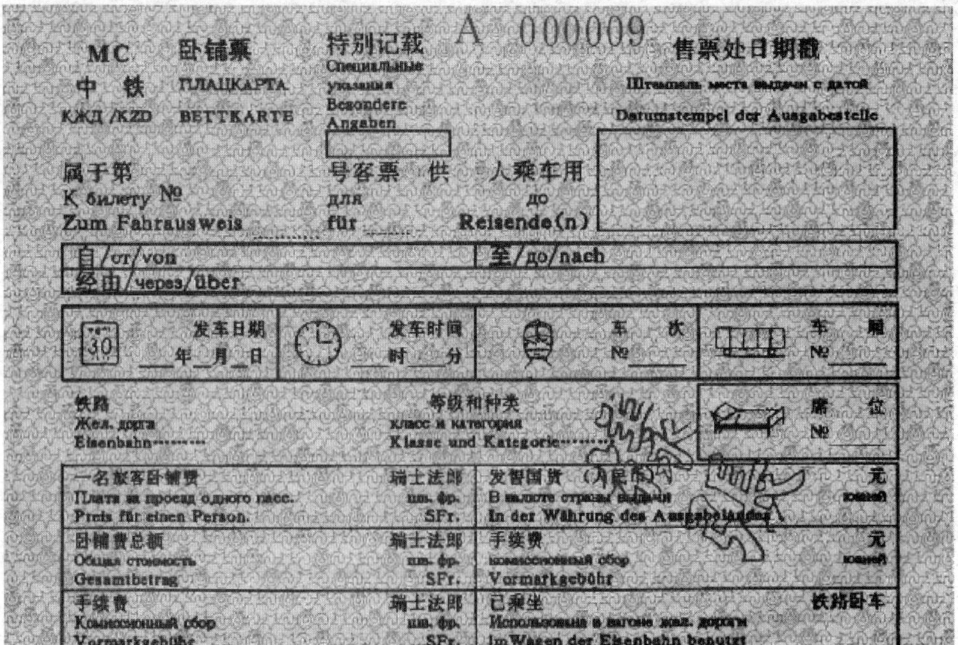

MC 卧铺票 特别记载 A 000009 售票处日期戳

中 铁 ПЛАЦКАРТА Специальные указания Штемпель места выдачи с датой

КЖД /KZD BETTKARTE Besondere Angaben Datumstempel der Ausgabestelle

属于第 号客票 供 人乘车用

К билету № для до

Zum Fahrausweis für Reisende(n)

自/от/von	至/до/nach
经由/через/über	

发车日期 ___年__月__日	发车时间 ___时___分	车 次 №	车 厢 №

铁路 Жел. дорга Eisenbahn……… 等级和种类 класс и категория Klasse und Kategorie……… 席 位 №

一名旅客卧铺费 Плата за проезд одного пасс. Preis für einen Person.	瑞士法郎 шв. фр. SFr.	发售国货 (人民币) В валюте страны выдачи In der Währung des Ausgabelandes	元 юаней
卧铺费总额 Общая стоимость Gesamtbetrag	瑞士法郎 шв. фр. SFr.	手续费 комиссионный сбор Vormarkgebühr	元 юаней
手续费 Комиссионный сбор Vormarkgebühr	瑞士法郎 шв. фр. SFr.	已乘坐 Использована в вагоне жел. дороги Im Wagen der Eisenbahn benutzt	铁路卧车

A. 6 补加费收据

第一联

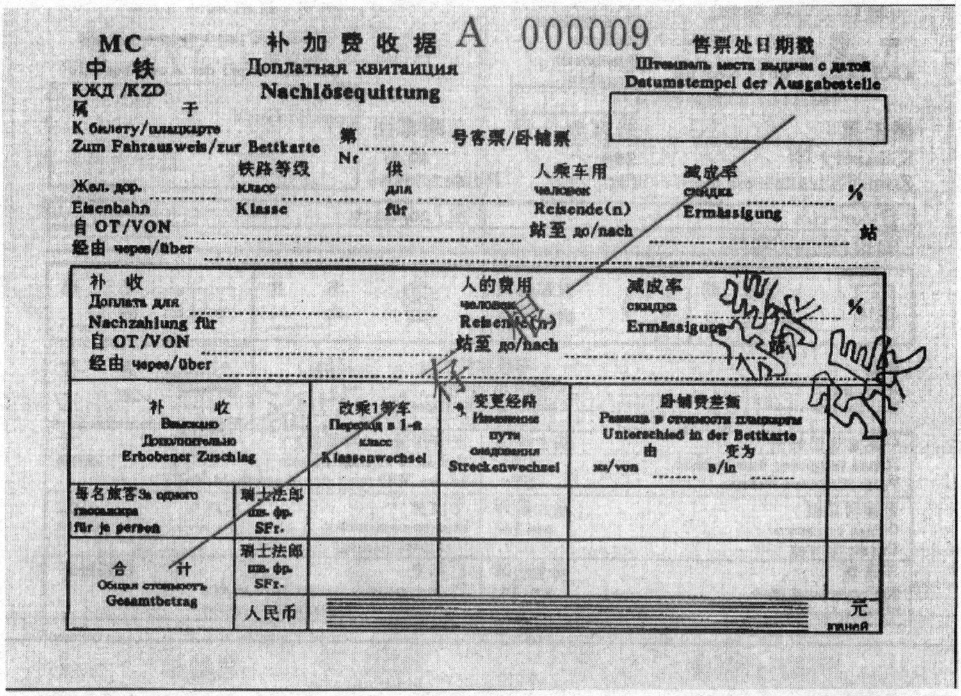
A 000009

MC 中铁 КЖД /KZD

补加费收据
Доплатная квитанция
Nachlösequittung

售票处日期戳
Штемпель места выдачи с датой
Datumstempel der Ausgabestelle

属 于
К билету/плацкарте
Zum Fahrausweis/zur Bettkarte
第 Nr ...... 号客票/卧铺票

Жел. дор. Eisenbahn ...... 铁路等级 класс Klasse ...... 供 для für ...... 人乘车用 человек Reisende(n) ...... 减成率 скидка Ermässigung ...... %

自 OT/VON ...... 站至 до/nach ...... 站

经由 через/über ......

补 收 Доплата для Nachzahlung für ...... 自 OT/VON ...... 经由 через/über	人的费用 человек Reisende(n) ...... 站至 до/nach	减成率 скидка Ermässigung ...... %	
补 收 Взыскано Дополнительно Erhobener Zuschlag	改乘1等车 Переход в 1-й класс Klassenwechsel	变更经路 Изменение пути следования Streckenwechsel	卧铺费差额 Разница в стоимости плацкарты Unterschied in der Bettkarte 由 из/von ...... 变为 в/in ......
每名旅客 За одного пассажира für je person / 瑞士法郎 шв. фр. SFr.			
合 计 Общая стоимость Gesamtbetrag / 瑞士法郎 шв. фр. SFr.			
人民币			元 юаней

第二联

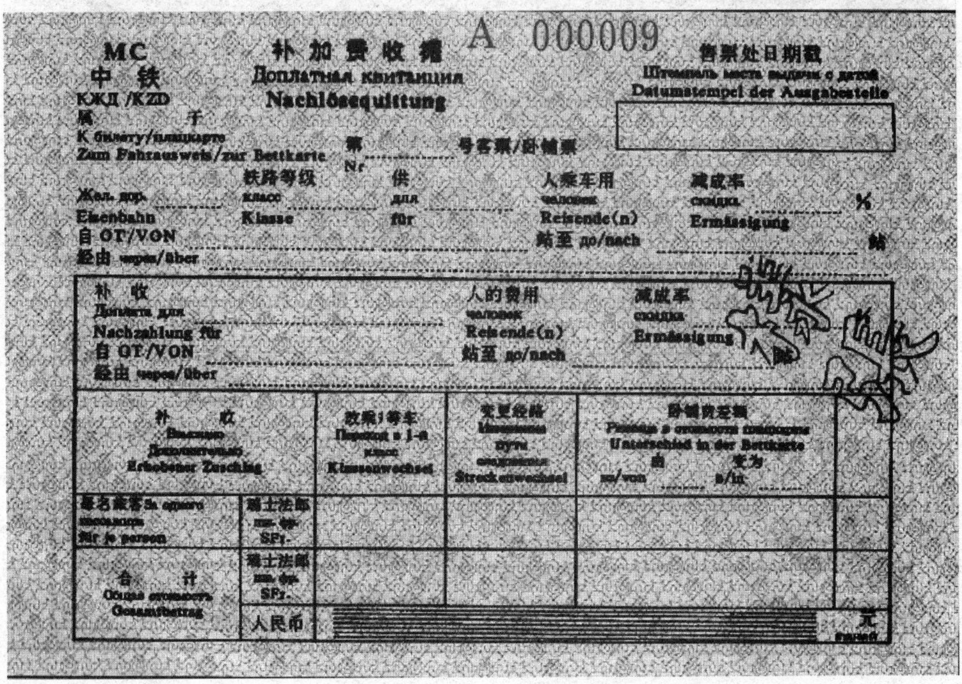
A 000009

MC 中铁 КЖД /KZD

补加费收据
Доплатная квитанция
Nachlösequittung

A.7 团体旅客证

A.8 电子方法办理的册页票本票皮（封面）（俄罗斯铁路票样）

A.9 电子方法办理的册页客票（俄罗斯铁路票样）

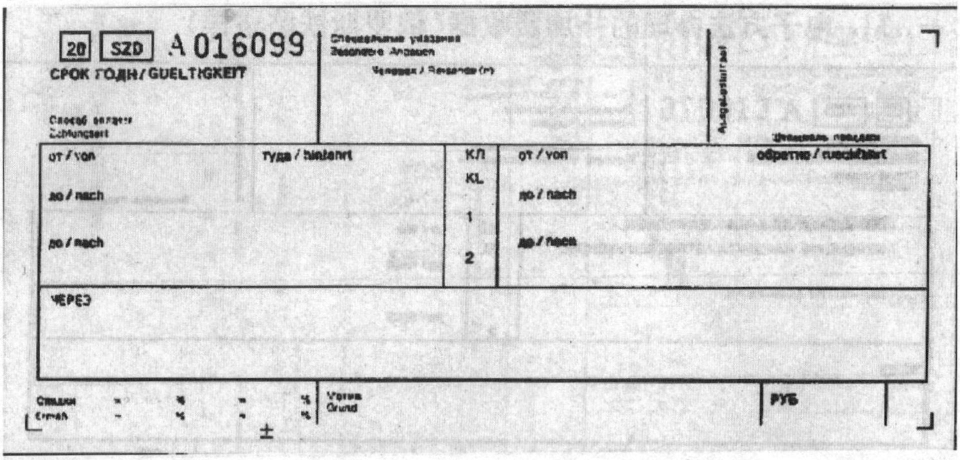
20 SZD A 016099
СРОК ГОДН/GUELTIGKEIT
Способ оплаты
Zahlungsart
Специальные указания
Besondere Angaben
Человек / Reisende(r)
Ausgabestempel
штемпель продажи
от / von
Туда / hinfahrt
КЛ
KL
до / nach
до / nach
1
2
от / von
обратно / rueckfahrt
до / nach
до / nach
ЧЕРЕЗ
Скидки = % = %
Ermäß = % = %
±
Мотив
Grund
РУБ

A.10 电子方法办理的卧铺票（俄罗斯铁路票样）

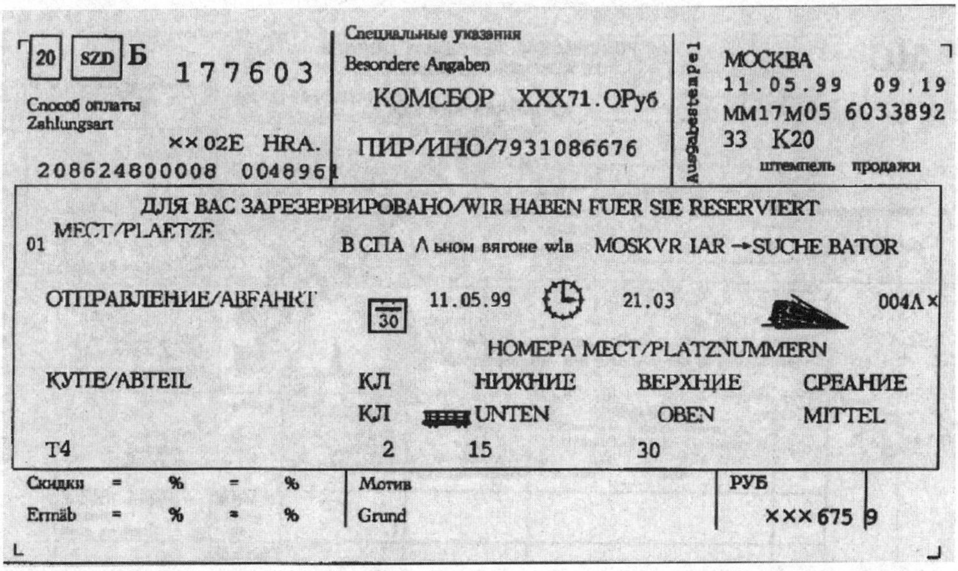
20 SZD Б 177603
Способ оплаты
Zahlungsart
××02E HRA.
208624800008 0048961
Специальные указания
Besondere Angaben
КОМСБОР XXX71.OPy6
ПИР/ИНО/7931086676
Ausgabestempel
МОСКВА
11.05.99 09.19
MM17M05 6033892
33 K20
штемпель продажи
ДЛЯ ВАС ЗАРЕЗЕРВИРОВАНО/WIR HABEN FUER SIE RESERVIERT
01 МЕСТ/PLAETZE
В СПА Л ьном вагоне wls MOSKVR IAR → SUCHE BATOR
ОТПРАВЛЕНИЕ/ABFAHRT 30 11.05.99 21.03 004Л×
НОМЕРА МЕСТ/PLATZNUMMERN
КУПЕ/ABTEIL КЛ НИЖНИЕ ВЕРХНИЕ СРЕДНИЕ
КЛ UNTEN OBEN MITTEL
T4 2 15 30
Скидки = % = %
Ermäß = % = %
Мотив
Grund
РУБ
×××675 9

A.11 电子方法办理的补加费收据（俄罗斯铁路票样）

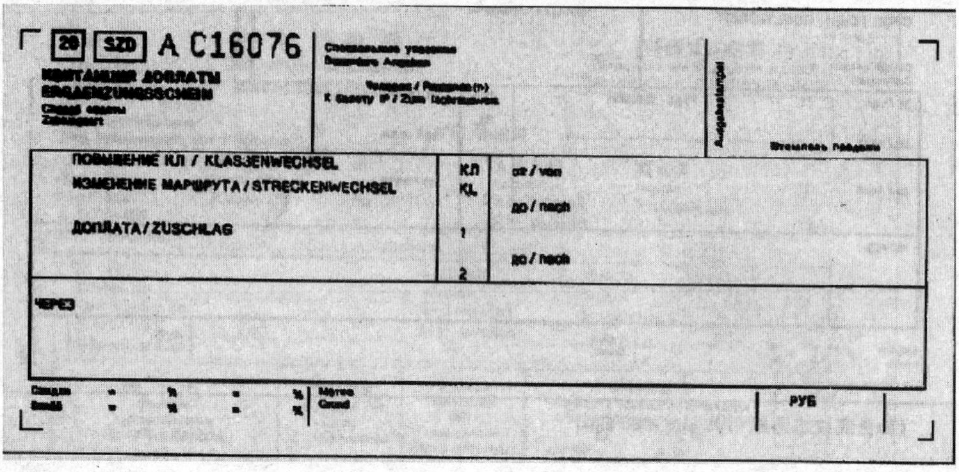
20 SZD A C16076
ПОВЫШЕНИЕ КЛ / KLASSENWECHSEL
ИЗМЕНЕНИЕ МАРШРУТА / STRECKENWECHSEL
ДОПЛАТА / ZUSCHLAG
КЛ
KL
1
2
от / von
до / nach
до / nach
ЧЕРЕЗ
РУБ

附录B 模拟试题

B.1 模拟试题一

(请考生注意：本试卷共有5道大题)

题号	一	二	三	四	五	总分
得分						
阅卷人						

一、单项选择题（本题满分5分，共有5道小题，每道小题1分）

1. 以下________是票务系统的简称。

A. TBS　　B. PSS　　C. MDSS　　D. TRS

2. 铁路旅客运输质量管理中，以下属于基于事件的测量方法是________。

A. SERVQUAL法　　B. 价值曲线评价模型

C. 模糊综合评价法　　D. 关键事件技术

3. 区段平均旅客密度统计表属于客报________。

A. 1　　B. 2　　C. 3　　D. 4

4. 客流图按客流性质可分________。

A. 直通　　B. 管内　　C. 市郊　　D. 直通、管内

5. 客运站跨线设备不包括________。

A. 天桥　　B. 地道　　C. 平过道　　D. 候车室

二、填空题（本题满分10分，共有5道小题，每道小题2分）

1. 我国铁路旅客运输管理系统为3级管理，包括________、________和________。
2. 交通行为理论的核心问题是____________。
3. 旅客列车的乘务组织形式，有________和________2种。
4. 旅客站房的建筑规模主要根据设计年度的____________来设计。
5. 客运站布置图分为________、________和________3种。

三、名词解释（本题满分20分，共有4道小题，每道小题5分）

1. 客流
2. 旅客列车开行方案
3. 旅客周转量
4. 流线

四、简答题（本题满分 40 分，共有 6 道小题）

1. 如何提高我国铁路旅客运输服务质量？(8 分)
2. 简述客流的分类方法。(5 分)
3. 简述客车整备所作用。(5 分)
4. 简述交通行为理论基本观点。(9 分)
5. 简述何为旅客运输产品。(7 分)
6. 简述旅客列车运行方案图的编制原则。(6 分)

五、计算题（本大题满分 25 分）

已知客流资料如下：(A—D 为下行方向)

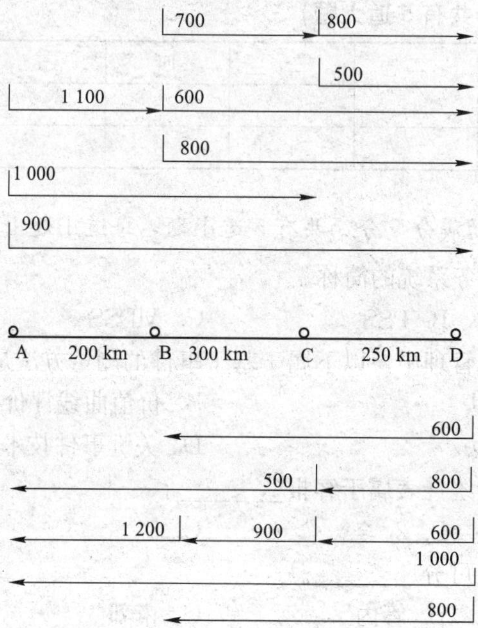

发＼到	A	B	C	D	上行计	下行计	总计
A					—		
B							
C							
D						—	
上行计				—		—	
下行计	—				—		
总计							

要求：(25 分)

(1) 编制客流斜表；(7 分)

(2) 画出客流密度图；(9 分)

(3) 计算客运量、旅客周转量和旅客平均行程。(9 分)

B.2 模拟试题二

(请考生注意：本试卷共有5道大题)

题号	一	二	三	四	五	总分
得分						
阅卷人						

一、单项选择题（本题满分5分，共有5道小题，每道小题1分）

1. 1964年10月1日，世界上第一条高速铁路________正式投入运营。

A. 法国TGV东南线　　B. 法国TGV大西洋线

C. 德国ICE汉诺威—维尔茨堡线　　D. 日本东海道新干线

2. 客车进行技术检查、修理整备和停留的场所是________。

A. 客车整备所　　B. 客车车辆段

C. 客车停留线　　D. 客运站到发场

3. 仅在改建或扩建客运站时为了充分利用既有设备，方可考虑采用的客运站形式是________。

A. 通过式客运站　　B. 尽端式客运站

C. 混合式客运站　　D. 3种都可以

4. 客流区段是指________。

A. 旅客列车运行区段　　B. 机车牵引区段

C. 客流发送区段　　D. 客流到达区段

5. 统计部门编制的客流统计资料中，客报2是指________。

A. 旅客发送量及票价统计表

B. 旅客运输量及周转量统计报表

C. 区段平均旅客密度统计表

D. 分界站旅客输出、输入及通过人数统计报表

二、填空题（本题满分10分，共有5道小题，每空1分）

1. 客运站的设备由________、________和________组成。

2. 我国铁路客流分为________和________两种。

3.《国际客协》中规定的旅客车票，是国际旅客联运中凭以乘车的票据，包括：客票、卧铺票和________。

4. 铁路旅客运输风险因素包括：人员因素、设备因素、________及________。

5. 车底在整备所的各项作业采用________和________2种方式。

三、名词解释（本题满分20分，共有4道小题）

1. 旅客运输需求（4分）

2. 铁路国际旅客联运（4分）

3. 旅客服务系统（6 分）

4. 旅客运输市场调查（6 分）

四、简答题（本题满分 40 分，共有 6 道小题）

1. 试阐述我国铁路客运站的分类。(8 分)
2. 简述影响候车室候车能力的主要因素。(4 分)
3. 简述铁路旅客运输应急预案的作用。(10 分)
4. 高速铁路旅客列车运行方案编制特点。(7 分)
5. 简述我国旅客运输需求影响因素。(5 分)
6. 旅客列车运行方案图的编制原则。(6 分)

五、计算题（本题满分 25 分）

已知客流资料如下：(A—D 为下行方向)

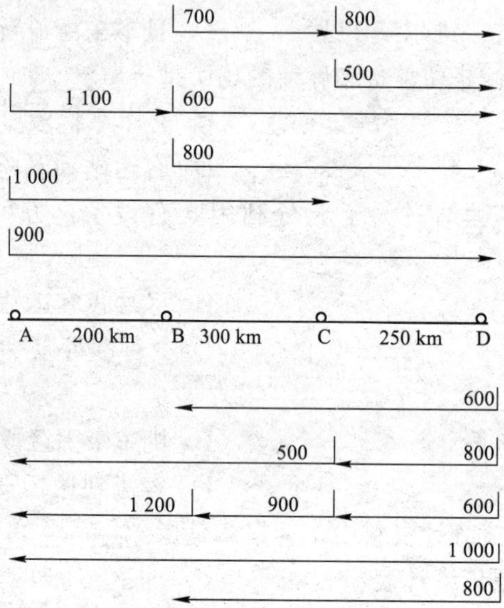

发＼到	A	B	C	D	上行计	下行计	总计
A					—		
B							
C							
D						—	
上行计				—		—	
下行计	—				—		
总计							

要求：(25 分)

(1) 编制客流斜表；(7 分)

(2) 画出客流密度图；(9 分)

(3) 计算客运量、旅客周转量和旅客平均行程。(9 分)

参考文献

[1] 贾俊芳. 铁路旅客运输. 北京：中国铁道出版社，2016.

[2] 王甦男，贾俊芳. 旅客运输. 北京：中国铁道出版社，2008.

[3] 杜文. 旅客运输组织. 北京：中国铁道出版社，2012.

[4] 贾俊芳. 高速铁路客运服务. 北京：中国铁道出版社，2009.

[5] 杨浩. 铁路运输组织学. 3 版. 北京：中国铁道出版社，2011.

[6] 彭进. 铁路客运组织. 北京：中国铁道出版社，2007.

[7] 吴礼本. 国外铁路高速旅客列车发展趋势. 国外铁路车辆，2011，38 (5).

[8] 邵春福. 交通规划原理. 北京：中国铁道出版社，2004.

[9] 鲍香台，何杰. 运输组织学. 南京：东南大学出版社，2009.

[10] 赵鹏. 高速铁路运营组织. 北京：中国铁道出版社，2009.

[11] 陈应先. 高速铁路线路与车站设计. 北京：中国铁道出版社，2001.

[12] 林建辉. 动车组检修技术与设备. 北京：中国铁道出版社，2010.

[13] 邓岚，罗斌. 旅客列车客运乘务. 成都：西南交通大学出版社，2008.

[14] 刘作义，郎茂祥. 运输商务. 北京：中国铁道出版社，2003.

[15] 铁道部国际合作司. 国际旅客联运协定（国际客协）国际旅客联运协定办事细则（国际客协办事细则）. 北京：中国铁道出版社，2016.

[16] 贾利民，秦勇，程晓卿，等. 现代铁路应急管理. 北京：科学出版社，2011.

[17] 王富章. 铁路突发事件应急管理研究. 北京：中国铁道出版社，2010.